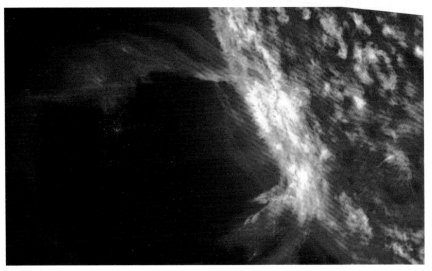

"疯狂的"太阳(日珥)

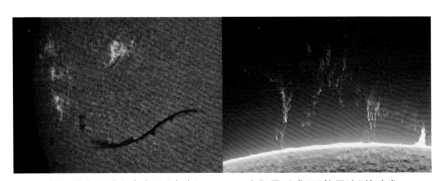

耀斑让太阳看上去有了"瘢痕"　　　　　太阳风形成了"粒子流"的喷发

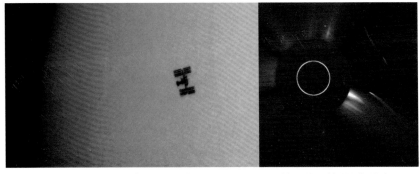

空间站"走过太阳"时留下"遗迹"　　　　彗星壮丽的"浴火重生"

地球——我们的家

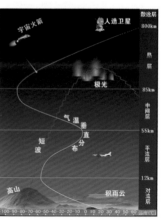

地球变化万千的大气

木星,行星中的"老大",你能看到"伽利略"用人类第一台望远镜看到的木星四个小卫星

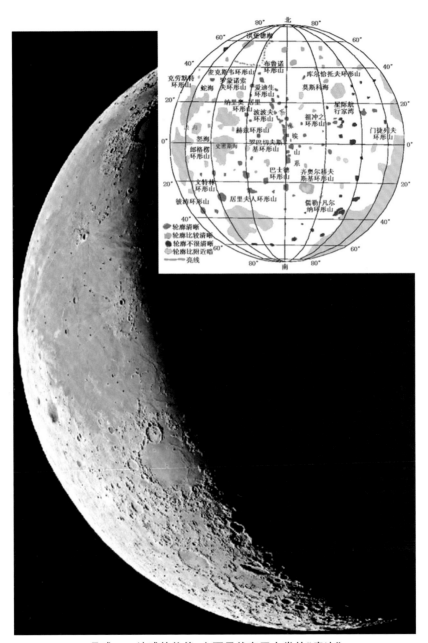

月球——地球的伙伴，上面早就有了人类的"痕迹"

神奇的"水运仪象台"

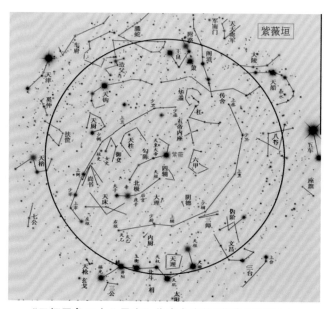

"三垣四象二十八星宿",代表皇宫的"紫薇垣"在正中

"鱼眼"镜头里的"天文拉线"

地球上的水圈、大气圈、生物圈

位于广东的"北回归线纪念塔"

位于安第斯山脉中的"欧南台",地面上最好的天文观测地,带我们领略银河

极光

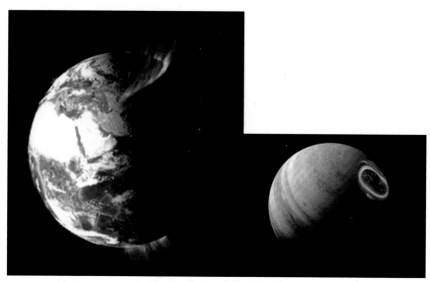

有极光的不只是地球，木星也有

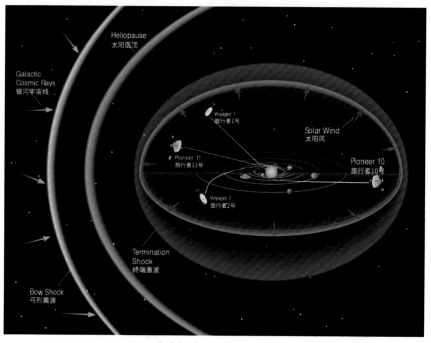

人类探索太阳系的足迹

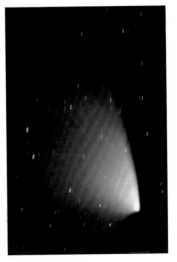

彗星

流星雨

这颗流星比较特别,因为它出现在尼斯湖上空

星云

死亡的超新星爆发和伴随恒星出生的星际大星云

星云——恒星诞生的地方和恒星的死亡之地

"女巫的扫帚"

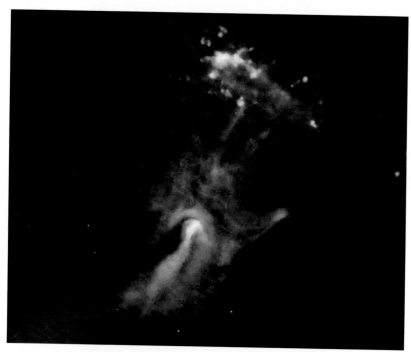

图中蓝色手状结构,拍摄的是位于星云 RCW 89 的垂死恒星 PSR B1509-58 的能量喷射物质

正在进化的星系

据说是宇宙天体来源地的宇宙泡泡

猫爪星云

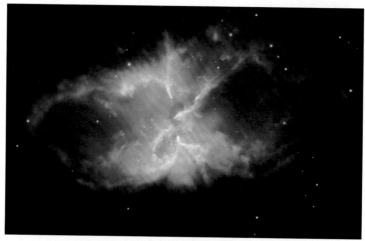

半人马座 A 星系中心超大质量黑洞向外喷射各种物质

斯皮特太空望远镜从仙后座 Kappa 拍摄到的粒子和宇宙尘埃碰撞

超新星爆炸

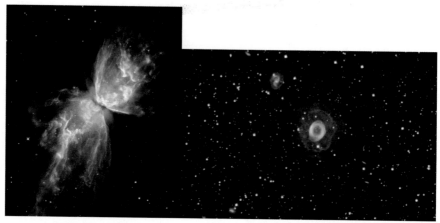

"蝴蝶"状的喷流　　　　　　　　　位于星云中心的中子星

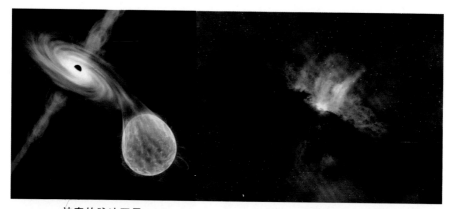

神奇的脉冲双星　　　　　　　　　吸积盘

黑洞　　　　　　　　　　　　　喷流

第3版

知识基础——你想知道的天文学

姚建明　编著

清华大学出版社

北京

内 容 简 介

本书从最基础的天文学知识开始，介绍了地球、太阳（系）、恒星、星系一直到宇宙；让读者认识天文望远镜；知道彗星、流星（雨）的来历；了解宇宙大爆炸及地外文明探索的过程。

在强调系统性的介绍天文知识的同时，本书以"天文小知识"的形式给出了许多与天文学有关的内容，如恐龙灭绝、人造地球卫星的发射和监控，以及关于 BDS 和 GPS 的详尽介绍等。介绍了世界上主要的天文台，主要的光学、射电和空间望远镜。在介绍星座和四季星空知识的同时，引导读者学习观测流星雨、彗星、极光的步骤和方法。对一些有"争议"的天文知识也加以详尽的介绍，如黑洞、占星术、黄道星座、UFO 等。

本书为天文学的普及读物，可以作为中小学、高等院校开设相关天文学课程的教材，也可以作为一般天文爱好者的参考用书。

图书在版编目（CIP）数据

天文知识基础：你想知道的天文学/姚建明编著. —3 版. —北京：清华大学出版社，2020.9
（2024.11重印）
ISBN 978-7-302-54896-6

Ⅰ. ①天… Ⅱ. ①姚… Ⅲ. ①天文学－基本知识 Ⅳ. ①P1

中国版本图书馆 CIP 数据核字（2020）第 024781 号

责任编辑：朱红莲
封面设计：傅瑞学
责任校对：刘玉霞
责任印制：丛怀宇

出版发行：清华大学出版社
　　　网　　址：https://www.tup.com.cn，https://www.wqxuetang.com
　　　地　　址：北京清华大学学研大厦 A 座　　　　邮　　编：100084
　　　社 总 机：010-83470000　　　　　　　　　　邮　　购：010-62786544
　　　投稿与读者服务：010-62776969，c-service@tup.tsinghua.edu.cn
　　　质量反馈：010-62772015，zhiliang@tup.tsinghua.edu.cn
印 装 者：小森印刷霸州有限公司
经　　销：全国新华书店
开　　本：170mm×240mm　　印　张：31.25　插　页：8　字　　数：596 千字
版　　次：2008 年 8 月第 1 版　2020 年 9 月第 3 版　　印　　次：2024 年 11 月第 5 次印刷
定　　价：88.00 元

产品编号：086384-01

序

　　天文学是一门古老而又极富生命力的基础学科，对培养国民特别是青少年的科学素养具有不可替代的作用。目前国内不少高等院校已经为大学生开设了有关天文学的选修课，我国航天事业和天文学研究的飞速发展也不断激发了普通民众对天文学的兴趣。但总体来讲，我国的天文普及工作仍比较薄弱，人们对天文知识的了解还相当肤浅，新闻媒体成为获取天文知识的最重要来源。《天文知识基础》一书在一定程度上弥补了这一不足。该书从写作形式及写作内容来看，主要面向大、中学生和普通的天文爱好者，是一本比科普读物更深入、系统，但又比专业教材要求数理知识较少的公众类教材。

　　本书的作者1982年毕业于南京大学天文系天体测量专业，之后考取了中国科学院北京天文台的研究生，师从于著名天体测量学专家罗定江、李东明研究员。毕业后在中国科学院北京天文台从事天文研究工作，有着丰富的天文学知识和天文工作经验。从1989年起从事高等教育工作。《天文知识基础》一书内容广泛，具有很好的系统性；知识的介绍既通俗易懂又具有一定的专业特点，值得推荐给国内广大的天文爱好者。书中的许多"天文小知识"的介绍很有特色，不仅拉近了读者与专业天文研究的距离，也大大增强了全书的趣味性。

李向东

2008 年 5 月于南京

第3版前言

　　2008年到2013年再到2020年,一个轮回,就是说从《天文知识基础》第1版出版,到现在第3版马上要和读者见面,已经过去12年啦! 这12年,自己在成熟、成长(当然指的是写作方面),还有一同伴随我们走过12年历程的小朱编辑也已经独当一面,对专业驾轻就熟了。同时,更感觉到了读者的队伍正在不断壮大,现在我每个月都有一次关于天文学的科普讲座;每周都要给小学生们上一两次天文学的课。不过,遗憾的一点是,小学生们到了初中,由于学业紧张、没时间等原因,无论是学校、家长还是学生,似乎都不再想上类似天文学的科普课程了。更可悲的是,在我教书的大学里,居然有老师让学生退掉他们好不容易选上的天文学选修课(那可是600人中取100人呀!),给出的理由是——与他们所学的专业无关! 我能告诉读者,他们的专业是海洋科学吗?! 现在的学生越来越聪明、眼界越来越开阔了,只是现在的教育制度还不尽如人意。值得高兴的是,我们出版的《地球灾难故事》已经被教育部、文化部选为全国中小学图书馆指定图书,《天文知识基础》(第2版)也被教育部指定为全国中小学图书馆推荐图书。这,让我们看到了希望!

　　《天文知识基础》的前两个版本,更多的考虑是作为教材去使用的。这一版,我们改变了一些思路,也做出了一些相应的改变。比如,原来每章后面的思考题没有了,取而代之的是向读者提出的问题,或者是我们模拟读者的阅读和思考习惯而给出问题。这些问题,并不是教科书中思考题那种,起到巩固知识、学会方法、提高能力的作用,更多的是书中内容知识的拓展,更强调读者自己去思考、去搜集信息、组织资料以达到自我解决问题的目的。当然,本书依然是一本很好的教材,而且,在原有教学功能的基础上,多了一些开发能力和开发读者智力以及动手能力的功能。

　　由于本书介绍的是天文学的基础知识,所以,给出的知识点和结论性的成果,都是属于基本上有定论的、最基本的。但是,天文学是一门深邃、广阔,又有点神秘的科学,涉及的许多内容都处于探索之中。本次再版继续沿用了本书前两个版本,以读者喜闻乐见的"天文小知识"的形式,为读者介绍那些天文学前沿的、新奇的、玄妙的现象和知识,并且加大了篇幅。

　　新版本并没有结构上的改变,全书共有13章的内容,在"辞旧迎新"的基础上,更多的是把知识点做了系统性的整理,使得本书作为科普读物在知识点上更加新颖,更加简明,更加具有可读性。

从《天文知识基础》第 1 版开始,我们就把本书内容定位在天文学知识的启蒙之上,天文学专业知识之下的档次上。所以,对发烧级天文爱好者的读者,对某些内容的层次水平会觉得"不过瘾"。为此我们针对天文学发烧友读者的需求,编写出版了一套《趣味天文学》(丛书),一共有六本:《天与人的对话》《星座和〈易经〉》《天神与人》《星星和我》《流星雨和许愿》《黑洞和幸运星》。内容方面我们并没有向深入的方向发展很多,更多的是把天文学知识"铺开来",连接到历史、社会和其他相关学科之中去,让读者"更接地气"地去学习和理解天文学,为学习更深入、更专业的天文学知识做好铺垫。这样,我们的天文学普及读物就基本上构成了一个知识的阶梯——《天文知识基础》—《趣味天文学》。如果您想成为专业的天文工作者,这个阶梯足以"载你"登上那个平台。

这些年来,我发现自己越来越喜爱天文学了,甚至是喜欢上了自己写的这本书,哈哈,不是自恋!而是因为,它带给了我不断地更新自己的天文学知识的动力;它为我带来了成千上万的喜爱天文学的朋友,尤其是那些小朋友。有时候,自己都会不由自主地拿起自己的书反复翻看……回忆自己的少年时光是如何追逐天文学;想念自己的大学时光那么贪婪地汲取天文学知识;一遍遍地"映像"自己在"北京天文台"从事天文学研究的图像;而印象最深刻的就是,一次次地坐在计算机旁,为我们的读者、为热爱天文学的大朋友、小朋友们写作,来介绍天文学知识。并,乐此不疲!

姚建明

2020 年春于浙江舟山

"时间过得真快!"总是听到自己或是朋友说这句话,可是,从来没有像现在这样真切地感受到。《天文知识基础——你想知道的天文学》第1版在2008年面世至今差不多5年了,我深深感受到了时间过得飞快。但是,让我更深切地感觉到的是当今天文学的发展,真的可以说是日新月异、百花齐放。

2009年的日全食,2010年的中国载人航天,2011年的登月计划,再到2012年的"玛雅末日"预言,都可以说和天文学有着十分密切的联系。自己也多次写文章和被邀请做有关的讲座,也多次去电视台、网站和报社做嘉宾,很感欣慰。实际上我欣慰的不是自己,而是天文学越来越受到了社会的重视,越来越多的人尝试着去了解天文学啦!

我并没有说越来越多的人开始喜欢天文学了,实际上喜欢天文学的一直大有人在。只是一些"障碍"让许多人产生了畏惧,就离开或是放弃了对天文学的认识和了解!天文学,太高深;天文学,不好懂;天文学,研究星星和月亮?离我们太远!天文学,宇宙大爆炸?那要数学和物理学得很好吧!看看,就是这些障碍,阻碍了许多喜欢天文学的人们。记得在第1版的序言中,我就强调过,学习天文学是一件能让人很感兴趣、很入迷,同时也不是一件很难的事。所以,第一时间就想到了本书的副标题——你想知道的天文学。当时的目的有两个:一是天文学浩大并邃深,本书只能给读者介绍它的一部分;第二就是,让读者从想知道的、比较容易学习的方面入手,更容易对天文学入迷。《天文知识基础》第2版更加强化了这两个思路。笔者对内容做了取舍,由原来的16章改写为13章,使内容更加紧凑,更能让读者集中注意力;同时,拓展了"天文小知识"的内容和篇幅,让读者接触更多所谓天文学的"边缘领域",更有利于提高读者对天文学的兴趣。还有就是第2版增加了大量的图表,而且都是最新、最美丽的。

在第2版内容的选取和编排上,笔者做了更加系统性的思考。第1~13章的内容循序渐进、环环相接。增加的关于"天文小知识"的内容,除去刚才谈到的拓展知识的目的,也是因为章节里面的内容一般是比较"落实"的、有定论的,而把一些不确定的、但又是很多人感兴趣的东西放到"天文小知识"里,这样可以让读者阅读起来更加形象生动。

　　第2版的《天文知识基础》为了方便读者学习,特别是实践(观测)天文学,增加了一些附录。例如,全国一些城市的经纬度,在一般资料的基础上,特意增加了新设立的"三沙市"。附录2是相对资料比较全的全天88星座,附录4、5、6、7包括亮星、离我们最近的恒星、变星、流星雨等,都很适合一般的天文爱好者自己去观测。为了读者能更快、更专业地学习天文学知识,本书给出了附录10——网上常用天文资源,那里有最新、最权威的天文学资料。

　　自己的书真的就像是自己的孩子,喜欢它同时也时刻看到它的不完美,它的缺点。所以,做到完美是不可能的。笔者还是坚持了原版的一个宗旨,就是强调本书的可读性,仍旧是每完成一章就找一些学生阅读并提意见,而这一次笔者在这方面也有了很大的进步。第一,感谢出版社接受了广大读者的建议,增加了彩色插页。天文学是一门观测的科学,一本介绍天文学的书,应该包含些漂亮的让人目眩的图片。第二,笔者特意找来了中文系的杨珊珊来帮我做最后的把关和文学方面的润色,每章前面的导语就是她的手笔。这里特别对她表示感谢。在读者的试读中,也有一些人告诉笔者有些内容不是很好懂。据笔者深入了解,主要是对天文学的一些专有名词不是很熟悉,比如"星际介质"、"喷流"、"吸积盘"等。本想在书的附录中加一个"天文学名词解释",但又想本书终归不是"大百科全书"呀,所以,如果读者遇到不懂的专业词汇,烦请去查《大百科全书——天文卷》吧,还会附带地学到更多的知识。

　　最后,再发一点儿感慨:2008年《天文知识基础》出版,自己是很激动的。这几年来,笔者很感激读者对书的认同。实际上,从第1版落笔,自己就一直坚持收集关于天文学的各种资料,准备再版。当然,那时只是想一想,甚至说是"梦想"。现在,梦想成真,当然要感谢读者、编辑、出版社和学生们的支持,是你们的支持鼓励了我,让我把我热爱一生的天文学事业进行下去。让我们一起继续在天文学的宇宙中翱翔吧!

姚建明

2012年12月于浙江舟山

　　当我完成这本书的初稿时,仿佛又回到了自己的少年时代。十三四岁上初中时就迷上了天文学。记得是从《十万个为什么》开始,到攒钱买南京大学天文系编的《天文知识》,最后到托同学的父亲从市图书馆借出唯一的一套弗拉马利翁的《大众天文学》,可以说是一本本的天文书籍引导我进入神秘浩瀚的天文学领域,此后的三十余年中,我更是与天文学结下了不解之缘,从大学本科、研究生、中科院北京天文台到高等院校。现在自己就要亲身向广大天文爱好者介绍天文学啦,真是感慨万分!

　　中学时自己和弟弟住一间 6 平方米的小屋,由于当时没有很好的星图(就是有也买不起),为了认星、观星,就自己动手绘制星图,并爬上梯子把它们贴在屋顶上,那满"天"的星座都是自己的。忘记是哪一年了,《天文爱好者》杂志复刊,我所在的城市虽然距北京很近,但是买不到,自己就写信给北京天文馆,真不知道要感谢哪位叔叔或阿姨,很快我就收到了一本《天文爱好者》杂志! 参考上面的图样,买板纸、老花镜片自己制作望远镜,当时真是如获至宝,还吸引了好多的同学来看月亮、金星、火星……现在回想起当时那段经历,不仅培养了对天文学的兴趣,而且激发了学习天文知识的热情和动力。1978 年参加高考,自己的第一志愿就是南京大学天文系,最大的理想就是能到北京天文台从事专业的天文工作,所幸的是——如愿以偿。

　　天文学历史悠久,浩大深邃。亚里士多德、托勒密、哥白尼、牛顿、伽利略、哈勃、伽莫夫、爱因斯坦等伟大的天文学家、科学家们作了很多贡献,用他们的学识把人类的视野从地球慢慢引入了深邃的宇宙,为人类揭开了宇宙的奥秘。古埃及、古印度、古巴比伦、古代中国的劳动人民通过生产活动,积累了大量的天文知识,为人类了解大自然、利用大自然、与大自然和睦相处作出了贡献。天文学是一门古老的学科,它是一切科学的基础;天文学是实用的学科,时间、历法、太空翱翔都少不了天文观测;天文学更是崭新的学科,宇宙大爆炸、广义相对论、脉冲星、黑洞……引导着一代又一代的科学家去追求和探索;天文学更是哲学,人类对天、对地、对大自然、对宇宙、对人生的认识,哪一点都离不开天文学!

从 2003 年开始自己系统地为大学本科生开设了"天文基础知识"的公共选修课,最大的困难就是没有合适的教材。天文系编的天文学教科书内容太多也太深,而一般的天文学科普读物又太浅、不系统。在学生和同事的支持及鼓励下,经过几年的努力,现在终于完成了这本教材。

本书共分为 16 章。第 1 章"天文学概述"将引导读者走进天文学的大门。从第 2 章开始,将从身边的地球开始,由近及远、从小到大,逐步深入天文学的殿堂。在第 3 章将感受月亮的妩媚;在第 4 章享受太阳的温暖;在第 5 章进一步学习一些必要的天文学常识;在第 6 章倾听星座的召唤;在第 7 章欣赏恒星的灿烂;第 8 章告诉你天上的星星也有生老病死;在第 9 章和牛郎织女一起看着银河流淌;第 10 章将进入千姿百态的河外星系;在第 11 章为活动星系的能量喷发而感叹,加入寻找黑洞的行列里,第 12 章将探寻宇宙的生与死。第 13 章介绍各种天文仪器,会让读者大开眼界,也可能读完这一章读者就有了自己想拥有一台天文望远镜的愿望。在第 14 章向读者介绍天文学的发展史;第 15 章介绍我国古代天文学的伟大成就;第 16 章则是延续人类的理想去探索星空、探索宇宙、探索文明。为了使本书的内容更充实,同时使读者读书时增加一些乐趣,书中还穿插了许多"天文小知识"等有趣的介绍。

为了能真正满足学生学习和阅读的需要,每写完一章,我都会打印出来拿给上我课的同学们看,真诚地征求他们的意见。同学们也得到了很大的收获。一位同学深有感触地说:"学习了天文学之后,感受到宇宙的神秘、浩瀚,同时又是有规律的和理性的;感受到自我的渺小和知之甚少,同时又彻底激发了自我学习的兴趣。相对宇宙来说,自己的一切能算得了什么!"现在每年上天文学选修课的同学都超过 500 人。

本书主要是为高等院校开设有关天文学的公共选修课而编写的。本书的特点是深入浅出、结构新颖、从读者角度去选择内容。读者只需中学的文化程度即可从本书中了解到神秘而浩瀚的天文世界。同时,又照顾到有一定水平的天文爱好者,使他们能较系统地学习天文学知识。

感谢我的大学同学现英国 Exeter 大学天文和地球物理学教授张可可先生阅读全书并给予指导。感谢母校南京大学天文系现任系主任李向东教授为本书写序并提出宝贵意见。感谢南京大学天文系教导过我的老师们!感谢我的研究生导师罗定江、李东明两位先生。感谢原浙江海洋学院副院长韩平教授对作者工作的支持。感谢浙江海洋学院教务处为本书出版所给予的帮助。感谢清华大学出版社和本书的编辑所做的工作。特别感谢我的老朋友上海天文台研究员张忠平先生给我的帮助。

姚建明
2008 年 5 月于浙江舟山

目录

第**1**章 天文学概述

　　科学中最早建立起来的两个学科,据说是天文学和医学。原因很明显,大自然中最显著的变化就是天空的一明一暗;人生在世,人最关心的就应该是自己的身体。

　　不断有人在问、在定义,什么是科学? 答案还真的不需要有多么"高大上"。从哲学的角度来说,科学就是"真、善、美";从认识世界的角度来说,科学就是去认识、学习和掌握事物的规律;如果单单从日常生活的角度来说,科学就是简单、合理地去处理事情。不是吗? 如果你做了一件很漂亮的事情,使用了一种很合理有效的方法,那你得到的评价一定会是——你做得很科学!

　　天文学是很古老。我们从人们习惯的动作和语言就能够感受得到——当我们对事物无从下手、无法决定时,我们会说:"听天由命吧!"当我们做事久了,有些困倦或者是劳乏时,我们的"下意识"的动作,是张开双手,抬头看天! 无论我们是否从"老天爷"那里有没有得到眷顾;不管我们能不能依靠浩瀚的天空,当我们平静下来思考时,肯定会去想关于老天、关于天文学的问题。为什么会有白天和黑夜? 为什么每晚的星空会是不一样的? 我们生活的地球是怎样的结构? 它在浩瀚的宇宙中占有什么地位? 照耀我们的太阳为什么会发光? 天上的星星真的都和太阳一样吗? 什么是太阳系? 什么是银河系? 宇宙有限还是无限? 什么东西组成了宇宙? ……太多太多类似的问题被我们人类一代一代地问下来,但千百年来我们却始终悔而不倦地一遍又一遍地回答着。就是因为天文学是古老的,又是崭新的;是趣味的,又是充满哲理的,它永远引导着人们的好奇心,永远会有新的东西呈献在您的面前!

　　宇宙学家阿兰·古斯(Alan Harvey Guth,1947—)说得好:"我常听人说,没有免费的午餐;可是,现在看来,宇宙本身就可能是一顿免费午餐。"对我们来说,这份午餐最大的价值,就是在宇宙这个大大的盘子衬托之下的,那份人类的好奇心!

1.1　天文学研究的对象和内容

1.1.1　什么是天文学

　　天文学是自然科学的基础学科,是人类认识宇宙的科学。人们主要是通过观察天体的存在、测量它们的位置、反演它们内在的物理性质,来研究它们的结构、探索它们的运动和演化的规律,扩展人类对广阔宇宙空间中物质世界的认识。

主要依靠观测是天文学研究方法的基本特点。因而对观测方法和观测手段的研究,是天文学家努力的方向之一。宇宙中的天体浩瀚无际,宇宙中的天体数目繁多、种类数不胜数,而且天体距离我们越远看起来也越暗弱。因此,观测设备的能力越高,研究暗弱目标的能力就越强,人们的眼界就越能深入到前所未及的天文领域。

天文学的发展对于人类的自然观一直有着重大的影响。哥白尼(Nicolaus Copernicus,1473—1543)的日心说曾经为自然科学从神学中解放出来打开了一道大门;康德(Immanuel Kant,1724—1804)和拉普拉斯(Pierre Simon Laplace,1749—1827)关于太阳系起源的星云学说,在18世纪形而上学的自然观上打开了第一个缺口;哈勃(Hubble)和他的仙女座大星云为我们彻底打开了宇宙的大门;勒梅特(Georges Lemaître)以及伽莫夫(Gamow)的宇宙大爆炸,让我们觉得宇宙并不是那么陌生;爱因斯坦(Einstein)的相对论让我们知道了什么是物质的宇宙、什么是能量的宇宙……

物理学和数学对天文学的影响非常大,它们是进行天文学研究不可或缺的理论基础。而技术科学则为天文观测提供了良好的平台。

1.1.2　天文学研究的对象

天文学所研究的对象(图1.1)涉及宇宙空间的各种星星和物体,大到月球、太

图1.1　天文学研究对象

阳、行星、恒星、银河系、河外星系以至整个宇宙,小到小行星、流星体以至分布在广袤宇宙空间中大大小小的尘埃粒子(星际介质)。天文学家把所有这些星星和物体统称为天体。从这个意义上讲,地球也是一个天体,不过天文学只研究地球的总体性质,一般不讨论它的细节。另一方面,人造卫星、宇宙飞船、空间站等人造飞行器的运动性质也属于天文学的研究范围,这些人造飞行器可以称为人造天体。

我们可以把宇宙中的天体由近及远分为几个层次:

(1) 太阳系天体。包括太阳、行星(其中包括地球)、行星的卫星(其中包括月球)、小行星、彗星、流星体及星际介质等。

(2) 银河系中的各类恒星和恒星集团。包括变星、双星、聚星、星团、星云和星际介质。太阳是银河系中的一颗普通恒星。

(3) 河外星系,简称星系。指位于我们银河系之外、与我们银河系相似的庞大的恒星系统,以及由星系组成的更大的天体系统,如双星系、多重星系、星系团、超星系团等。此外还有分布在星系与星系之间的星际介质。

(4) 恒星、星系以及宇宙的演化物。脉冲星、中子星、黑洞、类星体、γ射线暴等与宇宙的起源及演化密切相关的天体等。

天文学还从总体上探索目前我们所观测到的整个宇宙的起源、结构、演化和未来的结局,这是天文学的一门分支学科——宇宙学的研究内容。随着观测技术的不断进步,现代天文学研究的领域非常广泛,有许多非常热门的研究课题,如类星体的红移、引力的本质、脉冲星、黑洞、活动星系、X射线双星、γ射线源等。

1.1.3 天文学分支

天文学中习惯于按研究方法和观测手段来进行分类(图 1.2)。

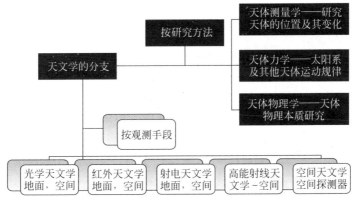

图 1.2 天文学分支

1. 按研究方法分类

天体测量学、天体力学和天体物理学三门分支学科。

(1) 天体测量学(astrometry):天体测量学是天文学中发展最早的一个分支,它主要是研究和测定各类天体的位置和运动,建立天球参考系等。利用天体测量方法取得的观测资料,不仅可以用于天体力学和天体物理学研究,而且具有应用价值,比如用以确定地面点的位置。

天体测量学的研究方法主要是通过研究天体投影在天球上的坐标,在天球上确定一个基本参考坐标系,来测定天体的位置和运动,这种参考坐标系,就是星表。在实际应用中,可用于大地测量、地面定位和导航。地球自转和地壳运动,会使天球上和地球上的坐标系发生变化。为了修正这些变化,建立了时间和极移服务,进而研究天体测量学和地学的相互影响。

天体测量学的主要分支有:

球面天文学——天球坐标的表示和修正;

方位天文学——基本天体测量、照相天体测量、射电天体测量、空间天体测量、参考坐标系的建立、天体运动的研究;

实用天文学——时间计量、极移测量、天文大地测量、天文导航;

天文地球动力学——地球自转、地壳运动等。

(2) 天体力学(celestial mechanics):天体力学主要研究天体的相互作用、运动和形状。牛顿万有引力定律和行星运动三定律的建立奠定了天体力学的基础,因此,牛顿(Isac Newton,1642—1727)是天体力学的创始人。今天,我们可以准确地预报日食、月食等天象,人造天体的发射和运行都与天体力学的发展是分不开的。

天体力学的主要分支有:

天体引力理论、N 体问题、摄动理论;

太阳系内各天体的运动理论、轨道计算;

天体力学定性理论、天体运动和平衡问题;

天体力学方法、现代天体力学、星际航行动力学等。

(3) 天体物理学(astrophysics):天体物理学应用物理学的理论、方法和技术来研究各类天体的形态、结构、分布、化学组成、物理状态和性质以及它们的演化规律。18 世纪英国天文学家威廉·赫歇尔(Frederick Wilhelm Harschel,1738—1822)开创了恒星天文学。19 世纪中叶,随着天文观测技术的发展,天体物理成为天文学一个独立的分支学科,并促使天文观测和研究不断作出新发现和新成果。

天体物理学按照研究方法分为实测天体物理学、理论天体物理学。

天体物理学按照研究对象分为：太阳物理学、太阳系物理学、恒星物理学、恒星天文学、星系天文学、宇宙学、天体演化学等。

天体物理学涉及的边缘学科很多，主要有天体化学、天体生物学等。

2. 按观测手段分类

天文学按观测手段分为光学天文学、射电天文学、红外天文学、空间天文学等。

（1）光学天文学：主要观测手段是电磁辐射中的光学波段（400～760 纳米）。是人类最早的天文观测手段，也是天体电磁辐射通过地球大气层的主要窗口。观测工具从肉眼到光学望远镜，用来分析天体光学波段的物理、化学性质。

（2）射电天文学：通过观测天体的无线电波来研究天文现象的一门学科。美国无线电工程师央斯基（Karl Guthe Jansky，1905—1950）开创了射电天文学。20 世纪 60 年代的四大天文发现：类星体、脉冲星、星际分子和微波背景辐射，都是用射电天文手段获得的。

（3）红外天文学：波段的范围在 0.7～1000 微米之间的电磁波，是重要的天体观测窗口。

（4）空间天文学：地球大气对电磁波有严重的吸收，在地面上只能进行射电、可见光和部分红外波段的观测。大气层外观测的空间望远镜（space telescope）标志着空间天文学进入了全面发展的阶段。

其他更细分的学科还有：天文学史、业余天文学、宇宙学、星系天文学、超星系天文学、远红外天文学、γ 射线天文学、高能天体天文学、无线电天文学、太阳系天文学、紫外天文学、X 射线天文学、天体地质学、等离子天体物理学、相对论天体物理学、中微子天体物理学、大地天文学、行星物理学、宇宙磁流体力学、宇宙化学、宇宙气体动力学、月面学、月质学、运动学宇宙学、照相天体测量学、中微子天文学、方位天文学、航海天文学、航空天文学、河外天文学、恒星天文学、恒星物理学、后牛顿天体力学、基本天体测量学、考古天文学、空间天体测量学、历书天文学、球面天文学、射电天体测量学、射电天体物理学、实测天体物理学、实用天文学、太阳物理学、太阳系化学、星系动力学、星系天文学、天体生物学、天体演化学、天文地球动力学、天文动力学等。

1.2　天文学与人类社会

可能有人会问，既然天文学的研究对象是星星、太阳、月亮，那么天文学和我们地球上人类的生活、工作又有什么关系呢？其实，作为一门基础研究学科，目前天文学学科研究的许多内容，在较短的时间跨度内与我们人类似乎关系不大。比如，银河系如何运动这类基本问题的研究显然同我们生活没有什么关系。但是,另一方面,天文学家的工作在不少方面又是同人类社会密切相关的。图 1.3 给出了与天文学相关的一些领域。

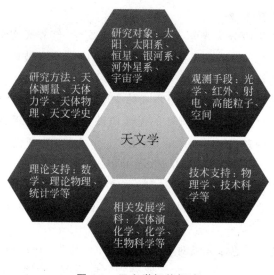

图 1.3　天文学相关领域

人类的生活和工作离不开时间,而昼夜交替、四季变化的严格规律须由天文方法来确定,这就是时间和历法的问题。如果没有全世界统一的标准时间系统,没有完善的历法,人类的各种社会活动将无法有序进行,一切都会处在混乱之中。

人类已经进入空间时代。发射各种人造地球卫星、月球探测器或行星探测器,除了技术保证外,这些飞行器要按预定目标发射并取得成功,离不开它们运动轨道的计算和严格的时间表安排,而这些恰恰正是天文学在发挥着不可替代的作用。

太阳是离我们最近的一颗恒星,它的光和热在几十亿年时间内哺育了地球上的万物,其中包括人类。太阳一旦发生剧烈活动,对地球上的气候、无线电通信、宇航员的生活和工作等将会产生重大影响,天文学家责无旁贷地承担着对太阳活动的监测、预报工作。不仅如此,地球上发生的一些重大自然灾害,比如地震、厄尔尼诺现象(图 1.4)等也可能与太阳有关。(目前,科学家已经明白厄尔尼诺现象与地球甚至太阳有关,但是,还没有充分的证据表明,这些天文现象和厄尔尼诺现象之间是怎样的因果关系。就是说,它们之间哪个是"因"、哪个是"果",读者如果有兴趣,可以尝试自己查找资料研究一下。)天文学家的努力也在为防灾、减灾作出自己的贡献。

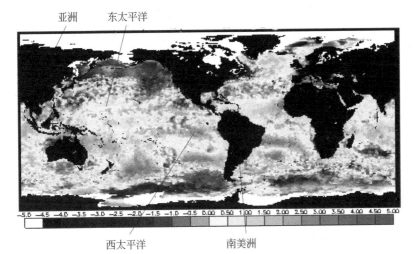

图 1.4　厄尔尼诺现象与地球自转有关

　　特殊天象的出现,比如日食、月食、流星雨等,现代天文学已可以作出预报,有的已可以作长期准确的预报。

1.2.1　天文学的哲学意义

　　天文学对人类发展的影响首推天文学的哲学意义!

　　天文学的哲学意义,从人类认识宇宙的几次大飞跃中就能够体现出来。

　　第一次大飞跃是人们认识到地球是球形的,日、月、星辰远近不同,它们的运动都有规律可循。观测它们的位置可以制成星表,利用它们运动的规律性可以制定历法。古人往往凭主观猜测或幻想来看待天与地的各种问题,有些看法成了流传的神话故事,如我国的"盘古开天地""嫦娥奔月"等。然而,经过长期观测和思考,人类逐渐形成了科学认识。例如,从月食时地球投到月球上的圆弧影子等现象推断大地为球形;用三角测量法测定太阳和月球的距离和大小等。公元 2 世纪,集当时的天文学成就,古希腊人托勒密(Claudius Ptolemaeus,约 90—168)在其名著《天文学大成》中阐述了宇宙地心体系(地心说),认为地球静止地位于宇宙中心,大行星和恒星在各自的轨道上每天绕地球一圈。他试图运用数学的方法给天体以科学的描述,否认了上帝创造宇宙的传统理论,是人类哲学思想的飞跃。

　　第二次大飞跃是 1543 年哥白尼在名著《天体运行论》提出宇宙日心体系(日心说),形成了太阳系的概念。他论证了地球和行星依次在各自轨道上绕太阳公转;月球是绕地球转动的卫星,同时随地球绕太阳公转;日、月、星辰每天东升西落的现象是地球自转的反映;恒星比太阳远得多⋯⋯正如书名中"revolution"一词有运行

(绕转或公转)和革命的双关意思,从此自然科学便开始从神学中解放出来。17 世纪初,伽利略(Galileo Galilei,1564—1642)制成了天文望远镜,看到了月面,发现了木星的卫星,观察到了太阳黑子,从而极大地支持了"日心说",开创了近代天文学。

第三次大飞跃是万有引力定律和天体力学的建立。开普勒(Johannes Kepler,1571—1630)分析第谷·布拉赫(Tycho Brahe,1546—1601)留下的行星观测资料,发现行星运动三定律;牛顿的名著《自然哲学的数学原理》给出了万有引力定律,奠定了天体力学的基础。哈雷(Edmund Helley,1656—1742)对彗星的研究、勒威耶(Urbain Jean Joseph Leverrier,1811—1877)和亚当斯(John Couch Adams,1819—1892)对海王星的发现,都说明人类的哲学思想和自然科学研究的共鸣。

第四次大飞跃是认识到太阳系有其产生到衰亡的演化史。在牛顿时代,人们认为自然界只是存在往复的机械运动,绝对不变的自然观占主导地位。打破僵化的自然观的人物是德国的哲学家康德和法国的数学家拉普拉斯,他们分别提出了太阳系起源的星云假说,阐述了科学的宇宙思想。

第五次大飞跃是建立银河系和星系的概念。美国科学院沙普利-柯蒂斯(Harloy Shapley&Curtis)的大争论:星云是河外的还是河内天体?是不是星系?哈勃(Edwin P. Hubble,1889—1953)通过测定 M31 星系中"造父变星"的距离,开创了河外星系天文学,大大扩展了人类的视野和宇宙观。

第六次大飞跃是天体物理学的兴起。19 世纪中叶以后,照相术、光谱分析和光度测量技术相继应用于天文观测,导致天体物理学的兴起,认识到了恒星的化学组成以及恒星内部的物理结构,使人类的哲学思想进一步深化,认识宇宙的科学幻想得到了实现。

第七次大飞跃是时空观的革命。20 世纪初期,爱因斯坦(Albert Einstein,1879—1955)创立了相对论,把时间、空间与物质及其运动紧密联系起来。打破了经典物理学的"绝对时空观"。阐述了"引力弯曲""时间延长""多维时空"等超出人类普通哲学思想的科学观念。完成了自然科学的彻底革命。

我们说哲学是科学的先导。天文学研究许多都是在哲学的导引下完成的。

1.2.2 天文学对基础学科的作用

天文学是自然科学的基础学科,所以对其他学科具有联系和指导作用。

数学:天体位置的确定,观测数据的处理都需要数学。所以天文学成为推动数学发展的动力。

物理:经典力学体系的建立,万有引力定律的发现,是研究太阳系内天体运动的需要。

海王星的发现证实了万有引力定律。

水星凌日、黑洞、日食的观测验证了广义相对论。

物理学中极端条件下物理规律的验证只能依赖天体环境。天体物理学已经成为天文学的主流学科。

化学：He元素是天文学家在太阳大气光谱中首先发现的。同时研究宇宙中气体和尘埃的相互作用,可以揭晓元素形成的机制。天体化学(astrochemistry)已经是天文学中热门的科学。

生物：天文学家通过研究不同天体环境中的生物分子,了解构成生命的组件的起源,这些生物分子如何构成生命,生命怎样与其诞生的环境互相影响,以及最终探究生命能否及怎样扩展到其他行星之外。

地外文明的探索,天文生物学(astrobiology)、地外生物学(exobiology)等学科的兴起,都说明了生物学与天文学的密切联系。

气象：最让人与天文学产生密切联想的就是气象学了。甚至许多人都搞不清天文学与气象学之间的区别。其实,天文学研究的"天"和气象学研究的"天"是两个完全不同的概念。天文学上的"天"是指宇宙空间,气象学上的"天"是地球大气层。天文学家研究地球大气层以外各类天体的性质和天体上发生的各种现象——天象;气象学家则研究地球大气层内发生的各种现象——气象。所以,预报日食、月食的发生和流星雨的出现是天文学家的事,而预报台风、高温、寒潮则是气象学家的职责。但是,天文学与气象学还是联结最紧密的学科。地球本身也是一个天体,地球大气影响天文观测,从某种意义上说天气决定了观测的成败(地面光学,红外),例如大气扰动影响成像质量,大气折射影响观测精度等。天文对气象的影响也是很明显的：地球绕太阳公转形成了地球上的四季(图1.5),月球对地球的引力作用形成了海水每天的潮涨潮落,地球上近年来对气候影响最大的厄尔尼诺现象就与地球自转的变化有关等。

1.2.3 天文学对技术科学的推动作用

天文学是观测的科学,观测技术和观测水平的不断进步对天文学的发展起着关键的作用。天文望远镜的发明就是光学技术的伟大成果,而天文望远镜的发展更是推动了光学、机械和控制技术的发展。

天文信息的终端接收设备从肉眼到照相底片再到CCD(电荷耦合器件),体现了人类获得外来信息能力的不断提升过程,对军事技术、航天工业、遥感技术以及人类日常生活都产生了重大的影响。

空间探测器的研究无疑推动了航空航天技术的发展。

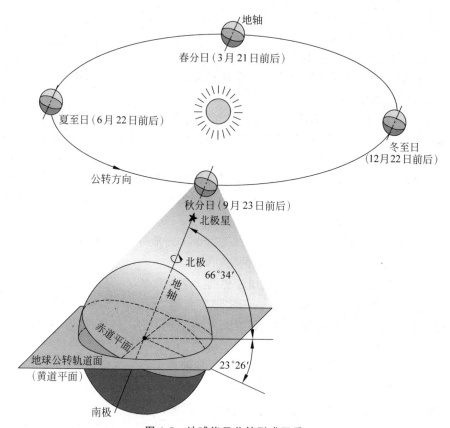

图 1.5　地球绕日公转形成四季

1.2.4　天文学对人类日常生活的影响

天文学是一门古老的学科,是一门观测的科学,在历史上它与人类的生产活动和日常生活密切相关,例如季节的变化、潮水涨落、野外方向的确定等。

天文学对工农业生产的作用体现在:

计量时间——制定时间标准,应用于尖端科学。所谓"差之毫厘,谬以千里",时间精度的提高大大地支持了科学技术特别是航空、航天和军事技术的发展。

星表,年历的编制——服务于农业生产,航海,航空,航天,GPS 精密定位等。

研究和预报太阳活动——飞船运行,卫星发射,通信保障等。越来越多的情况表明,太阳活动对人类生活影响的重要性。

精密定轨,测距——计算和控制卫星轨道,研究地月系演化。

天文高灵敏度探测器——遥感和军事上的应用等。

中华文明为什么能在 5000 年的历史长河上不断繁荣发展，中国古代天文学的高度发达有重要的作用！

——李政道，2001，北京

1.3　天文学与占星术

人的命运与天有关吗？

从宏观角度去看，应该是有的。太阳给了我们能量，星星月亮为我们的先辈指引方向，而且从天文学意义上讲我们生活的地球就是一个天体。但是，具体到微观世界，具体到我们每一个人，你真的相信"人的命，天注定"吗？你真的认为日、月、星辰在天上的运行会影响到生活在地球上的你吗？你真的认可那在你出生时就已经确定了的"生辰八字"能影响你"变化的"人生吗？更何况你什么时候来到这个世界上的，连占星术本身都有不同的看法……

总是有人想知道自己是出生在哪个星座，从而依据"天宫图"或其他类似的东西去"指引"自己的生活甚至整个人生。如果你也有一点点类似这样的想法，那么有一个再明显不过的问题你想过没有：黄道星座（天宫）一共只有 12 个，地球上的人口最新统计是 76 亿（2018 年数据），我们作一个简单的计算，用 76 亿除以 12，答案会告诉你，地球上和你同星座的人要比 6 亿还要多！

——他们和你同命运？同性格？同……

有些人可能会说，你不懂"天宫图"，你不懂占星术。那什么是占星术呢？

1.3.1　天文学与占星术的联系

占星术（astrology），是根据天象来预卜人间事务的一种方术，又称占星学或星占学、星占术。占星术就是利用一些天象，如日食、月食、新星、彗星、流星的出现，以及日、月、五星（水星、金星、火星、木星、土星）在星空背景上的位置及其变化等来占卜人间的吉、凶、祸、福。

天文学（astronomy），是自然科学的基础学科。它是以观察及解释天体的客观存在为主的科学。主要研究天体的分布、位置、运动、状态、结构、组成、性质及起源和演化等。在古代，天文学还与时间、历法的制定有不可分割的关系。天文学的实验方法是观测，通过观测来收集天体的各种信息。利用这些信息，天文学家去探寻天体的运动规律、物质组成和天体本身的演化过程等。

古代的天文学家，绝大多数是星占家。早期的天文著作，大多带有占星术的色彩。所以，我们有必要对占星术以及天文学与占星术的联系等加以深刻的认识，一方面可以加深对天文学历史的了解;另一方面可以让大家明白占星术到底是什么。

《易经》中曾提道:"仰以观于天文,俯以察于地理。"这实际上就有通过观察"天象"来判断人世间吉凶祸福的意思。

星占学正是要从天象中看出人世间的百态,所以在古代中国,"天文"一词通常都是指仰观天象以占知人事吉凶的学问,即星占学。在古代,占星术曾经哺育了天文学的萌芽,积累了天文学知识,这一现象无论在西方还是在东方都无例外。

所以今天人们只要试图研究天文学发生、发展的历史,只要试图了解古代社会中的科学及文化史,就不能不认真回顾历史上的星占学。但是,在现代天文学早已高度发展、人类已经登上月球、飞船已经奔向宇宙太空的今天,仍在世界各地流传着的星占学(尽管它的算命天宫图已可用计算机排算),实际上只剩下社会心理学研究的价值,而不再具有任何科学意义。

1.3.2 占星术的发展历史

今天人类的直系祖先是在10万年前至15万年前陆续从非洲大草原走出,逐渐分布到世界各地的。约1万年前,一些地方陆续进入农业定居社会。出于追逐野兽和采集食物的需要,人们注意到了自然节律,特别是草木生长、动物繁衍、日月星辰的运行之间的关系。与其他被动适应自然的物种不同的是,人类特有的好奇心促使人们追问世间万物之间的关系,尤其是明亮的日月星辰对地上事物的影响。

风、雨水、阳光都能决定(影响)农作物和牧畜的生长繁殖,光芒四射的太阳、神秘的月亮、周天"巡游"的行星当然能够告诉(影响)我们更多的东西啦!

实际上,占星术是占卜术的一种。占卜是人类在无力掌握自然规律的情况下,希望借助某种符号的变化来窥测神灵的意愿的一种过程。占卜所用的符号有很多,没有必然性。用竹签蓍草、阴阳八卦、扑克牌、塔罗牌、星座行星,或者灼烧之后的甲骨,或者剖开羊的内脏,都可以人为规定一套规则。占卜的符号和规则越复杂,就显得越高级。占星术以神圣天体的名义,结合复杂的"天体属性"去预测"人的属性",不是就更加正规、更加"高大上"了吗?所以,虽然屡经打击,但利用大众的盲目崇拜,占星术还是成功地生存至今。

更何况,占星术和天文学真的是同根同源的。它们的研究对象都是天体(天象),都需要观察、解释。古希腊时代,天文学大师托勒密便提出,星空中的科学分为两大类:理论性的和实用性的。公元7世纪,被称为"圣师"的圣依西多禄(Isidorus Hispalensis,西班牙6世纪末7世纪初的教会圣人,神学家)正式为两个部分分别命名,理论性的一支命名为天文学(Astronomy),实用性的一支命名为占星术(Astrology)。相同的"Astro"词根有不同的后缀,有趣的是后缀"nomy"有规则、法理的意思,而"logy"则是演讲、言语的意思。估计"圣师"本人就认为,天文学家要靠观测和理论研究为主,星相学家要靠"嘴皮子"养家。

当今西方占星术,起源于两河流域的巴比伦。经过坎坷的发展,几起几落,不断地演变发展新的分支,才有了包括星占学、黄道十二星座等为主的现代占星术。

1. 美索不达米亚的巴比伦人

美索不达米亚是指西亚幼发拉底河与底格里斯河的两河流域地区(现今伊拉克境内)。那里诞生了伟大的"两河文明"。古巴比伦人是信奉多神的,其中安努(Anu)、恩利尔(Enlil)和埃阿(Ea)是三个主要的神。安努是天之神,恩利尔是风与权力之神,埃阿是水与智慧之神。他们各自掌管着部分天空(星群)以及关于这些星相互之间位置的指示。通过星与各神之间的联系给人以启示。

同时,日、月和行星也各有其神。日神名沙玛什(Shamash),是公正之神;月神名辛(Sin),有时也被尊为"天空之主";金星女神伊什塔尔(Ishtar)是战争与爱情女神等。他们都被赋予使命,以显示天与地之间的连通。古巴比伦人通过天象的观察认识到,五大行星是穿梭于众星之间的。所以,他们被称为"翻译家",即为大众解释天空各神的意旨。

2. 古埃及人和旬星

占星术从美索不达米亚传入古希腊,中间有着埃及人的影响。可以说埃及人起到了"桥梁"的作用。古埃及人在法老时代已拥有相当丰富的天文学知识,但他们似乎并未自己发展出一套严格意义上的星占学体系。

古埃及人也对星空进行了划分,而且同时也划分了时间。他们利用了 36 个旬星(decans),也可能就是 36 个星座。一年由 36 个"星期"构成,每个 10 天,所以称为"旬星"。旬星是每个"星期"内于特定夜间时刻升起的亮星或星座,每 10 天轮换一个,36 个旬星是沿着天赤道分布的,并等分周天,每个占 10°,一年恰好轮遍一周。"旬星"除确定年份外还可确定夜晚的时间(与日晷互补?)。根据事先准备好的表格,并结合日历的日期,观测"旬星"的升落,即可确定夜间时刻,所以又被称为"星钟"(star clock)。

反之,也可以根据观测"旬星"升落来确定日期和季节。由于 36 个旬星轮转一周为 360 天,较回归年短了 5 天多,这样每过几年,相应的旬星升落时间就会有明显迟延,为此又发展出另一种附加的表,用以修正这一误差。

古埃及人是崇拜多神的。他们认为每个不同的时刻,都有某种冥冥之中与之相对应的"主导神星"在操控、主宰着尘世的事务。旬星体系的建立,正与这种观点有关。

3. 传入希腊——占星术的第一个黄金时期

说这个时期是占星术的第一个黄金时期,基于这样的三层含义:

(1) 伟人的介入。最著名的就是有关亚历山大(Alexander)大帝身世的故事。(读者有兴趣的话,我们可以把这个故事作为拓展问题或者是课外问题留给您去解决。)

(2) 星占学风靡社会。当时,星占学激起了希腊社会中许多群体的强烈共鸣。其中不仅包括哲学家和科学家,也包括像"医学之父"希波克拉底(Hippokrates,约公元前460—前377)这样的人物。希波克拉底向他的门徒传授星占学,以便让他们掌握病人的"凶日"。

(3) 星占大师托勒密的出现。他一生至少写了13部著作,流传至今的有10部。其中的多部著作中谈到星占学,而以《四典》一书被后代的星占学家视为经典。

4. 文艺复兴和占星术的第二个黄金时期

文艺复兴带来了星占学的第二个黄金时代。与希腊时代相比,这一次的盛况又有过之。而且从表现方式来看,星占学的两次黄金时代虽然相隔千年,却颇有相同之处,都突出表现为两点。一是君王贵族等上流社会人物普遍沉迷此道;二是都出现了第一流天文学家与第一流星占学家一身两任的代表人物——在希腊时期是托勒密,在文艺复兴时期则是第谷和开普勒。

1.3.3　占星术分类

1. 君国占星术

最早起源于古巴比伦的占星术可以说基本上都是君国占星术的内容。也就是说占星术是为君王和国家利益而服务的,古巴伦君王们在民众中宣传占星术也只是要让人们相信,君王们是和天神——对应的。在古埃及和古代中国,天象的观测都是由僧侣和皇家指定的人员来进行的,也说明一般大众是不能接触占星术的。

君国占星术的主要服务对象是一国的君王,他们都有自己的星占学家。这些御用的星占学家都做些什么呢?

(1) 皇位和皇帝死期的预言;

(2) 干预皇位继承人选;

(3) 参与宫廷阴谋和叛乱。

2. 生辰占星术

专门根据一个人出生时刻(有些流派用受孕时刻)的天象来预言其人一生命运的占星术。这一类型涉及的天象较少,仅限于黄道十二宫和五大行星及日、月。

在西方,君国占星术和生辰占星术都以同一个古老的哲学观念作为基础。人间万事的发展是前定的,或者通俗来讲就是"命中注定"的,也即所谓"历史有个秘密计划",而借助于对天象的观察和研究,人类有可能窥破这个万古大计划中的若干部分或细节,从而使自己获益。这些观念表达了人类最古老的梦想之一——预言的梦想,也即我们能知道将来我们会遭遇些什么,我们能据此调整我们的策略因而从这种知识得益。历史主义学说和天文学知识之间的密切联系在占星术的理论和实践中清楚地显现出来。

3. 医学占星术

医学占星术是基于一种"大宇宙-小宇宙"类比的理论,即认为人体是天地星辰这个大宇宙的一种袖珍翻版,是一个小宇宙。它将对人体的诊断、施治乃至草药的采集、备制等都与天象联系起来。

星占医学最主要的理论基础之一是天上黄道十二宫与人体各部位的对应(图1.6)。从头至足依次为:白羊宫(头顶),金牛宫(右颈),双子宫(两肩),巨蟹宫(锁骨下),狮子宫(胸前),室女(处女)宫(腰带正中),天秤宫(腰带两侧),天蝎宫(右腹),人马(射手)宫(左腹),摩羯宫(右膝),宝瓶(水瓶)宫(右小腿),双鱼宫(右脚上)。

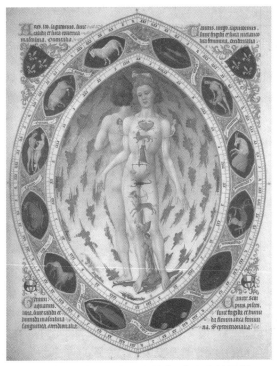

图 1.6　医学占星术中有关大、小宇宙的图解

1.3.4　中国的占星术

在中国，上古时代人们对上天的敬畏，发展到商周时已演变成为"天人感应""天人合一"的思想，即人间的万事万物，都上应天象。天庭也像人间朝廷一样，众星各有职司，各有所象。所以人们可以根据某些星辰的状况，来推测人间将会出现的情况。这种用星象占卜的法术，春秋战国时期开始盛行。它类似于西方国家的君国星相学，主要应用于国家朝廷的军政大事上。实际上，在我国历代以来，星相学一直属于"术数"中的一种。如果从占星术分类来考虑，中国的占星术最受重视的可以说是君国占星术，它有自己的完整体系和来源，甚至服务于占星术天象观测的恒星分类系统也和西方人大不一样。与西方的君国占星术分支比较，中国的占星术更系统、历史更久远、方法更完备，而且也更封闭——一般民众是不能接触占星术的。（作为拓展内容，读者可以自我去认识和了解一下中国的占星术。）

这可能就是在西方十分盛行的生辰占星术在古代中国很少见，而与生辰占星术相类似的"算命"、推算"生辰八字"基本上与天象无关的原因，因为"天人合一"只能是针对皇家、贵族。至于医学占星术在中国也不是很普及，这应该与生辰占星术是同命运的。

1.3.5　占星术有存在的必要吗？

大量的实践和理论证明占星术肯定是伪科学，最著名的检验当属美国加利福尼亚大学的肖恩·卡尔森（Sean Carlson）于1985年进行的占星术双盲实验。当时，卡尔森邀请了30位欧美的占星术士进行实验，另外还找来116个"顾客"，卡尔森将"顾客"和占星术士相互隔离。然后，他给每个占星术士3份不同的人格描述档案，其中只有一份是真的"顾客"的，让他们甄别。这些人格描述档案都是经过科学的调查而建立的，可供科学研究使用。结果未免有些出人意料，这些"经验丰富"的占星术士只选对了大约33%。也就是说，即便让完全不懂占星术的你来进行随机选择，差不多也能达到这个水平。在英国《自然》杂志上发表的论文中，卡尔森说："……通过双盲实验检验，占星术士的预言是错误的。关于行星和其他天体在人出生时候的位置与人的性格之间的联系不存在。这一实验无疑否定了占星术。"

那么占星术还有存在的必要吗？

我想大家都理解生物链效应，某些东西即使已被证明是有害的，但不能表明它就不应该存在。更何况科学还在进步中，自然界的许多现象我们还不能作出明确的解释，这就给那些伪科学留下了生存的空间。（提问读者：您认为，占星术有存在的必要吗？如果占星术可以继续存在下去,它应该是什么性质的？应该以什么样的形式存在?)

实际上占星术应不应该存在的问题并不重要,重要的是我们如何看待它。对于大部分通晓事理的人,我们不妨换一个角度去理解占星术。比如占星术可以帮助我们更好地了解自己,占星心理学已十分发达,利用占星学来了解自己,可以让自己更诚实地面对自己,改正自己的缺点;可以帮助我们"处理"人际关系,占星学用于人际关系上,已是大家耳熟能详的了,占星学不但帮助你了解自己,也帮助你了解别人,让你的人际关系更圆满;还可以帮助我们进行人生规划:利用占星学来了解自己的天赋和潜力,激发更深层的思考,可以对自己的未来更有计划。我们为什么不去化被动为主动呢?

有一个看上去不太恰当的事例,看来能多少帮助我们理解占星术存在的作用。有一个故事,描述一对中年教师夫妻的爱女因游泳溺水身亡,母亲痛苦哀伤难以自制,后经人介绍去一半地下的算命者处为亡女算命,得知此女"命中注定"要死于水,回来后就逐渐释然了。这算命者为亡女之母提供的就是"宿命安慰"。这种"宿命"即使是谎言或者胡扯,但在客观上确实常能给不幸者提供心理安慰。

天文小知识

1. 中国的天文研究机构

(1) 中国科学院紫金山天文台
地　　　址:南京市栖霞区元化路 8 号(南大科学园内)
中文网址:http://www.pmo.ac.cn/
英文网址:http://english.pmo.cas.cn

建成于 1934 年 9 月的紫金山天文台是我国自己建立的第一个现代天文学研究机构,其前身是成立于 1928 年 2 月的中央研究院天文研究所。它坐落于南京市东郊风景如画的紫金山第三峰上(图 1.7)。紫金山天文台的建成标志着我国现代天文学研究的开始。中国现代天文学的许多分支学科和天文台站大多从这里诞生、组建和拓展。由于它在中国天文事业建立与发展中作出的特殊贡献,被誉为"中国现代天文学的摇篮"。

紫金山天文台目前设 4 个研究部:暗物质和空间天文研究部、应用天体力学和空间目标与碎

图 1.7　紫金山天文台

片研究部、南极天文和射电天文研究部、行星科学和深空探测研究部。每个研究部由若干研究团组、实验室和观测基地组成。有 5 个实验室:暗物质和空间天文实验室、毫米波和亚毫米波技术实验室、天文射电望远镜技术实验室、天体化学和行星科学实验室、行星科学与深空探测实验室;设 7 个野外业务观测台站:南京紫金山科研科普园区、青海观测站、盱眙天文观测站、赣榆太阳活动观测站、洪河天文观测站、姚安天文观测站和南极冰穹 A 天文观测站。还与多所大学、科研机构或高新技术企业建立了战略合作关系,成立了联合实验室或研究中心。

运行 13.7 毫米波望远镜、1 米近地天体望远镜、多台套设备组成的空间目标与碎片观测网、Hα 太阳精细结构望远镜等地面观测设备。牵头成功研制并运行我国首颗天文科学卫星——"悟空"号暗物质粒子探测卫星(DAMPE),目前正在牵头研制"先进天基太阳天文台(ASO-S)",计划于 2022 年发射。

建设并运行(含联合)射电天文、空间目标与碎片观测、暗物质与空间天文、行星科学等 4 个中国科学院重点实验室,是中国科学院空间目标与碎片观测研究中心、中国科学院南极天文中心(筹)两个非法人单元的挂靠单位。

紫金山天文台是我国开展天文科学普及的重点单位、全国科普教育基地、全国重点文物保护单位。以总部及观测站为依托,分别在南京紫金山天文台科研科普园区、青岛观象台、盱眙铁山寺风景区、青海省德令哈市、云南省姚安县等地建设 5 个重点天文科普基地为骨干,面向社会公众开展天文科普宣传教育,每年共接待青少年和社会公众约 20 万人次。南京紫金山科研科普园区入选"首批中国 20 世纪建筑遗产"和"中国首批十大科技旅游基地"。

紫金山天文台是中国天文学会的挂靠单位,承办《天文学报》(双月刊)和英文刊 *Chinese Astronomy and Astrophysics*。

(2) 中国科学院国家天文台

国家天文台地址:北京市朝阳区大屯路甲 20 号

国家天文台网址:http://www.bao.ac.cn/

中国科学院国家天文台成立于 2001 年 4 月(国家天文台的前身北京天文台成立于 1958 年),由中国科学院天文领域原四台三站一中心撤并整合而成。国家天文台包括总部及 4 个直属单位,分别是:中国科学院国家天文台云南天文台、中国科学院国家天文台南京天文光学技术研究所、中国科学院国家天文台乌鲁木齐天文站和中国科学院国家天文台长春人造卫星观测站。紫金山天文台、上海天文台继续保留院直属事业单位的法人资格,为国家天文台的组成单位。

国家天文台为国家航天局空间碎片监测与应用中心、中国科学院天文大科学研究中心、中国科学院南美天文研究中心的依托单位,为中国科学院空间科学研究院的组建单位,以及中国科学院大学天文与空间科学学院的主承办单位。

国家天文台建有光学天文、太阳活动、月球与深空探测、空间天文与技术、计算天体物理、天文光学技术、天体结构与演化、FAST 重点实验室等 8 个重点实验室，并与 20 余所大学、科研机构或高新技术企业建立了战略合作关系，成立联合研究中心或实验室。在河北兴隆，北京密云、怀柔，天津武清，昆明凤凰山，云南丽江高美谷、澄江抚仙湖，新疆南山、奇台、喀什、乌拉斯台、巴里坤，西藏阿里、羊八井，内蒙古明安图，吉林净月潭，贵州大窝凼等地建有观测台站。

国家天文台负责调试和运行国家重大科技基础设施——500 米口径球面射电望远镜（FAST，图 1.8），运行和维护国家大科学装置——郭守敬望远镜（大天区面积多目标光纤光谱望远镜，LAMOST），拥有 2.16 米光学望远镜、2.4 米光学望远镜、50 米射电望远镜、40 米射电望远镜、25 米射电望远镜、1 米太阳塔等一批天文观测设备。

图 1.8　FAST

国家天文台创办了拥有自主知识产权的国际核心英文学术期刊 *Research in Astronomy and Astrophysics*（RAA），还办有中文核心期刊《天文研究与技术》和现代科普刊物《中国国家天文》。

（3）中国科学院上海天文台

上海天文台地址：上海市南丹路 80 号

上海天文台网址：http://www.shao.ac.cn/

中国科学院上海天文台成立于 1962 年，它的前身是法国天主教耶稣会 1872 年建立的徐家汇观象台和 1900 年建立的佘山观象台，现在是中国科学院下属的天文研究机构，包括徐家汇和佘山两部分。

上海天文台以天文地球动力学、天体物理以及行星科学为主要学科方向，同时积极发展现代天文观测技术和时频技术，努力为天文观测研究和国家战略需求提供科学和技术支持。在基础研究方面，拥有若干具有国际一流竞争力的研究团队；在应用研究方面，上海天文台在国家导航定位、深空探测等国家重大工程中发挥重要作用。

上海天文台设有天文地球动力学研究中心、天体物理研究室、射电天文科学与技术研究室、光学天文技术研究室、时间频率技术研究室 5 个研究部门。拥有甚长基线干涉测量（VLBI）观测台站（已建 25 米口径射电望远镜，65 米口径射电望远镜，图 1.9）、国际 VLBI 网数据处理中心、1.56 米口径光学望远镜、60 厘米口径卫星激光测距望远镜、全球定位系统等多项

图 1.9　上海天文台 65 米口径射电望远镜

现代空间天文观测技术和国际一流的观测基地和资料分析研究中心，是世界上同时拥有这些技术的7个台站之一。上海天文台是中国VLBI网和中国激光测距网的负责单位。

（4）中国科学院云南天文台

云南天文台地址：云南省昆明市官渡区羊方旺396号

云南天文台网址：http://www.ynao.cas.cn/

1938年，原中央研究院天文研究所从南京迁到云南省昆明市东郊凤凰山（现云南天文台台址，图1.10）。抗战胜利后，中央研究院天文研究所迁回南京，在凤凰山留下一个工作站，该站隶属关系几经变更，1972年经国家计委批准，正式成立中国科学院云南天文台。2001年，经中央机构编制委员会批准，将北京天文台、云南天文台等单位整合为国家天文台。云南天文台保留原级别，并具有法人资格。

图1.10　云南天文台

云南天文台有一台两站（台本部、抚仙湖太阳观测站和丽江天文观测站）。设13个研究团组：大样本恒星演化研究团组、恒星物理研究团组、高能天体物理研究团组、天体测量技术及应用研究团组、双星与变星研究团组、系外行星研究团组、射电天文与VLBI研究团组、太阳活动和CME理论研究团组、光纤阵列太阳光学望远镜研究团组、天文技术实验室、应用天文研究组、选址与日冕观测组、自由探索组。

云南天文台现有天文观测设备20余台，主要有：2006年从英国引进的2.4米光学望远镜一台（丽江天文观测站）；用于承担探月工程地面数据接收任务的国产40米射电望远镜一台（台本部）；2015年建成的1米新真空太阳望远镜（抚仙湖太阳观测站）；20世纪80年代由德国引进的1米光学望远镜一台，1.2米国产地平式光学望远镜一台等。

出版物有《云南天文台台刊》《太阳活动月报》《参考资料》等。

（5）中国科学院国家授时中心（陕西天文台）

陕西天文台地址：陕西省西安市临潼区书院东路3号

陕西天文台网址：http://www.ntsc.ac.cn/

国家授时中心（图1.11）前身是陕西天文台，1966年经国家科委批准筹建，1970年短波授时台试播，1981年经国务院批准正式发播标准时间和频率信号；后成立陕西天文台长波授时台（BPL），1986年通过由国家科委组织的国家级技术鉴定后正式发播标准时间、标准频率信号。授时台位于陕西蒲城，主要有短波和长波

专用无线电标准时间标准频率发播台(代号分别为
BPM 和 BPL)。

短波授时台(BPM)每天 24 小时连续不断地以
4 种频率(2.5MHz、5MHz、10MHz、15MHz,同时保
证 3 种频率)交替发播标准时间、标准频率信号,覆
盖半径超过 3000km,授时精度为毫秒量级;长波授
时台(BPL)每天 24 小时连续发播载频为 100kHz 的
高精度长波时频信号,地波作用距离 1000～2000 千

图 1.11　国家授时中心

米,天地波结合,覆盖全国陆地和近海海域,授时精度为微秒量级。

学术出版物有《时间频率学报》和《时间频率公报》等。

(6) 中国台湾的天文研究机构

由于台湾岛内缺少独立建造大型天文望远镜的经济和技术能力,以及当地岛
屿环境导致温湿潮热多云的地理气候条件不适宜开展天文观测,因此除在嘉义鹿
林山上建有 4 座口径仅 50 厘米的小型天文望远镜和一具 1 米口径的中型天文望
远镜外,其余观测设备都是通过在外国与其他天文台或天文国际组织合作建造的
方式来取得,包括位于美国夏威夷玛纳基亚山的次毫米波阵列射电望远镜和宇宙
微波背景辐射阵列射电望远镜,以及位于格陵兰的 12 米射电望远镜和目前正在建
造中的位于智利阿塔卡玛沙漠的大型毫米波及次毫米波阵列射电望远镜,台湾都
只是众多参与者之一,仅拥有这些天文观测设施的部分使用权利。

鹿林天文台位于嘉义县阿里山乡及南投县信义乡交界处,地处玉山公园之内,
海拔 2862 米,位于逆温层之上,光害和尘害较小。由于纬度低,接近赤道,可以观
测到较宽广的范围。尤其是沿着夏威夷的大天文台,向西到台湾,中间没有任何观
测站,因此鹿林天文台成为国际上重要的观测点之一。该天文台由台湾"中央"大
学在 1999 年设立,目前由该校天文研究所管理。从 2003 年迄今,发现小行星数量
近 400 颗,其中有 7 颗取得正式编号。近年台湾鹿林天文台还与大陆中科院紫金
山天文台开展合作交流,双方研究人员轮流在对方天文台从事观测研究。

台湾"中央"大学天文研究所是台湾最早成立的天文研究与教学单位。除"中
央"大学外,台湾大学、新竹清华大学、新竹交通大学、成功大学等高校也在开展有
关天文及天体物理学方面的教学及研究,但主要侧重基础理论方面。

岛内最主要的天文研究机构是台湾"中央"研究院天文及天文物理研究所。该
所自 1993 年开始筹建,直到 2010 年 6 月才正式宣告成立,所址位于台湾大学校区
内,另在夏威夷设有办事处。主要研究方向包括河外天文学、恒星形成、星际与星
际间介质、天文尘粒物理、高能天文物理、理论及观测宇宙学、太阳系及系外行星系
统、天文仪器安装与测试等。

2004年,该所设立高等理论天文物理研究中心,最初位于新竹清华大学校园内,2013年迁至台湾大学,目的是将天文物理研究与教学相结合,将研究成果整合融入岛内大学生及研究生的教育课程之中,培养下一代天文学家。自成立以来,该中心积极开展有关宇宙中恒星、行星、致密天体、星系等起源与演化问题的研究,包括流体动力学、磁流体动力学、天文化学、辐射转移等数值模拟,每年均举办一期冬季/夏季短期课程、2~4次学术研讨会或各种规模的主题式课程,同时积极邀约访问学者造访该所,举办学术研讨会与短期培训课程。

在台北市士林区的台北市立天文科学教育馆是台湾唯一较大型的天文科学推广机构,除推广天文活动与观星、太阳或特殊天象外,还出版了《天文年鉴》、历象表、天文快报、《台北星空》等科普刊物;专业的刊物则有《太阳黑子年报》与《天文学报》。

(7) 中国香港天文台(Hong Kong Observatory,HKO)

香港天文台是商务及经济发展局(前经济发展及劳工局)辖下的部门,也是世界气象组织成员,专责香港的气象观测、地震、授时、天文及辐射监测等工作,并向香港公众发出相关的警告。

香港天文台总部设于九龙弥敦道134A号,建于1883年,建筑物本身已被香港古物古迹办事处列为香港法定古迹,每年3月都以举办开放日来庆祝该月23日的世界气象日。天文台道亦因香港天文台的建造而得名。

香港成为英国殖民地以后,因为香港的地理位置适合研究台风等气象,1879年英国皇家学会建议在香港设立气象观测台。当时在东亚,只有上海徐家汇、马尼拉、北京及荷属印尼雅加达四处有专业的气象观测台。前两者是由耶稣会修士运作,而香港正好位于二者之间。由于台风常对香港造成破坏,香港政府亦支持皇家学会的建议。1883年夏季,香港天文台正式创办。天文台最初的职责包括:授时、气象、磁场及水文观察,与天文毫无关系,可是当时负责翻译的华人却错译为"天文台",一直沿用至今。1912年,英皇乔治五世对香港天文台颁赐皇家香港天文台(Royal Observatory)的称号,直至1997年7月1日中国香港特别行政区成立为止。

2. 国内的天文教育机构

我国中学阶段没有设置天文课,高等学校中也没有设置天文基础课。但是近些年来,我国一些高等学校中开办了天文学讲座,深受广大学生的欢迎。天文学基础课也在许多高等学校被列为选修课。(请问读者,你们学校或"母校"开办了天文学课程吗?请你给学校提一些相关的建议。)

我国高等学校中的教育机构有:南京大学天文与空间科学学院、北京师范大学天文系、中国科技大学天文与空间科学学院、北京大学天文系、清华大学天文系、上海交通大学天文系和厦门大学天文系。这些机构为我国天文事业的发展,培养了大批天文学专业人才。

在其他国家,大致情况也是这样的:培养专业天文工作者,主要是靠大学中的天文系。但是,近些年来随着天文学科的发展,有不少相关专业的人才如物理系、数学系的毕业生,也加入到天文学研究的行列中,为天文事业的发展作出了贡献。

(1)南京大学天文与空间科学学院

南京大学天文学系创建于 1952 年,2011 年扩建为天文与空间科学学院(图 1.12),增设了空间科学与技术新专业。是全国高校中历史最悠久、培养人才最多的天文学专业院系,在历次学科评估中位居国内高校天文学专业第一。学院除了拥有天体物理和天体测量与天体力学两个国家重点学科、一个教育部重点实验室之外,还是国家第一个天文学基础研究和教学人才培养基地、第一个基金委创新研究群体。

图 1.12　南京大学天文与空间科学学院

专业设置:天体物理学科、天体测量、天体力学和空间科学与技术专业。

(2)北京师范大学天文系

北京师范大学天文系于 1960 年成立,是我国高校成立的第二个天文系,在天文学人才培养、科学研究和技术创新、科普教育等方面做出了重要贡献。

天文系拥有天体物理博士点和硕士点,以及天体力学与天体测量、光学、天文教育等硕士点。根据学科的发展和现有的条件,该系目前有 6 个学科方向:引力波和星系宇宙学;太阳、恒星和星际介质物理;实验室天体物理;高能天体物理;天文光电技术和应用天文学;天文教育与普及。

目前拥有"引力波与宇宙学实验室"、"现代天文学实验室"和"天文教育综合实验室",拥有北京师范大学与国家天文台共建的"兴隆天文学实践基地",以及天文学学科与云南天文台共建的"天文教育实践基地"。

（3）中国科学技术大学天文与空间科学学院

中国科学技术大学天文学科 1985 年被教育部批准为天体物理博士学位、硕士学位授权点，2001 年被教育部评定为国家重点学科，2008 年被教育部评定为国家理科人才培养基地，2010 年获得天文学一级学科博士和硕士学位授予权。天文学科发展始于 1972 年创建的中国科学技术大学天体物理研究组，1978 年经中国科学院批准在科大成立的所级研究单位，1983 年更名为天体物理中心。1998 年学校在天体物理中心和基础物理中心的基础上成立天文与应用物理系，2008 年改名为天文学系。2015 年通过"科教融合"，与中国科学院紫金山天文台等强强联合，优势互补，成立了中国科学技术大学天文与空间科学学院。

中国科学技术大学天文学科现有星系宇宙学、射电天文、空间目标与碎片观测、暗物质与空间天文、行星科学等 5 个中国科学院院重点实验室。学科方向包括星系宇宙学、射电天文学、太阳和日球物理、高能天体物理、行星和行星系统、应用天体测量与天体力学和空间技术与方法。

（4）北京大学天文系

北京大学天文学系于 2000 年正式成立，它的前身是北京大学地球物理学系天文专业。北京大学天文学系是北京大学和中国科学院双方共建的。它与北京大学和中国科学院共建的北京天体物理中心构成了一个有机的整体。北京大学天文学系设有天体物理专业硕士点、博士点和博士后流动站。目前天文学系设有天体物理和天文高新技术及其应用两个培养方向。

（5）清华大学天文系

清华大学天文系的前身是清华大学天体物理中心，该中心成立于 2001 年。2019 年 3 月 19 日，经清华党委常委会和校务会议审议通过，清华大学天文系正式成立。清华天文系纳入理学院，同时保留清华大学天体物理中心，挂靠天文系。建立了低温探测器实验室，借助清华大学理工结合的优势开展下一代空间天文探测设备的研发和相关科学准备；建立了较为完整的研究生课程体系和培养方案，并逐步开设了一批天文课程；参与了多项国际大规模天文观测项目，与多所国外著名高校和研究机构建立了长期合作关系，提升了清华大学天文学科的国际影响力。

（6）上海交通大学物理与天文学院

2012 年上海交通大学成立天文与天体物理中心，于 2017 年正式成立天文系。开展星系形成和宇宙演化的理论研究，参与 SKA、SDSS、MS-DESI 等国际天文观测大项目的观测研究。2013 年，上海交通大学物理系正式更名为物理与天文系，成为中国高校中第一个物理与天文系，并于 2017 年正式更名为物理与天文学院。

（7）厦门大学天文系

厦门大学于 2012 年 11 月 26 日复办天文系，成为继南京大学、北京师范大学、北京大学、中国科学技术大学之后,设有天文系的第5所大学。2013年起,招收四年制天文学一级学科本科生;2016年起,招收天体物理与宇宙学专业硕士和博士研究生;2019年起,招收天文学一级学科硕士研究生。

之所以称"复办",是因为厦门大学于1927年9月曾经设立天文学系,但于1930年9月停办,前后只有3年。大约由于存在时间很短,且年代较早、史料散失,历史上的厦门大学天文学系现已鲜为人知。余青松先生创建紫金山天文台的伟绩值得后人敬仰,而他在此之前曾是厦门大学天文学系首任主任的史实也应该被记取。

3. 世界著名的天文台

(1) 英国格林尼治天文台(图1.13(a))

世界最著名的天文台之一。始建于1675年,位于英国首都伦敦的格林尼治,第二次世界大战后迁往新址,现位于英国南海岸苏塞克郡的赫斯特蒙苏堡,但保留了"格林尼治皇家天文台"的名称。1884年,经过这个天文台的子午线被确定为全球的时间和经度计量的标准参考子午线,也称为本初子午线(图1.13(b)),即零度经线。

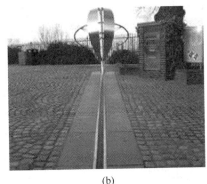

(a)   (b)

图1.13 英国格林尼治天文台和本初子午线标志

现在的天文台已成为一个专供人参观的纪念性场所,天文学术研究机构已乔迁别处。天文台进门处有一个时间球和精确显示格林尼治时间的民用钟,此钟为2米多高的柜形电子钟,时间精确到微秒。格林尼治时间的正式确定是在1884年,在华盛顿召开的国际经纬会议上确定——把格林尼治作为世界时间的0经度和时区的初始点。闻名遐迩的0°经线,是从可以开合的天文台穹顶内的精密仪器中以绿色激光束射出,通过一系列的光路系统投射到地面的接收仪上,在地面上则根据时间球精确定位,在嵌入地面的钢条上刻出0°0′0″的标记。在钢条左边的大理石镶条上刻着东半球,右边则刻着西半球。

（2）汉堡天文台

20世纪最重要的天文仪器诞生地。

汉堡港为欧洲重要大港,为了对航行的船舶提供天文航海资料与时间服务。1833年汉堡天文台正式由政府接管(在此之前是由私人集资举办),不久后出版了星数达6万颗的星总表目录。随着汉堡市区的扩展,原有的台址受光害、烟雾及工厂的影响,已不敷研究工作的需求,便在1901年开始在郊区Bergedorf的山丘上建立新台。

1912年新的(现代的)汉堡天文台正式落成启用,配备当时傲视欧洲各国的先进仪器,诸如60厘米折射赤道仪、蔡氏1米口径反射望远镜、60厘米口径反射望远镜与30厘米Lippert摄星镜(焦比1∶5),并开始AGK计划。AGK是德文Astronomicchen Gesellschaft KatalogR的缩写,意为星总表目录。到1930年,总计有20万颗星已被测量并标定位置,1935年又利用光谱测量与光度计,观测了15万颗变星。这时汉堡天文台达到它历史上的巅峰。

（3）威尔逊山天文台

自从1890年美国亚利桑那州的罗威尔天文台开始,天文台的设置高度开始向上爬升,威尔逊山天文台的设置很意外地发现了一个特殊的现象——逆温层。按理说高度越高,空气的温度会成反比下降才对,可是在某些地方,因为当地地形与气流、海洋环境的关系,空气在某一高度时温度不减反增。这时下层的空气温度低,上层的空气温度高,所以会变成"无风"的稳定状态,极适合作天文的观测。威尔逊山天文台的位置,恰好在洛基山脉的最边缘,俯瞰整个洛杉矶市。当年它设置的原因是因为它距离海尔任教的加州理工学院(CIF)不远,没想到却因此而发现到这种逆温层现象。事实上在太平洋寒流流经的地方,如美国西部、南美智利都有这种好天气出现,所以要谢谢临海的"垂直"型高山,以及低温的洋流所营造出良好的天文环境。

威尔逊山天文台曾于1985年因经费不足关闭,经过热心的业余天文爱好者大力奔走,终于在1994年重新启用。受到洛杉矶市光害的影响,威尔逊山天文台虽然不太利于观测,但作为教育用天文台还是绰绰有余。威尔逊山天文台和帕洛玛山天文台合称海尔天文台。

（4）帕洛玛山天文台（图1.14(a)）

地理位置:美国加州南部。

成立背景:20世纪20年代,以民间力量推动发展。

天文史上的特点:拥有全世界最大的5米赤道仪(图1.14(b))。

优异的天文仪器:200英寸望远镜(5米赤道仪)。

发展贡献：验证近代天文物理学的各项理论，制作全天域星图（北天），发现舒梅克-李维 9 号彗星。

(a)　　　　　　　　　　(b)

图 1.14　美国帕洛玛山天文台和 5 米赤道仪

（5）基特峰天文台——美国国家光学天文台

地理位置：美国亚利桑那州。

成立背景：1953 年由美国国家科学基金会（NSF）出资成立。

美国天文学界合组的 AURA（美国大学天文研究协会）与美国政府首次合作设置的天文台。美国国家光学天文台（图 1.15(a)）设立于 1982 年，其最初建立的目的是为了巩固并统一指挥一些美国的地面天文台（基特峰天文台、塞拉托洛洛天文台以及国家太阳天文台）。不过现在国家太阳天文台已经有了独立的指挥部门。

(a)　　　　　　　　　　　　(b)

图 1.15　美国国家光学天文台和夏威夷玛纳基亚山天文台的凯克望远镜

（6）玛纳基亚山天文台——北半球最棒的天文观测地点

自从伽利略发明望远镜后，天文学家观察宇宙遥远的天体，发现面临了一个难以突破的困难，那就是大气层扰动而形成的"视静度"（seeing）问题。举例来说，在清澈透明无波的水面上，你可以看到水下悠闲自在的鱼，甚至长满青苔、水草的湖底，但是如果风吹波起你就什么都看不见了。同样的道理，看星星的天文学家，最怕的就是"风吹云起时",从望远镜看来,风一吹,星星简直就乱成"一团",什么跟什么根本就看不清楚,而且光学望远镜也看不穿那一层云雾。所以天文学家得找一个既不起云雾、空气洁净又稳定的地方作为他的"安乐园",这种挑选天文台地点的学问,简称选址(site survey)。

第一次世界大战后,天文台的选址条件变得越来越严苛,学问也越来越专精。因为望远镜越造越大,价格越来越昂贵;性能愈加精进,对天文环境的要求也比以往更高。一旦有好望远镜却因"放"错地方,而发挥不出应有的性能,那真是太可惜了。

像帕洛玛山天文台的5米望远镜,便因高度不够(海拔2000米),"偶尔"受到低空云层的"打搅",让天文学家为之困扰。因此加州理工学院的教授们,非常讨厌这种三不五时的云雾"临检",而帕洛玛山所处的南加州,已经是晴天很多的地方(有首英文歌就叫《南加州从不下雨》),但是他们仍不满意。

所以当夏威夷玛纳基亚山的选址报告出来时,大家才知道世界最佳的天文观测地点,竟是在这个火山小岛上。它的高度有4206米,平均湿度10%,视静度最好可达0.3个秒角(平均值0.8个秒角)。秒角的意思就相当于空气的稳定程度;秒角数越小,表示星象扩散的程度越小,相对的星象也就尖锐清晰,而不会是乱成"一团"。

现在,世界上公认的三个最佳天文台台址都是设在高山之巅,这就是夏威夷玛纳基亚山山顶,海拔4206米;智利安第斯山,海拔2500米;以及大西洋加那利群岛,2426米。

由于玛纳基亚山特殊的地理环境,极高的高度、平均晴夜数可以达到280天以上,非常适合作为天文学的研究基地。目前在玛纳基亚山顶上的望远镜有:凯克10米望远镜(图1.10(b));英国3.8米红外线望远镜(UKIRT);加拿大、法国、夏威夷3.6米望远镜(CFHT);夏威夷大学2.2米望远镜;夏威夷大学60厘米望远镜;加州理工学院10.4米口径次毫米波望远镜(CSO);英国15米次毫米波望远镜(JCMT);8米口径的日本速霸陆望远镜;美国国家光学天文台8米望远镜等。

(7) 美国国家射电天文台

美国国家射电天文台建造的射电望远镜有甚大天线阵(VLA,图1.16(a)所示,是由27面直径为25米的射电望远镜排成Y字形组成的),国际甚长基线阵(VLBA,图1.16(b))、绿岸射电望远镜(GBT)等。

绿岸射电望远镜(Green Bank Telescope,GBT)是目前世界上最大的可移动射电望远镜。望远镜大约有43层楼高,直径110米。望远镜的反射面由两千多块小反射板拼接而成,整个系统使用了精密的自动控制技术。绿岸位于弗吉尼亚州边界,这里人烟稀少,是全美人口密度最低的地方。周围的群山是天然的无线电波

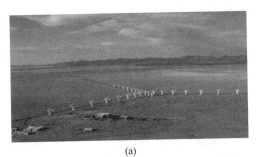 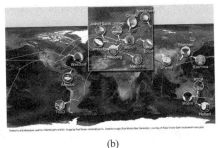

(a)   (b)

图 1.16　美国国家无线电天文台甚大天线阵(VLA)和国际甚长基线阵(VLBA)

屏障。为了排除一切可能的干扰,一丝微波,汽车发动机的一个火花在这片区域内
都是绝对禁止的。

　　(8) 波多黎各岛阿雷西博天文台

　　阿雷西博天文台(图 1.17)是美国最重要的射电天文、行星探测和地球超高层
气流物理学的研究中心。每年有众多的科学家和大量的学生来到这里进行观测。
这架射电望远镜坐落在喀斯特地形区,天然形成的石灰石凹陷为这面 305 米反射
镜的镜面提供了可以充分利用的几何形状。

图 1.17　波多黎各岛阿雷西博天文台

　　(9) 卡拉阿托天文台

　　卡拉阿托天文台是由位于德国海德堡的马克斯·普朗克天文研究所和西班牙
格拉纳达的安达鲁西亚天文物理研究所共同运作的天文台。该天文台位于西班牙
阿尔梅里亚省山脉中的卡拉阿托山顶(2168 米)。天文台的台址 1970 年确定,并
于 1975 年 7 月启用,当时启用的望远镜是口径 1.2 米史密特摄星仪,是 1976 年自
德国汉堡天文台迁移到此的。

该天文台是由德国和西班牙天文相关单位共同运作。之后又另外启用四台望远镜，即马克斯·普朗克学会拥有的口径 3.5 米、2.2 米和 1.23 米的望远镜以及 80 厘米的史密特摄星仪。西班牙安达鲁西亚天文物理研究所则拥有口径 1.5 米的望远镜。

（10）美国海军天文台

美国海军天文台（United States Naval Observatory，USNO）是美国海军和美国国防部的重要科研机构。该天文台的研究范围包括地球自转、天体定位、精确时间系统、导航定位系统等。这些研究项目在国防、科研、导航和通信领域都有广泛应用。

美国海军天文台是美国最早的科研机构之一，成立于 1830 年，最初叫海军图表设备局，任务是开发海军用的导航设备和计时设备。在 1844 年改成美国海军天文台，开始进行光速测量、日食和金星凌日等方面的科学研究。火星的两颗卫星就是该天文台的天文学家 Asaph Hall 于 1877 年发现的。

现在，美国海军天文台最大的光学望远镜是位于亚利桑那州 Flagstaff 观测站的 61 英寸望远镜，用于深空暗弱天体的测量。

（11）欧洲南方天文台（the European Southern Observatory，ESO）

欧洲南方天文台简称欧南台（图 1.18(a)）。1962 年 10 月 5 日，德国、法国、比利时、荷兰、瑞典五国在巴黎签署了一份协议，决定共同在南半球建立天文台，并命名为欧洲南方天文台。后来陆续有丹麦、芬兰、意大利、葡萄牙、瑞士、英国、西班牙、捷克共和国加入。欧洲南方天文台的选址工作始于 20 世纪 50 年代中期，那时曾向非洲的卡洛沙漠派出考察队。60 年代中期，欧洲南方天文台考察了智利北部的阿塔卡玛沙漠，最终选定这里作为台址。1969 年 3 月 25 日，欧洲南方天文台在阿塔卡玛沙漠南部的拉西拉山（世界上最好的天文观测地点）正式剪彩。

(a)   (b)

图 1.18　欧洲南方天文台和由 4 台 8.2 米口径望远镜组成的甚大望远镜（VLT）

欧洲南方天文台的总部位于德国慕尼黑北部的加兴,是 1980 年德意志联邦共和国政府赠送的。欧洲南方天文台的大部分观测设备位于智利,主要望远镜如表 1.1 所列,主要有三个观测地。

表 1.1　欧洲南方天文台的望远镜

名　　称	尺寸/米	类　　型	位　　置
甚大望远镜(VLT)	4×8.2＋4×1.8	光学、近和中红外线望远镜阵列	帕瑞纳
新技术望远镜(NTT)	3.58	光学和红外线望远镜	拉西拉
ESO 3.6 米望远镜	3.57	光学和红外线望远镜	拉西拉
MPG/ESO 2.2 米望远镜	2.20	光学和红外线望远镜	拉西拉
亚他加马探路者实验(APEX)	12	毫米/次毫米波长望远镜	拉诺德查南托
亚他加马大型毫米波阵列(ALMA)	50×12 和 12×7＋4×12(ACA)	毫米/次毫米波长望远镜阵列	拉诺德查南托
可见光和红外线巡天望远镜(VISTA)	4.1	近红外巡天望远镜	帕瑞纳
VLT 巡天望远镜(VST)	2.6	可见光巡天望远镜	帕瑞纳
欧洲极大望远镜(E-ELT)	42	光学和中红外线望远镜	阿玛逊斯山

① 拉西拉天文台(LaSilla)

拉西拉天文台位于智利阿塔卡玛沙漠南部的拉西拉山,首都圣地亚哥以北约 600 千米,海拔 2400 米。主要设备有 1989 年落成的 3.5 米口径新技术望远镜、1976 年落成的 3.6 米口径光学望远镜、1984 年落成的德国马克斯·普朗克研究所的 2.2 米口径望远镜、1987 年落成的瑞典 15 米口径亚毫米波射电望远镜。

② 帕瑞纳天文台

帕瑞纳天文台位于智利安托法加斯塔以南约 130 千米的塞罗·帕瑞纳山,距离海岸线约 12 千米,海拔 2632 米,用炸药炸平了山头,于 1999 年开始启用。主要设备是 4 台 8.2 米口径的甚大望远镜(VLT)以及若干台辅助望远镜组成的甚大望远镜干涉仪(VLTI)、4 米口径的可见光和红外线巡天望远镜(VISTA)、2.5 米口径的 VLT 巡天望远镜(VST)。阿塔卡玛沙漠的自然环境与火星类似,这里遍地都是红沙并且缺少植被,堪称世界上最干燥的地区。作为"主人"的欧洲南方天文台自然成为世界上最先进的光学天文台。此外,帕瑞纳的高海拔和极端的干燥环境也造就了最完美的天文观测条件。

③ 拉诺德查南托天文台

拉诺德查南托天文台(Llano de Chajnantor),海拔5104米,主要设备是12米口径的APEX亚毫米波望远镜,以及多国合作建造的亚他加马大型毫米波阵列(ALMA)。

欧洲南方天文台的望远镜设立在智利北部安第斯山脉支脉帕拉那山,是南半球甚至全世界观测条件最佳的天文台之一。当地年平均可观测天文现象的时间在300天至330天左右,十分干燥的气候能有效地减少大气中的水汽对天文观测的影响,而且洁净空气的稳定程度很高。

(12) 英澳天文台(AAO)

英澳天文台(图1.19(a))位于澳大利亚的新南威尔士州的赛丁泉,拥有全澳洲最大的望远镜。英澳天文台坐落在一座古老山脉的山顶,那里是地球上最黑暗的地方之一。3.9米口径的英澳望远镜(1975年完成)有着无与伦比的南方天空视野,吸引众多国际天文学家前来造访。

(13) 苏俄特殊物理天文台

拥有6米口径望远镜,1976年完成,是全世界首先使用计算机操控经纬仪式的大型天文望远镜。特殊的水平式焦点光学设计(Nasmyth focus),为未来超大型、新式天文望远镜的先驱(图1.19(b))。

(a)   (b)

图1.19 英澳天文台的3.9米口径望远镜和苏俄特殊物理天文台的6米口径望远镜

(14) 玛雅天文台

玛雅人是美洲印第安人的一支,大约在公元前1500年开始创立自己的文化,有着高度发达的农业、数学、天文学和宗教礼仪。

玛雅人有自己的天文观测台(图1.20(a))。这是一组建筑群,从一座金字塔上的观测点向东方的庙宇望去,就是春分、秋分日出的方向;向东北方向的庙宇望去,就是夏至日出的方向;向东南方向的庙宇望去,就是冬至日出的方向。类似的建筑群,在玛雅文化遗址地域还发现了好几处。(玛雅人充满了神秘,尤其是他们的天文台和天文观测。请您组织资料,向您周围的小伙伴介绍玛雅文明、玛雅天文台。)

(a)   (b)

图 1.20   玛雅天文台和北京古观象台

（15）北京古观象台

北京古观象台（图 1.20(b)），位于北京市建国门立交桥西南角，始建于明朝正统年间（约公元 1442 年），是世界上古老的天文台之一。它以建筑完整、仪器精美、历史悠久和在东西方文化交流中的独特地位而闻名于世。

北京古观象台在明朝时被称为"观星台"，台上陈设有简仪、浑仪和浑象等大型天文仪器，台下陈设有圭表和漏壶。清代时观星台改成"观象台"，辛亥革命后改为中央观星台。

清代康熙和乾隆年间，天文台上先后增设了八件铜制的大型天文仪器，均采用欧洲天文学度量制和仪器结构。从明朝正统年间，到 1929 年止，北京古观象台连续从事天文观测达五百年，在世界上现存的古观象台中，保持着连续观测最久的历史纪录。清代制造的八件大型铜制天文仪器体形巨大，造型美观，雕刻精湛。除了造型、花饰、工艺等方面具有中国的传统特色外，在刻度、游表和结构方面还反映了西欧文艺复兴时代以后大型天文仪器的进展和成就，成为东西方文化交流的历史见证。它们不仅是实用的天文观测工具，还是举世无双的历史文物珍品。

现在北京古观象台已经改建为北京古代天文仪器陈列馆，属于北京天文台，继续在科学和科普领域发挥着作用。

第 2 章 星空 星座 星图（表）

"天上一颗星,地上一颗钉。"天上的每一颗星都代表地球上的一个人,可能你不相信。但天上的亮星都有自己的名字,都有属于自己的一个星座,你一定是相信的。

在我国古代,天上有"帝星""太子星"掌握着皇家的命脉,有文曲星、天大将军星、老人星、七姐妹星主宰人间祸福,这些你都知道吗?

古埃及有"尼罗河星"——天狼星,古希腊有"魔星",可它们怎样才能被认出来呢? 为了便于天象的观测与记录,给天上的星星命名星座与星名,就是用以标示星空最古老、也是最常见的方法。这也就是一些星座传说的前身。

2.1 熟悉星空

单从书本上或星座图中所得到的知识与形象,并不能使我们真正地认识星空(星座)。每一个星座都必须一遍又一遍地反复去观赏,只有经常不断地练习才能熟悉天上的星座。而88个星座会在一年中轮流出现在天空中,所以要认识星座并不能一个晚上就了事,而是要一年四季经常观测,才能牢记不忘。在你与星座"见面"之前,有几点要特别注意。

1. 选择有月光(光害)的夜晚

初听上去感觉不好理解! 可是对于一个初学者,认星当然应该从天上的"亮星"开始。应挑选一个"天文状况"不是最佳的夜晚,因为在天气晴朗而有月光的夜晚或有薄云的状况下,会因为月光的遮蔽作用,将暗星隐藏起来,剩下的就是星座中较亮的主星,也就是在认识星座时应该先认得的星星。都市的灯光或稀薄的云层,也能达到"月明星稀"的效果,但太厚的云层或在街灯下都会过度遮蔽星光,会妨碍认星。

2. 从北天开始

我们居住在北半球,所以北极附近的星座一年四季都在地平线上,入夜之后几乎都能找到。因此以北天的星座为基准来寻找其他星座会很方便。例如北斗七星应该是每个人都知道而又比较好认出的,隔着北极星与北斗七星遥相呼应的仙后座 W 也很容易找出来（图 2.1）。先认识这两个星座，您就能很容易地找出其他星座，再一一予以认识。

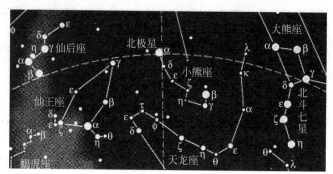

图 2.1　左边的仙后座 W 和右边的北斗七星在北极星两边"遥相呼应"

3. 利用几何图形

天上有许多的三角形、四边形、大弧线、延长线等。如冬季夜晚的星群中，由猎户座的参宿四、大犬座的天狼星、小犬座的南河三所组成的"冬季大三角"（图 2.2(a)）；夏季由天琴座的织女星、天鹰座的牛郎星、天鹅座的天津四所连成的"夏季大三角"（图 2.2(b)）。

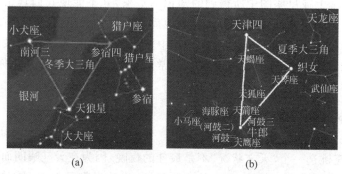

(a)　　　　　　　　　　(b)

图 2.2　"冬季大三角"和"夏季大三角"

4. 由大的星座认起

大的星座通常都是亮星较多的星座，而这些亮星就是明显的特征，可以作为星座的指标。再加上大的星座通常都有神话故事可供参考，有助于形状的辨识与记忆。因此这些星座在认得后也不容易忘记。小的星座则多由暗星组成，既不易寻找，也难以确认位置与形状，会造成初学者的挫折感而丧失学习的兴趣。

5. 参考天文历确定大行星的位置

大行星对初学者而言是一种讨厌的天体，因为它们会在天球上不停地移动位置，因此星座图都不会标示行星位置；因此要先查阅天文年鉴或天文年历，了解在要认识的星座中是否有行星存在，才能顺利地认得这个星座。

6. 星友

建议您在第一次观星时，找一位熟悉星座的朋友从旁指导，这会使您能更快地进入美好的星空世界。如果没有的话，也可以下载诸如"星空"软件指导你认星。

2.1.1 北极附近的星空

我们认星先从北极附近的星空（图 2.3（a））开始。

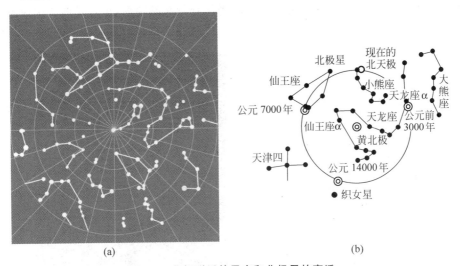

(a)   (b)

图 2.3 北极附近的星空和北极星的变迁

首先要确定北极星。北极星即小熊座 α 星，中国星名叫勾陈一或北辰。北极星距离我们约 400 光年。它是目前一段时期内距北天极最近的亮星，距极点不足 1°，因此，对于地球上的观测者来说，它好像不参与周日运动，总是位于北天极处，因而被称为北极星。

北极星的地平高度角就是观测地的地理纬度。（读者可以自己去实际测量一下，同时也确认一下您的居住地、观测地的地理经纬度。）

北极星是由三颗星组成的三合星。主星为离我们最近的造父变星，视星等 2.02，光变周期为 3.97 日，是一颗超巨星。主星的伴星又是轨道周期约 30 年的分光双星，伴星目视星等 8.6 等，距离主星 18″。

　　由于岁差,北天极以约 26000 年的周期围绕黄北极运动(图 2.3(b))。在这期间,一些离北天极较近的亮星顺次被授以北极星的称号。公元前 2750 年前后,天龙座 α(中文名右枢)曾是北极星。

　　小熊座 α 成为北极星只是近一千年来的事。公元 1000 年时,它距北天极达 6°。1940 年以来,小熊座 α 距北天极已不足 1°,而且正以每年约 15″ 的速度向北天极靠拢,在公元 2100 年前后,二者的角距离将缩到最小,只有 28′ 左右。此后,小熊座 α 将逐渐远离北天极,公元 4000 年时,仙王座 γ 将成为北极星,公元 7000 年、公元 10000 年的北极星将依次为仙王座 α(中名天钩五)、天鹅座 α(中名天津四),到公元 14000 年时北极星将是著名的天琴座 α(中名织女星)。

　　确定北极星最简单也是最好的方法就是利用"北斗七星"(图 2.4(b))。"北斗七星"看上去像个"勺子",从勺头边上的那两颗指极星(大熊星座的 α 和 β)引出一条直线,它延长过去正好通过北极星。北极星到勺头的距离,正好是两颗指极星间距离的 5 倍。

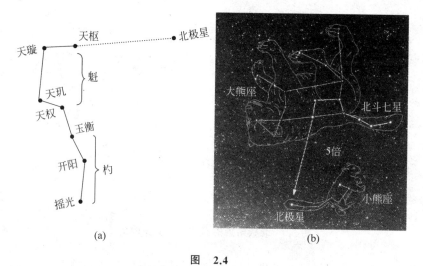

图　2.4
(a)"北斗七星"的名称;(b)利用"北斗七星"找北极星

　　"北斗七星"在我国古代的星图上位于紫微左垣的近旁。据传是在秦汉以后才有现在的叫法,先秦时的"北斗七星"不是 7 颗,而是 9 颗,第 8、9 颗星为斗柄前方的招摇星和天锋星。由于 7 颗星都较为明亮,在我国古代它们都有自己的名字(图 2.4(a)),从斗口开始,依次为天枢、天璇、天玑、天权、玉衡、开阳、摇光。西方名为大熊座 α、β、γ、δ、ε、ζ、η。7 颗星中天权最暗(3.3 等),天枢和玉衡最亮(1.8 等),其他摇光 1.9 等,天璇和天玑都是 2.4 等,开阳是一颗肉眼可见的光学双星,主星是 2.3 等星,伴星(我国叫做辅)是 4.0 等星。

我国古代的占星术中把辅星比喻为丞相之位，可以借助辅星与开阳主星之间的明暗、距离的变化预言天子与丞相之间的关系。

找到北极星，就可以去寻找围绕着它旋转的一些北天星座。前面我们说过北极星是小熊星座 α，它是小熊星座中最亮的星。小熊星座像一个"小号"的"北斗七星"，两者之间斗口是相对的。看上去小熊是要"扑向""大熊妈妈"（图 2.4（b））。

小熊头顶着的就是长长的天龙座。天龙座 α 的亮度只有 3 等，但在东西方的历史上，由于它曾经是北极星而十分著名。在公元前 2800 年古埃及建造的一个大金字塔中，建有一条 100 多米长的隧道，其指向就是当时的北极星天龙座 α，据说这条通道是留给法老，以供他的灵魂升天之用的。

有趣的是，天龙座的主体就是我国星座体系中紫微垣的左垣和右垣，其中包括了"天棒星"和"天厨星"，天棒是作为一种防身武器，天厨则是皇帝的厨房。在它边上还有"内厨星"，显然那里是宫内人的厨房。在我国天龙座 α 和 ε 分别被命名为"右枢"和"左枢"，实际上公元前 3000 年前后"天轴"就位于它们之间。

沿着天龙尾巴的两颗星的方向，就可找到大熊星座的脖子，脖子下面的那颗星在我国非常有名，它就是天上的"文曲（昌）星"（图 2.5），乃文魁之星。"文昌星"上面的"文昌一"和另外两颗星构成了大熊的头部三角形。

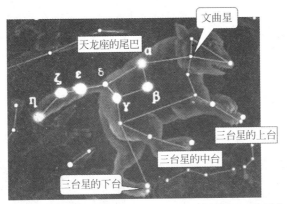

图 2.5　大熊星座中的"文曲星"和占星术中的"三台星"

大熊星座 ν 星在我国是著名的"三台星"（图 2.5）中的"下台"。沿此向斜上方望去就是"三台星"中的"中台"，那里是大熊的另一条后腿。大熊的前腿则是"三台星"中的"上台"。"三台星"在中国占星术中有着显著的地位。

"北斗七星"可以用来找到北极星（图 2.6（b））。实际上，当冬季来临时，"北斗七星"大部分时间是在接近地平线的位置，很难找出。那我们如何去找北极星呢？可以将仙后座 δ 和 γ 星连线的垂线延长 5 倍，那里就是北极星。或 β 和 η 星的连线延长,然后与γ星连线,并延长 5 倍,也可认出北极星(图 2.6(a))。仙后座在我国的农历十一月黄昏上中天,5 颗主星都是 2、3 等星,明亮、好认,可以作为初学者认星的开始。

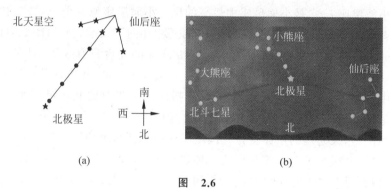

图　2.6

(a) 利用仙后座的 W 形确定北极星;(b) 北极星和北斗七星的指极星相对应

有趣的是,在我国古代仙后座 γ 是著名的"策星"。占星术叙述"策星"会有"明、暗"的变化。而且当"策星"变明时还会有很亮的芒角出现,预示着将会有战事发生。实际上,天文观测表明,"策星"是一颗星等在 1.6～3 之间变化的"食双星",所以会有明暗变化。(去你的星空观测地,确认北斗七星、北极星以及和它相对的 W 五星。)

紧挨仙后座的当然是仙王座(图 2.7(a))。主星由似 5 边形的 5 颗星构成,传说它就是国王居住的小屋。从仙王座再转过去,就是在与"天龙"对峙的武仙座了。北冕座是插在武仙座和牧夫座之间的一个小星座。但它处在"王室"成员中,就显得尤为珍贵。天空中,北冕座被认为是镶嵌着 7 颗宝石的美丽冠冕(图 2.7(b))。7 颗星呈半圆形排列,开口向着北天极方向。它夹在武仙座和牧夫座两位英雄之间,是不是在说,你们谁更伟大就可以戴上我。而在我国古代的星图中北冕座的 7 颗

图　2.7

(a) 天上的"仙王"和"仙后";(b) 西方的"皇冠"和中国的"牢狱"(贯索)

星代表的是牢房,而且是关贼人的牢房叫牢狱,与其相应的在"北斗七星"的下面还有一个"天牢",据说是关贵人的。7 颗星被认为是连贯在一起的绳索,所以星名叫"贯索星"。"贯索"就是牢狱的意思。星相学中也因为贯索星中存在变星,所以用来推算牢狱中犯人的数量,以此来判断是否天下太平。

2.1.2 春天的星空

春天的星空(图 2.9)里最引人注目的就是狮子座了。找狮子座要先找春季大三角和春季大弧线(图 2.8)。沿着"北斗七星"斗柄两颗星的弧线向南画下去,你会看到两颗亮星,其中之一就是牧夫座的 α"大角"星,另一颗是室女座的 α"角宿一"。把两颗星连线,然后在它们的右边可以找到狮子座的 β 星(中文名五帝座一),三颗星就组成了春季大三角,它几乎是一个标准的等边三角形。

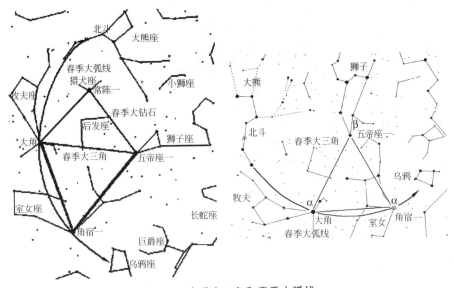

图 2.8 春季大三角和春季大弧线

狮子座前面是另一个黄道星座巨蟹座(图 2.9)。在蟹壳的中央,有一个白色云雾状的天体(望远镜观察为疏散星团),这就是鬼星团,我国叫"积尸气",是天上放尸体的地方,星占学中为主死丧之星。西方人可以通过对它明暗变化的观察,判断是否下雨。狮子座的后面也是一个黄道星座室女座。春季大三角之一的"角宿一"就是室女座 α。我国古代"角宿一"有着重要的意义,它是南方朱雀和东方苍龙的分界点。

春季星空中最壮观的就是长蛇座了。长蛇座是全天 88 个星座中最长的一个,它的头在狮子座西面,弯弯曲曲,尾巴一直盘到了室女座的脚下,赤经跨度超过

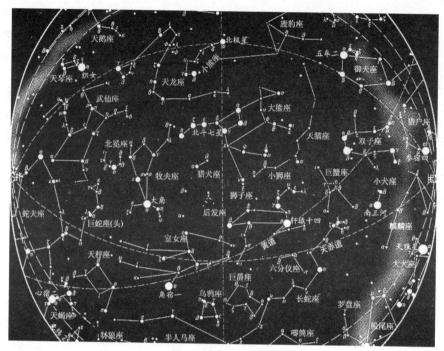

图 2.9　春天的星空

102°,每年春季的四五月间,它几乎从东到西横贯了整个南部天空。这条蛇虽然又大又长,但其中没有什么亮星,真像一条在草丛中神出鬼没的毒蛇,很不起眼。(请你在春季星空中找到最少 10 颗星,注意它们的中文和西文名称的比较。)

2.1.3　夏天的星空

从认识星空的角度来说,我们最好从夏天的夏季大三角开始。夏季大三角中最熟悉也最好找的就是天琴座 α(织女星)了!找织女星我们可以借助北极附近的星空,实际上天琴座也是很接近北极的,而且若干年后北极星的皇冠也会戴在织女星头上。

在介绍北极附近的星空时,我们提到两位英雄(天龙和武仙)可能在争夺皇冠(北冕座),但他们就不会是在争夺"织女"这个美人吗?你看天龙的头和武仙示威用的棒子对准的就是织女星。

夏天的银河是东北—西南走向的(图 2.10)。天琴座在银河的北岸,与她隔河相望的(南偏东)就是织女的情郎(牛郎星)所在的天鹰座。从牛郎星竖直向北(略偏东)的银河中的一颗亮星,就是夏季大三角中的最后一颗星——天鹅座 α(天津四)。

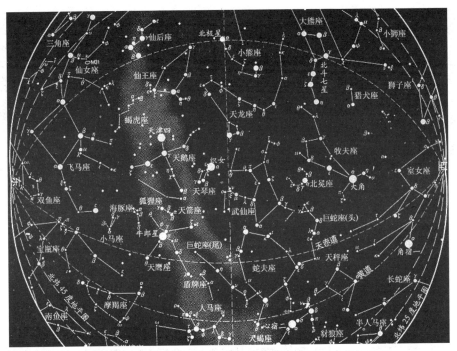

图 2.10　夏天的星空

在天鹰座和天鹅座之间,有好几个"小动物"——小马座、海豚座和狐狸座,在天鹅座尾巴上还跟着一个蝎虎座。我们称之为"小动物天区"。

从春季的星空中的室女座的脚和长蛇座的尾巴向东,就能看到天秤座。夏季的星空中的黄道星座之一。

天秤座的东面就是十分壮观的天蝎座(图 2.11(a))。不过,在我国长江流域以北的地区要完整地看到它比较困难。天蝎座的特点一是有著名的"红星"——天蝎座 α(心宿二,也叫"大火"),另外就是星座中有两组很好认的"三连星",它们分别构成了蝎子的前爪和心脏。找天蝎座 α 可以利用刚才提到的由室女座 α(角宿一)和天秤座 α 及天蝎座 α(心宿二)构成的那条大弧线。

人马座(图 2.11(b))也是黄道星座(也被称为"射手座")。夏夜,从天鹰座的牛郎星沿着银河向南就可以找到它。人马座中的 μ、λ、φ、σ、τ、ζ 六颗星,它们也组成了一个勺子形状,勺子最前端的 ζ 和 τ 两颗星就指向牛郎星,我国古代把它们称为"南斗"。

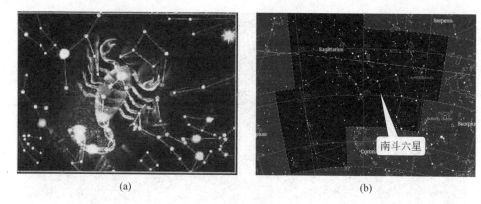

(a)   (b)

图   2.11

（a）天蝎座；（b）人马座

2.1.4　秋天的星空

　　认识秋季星空（图 2.12），我们从飞马座开始。在飞翔的天鹰和天鹅的东边就是飞马座。春季有大弧线，夏季有大三角，秋季星空有一个秋季大四方。飞马座的

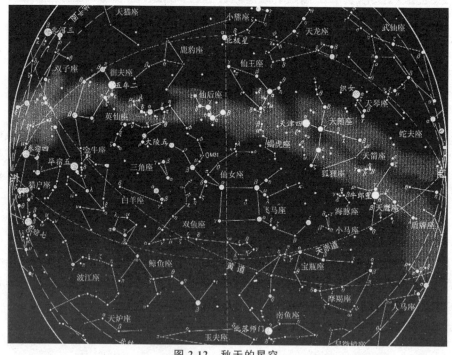

图 2.12　秋天的星空

α、β、γ 星和仙女座的 α 星构成了一个近乎正方形，这 4 颗星除了 γ 星为 3 等星外，其他都是 2 等星。所以这个四边形在天空中非常醒目。更重要的是，每当秋季飞马座升到天顶的时候，这个大四边形的四条边恰好各代表了一个方向，简直就是一台"天然定位仪"。(一定要花些时间找到这个"天然定位仪"，它不仅能帮助你认星，还能帮助你确定方位)。

通过它我们还能找到不少别的星座中的亮星。比如说，连接飞马座 γ 星和仙女座 α 星，延长到 4 倍远的地方我们可以找到北极星。同样，连接飞马座 α 星和 β 星延长到 4 倍远的地方也可以看到北极星。因为秋天时，北斗七星中的指极星在北方很低的天空，不太容易找到，在我国南方甚至根本就看不到。所以，通过秋季四边形找北极星，还是很管用的。另外，从飞马座 γ 星、仙女座 α 星一直到北极星这条线正在赤经 0°线附近。

仙女的右臂和右脚之间就是著名的"仙女座 M31 大星云"，如图 2.13(a)所示。仙女座 δ、β、γ 这 3 颗亮星几乎就在这条延长线上。再往前延伸，就碰到英仙座的大陵五了。大陵五是英仙座的 ρ 星。西方人又称它是"魔星"——美杜沙，她的头上那颗魔眼，看一眼就会使人变成石头。它的亮度会变，忽明忽暗，简直就像是一颗神秘莫测的魔眼。大陵五的亮度变化非常有规律，每隔 2 天 20 小时 49 分钟它的亮度就从 2.3 等变到 3.5 等，然后再到 2.3 等变化一个周期。

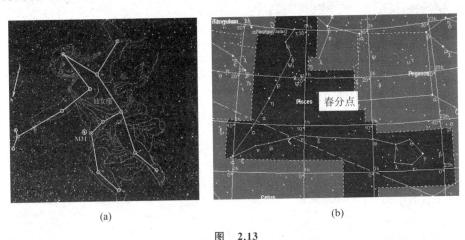

(a)   (b)

图   2.13

(a) 仙女座和仙女座(M31)大星云；(b) 双鱼座和春分点

秋季星空中的黄道星座从紧跟人马座开始为摩羯座、宝瓶座和双鱼座。

摩羯座 α 星也叫牵牛星，是二十八宿中的牛宿。传说中，牛宿就是牛郎养的那头老牛。它生前对牛郎忠心耿耿，临死时还嘱咐牛郎剥下它的皮披在身上，飞上天去找织女相聚呢。牵牛星是颗双星，而每颗子星又分别是三合星。加起来，牵牛星是颗六合星。

把飞马座的β和α星向南延伸到一倍半远的地方，有一片比较暗的星，这里的一大片暗星就组成了宝瓶座。宝瓶座流出的玉液琼浆流进了南鱼座α星。它的视星等为1.2等，是全天第十八亮星。秋季的亮星很少，在南天，它简直是最亮的一颗了。

在南鱼座的下面还有由东向西排列着3个小星座，它们是：天炉座、玉夫座和显微镜座。

"春分点"就在双鱼座内。在"春分点"的上方，秋季四边形的下方就是双鱼座中的一个鱼头，它由λ、κ、γ、θ和ι组成，而ω是鱼的尾巴（图2.13(b)）。

2.1.5 冬天的星空

冬天的夜晚星光灿烂，冬季大三角、冬季巨型六边形遥相辉映（图2.14），而且全是由2等以上的亮星构成。其中包括全天最壮观的猎户座和全天最亮的"天狼星"。

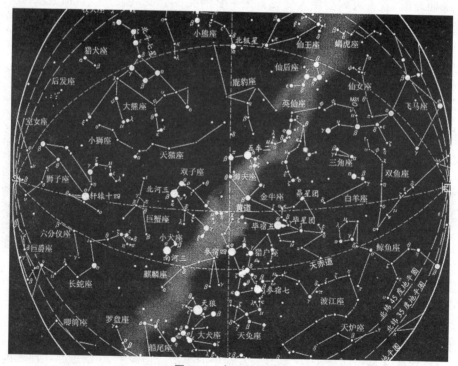

图2.14 冬天的星空

认识冬季星空一定要从猎户座(图 2.15(a))开始,这不仅是因为它最壮观、最美丽,而且猎户座中有认星过程中最容易掌握的三连星标志。每年 1 月底 2 月初晚上 8 点多的时候,猎户座内连成一线的 δ、ε、ζ 三颗星正高挂在南天,所以有句民谚说"三星高照,新年来到"。

猎户座里面有个流星雨,位置在 ζ 星和 α 星连线向北延长 1 倍处。它的出现日期是每年的 10 月 17 日到 10 月 25 日,最盛期是 10 月 21 日。它是由哈雷彗星引起的。

猎户的脚下就是天兔座(图 2.15(b)),似乎它已经是猎户的猎物了,所以在猎户的脚下。天兔座中实在没什么亮星,它位于猎户座的正南方。有趣的是,在我国古代天上的厕星(天上的厕所)就在天兔座,你看,α、β、γ、δ 围成了一圈,在圈的前面还有 ζ、η 组成的一个屏——厕所前的遮挡物。

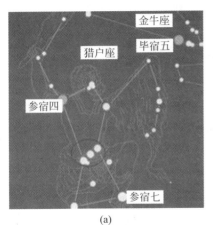
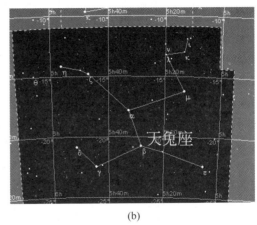

(a)   (b)

图   2.15

(a)猎户座对金牛座;(b)天兔座

沿着冬季巨型六边形走过去,天兔座的东边依次是大犬座、麒麟座和小犬座。冬季大三角就是由猎户座 α(参宿四)、大犬座 α(天狼星)和小犬座 α(南河三)组成的。小犬座向上是一个黄道星座双子座,其中的一颗亮星双子座 β(北河三)属于冬季巨型六边形。沿着双子座 α 和 β 两星的连线向西北约 3 倍远的地方,可以找到一颗亮星御夫座 β 星(五车三),而它斜下方的一颗星更亮,它就是冬季巨型六边形之一的御夫座 α 星(五车二)。如果把冬季巨型六边形看成一个巨型橄榄球的话,那么御夫座 α 星和大犬座 α 星就是橄榄球的两个尖,猎户座 β(参宿七)、金牛座 α(毕宿五)和小犬座 α(南河三)、双子座 β(北河三)就是巨型橄榄球两边球体。

在猎户座西北方不远处有一颗非常亮的星(0.86 等,在全天亮星中排第十三位),它就是金牛座α星,我国古代称它为毕宿五。冬季巨型六边形中最后的一颗。金牛座也是黄道星座,毕宿五就位于黄道附近,它是黄道带的"四大天王"之一。(认识星空,最漂亮、最壮观的就是猎户星座了,请千万不能错过它!重点是大三角的3颗星再加上六边形中其余的4颗,还有毕星团、昴星团。)

每年12月中旬晚上八九点钟的时候,白羊座正在我们头顶。这是个很暗的小星座,里面只有紧挨着的2.3等的α星和2.7等的β星稍微显著些。从秋季大四方北面的两颗星引出一条直线,向东延长一倍半的距离,就可以看到它们了。白羊座的腿正压着鲸鱼座的头,鲸鱼座是全天88个星座中仅次于长蛇、室女座和大熊座的第四大星座。

波江座是全天第六大星座,它起始于猎户座和鲸鱼座之间(弯弯曲曲向南延伸,一直流到赤纬−50°以南)。波江座的源头是波江β星,它紧靠着参宿七(猎户座β),向南流去,上游是ω、μ、ν、ο到γ;中游从γ到π、δ、ε、ζ、η、τ1、τ2、τ3、τ4、τ5、τ6、τ7、τ8;下游是υ1、υ2、υ3、υ4、g、h、θ、ι、κ、φ、χ直到α星那里,已差不多是南天极了。

2.2 星座

星座的知识,严格来说并不属于天文学的范畴,更可以称之为一种文化,反映了人类认识大自然从直观、象形到科学描述其存在的发展过程。

2.2.1 星座的来历

古代的巴比伦人最早将天空分成了许多区域,称之为"星座",每一个星座由其中的亮星的特殊分布来辨认。

后来古希腊人把他们所能见到的部分天空划分成48个星座,用假想的线条将星座内的主要亮星连起来,把他们想象为人物或动物的形象,并结合神话故事给他们取了合适的名字,这就是星座名称的由来。

南天的星座是到17世纪环球航行成功后,经过航海家的观察才逐渐确认下来的。

1928年,国际天文学联合会公布了全天88个星座的方案,并且规定星座的分界线大致用平行天赤道和垂直天赤道的弧线来划分。

这些星座,分布在天赤道以北的有29个,横跨天赤道的有13个,分布在天赤道以南的有46个。

中国古人很早就把星空分为若干个区域。最早把星空分为中宫、东宫、西宫、南宫和北宫五个天区。隋代以后,星空的区域划分基本固定,这就是在中国人们常说的三垣四象二十八宿(图 2.16)。

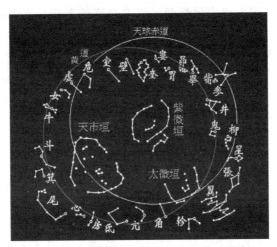

图 2.16　中国星空分布,三垣和二十八星宿

　　"三垣"就是天上的 3 座城堡(5 宫中的中宫),是把北极周围的星象分为紫微垣、太微垣和天市垣三个区域。紫微垣之内是天帝居住的地方,是皇帝内院,除了皇帝之外,皇后、太子、宫女都在此居住。太微是政府的意思,太微垣中的星星多以朝中官员和场所来命名。天市垣是天上的都市,天市垣中的星名均以与皇帝有关的人员、各诸侯国的地名以及某些货市的名称命名。

　　四象即"东方青龙""西方白虎""南方朱雀"和"北方玄武"。大约在 7000 年前,中国古人已经把星空划分成龙和虎两大区域了,后来逐渐形成了四象(中宫以外的 4 宫)。后来又把四象的每一象各分为七段,每一段叫"宿",共二十八宿。二十八宿在天空中的位置正好是月球在天上运动的轨道经过的地方。月球绕地球运转一周是 27 天多,一天恰好经过一宿。在每一宿里都有许多星星,古人给它们分别起名,分成众多星官。当时所发现的 2442 颗星被划分出 207 个星官,这些星官又被分列入二十八宿中。中国古人就是根据这些制定历法的。(尝试一下,把青龙、朱雀、白虎和玄武的形象用他们的代表星勾勒出来,分别表示出各自的"星官"。)

2.2.2　星座的演变和划分

　　大约在 3000 年前,巴比伦人在观察行星的移动时,最先注意的是黄道附近的一些星的形状,并根据它们的形状起名,这就是最早的星座了:白羊、金牛、双子、巨蟹、狮子、室女、天秤、天蝎、射手(人马)、摩羯、宝瓶、双鱼。为此,有人称黄道十二星座是"动物圈""兽带"。

巴比伦人的星座划分传入了希腊。希腊著名的盲人歌手荷马(Homeros,约公元前9—前8世纪)在史诗中就提到过许多星座的名称。大约在公元前500—前600年,希腊的文学历史著作中又出现一些新的星座名称:猎户、小羊、七姊妹星团、天琴、天鹅、北冕、飞马、大犬、天鹰等。

公元前270年,希腊诗人阿拉托斯(ApαToS,公元前315年或公元前310—前240年)的诗篇中出现的星座名称已达44个:

北天19个星座:小熊、大熊、牧夫、天龙、仙王、仙后、仙女、英仙、三角、飞马、海豚、御夫、武仙、天琴、天鹅、天鹰、北冕、蛇夫、天箭。

黄道带13个星座,比巴比伦人多1个巨蛇座。

南天12个星座:猎户、(大)犬、(天)兔、波江、鲸鱼、南船、南鱼、天坛、半人马、长蛇、巨爵、乌鸦。

公元2世纪,传至托勒密的《天文集》中,共有48个星座。

希腊的星座与优美的希腊神话编织在一起,使星座成为久传不朽的宇宙艺术。这48个星座一直流传了1400多年之久,直到公元17世纪,星座才又有了新发展。航海事业使人们得以观测南天星座。在原有的48个星座的基础上,又增加了37个星座。

德国人巴耶尔发现的星座12个(1603年):蜜蜂(即苍蝇座)、天鸟(即天燕座)、蝘蜓、剑鱼、天鹤、水蛇、印第安、孔雀、凤凰、飞鱼、杜鹃、南三角。

1690年巴尔狄斯发现星座4个。

1690年赫维留发现星座8个。

1752年拉卡耶发现星座13个:玉夫、天炉、时钟、雕具、绘架、唧筒、南极、圆规、矩尺、望远镜、显微镜、山案、罗盘。他把一些近代的科学仪器引入星座,打破了过去神话传说式的星座划分。

星座中的亮星都是以希腊字母或阿拉伯数字按其亮度来编号的。用希腊字母命名恒星是巴耶尔的创造,用阿拉伯数字给恒星命名则是弗兰姆·斯蒂创始。一般是先使用希腊字母,当字母不够用时延续阿拉伯数字。

1928年国际天文学联合会正式公布通用的星座88个,黄道12个、北天29个、南天47个。图2.17绘出了北半球可见的主要星座。

沿黄道天区有12个星座。它们是白羊座、金牛座、双子座、巨蟹座、狮子座、室女座、天秤座、天蝎座、射手座、摩羯座、宝瓶座、双鱼座。

北天有29个星座。它们是小熊座、大熊座、天龙座、天琴座、天鹰座、天鹅座、武仙座、海豚座、天箭座、小马座、狐狸座、飞马座、蝎虎座、北冕座、巨蛇座、小狮座、猎犬座、后发座、牧夫座、天猫座、御夫座、小犬座、三角座、仙王座、仙后座、仙女座、英仙座、猎户座、鹿豹座。

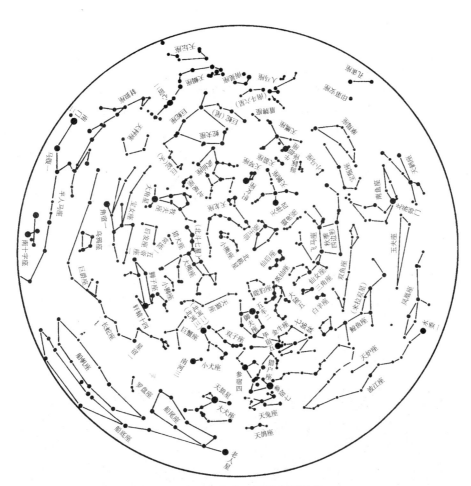

图 2.17　北半球可见的主要星座

　　南天有 47 个星座。它们是唧筒座、天燕座、天坛座、雕具座、大犬座、船底座、半人马座、鲸鱼座、蝘蜓座、圆规座、天鸽座、南冕座、乌鸦座、巨爵座、南十字座、剑鱼座、波江座、天炉座、天鹤座、时钟座、长蛇座、水蛇座、印第安座、天兔座、豺狼座、山案座、显微镜座、麒麟座、苍蝇座、矩尺座、南极座、蛇夫座、孔雀座、凤凰座、绘架座、南鱼座、船尾座、罗盘座、网罟座、玉夫座、盾牌座、六分仪座、望远镜座、南三角座、杜鹃座、船帆座、飞鱼座。

　　（请你熟悉 88 个星座的名字，尝试着按照你的习惯去给它们分类，比如，动物类、植物类、工具类，有故事的、有背景的等。挑选几个你最喜欢的星座，画出图画，然后把它们介绍给你周围的小伙伴。）

2.2.3 认识星座

我们从黄道星座开始简单地认识一些星座。

白羊座：每年12月中旬晚上八九点钟的时候，白羊座正在我们头顶。这是个很暗的小星座，里面只有2.3等的α星和2.7等的β星稍微显著些。

金牛座（图2.18(a)）：金牛座中最有名的天体就是两星团加一星云。其中昴星团，眼力好的人可以看到这个星团中的七颗亮星。所以我国古代又称它为"七簇星"。昴星团距我们417光年，它的直径达13光年，用大型望远镜观察，发现它的成员星有280多颗。在猎户座西北方不远处有一颗非常亮的星，它就是金牛座α星。毕宿五就位于黄道附近，它和同样处在黄道附近的南鱼座的北落师门、狮子座的轩辕十四、天蝎座的心宿二四颗亮星在天球上各相差大约90°，正好每个季节一颗，它们被合称为黄道带的"四大天王"。另一个疏散星团叫毕星团，它就位于毕宿五附近，但毕宿五并不是它的成员。毕星团距离我们143光年，是离我们最近的星团了。毕星团用肉眼可以看到五六颗星，实际上它的成员有300多颗。金牛座ζ星的附近有一个著名的大星云，英国的一位天文学家根据它的形状把它命名为"蟹状星云"。20世纪的天文学家推断出蟹状星云是1054年一次超新星爆发的产物。

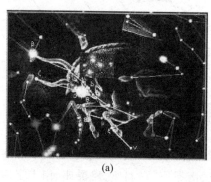 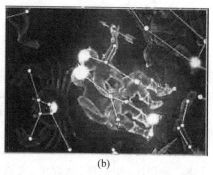

(a) (b)

图　2.18

（a）金牛座；（b）双子座

双子座（图2.18(b)）：双子座β星，视星等为1.14等。稍微暗一点的是双子座α星，视星等为1.97等。从α星开始的τ、ε、μ一串星和从β星开始的δ、ζ、γ另一串星几乎平行，它们被想象成友爱的两兄弟——卡斯托和普尔尤克斯。弟弟——β星，它反倒比哥哥——α星还亮些，它是全天第十七亮星。哥哥是α星，它是天文学史上第一颗被确认的双星。其实精确地说，它和摩羯座α星（牵牛）一样，是颗六合星。有趣的是,弟弟北河三也是颗六合星,兄弟俩真不愧是双胞胎,长得多像啊!

巨蟹座:黄道十二星座中最暗的一个,座内最亮的星只有 3.8 等,根本看不出螃蟹的形状,这也许是因为赫剌克勒斯的一棒早把它打得粉碎的缘故。

狮子座:古埃及对狮子座非常崇拜。据说,著名的狮身人面像就是由这头狮子的身体配上室女的头塑造出来的。狮子座里的星在我国古代也很受重视,古人把它们喻为黄帝之神,称为轩辕。

室女座:古希腊人把室女座想象为生有翅膀的农神得墨忒尔的形象(图 2.19(a)),她手拿着麦穗,仿佛在和人们一起欢庆丰收。室女座是全天第二大星座,但在这个星座中,只有角宿一是 0.9 等星,还有 4 颗 3 等星,其余都是暗于 4 等的星。

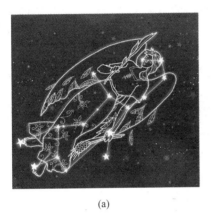
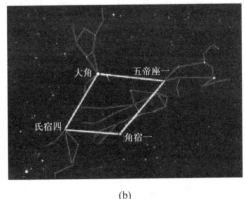

(a)   (b)

图　2.19

(a)代表农业女神的室女座;(b)天秤座可以通过春季大三角找到

天秤座:它的亮星很少,秤的形象并不明显,是个不大引人注目的小星座。星座中最亮的 4 颗 3 等星 α、β、γ、σ 组成了一个四边形,其中 β 星又和春季大三角构成了一个大的菱形,你可以用这个办法试着找找这个星座(图 2.19(b))。

天蝎座:夏天晚上八九点钟的时候,南方离地平线不很高的地方有一颗亮星,这就是天蝎座 α 星。因为这时候南边低空中多是些暗星,所以它非常显著。找到了这颗星,天蝎座的其他部分就不难认出来了。天蝎座是夏天最显眼的星座,它里面亮星云集,光是亮于 4 等的星就有 20 多颗。天蝎座又大,亮星又多,简直可以说是夏天星座的代表。再加上它也是黄道星座,所以格外引人注目。不过,天蝎座只在黄道上占据了短短 7° 的范围,是十二个星座中黄道经过最短的一个。

人马座:夏夜,从天鹰座的牛郎星沿着银河向南就可以找到它。因为银心就在人马座方向,所以这部分银河是最宽最亮的。人马座正对着银心方向,所以它里面的星团和星云特别多。在南斗 σ 和 λ 两星连线向西延长 1 倍的地方,是由三块红色光斑组成的"三叶星云"。人马座里的星云还有不少,比如在南斗斗柄μ星的北面,有个星云很像马蹄子的形状,因此被称为"马蹄星云"。

摩羯座：延长织女星（天琴座）和牛郎星（天鹰座）向南到1倍远的地方所见到的那颗3等星,就是摩羯座的β星。从摩羯座的星图上看,座内主要的亮星组成了一个北面略凹进去的三角形,像是一只展翼夜空的蝙蝠。

宝瓶座：宝瓶座虽然贵为黄道星座,但里面却没有亮星,最亮的也只是3等。宝瓶座每年会出现两次流星雨。一次于5月上旬出现在η星附近,5月5日是其最为壮观的时期,是由著名的哈雷彗星造成的。另一次会在7月下旬出现在δ星附近,于7月31日达到最高潮。关于宝瓶座,还值得一提的是,我们太阳系的八大行星之一海王星,就是在宝瓶座的方位发现的。英国天文学家亚当斯和法国天文学家勒威耶用万有引力定律计算出了它的轨道,后来德国天文学家伽勒于1846年9月23日在宝瓶座发现了它。

双鱼座：双鱼座也是黄道星座,不过它比摩羯座还暗,最亮的星只是4等星。

下面再介绍一些不在黄道上的星座。

大熊座：地球上不同纬度的地区能看到的星座是不一样的。在北纬40°以上的地区,也就是北京和希腊以北的地方,一年四季都可以见到大熊座（图2.20(b)）。不过,春天大熊座正在北天的高空,是四季中观看的最好时节。大熊的臀部和尾巴就构成了北斗七星。η、ζ、ε三颗星是勺把儿,α、β、γ、δ四颗星组成了勺体。其实,观看大熊座时,勺子的形状比熊的形象更容易被看出来。这个大勺子一年四季都在天上,不同季节勺把的指向还有变化呢,而且恰好是一季指一个方向,用古人的话说就是："斗柄东指,天下皆春;斗柄南指,天下皆夏;斗柄西指,天下皆秋;斗柄北指,天下皆冬。"远古时代没有日历,人们就用这种办法估测四季。当然,由于地

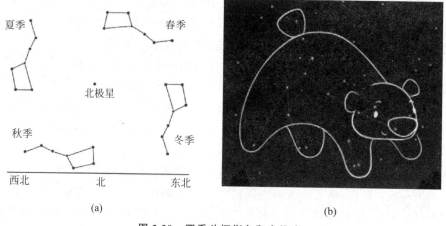

(a)　　　　　　　　　　　　　　　　(b)

图2.20　四季斗柄指向和大熊座

球的自转,必须是晚上 8 点多才能看到这一现象。我们常说"满天星斗",可见中国人简直是把北斗作为天上众星的代名词了。斗身的 α、β、γ、δ 四颗星称作"魁"。魁就是传说中的夺魁星,主管考试的神。在科举时代,参加科举考试是贫寒人家子弟出人头地的唯一办法。每逢大考,不知有多少学子仰望北斗,默默祷告呢!

天琴座图(2.21(a)):这个星座不大,但在很多国家都流传着它的一些动人传说!在古希腊,人们把它想象成为一把七弦宝琴,这便是太阳神阿波罗送给俄耳甫斯的那个令无数人心醉神迷的金琴。直到今天,每当人们仰望它时,仿佛仍有几曲仙乐从天极流淌下来。我国古代则把天琴座的 α 星叫做织女星,这个典故来源于"牛郎织女"这个美丽的神话故事。而在织女星旁边,由四颗暗星组成的小小菱形就是织女织布用的梭子。

天鹰座:在银河东岸与织女星遥遥相对的地方,有一颗比它稍微暗一点儿的亮星,它就是天鹰座 α 星,即牛郎星。古希腊人把它想象为一只在夜空中展翅翱翔的苍鹰,牛郎星就是鹰的心(图 2.21(b))。

天鹅座:夏天最显眼的几个星座之一,这个星座全身都浸在银河中,它的几颗亮星达成了一个十字形,活脱脱就是一只在天上展翅翱翔的美丽的白天鹅(图 2.21(c))。天鹅座 α 星,视星等为 1.25 等,是全天第 20 亮星,它和织女星、牛郎星构成了醒目的"夏夜大三角"。

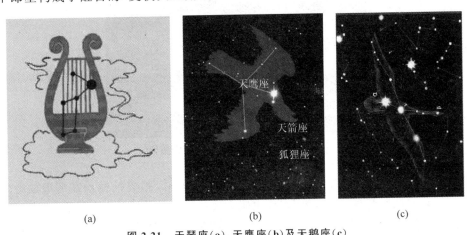

(a)   (b)   (c)

图 2.21 天琴座(a)、天鹰座(b)及天鹅座(c)

飞马座:秋季星空中十分重要的星座,前面在介绍秋季星空时我们已经强调了它的"天然定位仪"的作用。

牧夫座:古希腊人把它想象成一个凶猛的猎人,右手拿着长矛,左手高举大棒,恨不得一把抓住面前的大熊。每当暮春初夏的日子,牧夫座就在我们头顶,这时正是这个年轻猎人踌躇满志,最为得意的时候。大角的视星等为 -0.04 等,是全天第四亮星，北天第一亮星，它不愧是天上的一盏明灯。而且你看，它浑身散发着柔和的橙色的光芒，每天刚刚升起和将要落下的时候便染上了淡淡的红晕，难怪人们称誉它是"众星之中最美丽的星"。

猎户座：冬夜星空中最好认的星座。星座中 α、γ、β 和 κ 这四颗星组成一个四边形，在它的中央，δ、ε、ζ 三颗星排成一条直线。这是猎户座中最亮的七颗星，其中 α 和 β 星是 1 等，其他全是 2 等星。一个星座中集中了这么多亮星，而且排列得又是如此规则、壮丽，难怪古往今来，在世界各个国家，它都是力量、坚强、成功的象征，人们总是把它比作神、勇士、超人和英雄。猎户座中最著名的天体算是那个大星云（图 2.22）了。它就位于三星的正南方一点，视星等为 4 等，看上去像团白雾，非常好认。在猎户座 ζ 星附近还有个星云，它旁边既没有星照亮它，也没有谁供它紫外辐射使它自己发光，它只是遮住了一个亮星云发出的光，使我们能够看到它的轮廓——一个马头的形状，因此这个星云被称为"马头星云"，它是一个典型的暗星云。

图 2.22　壮观美丽的猎户座大星云

大犬座：从猎户座三星向东南方向看去，一颗全天最亮的恒星在那里放射着光芒。它就是大犬座 α 星，我国古代也叫它天狼星。天狼星的视星等为 −1.45 等，距离我们只有 8.6 光年。在古代埃及，每当天狼星在黎明从东方地平线升起时（这种现象天文学上称为"偕日升"），正是一年一度尼罗河河水泛滥的时候，此时，春回大地，尼罗河灌溉了两岸大片良田，埃及人又开始了他们的耕种。由于天狼星的出没和古埃及的农业生产息息相关，所以那时的人们把它视若神明，并把黎明前天狼星自东方升起的那一天确定为岁首。我国古代，天狼星可就没有这么幸运了。古人把它看成是主侵略之兆的恶星。屈原在《东君》里写道"举长矢兮射天狼……"，他把天狼星比作四处侵略别国的秦国，希望能射下天狼，为民除害。天狼星的自行很大,而且还有一颗白矮星做它的伴星。

船底座:这个星座虽然肉眼可以见到的星很多,但亮星却很少,它们又都位于南天,所以很不容易观测。船尾座的赤纬是 $-11°\sim-51°$,这个星座的大部分在北京勉强能看见。船底座的赤纬是 $-51°\sim-75°$,在北京永远也看不到!船底座 α 星的视星等为 -0.72 等,是全天第 2 亮星。在我国南方,初春的傍晚,贴近南方地平线的地方,我们可以找到它。船底座 α 星在我国古代叫做"老人星",是寿星的象征。

船尾座、船底座、船帆座和罗盘座这四个星座,原本是同一个星座——南船座(图 2.23(a))。它曾经是全天最大的星座,肉眼能看到的星就有 800 多颗,几乎相当于全天可见星数的 1/8 呢!罗盘座最亮的星只有 4 等,实在是个什么形象也观察不出来的暗星座。古希腊神话中,载着大英雄伊阿宋等人去取金羊毛的阿戈尔号在大海中乘风破浪,就是到了天界也还是威风八面呢!可惜好景不长,18 世纪的天文学家嫌南船座太大了,于是就把它拆成了四块,分别叫做船尾座、船底座、船帆座和罗盘座。到了现在,南船座这个词很少有人提起了,不过,阿戈尔号和英雄们的业绩却深深印在人们心中。

南十字座:位于半人马座和苍蝇座之间,是全天 88 个星座中最小的一个(图 2.23(b))。座内主要亮星组成十字形,其中的一竖正指向南天极。因为南天极附近没有亮星,所以这个十字在南半球和北斗在北半球同样重要。

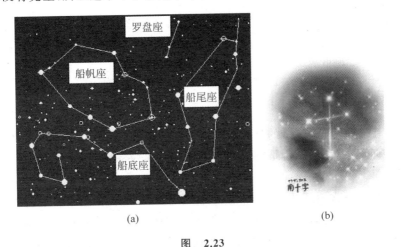

(a)   (b)

图   2.23

(a) 南船四座(船底、船尾、船帆和罗盘);(b) 南十字座

剑鱼座:它在船底座老人星西南,座内有著名的大麦哲伦星云。它是 1520 年葡萄牙航海家麦哲伦环球航行到南美洲时发现的。其实它是个河外星系,并且是我们银河系的卫星星系,它的直径是 50000 光年,距我们 16 万光年。

杜鹃座：这里说的杜鹃，指生活在南美的一种嘴巴巨大、羽毛艳丽的鸟。1603 年，巴耶尔为了纪念这种鸟的发现而命名了这个星座。在波江座的水委一和南天极的中点上有著名的小麦哲伦星云，它是和大麦哲伦星云一起由麦哲伦发现的。它也是我们银河系的伴星系，直径 22000 光年，离太阳系 19 万光年。银河系和大小麦哲伦星云一起组成了一个三重星系（图 2.24）。

 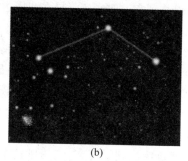

(a)   (b)

图   2.24

（a）剑鱼座四颗星指向它头顶的"大麦云"；（b）杜鹃座向下开口对着"小麦云"

望远镜座：它是位于天坛座和印第安座之间很暗的一个星座，东北方向和显微镜座相接。

显微镜座：位于摩羯座之南，天鹤座与人马座之间，西南方向和望远镜座相接。拉卡伊把望远镜和显微镜这两种光学仪器放在一起，让它们一个放眼宏观世界，一个洞察微观世界。

2.2.4 黄道 12 星座

黄道 12 星座（宫）更多的是属于星占学中的提法。它和天文学中的黄道 12 星座不是一回事。黄道 12 宫是全天 360 度 12 等分，每一宫占 30 度；而黄道星座则是实际测量。

地球日复一日地运行着，诸游星（7 曜）日复一日地在黄道带里巡行着，人也朝复一朝地生活着。古人们注意到了太阳一年 12 个月在天空中的位置不同，就把它们与人生连在了一起。占星术士一面仰观天体的运动，一面把各种天象和人的生辰星占图联系起来。这样，他们便自认为能够预言人们一生中会有什么重要事件发生，如什么时候交好运，什么时候宜出行，什么时候罹大难，什么时候命归阴。

进一步讲，占星术士还认为，每个黄道宫各与人体的某个部位有关系，比如白羊宫主头，狮子宫主心，巨蟹宫主胃，天蝎宫主阳具，双鱼宫主脚等。如果火星位于星占图的白羊宫里，便意味着星占图的主人可能会一生被头疼困扰；天王星若在巨蟹宫，就可能给人带来胃痉挛。中世纪的大多数医生都相信这一套,并照此行医。

黄道十二宫还与古人设想的四种元素(土、火、气、水)及冷、热、干、湿相关。

古人认为,不同的游星和不同的金属相对应,如太阳对应黄金,月亮对应白银,水星对应水银。

在古人看来,国脉是靠黄道宫和游星支持着的。不但一个人的外表体征(如身材、发色、虹膜的颜色)可在星占图中作为细节情况表示出来,就连整个种族的体征,也都是由对应于该种族的黄道宫和游星所确定的。

占星术士们相解星占星的根据,即所须权衡的各种影响,是古人定下来的。不过,这些根据,这些影响,并不像如今一些占星术士们所宣扬的那样,是在什么对成千上万的人进行了统计调查的基础上得出的。其实,在那么早的时候,统计学还没有产生呢。

相解规则是从象征主义出发定出的,即根据建立在游星和同名神祇,以及建立在星座及对应的动物或人物之间的虚幻联系定出的。要想证实这一点,不妨去翻阅一下古代的权威大作——托勒密的《四典》。托勒密是古代最伟大的天文学家之一,也是最有影响的占星术士之一。他把当时积累起来的占星术知识归纳成四本书,这就是《四典》。后人的占星学说几乎完全脱胎于这四本书,或脱胎于源于这四本书的占星学说。

1. 黄道 12 星座（宫）的符号联想

从占星学说认为黄道 12 宫的符号象征,也可看出黄道 12 宫和人生之间只是一种简单的联想。

白羊座的符号是 ♈

象征羊的头,是一种象形的方法,取羊最明显的羊角和鼻梁部分。由白羊座的神话可以联想到一些特质,例如冲动、勇往直前;也有人指白羊座的符号是象征新生的绿芽,表现出大地新生和欣欣向荣的景象。

金牛座的符号是 ♉

象征了牛的头,也是以简单的线条描绘出牛的形象。由金牛座的神话可以发现,金牛座的外表温驯,但内心充满欲望;圆圆的牛脸表现出安逸和享乐,但上面的牛角则提示我们牛也有爆发脾气的时候。

双子座的符号是 ♊

象征双胞胎,相较于前两个符号,就比较抽象了一点。由双子座的神话可以知道双子座的二元性和内在的矛盾。其实双子座所代表的不只是二元性,而是所谓的多元性,一方面可以看出其广,但另一方面也暗示了可能的肤浅。

巨蟹座的符号是 ♋

象征胸,也就是说巨蟹和胸有关。由巨蟹座的神话可以想象,有一种家的感觉,同时也和忌妒有关;另有人指出,其实巨蟹座的符号是象征巨蟹的甲壳,由此也可看出巨蟹座所具有的保护特质和隐藏的习惯。

狮子座的符号是 ♌

象征狮子的尾巴,高高扬起的尾巴,充分显示了狮子的个性。由狮子座的神话可以联想到,狮子的勇敢和善战。联想狮子的特性,很容易就可以想到很多,如高贵、同情心,王者之风……但是别忘了,出外狩猎的是母狮子。

室女座的符号是 ♍

象征女性的生殖器,或许不容易看出,但如果你注意看右半边,就可以发现。室女座的神话中,可看出收成的意涵。联想室女的特质,也可以发现一些,如小心、谨慎、沉静和羞怯。由另一方面,室女也代表了聪颖和敏锐。

天秤座的符号是 ♎

象征一杆秤,希腊字母 Ω 代表了衡量,而下面的一则代表了衡量的基础。在天秤座的神话中可以看出天秤座公平的特质。但由那一杆秤,可以看出天秤座追求平衡的基本念头,可是,摇摆不定的秤子也表现出天秤座的犹豫不决。

天蝎座的符号是 ♏

象征男性的生殖器,和室女座有点像,也要由右半边去想象。由天蝎座的神话中,可以知道天蝎座忌妒的来源。由男性生殖器可以知道天蝎座的欲望,也有人认为天蝎座的符号是象征蝎子的甲壳和毒针,表现出复仇的特质。

射手座的符号是 ♐

象征射手的箭,回到象形的简单形式。由射手座的神话可以看出射手座的智慧和爱好自由。射手的原型是拿弓箭的人马,下半身的马象征追求绝对自由,上半身的人象征知识和智慧,而手中的箭,则表现出射手的攻击性和伤人的一面。

摩羯座的符号是 ♑

象征羊的头和鱼的尾,抽象但基本上是象形的。由摩羯座的神话我们可以知道摩羯的担心和恐惧。摩羯座又称山羊座,这是由于其上半身的山羊形象所致,有一种向上登峰的欲求,但别忘了,在水面之下摩羯座也有象征感情的鱼尾。

宝瓶座的符号是 ♒

象征水和空气的波,是具象但又抽象的。由宝瓶座的神话可以看出宝瓶座的爱好自由和个人主义。象征宝瓶座的波,是高度知性的代表,由波的特性去思考宝瓶座的特质,看似有规律,但又没有具体的形象,是一个不可预测的星座。

双鱼座的符号是

象征两条鱼,而其中有一条丝带将它们联系在一起。由双鱼座的神话中可以联想到双鱼座逃避的特质。双鱼座的两条鱼是分别游向两个方向,除了表现出双鱼座的二元性之外,也象征了双鱼座内在的矛盾和复杂。

天文学家和考古学家经过考证认为黄道 12 宫符号的起源与古代的农业活动和天象观察有关:

白羊宫符号与产羔时节太阳所在的天空位置是对应起来的,提示人们:要接生小羊羔了。

金牛宫对应一年内需要这种牲畜参与耕作的时期。

巨蟹宫表示太阳在天空结束升高。事实上,到了夏至,太阳开始下降,可太阳是远古时代人们唯一的能量来源,人们不期望它从最高处慢慢地坠落下去,希望它可以横着走——正像一只螃蟹。

天秤宫代表昼长与夜长相等。

摩羯宫是太阳在天空中重新开始升高这一时期的标志,如同一只山羊开始爬坡。

宝瓶宫是代表冬至的符号等。

请读者坐下来,想想自己、查查星座,看看你符合吗? 思考一下古人们的自然和社会环境,想象一下星座文化存在的必要性和真实性。

2. 黄道 12 星座（宫）分类

古人们还根据需要将 12 星座进行了分类。依彼此的特性将同一属性的星座加以归纳。

各种分类法,都是由白羊座开始,将黄道 12 星座均等地分入各类别中。12 星座的分类中,包含了阴阳、四象与三动。四象是包括火、风、水、土四种特质;三动则是三种运行方式,即主动、不动、易动;阴阳则是阳性积极,阴性消极。

（1）二分类法

阴、阳二分法是最直接而自然的分法,它将星座由白羊座起,依逆时针方向排列阳、阴、阳、阴、阳、阴……,这就是二分星（座）类法。由此法可得阳性星座有:白羊座、双子座、狮子座、天秤座、射手座和宝瓶座。与阴性星座相比较,阳性星座较为外向、主动而带有侵略性。这类星座的人个性较积极、主动、乐观、开创性强,成功的机会较大和快。阴性星座有:金牛座、巨蟹座、室女座、天蝎座、摩羯座和双鱼座。相对于阳性星座而言,阴性星座较为内向、被动而有包容力。这类星座的人个性较悲观、被动、消极,虽然开创性较弱和慢,但成就具有永恒性。

（2）三分类法

三分类法依据的是三动，即主动、不动、易动。"主动"代表要改变环境，创造环境，影响环境；"不动"代表不易受环境改变；"易动"代表随周围环境改变。分类法也是由白羊座开始，依逆时针方向排列为主动、不动、易动，主动、不动、易动……。主动、不动、易动星座各4个。

主动星座包括：白羊座、巨蟹座、天秤座和摩羯座。带有一种开创的力。这四个星座分别掌握四季，代表开创和转折点。白羊座（东方）主春季；巨蟹座（北方）主夏季；天秤座（西方）主秋季；摩羯座（南方）主冬季。这类星座的人热切、野心勃勃，又热忱且独立、心思快捷；但不易满足，做事仓促草率，罔顾他人感受，专断自我。

不动星座包括：金牛座、狮子座、天蝎座和宝瓶座。带有一种守成的力。这四个星座皆固定于每个季节的中间，代表守成、忍耐和稳定。这类星座的人专注、意志力强、稳定、眼光远大、记忆力强、洞察及分析力俱佳，成功虽迟然根基扎实；但顽固、自我中心。

易动星座包括：双子座、室女座、射手座和双鱼座。带有一种适应力。这四个星座代表改动、适应和播种。这类星座的人多才多艺、善于变通、心思细腻、适应力强；但狡猾、诡诈、短视、不可靠。

（3）四分类法

古代西方有关于物质构成的四大元素之说，占星学也以此将星座分为四类。由白羊座起，依逆时针方向排列为火、土、风、水，火、土、风、水，火、土、风、水，称为四分星（座）类法。在十二星座中，火象与风象的六个星座属于阳（男）性星座，主要特征是开朗、外向。反之，土象与水象则是阴（女）性星座，收敛与教养是他们的特点。所以，看上去阳（男）性星座就像是部没有刹车的汽车；阴（女）性星座则像是仅供陈列的交通工具，哪儿也不去。

火象星座包括：白羊座、狮子座、射手座。一般来说，火象星座较为冲动，重视直觉，常有自信但也没什么耐性。

土象星座包括：摩羯座、金牛座、室女座。一般来说，土象星座较为实际，重视感官，有丰富的常识但固执己见。

风象星座包括：宝瓶座、双子座、天秤座。一般来说，风象星座较为理性，重视思考，能客观看待人、事，但较为冷漠。

水象星座包括：双鱼座、巨蟹座、天蝎座。一般来说，水象星座较为感性，重视感情，想法浪漫但不切实际。

四分类法是最常被提到的星座分类法，因为其中已包含了二分类法（火象和风象为阳性星座，土象和水象为阴性星座），且其展现较为明显。

我们从12星座的符号表示及12星座的分类方法中可以认识到，所谓12星座的象征基本上是来源于星座本身名称所代表的属性。

3. 黄道 12 宫和科学真理

从运动学角度来看我们的恒星(太阳)通过某一黄道宫所需要的时间。实际上,说太阳花相等的时间通过 12 宫的每一宫,不符合事实。太阳花 6 天就可通过摩羯宫,而要花费足足 45 天才能通过室女宫。可是还不止于此。

岁差的作用使得日历上的日期与黄道 12 宫脱离了联系。

举个例子:那些相信自己属于狮子宫的人,应该出生在 2200 年前(喜帕恰斯发现岁差效应的时代),因为现在太阳通过狮子宫是从 8 月 10 日至 9 月 15 日,而不是 7 月 24 日至 8 月 23 日,你们有些人已经"过渡"到室女宫啦!前面说过,在摩羯宫里,太阳只停留 6 天,从 11 月 23 日至 11 月 28 日,而不是 12 月 22 日至 1 月 20 日,不是占星历书上印刷的那样!

愿意相信黄道 12 宫的人至少应该关心自己属于哪一个"正确"的"宫"。实际上不论如何关心也无济于事,因为宇宙中所包含的力,从最强的到最弱的,我们都已发现并研究了。如果存在那种神奇的力,它能让恒星和行星(通过极其遥远的距离)决定我们的未来,那么我们也早该探测到这种无比强大的威力了。可是,怎么偏偏让古人抢占了先机呢?

大家都知道不是太阳环绕地球旋转,也没有人相信古埃及人所设想的:每天都有一个新的太阳产生,它与前一天的不同。长久以来我们就知道地球环绕太阳旋转,而且这个光和热的源泉是其中心正进行的核聚变反应。50 亿年以来,太阳始终是赐予我们光和热的同一颗恒星。

谁相信天宫图,谁就处于文化上的劣势地位,甚至不如认为太阳环绕我们转的古人和设想每天都有一个新太阳的古埃及人。他们可是无书可读,无报可看呀!

2.3   星图(表)

星图是天文学家观测星辰的形象记录,它真实地反映了一定时期内,天文学家在天体测量方面所取得的成果。同时,它又是天文工作者认星和测星的重要工具,其作用犹如地理学中的地图。

星表是把测量出的恒星的坐标加以汇编而成的。星表是天文观测的必备工具。星表的种类很多,一般包括:基本星表、相对星表、照相星表、亮星星表、暗星星表、变星星表、双星星表、河外天体星表……

早在先秦时期,我国古代天文学家就开始绘制星图。现存最早的描绘在纸上的星图是唐代的敦煌星图。唐敦煌星图(图 2.25)最早发现于敦煌藏经洞,1907 年被英国人斯坦因(Mark Aurel Stein,1862—1945)盗走,至今仍保存在英国不列颠博物馆内。它绘于公元940年,图上共有1350颗星,它的特点是赤道区域采用圆柱形投影,极区采用球面投影,与现代星图的绘制方法相同,是我国流传至今最早采用圆、横两种画法的星图。

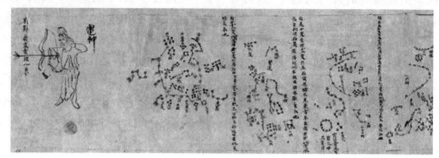

图 2.25 唐敦煌星图

大约在公元前4世纪的战国时代,魏人石申编写了《天文》一书共8卷,后人称之为《石氏星经》。虽然它到宋代以后失传了,但我们今天仍然能从唐代的天文著作《开元占经》中见到它的一些片段,并从中可以整理出一份石氏星表来,其中有二十八宿距星和115颗恒星的赤道坐标位置。这是世界上最古老的星表之一。

2.3.1　星表简史

在《石氏星经》之后,公元前2世纪,希腊学者喜帕恰斯(ππαρχο,约公元前190—前125)编制了一本载有1022颗恒星位置的星表。由地心说的创始人托勒密抄传下来,这是古代最著名的星表。以后又经过多次重新测定和重编,如1447年的乌鲁伯格天文表、1594年的鲍斯曼星表、1602年的第谷星表和1690年的赫维留星表等。

17世纪前,恒星位置都是以黄道坐标给出的。在波兰天文学家赫维留及以后的星表中,恒星位置则是以赤道坐标给出的。随着中天观测原理的提出和新式望远镜的采用,星表精度日益提高。特别是英国天文学家布拉德雷(Bradley,1846—1924)测定的恒星位置,有很高的精度。他的星表对以后编制基本星表的工作有重要的贡献。

同样是英国的天文学家,贝塞尔(Friedrich Wilhelm Bessel,1784—1846)将布拉德雷星表的恒星数扩充到50000颗,于1818年出版新的星表;后来又编成有63000颗星的星表。1859—1862年,阿格兰德尔(Agnes Randall)出版波恩星表,简称BD星表,他的助手和继承人申费尔德(Shenfield)于1886年出版了它的续表

SD 星表。BD 星表及其续表刊载了在赤纬＋90°～－23°天区内亮于 9 等的 457847 颗星。

目前最好的星表是喜帕恰斯-第谷星表(Hipparcos and Tycho Catalog)。它是喜帕恰斯天文卫星在 1989 年 11 月到 1993 年 3 月进行 100 多万颗亮于 12.5 等的恒星的精确观测结果,包括各星的位置、视差(距离)、亮度(星等)等资料。在此之前最著名的是帕洛马天图(Palomar Sky Survey,PSS),它是美国帕洛马天文台口径 1.2 米史密特望远镜从 20 世纪 50～70 年代拍摄暗至 21 等星的照相星表。为了哈勃太空望远镜的任务需要,美国宇航局把 PPS 数字处理,编制导引星表(Gaide Star Catalog),包括暗到 15 等约 180 万颗星的位置。

可以从网上(http://archive stsci edu/dss)下载数字化的帕洛马天图,包括暗到 20 等星。与其挑战的是 SDSS(the Sloan Digital Sky Servey),SDSS 是用专门的 2.5 米望远镜从 1998 年起的五年内摄取约 1/4 全天球的 1 亿颗暗到 23 等天体,测量五种可见光和红外线的准确亮度,有 100 多万个星系和 10 万多个类星体的红移,在网上(http://skyserver.fnal.gov)可查到它的首批资料。

法国斯特拉斯堡天文数据中心(Strasbourg Astronomical Data Center)始建于 1972 年,简称 SADC,汇集了有文献记载的近万个星表,并提供详尽的查询方式,是天文学家获取数据的首选。

星表库已经收录了 8901 个星表,其中 8282 个可以在线查询。且星表数据库还在不断更新。星表共分为 9 大类,用罗马数字编号,分别是:

Ⅰ. 天体测量星表(Astrometric Data):主要记录恒星的位置、坐标、自行、视差数据,包括 268 个星表。德国天文学会星表(AGK3,Ⅰ/61B)、波恩星表(Ⅰ/122)、耶鲁分区星表(Ⅰ/141)、依巴谷星表(Ⅰ/239)、第谷 2 星表(Ⅰ/259)、基本星表第六版(FK6,Ⅰ/264)、哈勃导星星表(GSC,Ⅰ/305)、美国海军星表(UCAC3,Ⅰ/315)等著名星表都在此目录下;

Ⅱ. 测光星表(Photometric Data):记录天体各波段星等、测光数据,包括 265 个星表。有变星总表(Ⅱ/139B)、斯隆巡天测光数据 SDSS-DR7(Ⅱ/294),我国兴隆观测站施密特望远镜的大视场多色巡天(BATC)也在其中(Ⅱ/262);

Ⅲ. 光谱星表 (Spectroscopic Data):记录天体光谱观测数据,有 226 个星表,比如最早的光谱星表——亨利德雷珀星表及补编(Ⅲ/1)、斯隆巡天光谱数据(SDSS-DR6,Ⅲ/255);

Ⅳ. 交叉证认星表 (Cross-Identifications):包含 27 个星表,主要提供不同大型星表(比如 SAO、HD、GC、DM)之间的编号对照;

Ⅴ. 汇编星表 (Combined data) (116 catalogues):基于文献和现有观测结果重新汇编导出的星表。比如根据耶鲁大学天文台巡天结果编制的耶鲁亮星星表

(V/25)、由斯特拉斯堡天文台编制的银河系行星状星云表(V/100),古希腊天文学家托勒密的《天文学大成》(*Almagest*)中的星表也收录在此(V/61);

Ⅵ. 其他星表(Miscellaneous):不适合其他任何目录的星表就放在这里,共有 106 个。有星座边界数据(Ⅵ/49)、元素谱线列表(Ⅵ/69)、帕洛马天文台二期巡天底片位置(Ⅵ/114)等;

Ⅶ. 非恒星星表(Non-stellar Objects):含有 214 个星表,星云、星团、星系、星系团都可以在这里找到,也包括类星体、小行星等天体。比如著名的 NGC 星表(Ⅶ/1B 1973 年版本,2000 年版本在 Ⅶ/118),阿贝尔和茨威基的星系团表(Ⅶ/4A 1973 年版,1989 年版 Ⅶ/110A);

Ⅷ. 射电和红外星表(Radio and Far-IR data):射电和红外波段的观测,有 85 个星表,包括剑桥大学的 3C 射电源表(Ⅷ/1A)、北京天文台密云观测站 232MHz 巡天(Ⅷ/44);

Ⅸ. 高能星表(High-Energy data):主要是 X 射线和伽马射线波段的观测,因为领域起步较晚,星表也最少,只有 30 个。涵盖了乌呼鲁卫星、ROSAT 卫星、Einstein 卫星的数据。

2.3.2 星图简史

1. 西方古典星图的起源

由于天文知识的限制,我们的祖先认为天球是一个以地球为中心的实体,所以最早期的星图是将全天直观地绘制在一个球体上,在球的表面绘有想象中的星座图形。这类星图中的代表作是现藏于意大利那不勒斯国立博物馆的大理石刻 Farnese 天球,创作于公元 70 年以前。Farnese 天球由希腊神话中的擎天巨神阿特拉斯(Atlas)扛在背上,因此又称"阿特拉斯扛天"。Farnese 天球上绘有古代的星座图案,却没有标出恒星,但一些天文考古专家认为天球上曾经是刻有恒星的。除了笨重以外,将星图绘在球体上带来的最大不便就是由于人们要从天球的外面向里面看,所以上面的星星是左右颠倒的。为了使用方便,需要将我们实际看到的星星的位置绘制在平面上,我们现在提到的"星图"都是指这些平面星图。

西方古典星图起源于古代希腊、罗马时期,发展于文艺复兴之后的 16 世纪,并于 16 世纪下半叶至 18 世纪达到鼎盛。这些星图中通常都绘出了与神话传说有关的图案,当时的天文学家常用天体在星座图案上的位置,而不是它们的坐标来确定它们本身的位置,因此很多古典星图只标出了粗略的坐标网格。早期较著名的古典星图是由中世纪的僧侣 Geruvigus 于公元 1000 年前后绘制的,它由哈利(Harry)父子收集,现存于大英博物馆。Geruvigus 星图风格古朴,与后期的古典星图相比显得粗糙了一些,但它对于以后的星图画家的影响却很大,从很多图上都能看到它的影子。

(1)拜耳星图标志着西方古典星图黄金时代的到来

在 Geruvigus 星图之后出现的最著名的古典星图是由德国的律师和天文学家拜耳(Johann Bayer,1572—1625)创作的 Uranometria 星图。Uranometria 是由词根 Urano 和 metria 构成的,Urano 来自希腊神话中的天神(Uranus)和天文女神(Urania),代表"天",而 metria 是"测量"的词根,合起来的意思就是"测天图"。Uranometria 星图的第 1 版出版于 1603 年,在当时,Uranometria 星图以其高度的科学性和完美的艺术性为星图学树立了全新的标准。拜耳在绘制 Uranometria 星图时使用的恒星的位置来自那个时代天文学界的一项史无前例的成果——丹麦天文学家第谷·布拉赫的观测结果,尽管当时还没有望远镜,但第谷·布拉赫测量的许多恒星的位置精度达到了 $1'$,正是高质量的位置资料使得 Uranometria 星图的精度甚至超过了很多现代的普及星图。Uranometria 星图由 51 幅铜版印制的星图和一部含有 1709 颗恒星数据的星表组成,其中当时的 48 个传统星座每个一幅图(图 2.26),另有两幅索引图和一幅著名的南天星座图。首次将 12 个南天的新星座绘入星图,并使其广为传播,这是拜耳的一大功绩。在 Uranometria 星图中拜耳还用小写希腊字母按照每个星座内恒星亮度的大致顺序标注亮星,如仙女座中最亮的星称为"仙女 α",这种为亮星命名的方法至今仍在广泛采用。

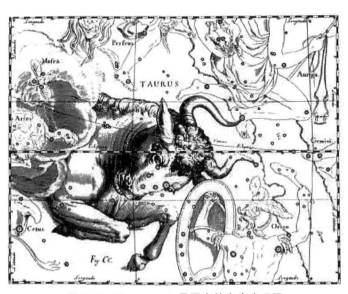

图 2.26　Uranometria 星图中的金牛座天区

（2）赫维留星图——最后一部基于肉眼观测的星图

在 Uranometria 星图出版后的两个半世纪里，又有大批的优秀古典星图相继问世。波兰天文学家赫维留（Johannes Hevelius, 1611—1687）绘制了赫维留星图（Firmame ntum Sobiescianum，见图 2.27（a））。赫维留 1611 年出生于波兰但泽的一个酿酒商家庭，曾就读于荷兰的莱顿大学，并担任过但泽市的市政官员。作为当时著名的天文学家，赫维留接受过良好的教育，并具有相当的艺术天赋。他曾遍访欧洲的科学家与天文台，并于 1641 年在但泽建立了自己的天文台。赫维留星图中恒星的位置全部来自他自己的观测资料，他还出版了包括 1564 颗肉眼可见的恒星的星表。尽管在编制这些星表时望远镜已经发明了半个多世纪，而且正在得到广泛的应用，但固执的赫维留坚持认为在观测者与星星之间加入光学仪器会降低观测精度，因而拒绝使用望远镜。赫维留的星图和星表的精度达到了肉眼观测的极限，他的星表也是最后一部用肉眼观测的星表。赫维留星图共有 56 幅，其中两幅是北天和南天的索引图，另外 54 幅基本上是一个星座一幅图。尽管在一个多世纪前，天文学家们便开始重视赤道坐标系，但与拜耳星图一样，赫维留星图也采用了黄道坐标系，这反映了赫维留的保守性；还有一个方面也显示了他的保守性，那就是他的星图与我们看到的星空是左右颠倒的，只有身处天球之外的"神"才会看到赫维留星图上描绘的星空，这也许正是他为了取得与神一致的和谐。赫维留星图的绘制极为精美，造型极为生动，具有极高的艺术价值。赫维留在其星图之中设立了 10 个新的星座，其中狐狸座、小狮座、盾牌座、蝎虎座、天猫座、六分仪座、猎犬座一直沿用至今，另外 3 个星座已经消失了。出版于 1690 年的赫维留星图早已绝版，1968 年苏联塔什干天文台的台长谢格洛夫（Shcheglov, 1912—1995）将该台收藏的这套古典星图翻译成俄文出版。1977 年

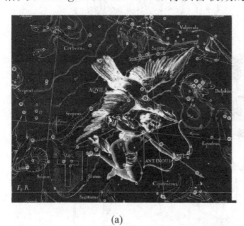
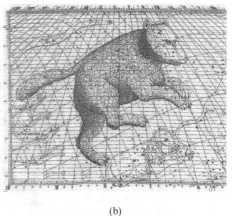

(a)　　　　　　　　　　　　　　　(b)

图　2.27

（a）精美绝伦的赫维留斯星图；（b）最受天文爱好者喜爱的弗拉姆斯蒂德星图

日本的地人书馆又将俄文版译成日文出版。这两套新版星图的出现使赫维留星图在全世界得到了广泛流传。（去搜集一套赫维留斯星图吧，实在是精美绝伦。）

（3）弗拉姆斯蒂德星图——古典星图的又一座里程碑

在赫维留星图出版后不久，古典星图史上的又一个里程碑出现了，它就是英国首任皇家天文学家弗拉姆斯蒂德（John Flamsteed）的星图——弗拉姆斯蒂德星图（Atlas Coelestis）。弗拉姆斯蒂德星图在绘制方法上有了质的飞跃，其精度也很高，与现代的大多数目视星图不相上下，它还是当今天文科普作品中引用得最多的星图之一，其重要性显而易见（图 2.27(b)）。在弗拉姆斯蒂德时代，人们仍然在广泛使用第谷和赫维留的目视星表，为了使这一情况得到改观，他把望远镜引入基本天体测量学，用于编制全新的星表。他在 1676—1689 年间共作了大约 2 万次观测，测量精度约为 10″，3000 颗星的测量结果收入了著名的"不列颠星表"（Britannic Catalogue）。根据弗拉姆斯蒂德的星表绘制的星图出版于 1729 年，为对开本，共有左右合页的星图 27 幅，由当时英国著名的画家詹姆斯·索赫尔（James Suo Heer）绘制，其造型典雅，至今仍可在很多现代出版的星座图谱中看到它们的影子。与以往的星图相比，弗拉姆斯蒂德星图最大的进步在于采用了比以往更为合理的投影方法，拜耳星图和赫维留星图中的坐标网格无论在数学上还是制图学上都是错误的，而弗拉姆斯蒂德首次采用了正弦曲线投影，大大减低了天区的变形。

（4）波德星图——古典星图的巅峰巨著

如果说古典星图的黄金时代开始于拜耳星图，那么两个世纪之后的 1801 年，另一位德国天文学家波德（Bode）的巨著——波德星图（Uranographia）的问世将古典星图推上了顶峰，但在这以后，古典星图便开始被更为实用的现代星图取代了。

波德生于德国汉堡，自学天文学，1786 年起担任柏林天文台台长，长达 40 年之久。他发表过多种天文普及著作和星图，被称为"波德星图"的有 7 种之多，其中以 1801 年出版的 Uranographia 最为著名。Uranographia 共 14 幅，为超大幅的折叠图版，其中 12 幅为北半球的每月星图。Uranographia 共有 17000 颗恒星，包括所有肉眼可见的恒星和一批暗达 8 等的星，此外还有约 2500 个星云、星团以及几乎所有曾经被使用过的星座。18 世纪和 19 世纪是星座"泛滥"的时代，最多时竟多达 120 个。Uranographia 中采用了大约 100 个星座。波德还是第一批绘出明确的星座界限的星图作者之一，星座界限对于现代的天文学家来说是司空见惯的，但在当时却很少有人涉及，而且缺少统一的标准，但星座界限的出现毕竟使得每一颗星都属于了确定的星座。Uranographia 还采用了极佳的圆锥曲线投影法，使得星座图形的变形最小，这一方法至今仍在广泛使用。

2. 古典星图向现代星图的过渡

19 世纪，人类在科学、技术和工程的各个领域都迎来了革命性的发展，天文学也不例外,例如恒星位置的测量精度在 19 世纪前半叶得到了极大的提高,1830 年前后天文学家已经能够得到小于一个角秒($1''=1/3600°$)的测量精度。测量精度的提高使得编制高精度的星表成为可能。进入 19 世纪后在星图领域的另一个变化是逐渐淘汰了华丽的星座图案,这也标志着古典星图开始逐渐向现代星图过渡。在当时的情况下,再绘出星座的艺术图形不但显得多余(同时也增加了制造成本),更容易使人们对天文学产生误解。一方面这些星座图案会使人们觉得天文学过于华丽而不像一门严肃的科学;另一方面当时的天文学家正在苦于公众经常分不清天文学与占星术,而星图中的图案往往使得公众对天文学的误解进一步加深。促使古典星图消亡的最重要的原因是人们已经习惯于利用天球坐标,而无须星座图案来描述星星的位置了。此外,复杂的图案占用了图面大量的空间,也使得图中的星数大受限制。尽管如此,在波德星图之后仍不断有古典星图问世,其中杰出的代表是英国人詹米森于 1822 年出版的"天图"(A Celestial Atlas)。这套星图由 30 幅图组成,其特点是每幅图都配有详细的文字解说,实际上是将星图和观测手册合在了一起,非常实用。有一些星图为彩色印刷,这在当时非常新颖。詹米森的星图仍然保留了 18 世纪古典星图的许多特点,其中主图仍采用过时的正弦曲线投影法,这显然是受了弗拉姆斯蒂德星图的影响。不过詹米森星图没有波德星图那么杂乱,更适合初学者使用。古典星图的作用,并没有因为现代科学的发展而消亡,不过更趋向于艺术欣赏的范畴,许多艺术家在古典星图的基础上用现代思维的手法,创作出新型的星座图形,又创建了一个个新的星座画廊,成为古典星图的新时代。

2.3.3　主要的星表、星图

星表一般按其用途分为基本星表、相对(照相)星表、专用(暗星、黄道星)星表和天体物理星表等。

1. 基本星表

各个天文台编制星表时使用的仪器不同,观测条件和处理方法也不一致,因此,同一颗星在不同星表中的位置存在差别。将各种星表综合处理后得到的高精度星表称为基本星表。它是一切星表的基础。主要的基本星表如下。

(1) 奥韦尔斯基本星表

为德国天文学会星表的定标星系统而编制的基本星表。首个奥韦尔斯基本星表包括北天的 539 颗恒星和南天的 83 颗恒星两部分,先后在 1879 年和 1883 年发表。以后,在将岁差数据作了改正和将恒星增加到 925 颗后,于 1907 年发表了新基本星表,简称 NFK 星表。1924 年,为编制德国天文学会星表 AGK2,开始修订

NFK,到 1937 年出版了 FK3 星表。它包含 1535 颗恒星。以后,又于 1954 年发表了 FK3 星表的补篇,加了北天的 1142 颗星以及南天的 845 颗星。1963 年出版了 FK4。从 1986 年开始,世界上的天文学家已经在用 FK5 星表了。

(2)纽康星表

纽康于 1872 年发表的第一本基本星表,称为 N1 星表,有 32 颗基本恒星的赤经。以后为了美国天文年历的需要,于 1899 年发表了有 1257 颗恒星位置的基本星表,称为 N2 星表。

(3)博斯星表

L.博斯在 1910 年首先编出的一本具有 6188 颗恒星的位置和自行的基本星表,简称 PGC 星表。主要目的是为了研究太阳的空间运动、银河系自转和确定岁差常数的需要。1937 年完成总星表,简称 GC 星表,共有 33342 颗恒星的位置和自行。

(4)N30 星表

FK3 和 GC 星表的平均观测历元都在 1900 年前后,恒星位置的精度受自行误差的影响而逐渐降低,因此摩根根据 20 世纪以来的观测资料,综合了大约 60 本星表的内容,于 1952 年编成一本共有 5268 颗恒星的基本星表,称为 N30 星表。

2. 相对星表

用相对测定的恒星位置编成的星表称为相对星表。用照相法测定的相对星表,称为照相天图星表。

(1)照相天图星表

1887 年第一届国际天文照相会议决定,用照相法制全天照相星表。规定星等亮于 11 等,平均密度约为每平方度 40,但由于工程巨大和协调的关系,至今还未完成。

(2)德国天文学会星表

1867 年德国天文学会提出了精确测定恒星位置的计划,1910 年完成了 AGK1 星表,包括 14400 颗星。1924 年开始用照相法重测,于 1951—1958 年陆续发表,共有 183000 颗恒星,称为 AGK2 星表。1955 年又开始修订 AGK2 的工作,并于 1973 年以磁带的形式刊出,称为 AGK3 星表。

(3)耶鲁星表

美国耶鲁大学天文台编制的一本照相星表。星等亮于 9 等,包括 150000 颗星。

(4)好望角照相星表

好望角天文台编制的南天照相星表,包括亮于 10 等的星近 70000 颗。1968 年编成。

3. 其他的位置星表

为特殊目的而编制的星表。

(1) 暗星星表

暗星星表主要用于弥补各种星表的不均匀性。

(2) 黄道星表

黄道星表为月掩星和行星的照相观测而编制。

(3) 史密森星表

史密森星表主要用于人造卫星位置测量。

4. 有关天体物理量的星表

主要的有:恒星三角视差总表、变星星表、双星和特定类型恒星星表、太阳系天体和人造天体星表、银河系其他天体星表、河外天体星表、光学波段以外的辐射源星表等。

星图按年代来分,主要的星图如下:

敦煌星图(中国,见图 2.25)——出版于 705 年左右,载有恒星 1350 颗。

苏州石刻天文图(中国,见图 2.28)——出版于 1247 年,载有恒星 1400 颗。

波恩巡天星图(德国)——北天部分出版于 1863 年,极限星等 9.5 等。南天部分出版于 1887 年,极限星等 10 等。全天包含 457848 颗星。

诺登星图(英国)——出版于 1910 年,载有恒星 8400 颗,极限星等 6.35 等。

图 2.28　苏州石刻天文图

富兰克林-亚当斯星图（美国）——出版于 1914 年,极限星等 17 等,为 206 张照片组成的照相星图。

科尔多瓦巡天星图（阿根廷）——出版于 1929 年,极限星等 9.5 等,为 28 张照片组成的照相星图。

捷克斯洛伐克星图（捷克）——出版于 1948 年,载有恒星 32571 颗,极限星等 7.75 等。

帕洛玛天图（美国）——出版于 1960 年,极限星等 21 等,为 1970 张照片组成的照相星图。

费伦贝格星图（德国）——出版于 1962—1964 年,极限星等 13 等,为 464 张照片组成的照相星图。

捷克斯洛伐克光谱型星图（捷克）——出版于 1962—1964 年,用颜色表示光谱型,载有恒星 32 万颗。

米哈伊洛夫星图（苏联）——出版于 1970 年,极限星等 8.25 等,为 20 张照片组成的照相星图。

目前,最新的星图是为哈勃太空望远镜而编制的导引星图。此外,还有各种射电巡天图,红外、紫外、X 光等波段巡天图,以及各种气体星云图、星系图等。

天文小知识

1. 怎样成为天文爱好者

一位名人说过这样一句话:"这个世界如果只有往地上看的人,却没有往天上看的人的话,那这肯定是一个阴惨的社会。"

懂得天文学、欣赏星空、掌握一定的天文知识,很多人觉得是一件很难的事。其实,并不是让你专业地去研究天文,而是业余学习(全中国有 14 亿人口,你可以去做个调查,看看专业从事天文工作的人有多少),记住一句话:业余天文学永远可以在你平静的生活中增加一些天文学的乐趣。事实上,只要你有意愿,只要你有一个正确、良好的开端,欣赏星空、学习天文知识,就一定会成为你一生的爱好。观察星空,能体会到宇宙的博大,使人心胸开阔;辨认星座、恒星以及其他天体,了解有关它们的知识是一种极富乐趣的挑战。当你沉浸在星光中时,你的身心都会得到充分而积极的放松。尝试着去做一名"天文爱好者"吧!我们这里主要考虑如何带你去欣赏星空。

成为天文爱好者,如何起步呢?天文学是一个富含知识的兴趣爱好,它的乐趣来自于勤于思考之后的发现和获得有关神秘夜空的知识。但是,除非你的周围有一个活跃的天文俱乐部或天文爱好者协会（实际上，几乎每个大中城市、每个高校甚至中学都有的），否则你不得不靠自己去发现新事物，获取新知识。换句话说，你必须靠自学。

1）从欣赏开始

去买一本有关星座故事及介绍星空随时间变化知识的书，那里面肯定有星图或者类似认星空用的活动星图。然后按照书上的指引和星图的使用说明，在晴朗的夜晚对照星空辨认星座。你会惊喜地发现，只要几个晚上，那些向你眨眼的星星，再也不是杂乱无章的了。你会轻松地指出："那是狮子座，那是北极星。"

许多人认为只有用望远镜才能领略星空的美丽，才能成为天文爱好者。这是错误的想法。实际上如果你不熟悉星空，不认识任何星座及亮星，即使你拥有一架望远镜，你也不知道要指向哪里！还是先买一些供学习用的书籍和星图，然后不断地观察星空，熟悉夜幕上肉眼可见的每一个天体，充分体味观星的快乐。

对于刚刚跨入天文爱好之门的人来说，双筒望远镜是应该拥有的最理想的"第一架望远镜"。这是因为：首先，双筒望远镜有较大的视场，很容易寻找到目标；另外双筒望远镜所成的像是正像，很容易辨认出视场中出现的景象是夜空中的什么位置。一般的天文望远镜所成的像往往是倒像，有的上下颠倒，有的上下左右全颠倒。还有，双筒望远镜相当便宜，除观星用外还可有许多其他用途，如看演出及体育比赛，观远处风景或天空中的飞鸟等，并且轻便、易携带。最重要的，双筒望远镜表现十分出色，一般7～10倍的双筒望远镜提高肉眼观测能力的程度，相当于普通爱好者用天文望远镜提高双筒望远镜观测能力的程度，即双筒望远镜的观测能力相当于普通爱好者用天文望远镜能力的一半，而其价格只有普通天文望远镜的1/4。这表明双筒望远镜的性价比很高。对于天文观测，望远镜主镜越大越好，但光学质量优越也是十分重要的，许多双筒望远镜的光学质量都很好，完全能达到观星要求。

2）开始循序渐进的观测

一旦拥有了自己的双筒望远镜，怎样开始观测呢？你可以对着明月看环形山，可以在银河系畅游，而后再看些什么呢？如果你熟悉星座，有一本详细的星图，那么用双筒望远镜的观星计划可以将你的一生时间全部排满！下面介绍一些值得你去看的天体吧。

（1）110个梅西叶天体。它们是漂亮的星云、星团和星系，是18世纪后期法国天文学家梅西叶编写的《星云星团总表》中的天体（比如，M87、仙女座大星云、三叶星云等）。

（2）不断变化位置的木星的4颗卫星。坚持观测一段时间，你就会发现那是一个卫星绕着木星旋转的"小太阳系"。

（3）金星的盈缺变化（图 2.29）。金星是"地内行星"，而且离地球也足够近，在双筒望远镜里你就能欣赏到它会像月亮一样地改变形状，似乎我们又多了一个月亮。

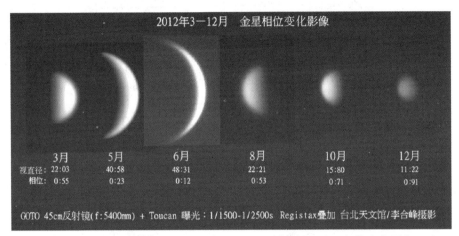

图 2.29　这是中国台湾地区的一个天文爱好者拍摄的"金星相位变化影像"

（4）月球上的月陆、月海及环形山（图 2.30）。月球上直径大于 1 千米的环形山总数有 3 万多个，占月球表面积的 7%～10%。环形山大多以著名天文学家或其他学者的名字命名，对照"月面图"去找到他们。月球背面有 4 座环形山，还分别以中国古代天文学家石申、张衡、祖冲之、郭守敬命名。

（5）流星和流星雨。原则上观看流星和流星雨主要是去欣赏它们的美丽，不需要带上望远镜，但是，观察流星雨的"辐射点"时是需要的。

（6）彗星。爱好者观测彗星一般都是要从它还没有"拉出尾巴"来时，就开始跟踪观测。

（7）火星、土星、天王星。你会发现望远镜里的"它们"，会极大地改变"模样"。

（8）跟踪变星的光度变化。这个其实是很多天文爱好者最喜闻乐见的一件事，而且，它还能让你产生坚持天文观测的兴趣。想想看，几天甚至几小时前还是很暗的星星，突然间变亮了，一个时间周期之后，它的亮度又变回去了，你会有成就感的。

一本好的星图能描绘出隐藏在星空暗处的秘密，一些描述如何用双筒望远镜观测星空以及可观测到天体的知识的书，都是充分利用双筒望远镜欣赏夜空必不可少的帮手。注意选择一本好星图及一些好的书吧！不过，双筒望远镜最大的缺点是不稳定。只要你想办法将其固定在支架上，如相机三脚架，则可解决

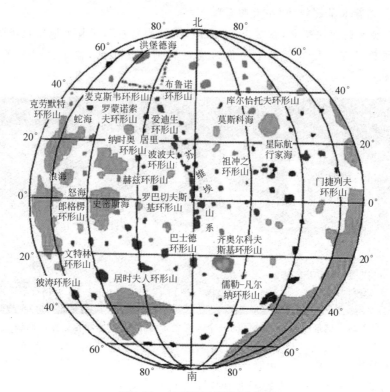

图 2.30　月球表面都是"人名"

此问题。

3）结交好友一起去观测

自己观测星空会充满乐趣，与有共同爱好的朋友，一同搜索星空、交流感想及经验，更是乐趣无穷！

欣赏星空要有毅力与耐心，更需要开朗与乐观的精神。当你正欣赏星空时，一片乌云飘来，此时你毫无办法；对于极深远暗弱的天体，你无法让它们近一些、亮一些以便于你清楚地去观看；对于长时间期待，做各种观测准备的天文事件，真正发生时，持续的时间极其短暂（如日全食），更糟糕的是在这极短的时间里，还可能有一片云遮挡了你的视线。所有这些都需要你具有相当的耐心，宇宙不会以任何人的意志而改变。作为我们人类，只能凭毅力与耐心，去欣赏它的和谐与美丽。

另外，观测时最好要带观测笔记，观测后要写观测报告，让我们学会做事情"有始有终"，不断的资料积累会让你的水平提高得更快！

爱好天文、喜爱星空是一件令人快乐的事情。如果你虽十分努力，但还是没有达到预期目的，如你计划要用望远镜观察天王星，结果花去几个小时也没能成功。

这时的你应深吸一口气,然后对自己说,虽然如此,你也不抱怨,因为你为寻找天王星所做的一切努力都让你觉得十分有趣!

记住:爱好天文,一定要乐观,开朗!

4) 做好准备

星空观测毕竟是要在夜间进行,所以提前做好准备是十分必要的。主要针对目视观测爱好者,如果你能进展到利用望远镜观测,那基本上在这里列出的情况之外,再注意望远镜即可。观测前准备包括:

(1) 看天气预报

观星前要注意天气,这个重要性不言而喻。天晴是基本的要求,当然有几朵零星的云倒也没多大关系。还有一句和星空不太相关的,就是注意天气变化(预报),防寒保暖、防风。

(2) 留意空气质量报告

有关空气质量,建议观星前查查实时的空气质量指数。如果有"雾霾"之类的情况存在,虽然天空中没有云,但实际观感会很不好,天空像是蒙了一层灰,星光黯淡。

(3) 避开月光

还记得"月明星稀"吧? 我们前面提议大家利用"月明星稀"的环境去看星星。怎么现在的观点会"相反了"? 这取决于两点,第一,对初学者来说,能认识几颗亮星就很不错了,那还是选择"月明星稀"吧;第二,现在的天空环境,即便是没有月亮、雾霾的影响,环境造成的背景光已经很强了,再把"月明星稀"叠加上去,那就只能看见月亮了。而且,月亮作为天空中亮度仅次于太阳的天体,其实还是挺有杀伤力的。想认到更多的星星,就要尽可能避开月亮,所以观测前看看农历,避开十五以及前后几天,这几个日子月亮几乎整晚上都挂在天空。当然了,如果目的是观测月亮那又另当别论。

(4) 从目视观测起步

对于初学者,眼睛就是最好的观测仪器。这样说吧,初学者的重点是认星,而不是观测。你先适应了星空,再带上你的仪器吧。

(5) 选择空旷、无(少)遮挡、无(少)灯光的观测地点

选一个空旷、无遮挡、无灯光的环境就可以了,目前这样的场合越来越少,学校里的操场应该是一个不错的选择。如果是选择了远离城市的郊外,建议你一定要事先"踩点"。

(6) 准备好星图(活动的或电子的)

不只是初学者,即便是有一定观星经验的天文爱好者,有时候也要拿出星图确认自己的结论是否正确。过去有专门针对入门天文爱好者设计的活动星图,现在

只需要在手机下载星图软件即可，三大平台（WP、安卓、iOS）都有不错的星图软件，去应用商店里面搜索"星图"即可。没记错的话有一个星图软件三大平台通杀，名字就叫"星图"。桌面端推荐使用Stellarium。

手机有陀螺仪的，拿起手机，打开星图软件，设置好当前的经纬度坐标以及日期时间，然后哪里不会点哪里，就可以辨认星星啦！

没有陀螺仪会麻烦一点，需要自行确定方位，其实就是找北，这个可以通过自身地点结合当地的地图确定。找到北以后，拿起手机，打开星图软件，设置好当前的经纬度坐标以及日期时间，将星图中的方位与实际方位一一对应即可。

没手机星图你一定是有活动星图了！或者您旁边有一个"活"的星图，就是找一位"高手"指引你。

5）看什么？

做好这些准备工作了，还有几句话要说。就是我们看什么，或者说认星星，从哪里找起。如果你没有特殊的观测使命，那就从那些易于辨别有观赏价值的星座或天象开始。什么叫"易于辨别""有观赏价值"，这个是因地因人而异的。我们这里给一些"大众菜"。

（1）著名星群

春季大曲线（含春季大三角）：北斗七星、大角星（牧夫座α）、角宿一（室女座α）和狮子座的五帝座一以及轩辕十四。

夏季大三角：牛郎星（天鹰座α）、织女星（天琴座α）和天津四（天鹅座α）。

秋季四边形：飞马座的α、β、γ星和仙女座α星。对于初学者来说，应该主要是欣赏它的形状连带判断方向。

冬季六边形（冬季大三角）：天狼星（大犬座α）、参宿七（猎户座α）、毕宿五（金牛座α）、五车二（御夫座α）、北河三（双子座β）以及南河三（小犬座α）。

北斗七星：大熊星座的臀部和尾巴。

南斗六星：这个对于初学者来说有点难找到，位于银河系中心处的人马座，我们国家的斗宿（斗宿一、斗宿二、斗宿三、斗宿四、斗宿五、斗宿六）。

（2）"有观赏价值"的星座

怎么理解所谓的"有观赏价值"？其实就是"看上去就真是那样子"的星座，就是形象与名字相符。狮子座、天蝎座、猎户座、双子座就是这样的星座。

（3）"易于辨别"的星座

小熊座（小北斗）、仙后座（呈W/M形），对照着星图，很快就能找到。

（好吧，现在你可以找好伙伴、制定计划、带好需要的装备，选择好时间、地点，开始你的天文爱好者之旅啦！）

2. 中国星空故事

目前我们认识星空,基本上都是延续西方发展起来的 88 星座体系,里面包含了许多的几何图形、很多的神话故事,所以,更容易让人产生兴趣,尤其是青少年。实际上,从系统的严谨性和完整性来看,我国三垣四象二十八星宿的天空划分体系,比 88 星座更胜一筹。我们不去做这方面的细致研究,把这个体系放在"天文小知识"的板块里,就是告诉大家,有这样一个星空体系,它更古老、体系更完备、故事更多。

1)紫微垣——皇宫里的故事

我们认星都是从北极星附近开始,理由是这里大部分的星星都处于北半球居民的"恒显圈"里。夜里出现的机会最多,最容易被大家辨认。由于位于天空的"中央"受周日视运动的影响很小,所以,在我国的星空体系里,这里是"紫微垣"(图 2.31)——天上的皇宫,星名也从天帝到皇宫里的各式人员应有尽有。

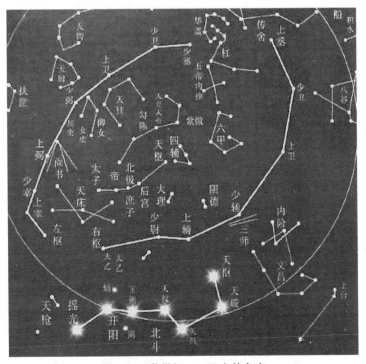

图 2.31 紫微垣——天上的皇宫

这里有天上最重要的星星"组合"——北斗七星,"天轴"就在"左枢(星)"和"右枢(星)"中间通过,皇宫的城墙(垣墙)由"紫微右垣"和"紫微左垣"构成。城中的

"北极"星就是宋代时期对应的北极星,当前的北极星为"勾陈一"(城中为紫微星)。皇宫里还有"天皇大帝"星、"帝"星、"太子"星、"后宫"星等皇亲国戚,以及配合皇帝统治的"尚书"星、"大理"星,甚至还有为皇宫服务的"御女"星、"女史"星、"天厨"星、"天牢"星等。

北斗七星由天枢、天璇、天玑、天权、玉衡、开阳、摇光组成。古人想象天枢、天璇、天玑、天权组成斗身称"魁";玉衡、开阳、摇光为斗柄称"杓"。从它们的名称,也能体会出它们在天上的重要性。(作为读书的延伸,你可以去查查资料解决两个问题:第一,先秦时期,北斗七星不是7颗,而是9颗星,还包括有天锋和摇旗两星;第二,北斗七星的名字都有什么含义?)

紫微垣的"垣墙"由15颗星组成。宋史天文志:"紫微垣在北斗北,左右环列,翊卫之象也。"左垣八星包括左枢、上宰、少宰、上弼、少弼、上卫、少卫、少丞;右垣七星包括右枢、少尉、上辅、少辅、上卫、少卫、上丞(图2.31)。用一条想象中的线条将它们连接在一起,象征着皇宫的宫墙。垣墙上开有两个门,正面开口处是南门,正对着北斗星的斗柄。垣墙的背面是北门,正对着28星宿中奎宿的方向。组成垣墙的每颗星都是由周代时期的官名命名。细看这些官名,它们是由丞相率领的,一些负责保卫皇宫安全的侍官和卫官,以及负责皇家家政内外事务的宰相和辅弼组成的。并且外加了一名少尉,他是由国家派驻,专门负责皇宫刑狱的司法官。

紫微垣之内(图2.32)是天帝居住的地方,是皇帝内院,除了皇帝之外,皇后、太子、宫女都在此居住。在紫微垣的垣墙内有两列主要星官,其中一列是"北极五星",天枢星是第一颗,它是3000年前的北极星。在它边上有四颗呈斗形的星把它围起来,那是"四辅"。而南面有一串小星,第一颗就是后宫,也就是传说中的王母娘娘,再往南是庶子、帝星(1000年前的北极星)和太子。另一列是勾陈六星:勾陈一(当前的北极星)、勾陈二、勾陈三、勾陈五、勾陈六,被勾陈中呈钩状的四颗星(六、五、一、二)所包围的一颗小星,称为天皇大帝。勾陈一是近代所使用的北极星,也是这两列星中最显著、比较明亮的星。另外在垣墙内还有服侍天帝的"御女四星",代表天帝在不同方位(东西南北中)上的座位的"五帝内座",等等。在紫微垣的垣墙外分布着供皇宫中使用的一些设施,比如:天厨(星)和内厨(星)两个厨房,睡觉用的天床,关押犯人的天牢,文官们的所在地文昌宫(星),天帝出行时用的帝车(北斗七星)等。

文昌星,是文运的象征,原本是星官名称,不是一颗星,而是由共六颗星组成,形如半月,位于北斗魁星前,因其与北斗魁星同为主宰科甲文运的大吉星,所以同文曲星混为一体而分不清。实际上,原来文曲星是指北斗魁星中的其中一颗星,而文昌星则是六颗星的总称,都在大熊星座。现在多是将文昌一(大熊座ν星)单星或者文昌一到三(组成熊头的三颗星,大熊座ν、υ、θ星)指做"文昌星"。也因为文

图 2.32 "热闹"的皇宫

昌星与北斗魁星很是异曲同工而同称为文昌斗魁。同时,二十八星宿中的西方奎星,也因主宰科甲文运而称文昌奎星。

2) 太微垣和天市垣

(1) 太微垣

《天官书》说:"太微,三光之廷。"是指日月行星都会从那里经过的意思,黄道就是挨着左执法和右执法经过的(图 2.33)。后来这一带天区发展出"垣墙",由于其紧挨着皇宫"紫微垣"的位置,它就演变成了政府机构的所在地。沿用"太微"的名字,成了太微垣。星名亦多用官名命名,例如左执法即廷尉,右执法即御史大夫等。他们两个也成了"守门官",在太微垣垣墙的南端一边一个,那里也就称为南门或端门;太微左右垣共有星 10 颗。左垣 5 星,由左执法起是东上相、东次相、东次将、东上将;右垣 5 星,由右执法起是西上将、西次将、西次相、西上相。太微垣位居于紫微垣之下的西南方。"三台星"似乎是太微垣和紫微垣连通的"阶梯"。

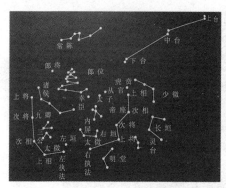

图 2.33 太微垣和灵台遗址

端门边上首先是明堂,是古代帝王宣明政教的地方,凡朝会、祭祀、庆赏、选士等大典皆在此举行。明堂三颗星都属于狮子座,都不很亮,您知道它们在端门边上就好了。太微垣里最重要的还是"三公九卿"他们各自都有三颗星,都属于室女座,也都不是很亮,位置挨着左垣墙。他们的后面就是"五诸侯星",五诸侯一、五诸侯二、五诸侯三、五诸侯四、五诸侯五,他们5个也不亮呀,为什么不像介绍"三公"一样一带而过呢?有3个理由:①后发座正好在银河系的北极方向上,所以当后发座于天顶时,银河(盘)就与地平线重合。远离了银河系盘面气体和尘埃物质的遮挡,"光线"容易通过,就形成了一个从银河系内观看河外星系的一个极好窗口。②后发座星团是我们发现的最大的星团之一,距我们3亿~4亿光年。包含1000个大星系,小星系可高达30000个。③正因为它位处银极,所以对研究银河系结构很重要。

靠近太微右垣的就都是"皇亲国戚"了。五帝座一的五颗星都属于狮子座,这里不是说有5个皇帝,而是表明东西南北中五个方位,皇帝都管。然后是太子、从官也属于狮子座,旁边还有一颗星叫"幸臣",比其他大臣都要靠近皇帝,看来阿谀奉承之辈自古有之!

太微垣的星都不是很亮,可能是因为位置太靠近紫微垣,不能"喧宾夺主"的缘故吧。介绍它们主要是想让大家了解、认识它们的结构,方便认识它们所在的星座,比如室女、狮子等。最后要说的就是"灵台"三星,也就是"皇家天文台",灵台一最亮、灵台二恰好在黄道上。灵台遗址在洛阳南郊,湖北荆州还有一个灵台县。

(2) 天市垣

天市垣又名天府,长城。市者,四方所乐。既是老百姓的交易场所,也是天子接见地方官员的地方。天市垣内外,可以说是中国古代星空中最热闹的地方,环绕天市垣的一圈围墙其实是各个州郡的朝拜之地:魏、赵、九河、中山、齐、吴越、徐、东海、燕、南海、宋列在左边,河中、河间、晋、郑、周、秦、蜀、巴、梁、楚、韩列在右边,中间是天帝的座位。各地使节各带大葱、海鲜、驴肉、陈醋、火烧等来给天帝进贡。

　　天市垣(图2.34)在紫微垣的东南角。天市垣的中心是帝座,天子脚下的市场,给皇帝"留座",太重要啦。帝座四周有宦者4星,是伺候皇上的,都不是很亮,最亮的是宦者一。侯星一颗,它的作用很大,也有点神秘。因为,虽有"帝座"但是皇帝不一定常在,所以"侯"是他的代表,另外他还起到掌握市场变化、公布行情等作用,算是市场"调度官"吧。女床三星是天帝的妻妾停留、休息的地方,估计她们也喜欢"逛市场"。女床一、女床二、女床三,3颗星挨得很近,应该很好找。

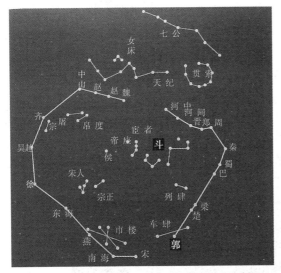

图 2.34　天市垣

　　七公是七位政府官员,民生问题关系重大,他们属于皇帝的委派官员:七公一、七公二、七公三、七公四、七公五、七公六、七公七,其中七公七最亮,尽可能地找到它,然后就方便找到七公的图形啦。贯索和天纪各9星是"天牢"和司法部门,贯索最亮的是贯索四,天纪最亮的是天纪二。贯索9星为:贯索一、贯索二、贯索三、贯索四、贯索五、贯索六、贯索七、贯索八、贯索九;天纪9星为:天纪一、天纪二、天纪三、天纪四、天纪五、天纪六、天纪七、天纪八、天纪九。

　　市场内分工很是明晰。宗正、宗人、宗星是管理机构,战国时期的星相家石申说:"宗者,主也;正者,政也。主政万物之名于市中。"宗正2星:宗正一、宗正二;宗人4星:宗人一、宗人二、宗人三、宗人四;宗2星:宗一、宗二。他们"值班"应该是在市楼(6星)之上:市楼一、市楼二、市楼三、市楼四、市楼五、市楼六。(一般你能认识宗正2星、宗人二1星、宗1星和市楼中最亮的市楼二也就不错啦。但是天市垣围墙上的诸星最好要认识。)

如果说市场的管理机构是市场的"软件",那列肆、车肆、屠肆、帛度、斗斛等就属于市场的"硬件设施"啦。

列肆2星,是宝玉及珍品市场:列肆一、列肆二;

车肆2星,百货市场:车肆一、车肆二;

屠肆2星,屠畜市场:屠肆一、屠肆二;

帛度2星,布匹、纺织品市场:帛度一、帛度二;

斗(量固体的器具)星5颗、斛(量液体的器具)星4颗:斗一最亮,和其他4星构成"斗型"在"宦者"星旁边;斛二最亮,挨着斗星。

天市垣的围墙把市场围了起来,可感觉它们更像是通往全国各州县的、四通八达的商贸通道。天市左垣(从上到下):魏、赵、九河、中山、齐、吴越、徐、东海、燕、南海、宋;天市右垣(从上到下):河中、河间、晋、郑、周、秦、蜀、巴、梁、楚、韩。

3) 天上的三个战场

春季星空是我国天空"分野"的"西北战场"。自战国以后,中原和边界上的"少数民族"就经常发生战争。这自然也就会在"天象地映"的"天文"中有所反映。分野中和外族发生战争的场所,主要是在三个方向:西北战场(图2.35)的"西羌"、南方战场的"南蛮"和北方战场的"匈奴"。

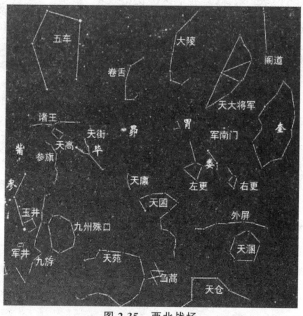

图 2.35　西北战场

西北战场处于二十八星宿中的西方参、觜、毕、昴、胃、娄、奎中,其中毕代表中原,昴代表胡人,毕宿、昴宿也是主要的战场。他们之间的"天街"两星是分界属毕宿,即天街一和天街二,之所以把这么暗的星星也作为星官,一是它们作为西北战场的分界线,二是黄道刚好在两星的连线之间通过,也就是说,日月七曜从这里开始"逛天街(走上黄道)"。

我们先看到的是战场上军旗高悬,那是"参旗九星"。九星中的参旗三到九,在猎户座中是猎户座 π1～π6,它们组成了猎户手中的那张弓。其中最亮的是 π3(参旗六、3.15 等)。天大将军(星)坐镇指挥,他是天将十一星之首,也是仙女座 γ 星(天大将军一),其他 10 颗星都不是很亮,但它们在天上构成了一个"网状",似乎是随时等待命令捕捉敌人。出兵走的"军南门"是仙女座 φ(军南门),士兵沿"阁道"进发,阁道星共 6 颗,最亮的是阁道三。战车是古时战场上的主力军,"五车"星就在大将军的旁边。似乎是巧合,五车 5 星都在西方星座的"御夫座"里(图 2.36(a)),不都是"车"吗?中国的"车"配一个洋人的"牧夫"。其中,最亮的是御夫座 α(五车二、0.08 等)。而组成"五车(御夫)"图形的 5 颗星都很亮,余下的 4 颗大家不妨都认识一下:御夫座 ι(五车一)、御夫座 β(五车三)、御夫座 θ(五车四)以及以前的御夫座 γ 星现今为金牛座 β(五车五)。就星座形象构成来说,金牛座 β 星是"一星两用"的,这属于天文学上的历史遗留问题。

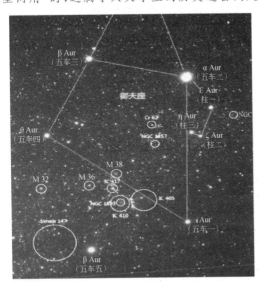

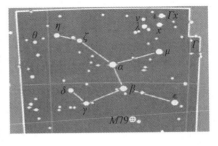

(a)   (b)

图   2.36

(a) 五车星和御夫座;(b) 天厕星和天兔座

兵马未动粮草先行。在大将军边上有天厩用来养军马;天廪用来储存军粮;刍蒿六星代表专门喂军马的草料;还有供大军饮水的"军井""玉井",甚至还有"天厕"星。天廪四星在金牛座,最亮的是天廪四;刍蒿六星在鲸鱼座,其中的刍蒿增二(鲸鱼座ο)是一个很奇异的变星,星等在 2.0~10.1 之间变化;玉井星在猎户座,其中最亮的是玉井四;天厕四星对应的是天兔座(图 2.36(b)),最亮的是天兔座α(厕一,2.58 等)。

南方战场(图 2.37)主要是为了对付"南蛮"的。位置在角、亢、氐三宿之南。战场总指挥是骑阵将军(豺狼θ1),下属有骑官二十七,主要有十星:骑官一、骑官二、骑官三、骑官四、骑官五、骑官六、骑官七、骑官八、骑官九和骑官十;车骑三星:车骑一、车骑二和车骑三;从官三星:从官一、从官二和从官三。然后是阵车三星:阵车一、阵车二和阵车三。可谓是阵容整齐、等级森严。

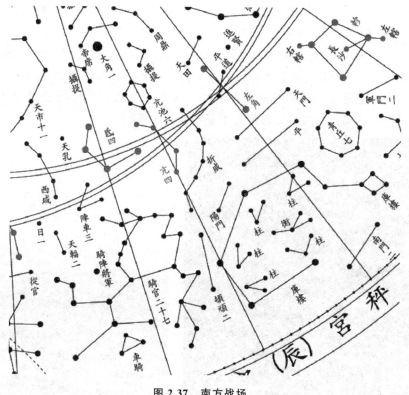

图 2.37　南方战场

他们管带着代表士兵的积卒星 12 颗,其中最亮的两颗:积卒一、积卒二算是士兵的"头目"吧。"柱星"10 颗应该是"岗楼、哨兵"。士兵和战车都是在"库楼(星)"里,库楼十星,弯曲的 6 颗是库,放战车的;围起来的 4 颗是楼,住人的。10

颗星均属于半人马座:库楼一、库楼二、库楼三、库楼四、库楼五、库楼六、库楼七、库楼八、库楼九、库楼十。

最热闹的还是"北方战场"(图 2.38)。它位于北方七宿的南面,在战场的北偏西有"狗国(星)"4 星,都较暗;还有"天垒城"13 颗星,最亮的是天垒城十(宝瓶座λ,4.50 等)。都代表北方犬戎、匈奴等少数民族。

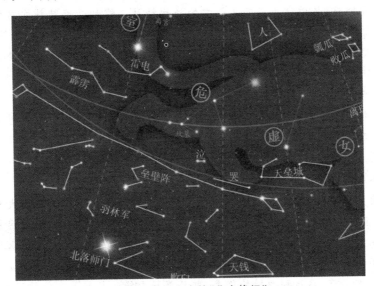

图 2.38　星空中的"北方战场"

走进战场,最抢眼的就是壁垒阵。自西南向东北由 12 星组成,属于我们前面介绍过的黄道星座中的摩羯、宝瓶、双鱼各 4 颗,其中壁垒阵四(摩羯座δ,2.87 等)最亮。一带长壁,两边各有一个由 4 颗星组成的敌楼。它的后面住着强大的羽(御)林军。羽林军有 45 颗星,5 颗属南鱼座,最亮的是羽林军八(南鱼座ε、5.20 等)。其他 40 颗都在宝瓶座,最亮的是羽林军二十六(宝瓶座δ,3.17 等)。这个战场比较重要,且北方强敌一向凶蛮,所以代表皇帝的"天纲"星(南鱼座δ),亲自坐镇指挥。边上还有直通大后方不断有兵力和给养支援的北落师门。看来在这个战场,中原是属于守势,不仅有长长的壁垒阵,还有专门为敌人设下的陷阱——6 颗八魁星,都在鲸鱼座,最亮的是八魁六(鲸鱼座7,4.46 等)。还有锐利的兵器铁钺(3 星都在宝瓶座,都很暗)以及雷电 6 星(都在飞马座)助阵,最亮的是雷电一(飞马座δ,3.40 等)。惨烈的战场自然有哭星(2 颗,摩羯、宝瓶各一颗)和泣星(2 颗,都在宝瓶座),还有坟墓 4 星:坟墓一、坟墓二、坟墓三和坟墓四,都在黄道星座里介绍过,最亮的坟墓一是 3.67 等。这些星告诉我们,为什么北方战场是位于危(机)宿和虚(虚无、荒凉)宿之间。

3. 中外神话故事人物比较

中国上古的主要大神们，诸如伏羲、女娲、炎帝、黄帝、颛顼、帝喾、尧、舜、禹等，都有着极为鲜明的尚德精神。翻开中国上古神话，一个圣贤的世界扑面而来。尽管神话没有十分完整的情节，神话人物也没有系统的神系家谱，但它们却有着鲜明的东方文化特色，其中尤为显著的是它的尚德精神。这种尚德精神在与西方神话特别是希腊神话的比较时，显得更加突出。中国古代神话中的这种尚德精神，一方面源自于原始神话的内在特质，另一方面则是后代神话改造者们着墨最多的得意之笔。在西方神话尤其是希腊神话中，对神的褒贬标准多以智慧、力量为准则，而中国上古神话对神的褒贬则多以道德为准绳。这种思维方式深深地注入中国的文化心理之中。几千年来，中国古代神话的这种尚德精神影响着人们对历史人物的品评与现实人物的期望，决定着社会对人们进行教育的内容与目的，甚至也影响着20 世纪以来中国现代文明的走向。

1) 不食人间烟火和游戏人间

"不食人间烟火，没有平凡人的情欲"，这是中国上古神话中的主要大神们神格的重要特征。在中国的很多经史典籍中，中国上古的主要大神们，诸如伏羲、女娲、炎帝、黄帝、颛顼、帝喾、尧、舜、禹等，都是崇高和圣洁的。他们不苟言笑，从不戏谑人类，更不会嫉妒和残害人类。在个人的私生活上，他们从来都是十分规矩和检点的，十分注重小节、品行和德操的修养，并且尊贤重能。几乎每一位神王都没有"红杏出墙"或"乱播爱情种子"的现象。在他们的身上，只有神圣的光环、纯洁的品性和高尚的情操(图 2.39(a))。当人类向他们看过去的时候，只会仰面向上，顶礼膜拜，而不会有丝毫的不恭不敬。

在我国的神话天地中，姑且不说被后世改造过的神话，就是古老的原始神话，我们也看不到对大神们爱情生活的描写，见不到他们这方面的生活细节。由于中国上古神话中有关爱情的内容极少，因而嫦娥奔月神话和后起的巫山神女传说在中国神话天地里就显得秀丽旖旎，风景这边独好了。

相反，在古希腊神话中，我们所看到的大大小小的天神都是世俗的、满身人间烟火味的形象：众神之王宙斯狂放不羁、拈花惹草，在神界与人间留下了一大串风流债，更严重的是他任意行事，不讲原则，充满嫉妒和个人爱好；神后赫拉，本是众神的表率和人间的神母，但她却经常为嫉妒和仇恨而迷失了本性，做出一些残酷和无神格的蠢事来，没有丝毫让人类敬重的地方。主神如此，他们手下的众神也都有着极为相似的品性。在希腊军队与特洛伊的战争中，阿喀琉斯让阿伽门农把抢来的女俘克里塞斯送还到他的父亲阿波罗的祭司的身边，因此时阿波罗神正为他的祭司的女儿被劫而用瘟疫来消灭希腊军队，阿伽门农认为自己受到了侮辱，硬是将女俘克里塞斯留在了自己的身边,阿喀琉斯愤而带领他的军队撤出了战斗,使特洛伊大将赫克托很快地杀掉了还没有死于瘟疫的希腊士兵。希腊人的这次惨败只是因为一个女人,这种结果是中国人无法理解和原谅的(图2.39(b)),也是中国神话中的尚德精神所不允许的。又如,阿波罗因同玛耳绪比赛吹笛子而失败,便残酷地剥了玛耳绪的皮,并把它挂在树上;再如月神与阿波罗兄妹,因尼俄泊嘲笑了他们的母亲巨人勒托只生下一子一女,并禁止试拜妇女向勒托献祭,他们便射杀了尼俄泊众多的儿女,如此等等。可见,在希腊神话中,神与人除了力量上的差别外,在情感上却是相同的。当神们脱掉神的外衣之后,个个就都成了世俗的凡人。

(a)

(b)

图　2.39

(a)"三过家门"的大禹;(b)"为爱而战"的特洛伊战争

2)"神化"神还是"人化"神

"对神的献身精神的崇尚和礼赞",是中国上古神话尚德精神的另一重要体现。这种牺牲精神首先表现在古老的创世神话当中。中国的创世神话,是以牺牲创世神的肉体来完成天地开辟和万物创造的。所以,中国古代的开辟大神盘古在完成了天地开辟任务之后,就将自己的双眼化成了日月,将四肢与头颅化成了五岳,将血脉化成了长江与黄河,将毛发化成了山林与草木,将肌肉化成了泥土,将筋骨化成了金石,而他身体上的寄生物则变成了人类。另一位开辟大神女娲,她在完成了补天、造人的大功之后,也将自己的身体化成了万物。所以《山海经》中云有神十人,乃女娲之肠所化。今天我们虽然不能全部了解女娲化物的细节,但这则神话多多少少为我们透露了这方面的信息。

后来的始祖神继承了创世神的这一传统,并将它发扬光大,为中华民族创造了可歌可泣的业绩。燧人氏发明火历经千辛万苦种种磨难;炎帝为发明农业种植和草药而尝尽百草,几经生死,所以《淮南子·修务训》说神农"尝百草之滋味,水泉之甘苦,令民知所辟就,当此之时,一日而遇七十毒";先秦史书则言大禹为治水十年奔走,三过家门而不入,以至于"胫不生毛,偏枯之病,步不相过"。

不仅创世神和始祖神如此,在对我国远古神话英雄的故事传说及对英雄的讴歌中,同样也反映出一种崇尚奉献与牺牲的精神。在这些神话中,大凡是为社会的进步、为人类的幸福而献身的英雄备受人们的赞颂;反之,凡是那些不利于社会前进、有碍于人类幸福的神性人物则要遭到唾弃与批判。所以为逐日而死的夸父、射日除害的后羿(图 2.40(a))、救民于水患的大禹等均在人民的心目当中占据着崇高的地位;被大水淹死之后变成鸟不停地以木石填海的精卫,也生生世世为人们所敬重。而那些残害人类的神蛇、怪兽一般的反面人物,即使不被英雄诛灭,也会被历史文化所诛灭。

中国上古诸神所普遍体现的献身精神,是世界其他民族的神话英雄所不具备的。在希腊神话中,其开辟神话充满了血腥:宇宙最先生下了开俄斯(即混沌)、胸怀宽广的地母该亚、地狱之神塔尔塔罗斯、爱神埃罗斯。开俄斯又生了黑夜之神尼克斯和黑暗之神埃瑞波斯。尼克斯和埃瑞波斯结合后生下了太空和白昼。该亚则生了乌拉诺斯(天空)、大海、高山。这时乌拉诺斯成了主宰,他与母亲该亚结合,生了六男六女共十二位天神。后来,第一代主神乌拉诺斯被儿子克洛诺斯阉割了。克洛诺斯与妹妹瑞亚结合也生下了六男六女,宙斯是最小的一个。克洛诺斯害怕他的儿女们像他推翻父亲一样来推翻他,便将自己的所有儿女都吞进了肚子之中(图 2.40(b))。在宙斯出生之前,瑞亚在地母该亚的帮助下逃到了克里特岛,上岛之后才生下了宙斯,宙斯这才幸免于难。后来宙斯联合诸神推翻了父亲克洛诺斯,逼他吐出了哥哥姐姐们。宙斯于是便在奥林匹斯山上建立了神性王国,自己做了至上神。这则希腊神话表明,宙斯的神界秩序是在代代天神们的血肉之躯上建立起来的,更严重的是这种杀戮还都是骨肉之戕。

(a)　　　　　　　　　　　　　(b)

图　2.40

(a)"射日"为民除害的后羿;(b)"吞吃"自己孩子的克洛诺斯

不独希腊神话如此,巴比伦神话和北欧神话同样也都带有浓浓的血腥味。记载着巴比伦神话的《埃努玛·埃立什》说,开初,神族有两大派:一派象征着无规律的"混沌",是从汪洋中生出的神怪;另一派象征着有规律的"秩序",是从汪洋中分化出来的天神。创世的过程被理解为混沌与秩序的战斗过程,最后秩序战胜了混沌,且以混沌族神怪们的尸体创造了万物和人类。北欧神话则说,天神奥定杀死了强有力的冰巨人,以他的尸体创造了世界上的万物。

3)"佑德保民"和"考验人生"

中国上古神话中的尚德精神不仅仅体现在大神们不食人间烟火的高尚以及伟大的献身精神,同时也体现在他们"保民佑民的责任感"上。在中国人的心目中,既是被人们所礼拜的神,就应该尽到保民佑民的职责。远古时代,中国的许多著名的大神均具有始祖神的身份。这些始祖神均是自己部族中功劳卓越的人物,他们在为本民族的发展与壮大的过程中或在民族的重大变故中,起到过巨大的作用。他们成为本民族始祖神的先决条件也决定了他们作为大神的责任与义务。特别是自西周以来,由于历史和政治的需要,诸子百家有意识改造神话中的人物形象,将人类理想的英雄美德都加在了他们身上。这种现象所造成的结果,使得存留在上古神话人物身上的野性消失得干干净净,有的只是道貌岸然、冠冕堂皇。于是这些上古的神话英雄或始祖神们以一种崭新的姿态登上了历史舞台,由神祇摇身一变成了品德完美的人间帝王。首先,他们均以天下苍生为重,平治天下、造福人类是他们的根本职责。其中大禹就是一个典范。大禹大公无私,为天下苍生的幸福鞠躬尽瘁。其他如炎帝、黄帝、尧、舜等也莫不如此(图 2.41(a))。同时,中国神话传说中的上古大神们并不以天下为己有,而是举贤授能,并且素有"禅让"的美德。所以,尧年老后便把帝位传给了舜,而舜同样也将帝位传给了大禹。这种境界如此之高之美,以至于后人甚至搞不清这究竟是史实还是神话了。

(a)

(b)

图 2.41

(a)"人类楷模"炎帝和黄帝;(b)"天帝"宙斯和他的情人们

古希腊的神话与传说表现出了与中国神话大不相同的文化特色。在古希腊神话中，天神与人类一样，也表现出爱、恨、怒、欲望、嫉妒等凡俗的情感。"潘多拉的盒子"便是一个例子：当人类被创造出来以后，英雄普罗米修斯帮助人类观察星辰，发现矿石，掌握生产技术。作为天父的宙斯（图 2.41（b））竟出于对人类的嫉妒，拒绝将"火"送给人类。普罗米修斯从太阳车的火焰中取出火种赠送给人类。宙斯发现之后就将普罗米修斯锁在高加索山上，让凶狠的饿鹰啄食他的肝脏。与此同时，宙斯加紧了报复人类的步伐，他命令火神造出美丽的潘多拉——"有着一切天赋的女人"，诸神赐给她柔媚、心机、美貌，让她带着盒子送给普罗米修斯的兄弟——厄庇墨透斯。厄庇墨透斯留下潘多拉，打开了那给人类带来灾难的盒子，于是从盒子里飞出了痛苦、疾病、嫉妒等，从此人间便陷入了黑暗的深渊。对此，宙斯并不满足，他又发动洪水来灭绝人类。

西方神话中的这种种行径和中国神话的补天、填海、追日、奔月、射日、治水等神话相比，真是判若天壤，不可同日而语。如果宙斯不幸成为中国上古的神王，那么他早就被打进了万劫不复的深渊了。

中国上古神话中体现出的这种尚德精神，有一些是先天神话的内在特质，而另一些则是后天人为改造的。它是文明社会中文化的重塑与选择的结果。经过这种文化的重塑与选择，在古老的大神们身上还遗存的一点点"人性"也消失了，剩下的只是远远脱离社会、脱离人类、高高在上、虚无缥缈的理念化形象，于是他们原有的神性也随之削弱，他们成了人间崇拜的偶像，变成人间帝王们的典范。于是神话中的大神们最终演变成了人间的始祖，敬神变成了祖宗崇拜，神话变成了宗教崇拜。

正是这种尚德精神，使中国文化中处处体现出了对"德"的要求。在我们传统的"修齐治平"的人生境界中，将"修身"摆在第一位也说明了这一点。只有"从头做起"，先修身然后才能齐家，再后才能治国、平天下。在后天漫长的文明社会里，无论臣废君取而代之，还是君贬臣、诛臣，往往都有从"德"方面找借口的。似乎只有这样，一个又一个杀机横生的"政变"或"贬诛"才显得名正言顺、顺理成章。这种文化的选择，甚至在今天的社会生活中，在我们民族的思维和习惯中，依然处处可以找到它的影子。

第 **3** 章　天球坐标 时间 历法

人类认识世界总是经历着一个从定性到定量的过程。初识星空,我们给出的是亮星的位置、星星之间的相互位置等。随着人类需求的增加和科学技术的进步,我们就需要定量地给出星空的确切描述。

3.1　天球坐标系

天球坐标系是用来确定天体位置的天文坐标系统。它以假想天球为基础,建立起诸如地平坐标系、赤道坐标系、黄道坐标系、银道坐标系等。

3.1.1　天球

天球(celestial sphere),天文学中为便于研究天体的位置和运动而引进的假想圆球面(图 3.1)。天球中心可视问题的不同而任意选取,如观测者、地心或日心等;天球的半径为任意长,可以当作数学上的无穷大。通过天球中心与天体的连线(如观测者的视线)把天体投影到天球面上,该点就是天体在天球上的位置。天球可有助于把天体方向之间的相互关系化为球面上点与点之间的大圆弧段。通过在天球

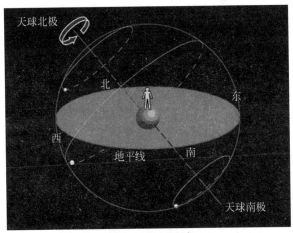

图 3.1　假想天球

上建立参考坐标系并应用球面三角学的方法易于对这些关系进行研究。

天球上的方向，是以地球自转为基础，是地球上方向的延伸。例如，和地球上经线相对应的是南北方向，和地球上纬线相对应的是东西方向。

在天球上也有距离。但是，只有角距离，而没有线距离。例如，织女星和牛郎星，相距为16.4光年，但是在天球上，只能看到它们之间相距约35°。所以，天球上的距离，实际上是天体之间方向上的夹角，而不是其真实的直线距离。

有了地理坐标系，便可以确定地面上任一地点的位置。为了确定和研究天体在天球上的位置和运动规律，人们规定了天球坐标系。根据不同的用途，有不同的天球坐标系。经常采用的天球坐标系有：地平坐标系、时角坐标系、赤道坐标系和黄道坐标系等。（去"野外"，感受一下天球、地平线、天顶、北天极以及天上星星的围绕旋转。）

3.1.2　地平坐标系

如图3.2所示，以观测者为天球中心，过天球中心并与过观测者的铅垂线相垂直的平面称为地平面，它与天球相交而成的大圆称为地平圈。地平面是地平坐标系(horizontal coordinate system)的基本平面。过观测者的铅垂线向上延伸与天球的交点称为天顶，向下的交点称为天底，天顶是地平圈的极，也是地平坐标系的极。经过天顶的任何大圆称为地平经圈或垂直圈；与地平圈平行的小圆称为地平纬圈或等高圈。

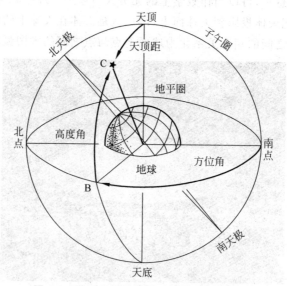

图3.2　地平坐标系表示天体的方位和高度

过北天极的地平经圈称为**子午圈**,它与地平圈相交于北点和南点,即在地平坐标系中经过北天极的地平经圈,或在赤道坐标系中经过天顶的赤经圈。它是地平坐标系和第一赤道坐标系中的主圈。子午圈是天球上经过北天极、天顶、南点、南天极、天底和北点的大圆。天体运动经过子午圈时称为中天。

与子午圈相垂直的地平经圈称为**卯酉圈**,它与地平圈相交于东点和西点,即与子午圈相垂直的地平经圈。

通常取北点或南点作为主点。从北点起沿地平圈顺时针方向量到过天球上一点的地平经圈与地平圈的交点,这一弧长为地平坐标系的经向坐标,称为地平经度或方位角,从 $0°\sim360°$;方位角也有从南点起向东向西从 $0°\sim180°$ 计量。从地平圈,沿过该点的地平经圈量度至该点的大圆弧长为纬向坐标,称为地平纬度或高度,从 $0°\sim\pm90°$,向天顶为正,向天底为负;高度的余角,即从天顶量度至该点的大圆弧长称为天顶距。

由于周日视运动,天体对于同一地点的地平坐标不断变化,另一方面,对于不同的观测者,由于铅垂线的方向不同,有不同的地平坐标系,在同一瞬间同一天体的地平坐标也就不同。因此,记录天体位置的各种星表不能采用地平坐标系。

3.1.3 赤道坐标系

过天球中心与地球赤道面平行的平面称为天球赤道面,它与天球相交而成的大圆称为天赤道(图 3.3)。赤道面是赤道坐标系(equatorial coordinate system)的基本平面。天赤道的几何极称为天极,与地球北极相对的天极即北天极,是赤道坐标系的极。经过天极的任何大圆称为赤经圈或时圈;与天赤道平行的小圆称为赤纬圈。作天球上一点的赤经圈,从天赤道起沿此赤经圈量度至该点的大圆弧长为纬向坐标,称为赤纬。赤纬从 $0°\sim\pm90°$ 计量,赤道以北为正,以南为负。赤纬的补角称为极距,从北天极起,从 $0°\sim180°$ 计量。

由于所取主点以及随之而来的经向坐标的不同,赤道坐标系又分第一赤道坐标系和第二赤道坐标系。第一赤道坐标系又称时角坐标系,与观测者有关。主点取为天赤道与观测者的天顶以南那段子午圈的交点。从主点起沿天赤道量到天球上一点的赤经圈与天赤道交点的弧长为经向坐标,称为时角。时角从 $0°\sim\pm180°$ 或从 $0\sim\pm12h$ 计量,向东为负,向西为正。天体因周日视运动,时角不断变化。第二赤道坐标系或简称赤道坐标系,主点取为春分点。从春分点起沿天赤道逆时针方向量到天球上一点的赤经圈与天赤道交点的弧长为经向坐标,称为赤经。赤经从 $0°\sim360°$ 或从 $0\sim24h$ 计量。天体的赤经和赤纬,不因周日视运动或不同的观测地点而改变,所以各种星表通常列出它们。

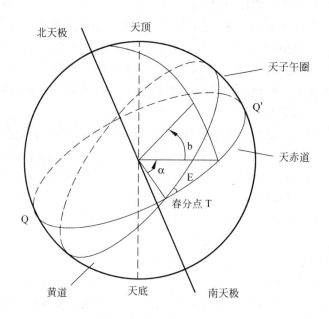

图 3.3　天球赤道坐标系

3.1.4　黄道坐标系

地球公转的平均轨道面称为黄道面,它与天球相交而成的大圆称为黄道(太阳视运动轨道)。黄道面是黄道坐标系(ecliptic coordinate system)的基本平面。黄道的几何极称为黄极,与北天极邻近的黄极即北黄极是黄道坐标系的极。经过黄极的任何大圆称为黄经圈;与黄道平行的小圆称为黄纬圈。春分点取为黄道坐标系的主点。从春分点起沿黄道逆时针方向量到天球上一点的黄经圈与黄道交点的弧长为经向坐标,称为黄经。黄经从 0°~360°计量。从黄道起沿过该点的黄经圈量度至该点的大圆弧长为纬向坐标,称为黄纬。黄纬从 0°~±90°计量,黄道以北为正,黄道以南为负。天体的黄道坐标不因周日视运动或不同观测地点而改变(图 3.4(a))。黄道坐标常用于研究太阳系内各种天体的运动。(熟悉地平、赤道、黄道坐标系的基本圈、基本点和基本线,明确地平经度、地平高度;赤经、赤纬;黄经、黄纬的度量方法和起算点。)

3.1.5　银道坐标系

在讨论天体相对于银河系的位置,而不是相对于太阳系的位置时,天文学家需

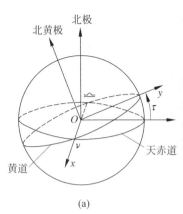

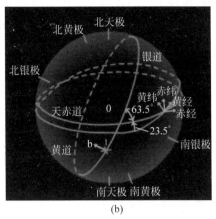

图 3.4

(a) 黄道坐标系；(b) 银道坐标系

要使用银道坐标系(galactic coordinate system)(图 3.4(b))。银道就建立在银河系的中央平面上。银纬是从银道分头向两极量起,到南北银极均为 90°,根据定义,北银极位于北天极所在的半球里,但北银极和北天极相距 63.5°之多。北银极在牧夫座和狮子座之间,这个区域的恒星异常稀疏。

要测量银经,还须在银道上选取一个原点。在 1958 年于莫斯科召开的国际天文学会的一次会议上规定,银经的起算点就选为银心所在的天球上的那一点。此点的位置是靠现测 21 厘米谱线确定的,它位于人马座的方向。银经就从此点顺银道向东量度,从 0°~360°。

3.2 时间 授时系统

时间的意义对我们来说是不言而喻的。

所谓时间就是确立时间基准,就是被人们确认为最精确的时间尺度,长期以来,人们一直在寻求着这样的时间尺度。

在远古时期,人类以太阳的东升西落作为时间尺度。公元前 2 世纪,人们发明了地平日晷,一天差 15 分钟;一千多年前的希腊和我国的北宋时期,能工巧匠们曾设计出水钟,精确到每日 10 分钟误差;六百多年前,机械钟问世,并将昼夜分为24 小时;到了 17 世纪,单摆用于机械钟,使计时精度提高近 100 倍;到了 20 世纪30 年代,石英晶体振荡器出现,对于精密的石英钟,三百年只差 1 秒……

自 17 世纪以来,天文学家们以地球自转和世界时作为时间尺度:当地球绕轴自转一周,地球上任何地点的人连续两次看见太阳在天空中同一位置的时间间隔为一个平太阳日。1820年法国科学院正式提出:一个平太阳日的1/86400为一个平太阳秒,称为世界时秒长。

由于地球自转季节性变化、不规则变化和长期减慢,所以世界时每天可精确到1×10^{-9}秒。但是社会的进步和科学技术(特别是航天、空间物理、军事等)的飞速发展,使人们对时间尺度的精度需求越来越高。

1953年世界上第一台原子钟研制成功。1967年十三届国际计量大会决定:铯原子Cs_{133}基态的两个超精细能级间跃迁辐射振荡9192631770周所持续的时间为1秒,此定义一直沿用至今。

3.2.1 地方时、世界时

平常,我们在钟表上所看到的"几点几分",习惯上就称为"时间",但严格来说应当称为"时刻"。某一地区具体时刻的规定,与该地区的地理位置存在一定关系。例如,世界各地的人都习惯于把太阳处于正南方(即太阳上中天)的时刻定为中午12点,但此时正好背对着太阳的另一地点(在地球的另一侧),其时刻必然应当是午夜12点。如果整个世界统一使用一个时刻,则只能满足在同一条经线上的某几个地点的生活习惯。所以,整个世界的时刻不可能完全统一。这种在地球上某个特定地点,根据太阳的具体位置所确定的时刻,称为"地方时"。所以,真太阳时又叫做"地方真太阳时"(地方真时),平太阳时又叫做"地方平太阳时"(地方平时)。地方真时和地方平时都属于地方时。

1879年,加拿大铁路工程师伏列明(Volt list)提出了"区时"的概念。这个建议在1884年的一次国际会议上得到认同,由此正式建立了统一世界计量时刻的"区时系统"。"区时系统"规定,地球上每15°经度范围作为一个时区(即太阳1个小时内走过的经度)。这样,整个地球的表面就被划分为24个时区。各时区的"中央经线"规定为0°(即"本初子午线")、东西经15°、东西经30°、东西经45°⋯⋯直到180°经线,在每条中央经线东西两侧各7.5°范围内的所有地点,一律使用该中央经线的地方时作为标准时刻。"区时系统"在很大程度上解决了各地时刻的混乱现象,使得世界上只有24种不同时刻存在,而且由于相邻时区间的时差恰好为1个小时,这样各不同时区间的时刻换算变得极为简单。目前,世界各地仍沿用这种区时系统。

规定了区时系统,还存在一个问题:假如你由西向东周游世界,每跨越一个时区,就会把你的表向前拨一个小时,这样当你跨越24个时区回到原地后,你的表也刚好向前拨了24小时,也就是第二天的同一钟点了;相反,当你由东向西周游世界一圈后,你的表指示的就是前一天的同一钟点。为了避免这种"日期错乱"现象,国际上统一规定 180°经线为"国际日期变更线"(图 3.5)。当你由西向东跨越国际日期变更线时,必须在你的计时系统中减去一天;反之,由东向西跨越国际日期变更线,就必须加上一天。

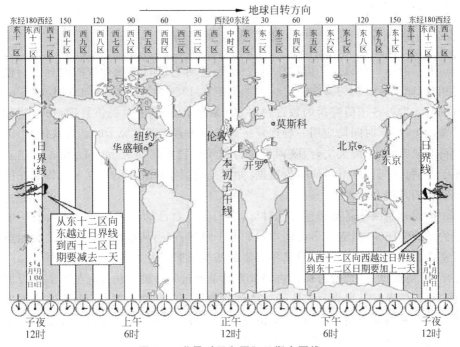

图 3.5　世界时区和国际日期变更线

地球自转运动是个相当不错的天然时钟,以它为基础可以建立一个很好的时间计量系统。地球自转的角度可用地方子午线相对于天球上的基本参考点的运动来度量。为了测定地球自转,人们在天球上选取了两个基本参考点:春分点和平太阳,以此确定的时间分别称为恒星时和平太阳时。恒星时虽然与地球自转的角度相对应,符合以地球自转运动为基础的时间计量标准的要求,但不能满足日常生活和应用的需要。人们习惯上是以太阳在天球上的位置来确定时间的,但因为地球绕太阳公转运动的轨道是椭圆,所以真太阳周日视运动的速度是不均匀的(即真太阳时是不均匀的)。为了得到以真太阳周日视运动为基础而又克服其不均匀性的时间计量系统,人们引进了一个假想的参考点——平太阳。它在天赤道上作匀速运动,其速度与真太阳的平均速度相一致。

平太阳时的基本单位是平太阳日,1 平太阳日等于 24 平太阳小时,86400 平太阳秒。以平子夜作为 0 时开始的格林尼治平太阳时,就称为世界时,简称 UT。世界时与恒星时有严格的转换关系，人们是通过观测恒星得到世界时的。后来发现，由于地极移动和地球自转的不均匀性，最初得到的世界时，记为 UT0，也是不均匀的，人们对 UT0 加上极移改正得到 UT1，如果再加上地球自转速率季节性变化的经验改正就得到 UT2。

3.2.2　国际原子时、世界协调时、授时系统

原子时是一种以原子谐振周期为标准，并对它进行连续计数的时标。同世界时相比，原子时要均匀得多。时标的始点定在 1958 年 1 月 1 日的 0 时 0 分 0 秒。有分布于世界各国研究所的数百台铯原子钟为国际原子时提供数据，在这些数据的基础上，国际时间局应用一种加权平均的方法算出国际原子时。在我国，中国计量科学研究院、上海天文台、陕西天文台以及台湾电信研究所（TL）均各自建立了原子时，每月向国际时间局报告数据，并同其他国家研究所的数据一起发表在国际时间局的月报及年报上。

世界时和原子时都是独立的时标，它们各有自己的使用范围。当人们从事系统的动力学研究时，需要尽可能均匀的原子时标；但当从事像大地测量之类与角位置密切相关的工作时，世界时又是必要的基本依据。为了同时适应两种需要，产生了所谓"协调世界时"的时标。协调世界时是通过闰秒的办法使它的时刻接近世界时。协调世界时是世界时与原子时协调的产物，自 1972 年 1 月 1 日起在全世界实施。对于时间频率用户来说，使用协调世界时标，可以得到符合新的原子秒定义的时间间隔，从而得到尽可能均匀的时标。

授时系统是确定和发播精确时刻的工作系统。每当整点钟时，电视画面上就会出现数字时间的显示。电视台的正确时间是从哪里来的呢？它是由天文台精密的钟去控制的。那么天文台又是怎样得到这些精确的时间呢？

我们知道，地球每天均匀转动一圈，因此，天上的星星每天东升西落一次。如果把地球当作一个大钟，天空的星星就好比钟面上表示钟点的数字。星星的位置天文学家已经很好测定过，也就是说这只天然钟面上的钟点数是精确知道的。天文学家的望远镜就好比钟面上的指针。在我们日常用的钟上，是指针转而钟面不动，在这里看上去则是指针"不动"，"钟面"在转动。当星星对准望远镜时，天文学家就知道正确的时间，用这个时间去校正天文台的钟。这样天文学家就可随时从天文台的钟面知道正确的时间，然后在每天一定时间，例如，整点时通过电视台播放出去。天文测时所依赖的是地球自转，而地球自转的不均匀性使得天文方法所得到的时间（世界时）精度只能达到 10^{-9} 秒，无法满足社会经济各方面的需求。目前世界各国都采用原子钟来产生和保持标准时间，这就是"时间基准"，然后，通过各种手段和媒介将时间信号送达用户，这些手段包括：短波、长波、电话网、互联

网、卫星等。这一整道工序,就称为"授时系统"(图3.6)。(你经常是靠什么手段获得时间的? 尝试一下去区分地方时、世界时、协调时,去搜索一下"跳秒"的概念和如何操作。)

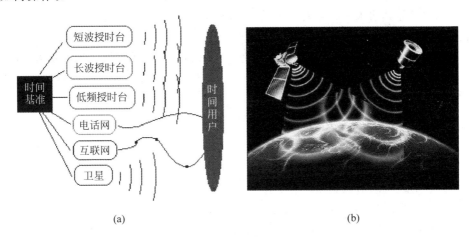

(a)   (b)

图   3.6

(a)授时系统;(b)全球卫星定位系统

3.3   历法

时间长河是无限的,只有确定每一日在其中的确切位置,我们才能记录历史、安排生活。我们日常使用的日历,对每一天的"日期"都有极为详细的规定,这实际上就是历法在生活中最直观的表达形式。

年、月、日是历法的三大要素。历法中的年、月、日,在理论上应当近似等于天然的时间单位——回归年、朔望月、真太阳日,称为历年、历月、历日。为什么只能是"近似等于"呢? 原因很简单,朔望月和回归年都不是日的整倍数,一个回归年也不是朔望月的整倍数。但如果把完整的一日分属在相连的两个月或相连的两年里,我们又会觉得别扭,所以历法中的一年、一个月都必须包含整数的"日"。

理想的历法,应该使用方便,容易记忆,历年的平均长度等于回归年,历月的平均长度等于朔望月。实际上这些要求是根本无法同时达到的,在一定长的时间内,平均历年或平均历月都不可能与回归年或朔望月完全相等,总要有些零数。因此,目前世界上通行的几种历法,实际上没有哪一种称得上是最完美的。

任何一种具体的历法,首先必须明确规定起始点,即开始计算的年代,这叫"纪元";以及规定一年的开端,这叫"岁首"。此外,还要规定每年所含的日数,如何划分月份,每月有多少天等。因为日、月、年之间并没有最大的公约数,这些看似简单的问题其实非常复杂,不仅需要长期连续的天文观测作为基础,还需要相当的智慧。

人们想尽办法来安排日月年的关系。在历史上,在世界各地,存在过千差万别的历法。但就其基本原理来讲,不外乎三种,即太阴历(阴历)、太阳历(阳历)和阴阳历。三种历法各有优缺点,目前世界上通行的"公历"实际上是一种太阳历。(世界上各个国家、民族都有其独特的历法存在,搜集一下资料,尝试对世界各地历法的发展及其特点做一下总结。)

3.3.1 太阴历(阴历)

太阴历又叫阴历,也就是以月亮的圆缺变化为基本周期而制定的历法。

世界上现存阴历的典型代表是伊斯兰教的阴历,它的每一个历月都近似等于朔望月,每个月的任何日期都含有月相意义。历年为 12 个月,平年 354 天,闰年 355 天,每 30 年中有 11 年是闰年,另 19 年是平年。纯粹的阴历,可以较为精确地反映月相的变化,但无法根据其月份和日期判断季节,因为它的历年与回归年实际没有关系。

从世界范围看,最早人们都是采用阴历的,这是因为朔望月的周期,比回归年的周期易于确定。后来,知道了回归年,出于农业生产的需要,多改用阳历或阴阳历。现在,只有伊斯兰教国家在宗教事务上还使用纯阴历。

希吉来历是伊斯兰国家和世界穆斯林通用的宗教历法,也称伊斯兰教历。

"希吉来"系阿拉伯语之音译,意为"迁徙"。公元 639 年,伊斯兰教第二任哈里发欧麦尔为纪念穆罕默德于 622 年率穆斯林由麦加迁徙到麦地那这一重要历史事件,决定把该年定为伊斯兰教历纪元,以阿拉伯太阳年岁首(即儒略历公元 622 年 7 月 16 日)为希吉来历元年元旦。

希吉来历系太阴历,其计算方法是:以太阴圆缺一周为一月,历时 29 日 12 小时 44 分 2.8 秒,太阴圆缺十二周为一年,历时 354 日 8 小时 48 分 33.6 秒。每一年的 12 个月中,6 个单数月份(即 1、3、5、7、9、11 月)为"大建",每月为 30 天;6 个双数月份(2、4、6、8、10、12 月)为"小建",每月为 29 天;在逢闰之年,将 12 月改大月为 30 天。该历以 30 年为一周期,每一周期里的第 2、5、7、10、13、16、18、21、24、26、29 年,共 11 年为闰年,不设置闰月,而在 12 月末置一闰日,闰年为 355 日,另 19 年为平年,每年 354 日,故平均每年为 354 日 8 小时 48 分。按该历全年实际天数计算,比回归年约少 10 日 21 小时 1 分,积 2.7 回归年相差一月,积 32.6 回归年相差一年。该历对昼夜的计算,以日落为一天之始,到次日日落为一日,通常称为夜行前,即黑夜在前,白昼在后,构成一天。

希吉来历每年 9 月(莱麦丹)为伊斯兰教斋戒之月,对这个月的起讫除了计算之外,还要由观察新月是否出现来决定。即在 8 月 29 日这天进行观测,如见新月,第二日即为 9 月 1 日,黎明前开始斋戒,8 月仍为小建;如不见新月,第三日则为 9 月 1 日,8 月即变为"大建"。到了 9 月 29 日傍晚,也需要看月,如见新月,第二天就是 10 月 1 日,即为开斋节日,使 9 月变成"小建";如未见新月,斋戒必须再延一天,9 月即为"大建"。12 月上旬为朝觐日期,12 月 10 日为宰牲节日。该历的星期,使用七曜(日、月、火、水、木、金、土)记日的周日法。每周逢金曜为"主麻日",穆斯林在这一天举行"聚礼"。

希吉来历自创制至今 14 个世纪以来,一直为阿拉伯国家纪年和世界穆斯林作为宗教历法所通用。该历于元世祖至元四年(1267)正式传入中国,并编撰该历颁行全国,供穆斯林使用。至元十三年(1276)后,元朝政府颁行的郭守敬"授时历"及明代在全国实行的"大统历",均参照该历而制定。希吉来历对中国历法的影响,达 400 年之久。中国信奉伊斯兰教的各族穆斯林,至今在斋戒、朝觐、节日等宗教活动中,仍以该历计算为据。

3.3.2 太阳历(阳历)

太阳历又称为阳历,是以地球绕太阳公转的运动周期为基础而制定的历法。太阳历的历年近似等于回归年,一年 12 个月,这个"月",实际上与朔望月无关。阳历的月份、日期都与太阳在黄道上的位置较好地符合,根据阳历的日期,在一年中可以明显看出四季寒暖变化的情况;但在每个月份中,看不出月亮的朔、望、两弦。

如今世界通行的公历就是一种阳历,平年 365 天,闰年 366 天,每四年一闰,每满百年少闰一次,到第四百年再闰,即每四百年中有 97 个闰年。公历的历年平均长度与回归年只有 26 秒之差,要累积 3300 年才差一日。

这部历法浸透了人类几千年间所创造的文明,是古罗马人向埃及人学得,并随着罗马帝国的扩张和基督教的兴起而传播于世界各地。

公历最早的源头,可以追溯到古埃及的太阳历。尼罗河是埃及的命根子,正是由于计算尼罗河泛滥周期的需要,产生了古埃及的天文学和太阳历。七千年前,他们观察到,天狼星第一次和太阳同时升起的那一天之后,再过五六十天,尼罗河就开始泛滥,于是他们就以这一天作为一年的开始,推算起来,这一天是 7 月 19 日。最初一年定为 360 天,后来改为 365 天。这就是世界上第一个太阳历。后来他们又根据尼罗河泛滥和农业生产的情况,把一年分为三季,叫做洪水季、冬季和夏季。每季 4 个月,每月 30 天,每月里 10 天一大周,五天一小周。全年 12 个月,另加 5 天在年尾,为年终祭祀日。

这种以 365 天为一年的历年，是由于观测天狼星定出来的，叫天狼星年。它和回归年相差约 0.25 天，因而在日历上每年的开始时间越来越早，经过 1461 个历年，各个日期再次与原来的季节吻合，以后又逐渐脱离。看起来，天狼星年好像在回归年周期左右徘徊，因而又叫它为徘徊年、游移年，1461 年的循环周期被称为天狼周期。

后来，埃及人通过天文观测，发现年的真正周期是 365.25 日，但僧侣们为了使埃及的节日能与祭神会同时举行，以维护宗教的"神圣"地位，宁愿保持游移年。后来欧吉德皇帝在公元前 238 年发布一道命令：每经过四年，在第四年的年末五天祭祀日之后，下一年元旦之前，再加一天，并在这天举行欧吉德皇帝的节日庆祝会，以便让大家记住。欧吉德皇帝校正了以前历法的缺陷，这增加一天的年叫定年，其他年叫不定年。

古罗马人使用的历法经历了从太阴历到阴阳历、阳历的发展过程。罗马古时是意大利的一个小村，罗马人先是统一了意大利，而后又成为地跨欧、亚、非三洲的大帝国。最早，古罗马历全年 10 个月，有的历月 30 天，有的历月 29 天（这十分类似太阴历），还有 70 几天是年末休息日。罗马城第一个国王罗慕洛时期，各月有了名称，还排了次序。全年 10 个月，有的月 30 天，有的月 31 天，共 304 天，另外 60 几天是年末休息日。以罗马城建立的那一年，即公元前 753 年作为元年，这就是罗马纪元。某些欧洲历史学家直到 17 世纪末还使用这个纪年来记载历史事件。

第二个国王努马，参照希腊历法进行了改革，增加了第十一月和第十二月，同时调整各月的天数，改为 1、3、5、8 四个月每月 31 天，2、4、6、7、9、10、11 七个月每月 29 天，12 月最短，只有 28 天。根据那时罗马的习惯，双数不吉祥，于是就在这个月里处决一年中所有的死刑犯。这样，历年为 355 天，比回归年少 10 多天。为了纠正日期与季节逐年脱离的偏差，就在每四年中增加两个补充月，第一个补充月 22 天，加在第二年里，另一个 23 天加在第四年里，所增加的天数放在第十二月的 24 日与 25 日之间。这实际上就是阴阳历了，历年平均长度为 366.25 天，同时用增加或减少补充月的办法来补救历法与天时不和的缺点。但这样却更增加了混乱：月份随意流转。比如，掌管历法的大祭司常在自己的朋友执政的年份，就硬插进一个月，而当是仇人执政，就减少补充月，来缩短其任期。民间契约的执行也受到影响，祭祀节与斋戒日都在逐渐移动，本该夏天的收获节竟跑到了冬天举行。

当儒略·恺撒第三次任执政官时，指定以埃及天文学家索西琴尼（suoxiqinni）为首的一批天文学家制定新历，这就是儒略历。

儒略历的主要内容是：每隔三年设一闰年，平年 365 天，闰年 366 天，历年平均长度为 365.25 日。以原先的第十一月 1 日为一年的开始，这样，罗马执政官上任时就恰值元旦。儒略历每年分 12 个月，第 1、3、5、7、9、11 是大月，大月每月

31 天。第 4、6、8、10、12 月为小月,小月每月 30 天。第 2 月(即原先的第十二月)在平年是 29 天,闰年 30 天,虽然月序不同于改历前,可是仍然保留着原来的特点,是一年中最短的月份。

儒略历从罗马纪元 709 年,即公元前 45 年 1 月 1 日开始实行。这一年,为了弥补罗马历与太阳年的年差,除了 355 天的历年和一个 23 天的附加月外,又插进两个月,其中一个月为 33 天,另一个月为 34 天。这样,这一年就有 355+23+33+34=445 天。这就是历史上所称的"乱年"。

西方历法从儒略历实施开始,终于走上正轨。滑稽的是,那些颁发历书的祭司们,有本事从乌鸦的争斗预卜吉凶,却把改历命令中的"每隔三年设一闰年"误解为"每三年设一闰年"。这个错误直到公元前 9 年才由奥古斯都下令改正过来。

"奥古斯都"是神圣、庄严、崇高的意思。在古罗马,这个尊号过去只是在举行宗教仪式上才授予的。在公元前 27 年,元老院把它授给了屋大维。他是儒略·恺撒姐姐的儿子,是恺撒遗嘱的第一继承人。

当奥古斯都准备改正闰年错误时,已经多闰了三次,于是他下令从公元前 8 年到公元 4 年停止闰年,即公元前 5 年、公元前 1 年和公元 4 年仍是平年,以后又恢复为每四年一闰了。为了纪念他的这一功绩,罗马元老院通过决议,把儒略历的第八月改成为"Augustus",即奥古斯都月,因为他在这个月里曾取得过巨大的军事胜利。但这个月是小月,未免有点逊色,何况罗马人以单数为吉,而 30 天却是个双数,于是就从 2 月份拿出一天,加到奥古斯都月里,8 月就 31 天了,可怜的 2 月在平年只有 28 天,碰上四年一次的闰年也不过 29 天。7、8、9 月连续三个月都是大月,看起来很不顺眼,使用也不方便,就把 9 月改为 30 天,10 月为 31 天,11 月为 30 天,12 月为 31 天。这样,大小月相间的规律破坏了,一直到两千年后的今天还受到影响。

奥古斯都修改过的历法格式与现行公历一模一样了,但它的纪元,即计算年代的起算点还不是公元元年,它的闰年方法与现行公历还不完全一致。这两点差别与基督教的起源和发展有密切的关系。

基督教产生于公元 1 世纪的巴勒斯坦,"基督"一词是古希腊语的音译,意为"救世主"。基督教的创始人是耶稣,他就是救世主。公历的纪元,就是从"耶稣降生"的那年算起的。

此后,儒略历被认为是准确无误的历法,于是人们把 3 月 21 日固定为春分日,却带来了未曾料想到的麻烦。随着时间的推移,人们发觉,真正的春分不再与当时的日历一致,这个昼夜相等的日期越来越早,到 16 世纪末已提前到 3 月 11 日了。春分逐渐提前,是由于儒略历并非最精确的历法,它的历年平均长度等于 365.25 日,还是比回归年长了 11 分 14 秒,这个差数虽然不大,但累积下去,128 年就差一天,400 年就差三天多。

为了不违背宗教会议的规定,满足教会对历法的要求,罗马教皇格里高利十三世设立了改革历法的专门委员会,比较了各种方案后,决定采用意大利医生利里奥的方案,在 400 年中去掉儒略历多出的三个闰年。

1582 年 3 月 1 日,格里高利颁发了改历命令,内容是:

(1) 1582 年 10 月 4 日后的一天是 10 月 15 日,而不是 10 月 5 日,但星期序号仍然连续计算,10 月 4 日是星期四,第二天 10 月 15 日是星期五。这样,就把从公元 325 年以来积累的老账一笔勾销了。

(2) 为避免以后再发生春分飘离的现象,改闰年方法为:凡公元年数能被 4 整除的是闰年,但当公元年数后边是带两个"0"的"世纪年"时,必须能被 400 整除的年才是闰年。

格里高利历的历年平均长度为 365 日 5 时 49 分 12 秒,比回归年长 26 秒。虽然照此计算,过 3000 年左右仍存在 1 天的误差,但这样的精确度已经相当了不起了。

由于格里高利历的内容比较简洁,便于记忆,而且精度较高,与天时符合较好,因此它逐步为各国政府所采用。我国是在辛亥革命后根据临时政府通电,从 1912 年 1 月 1 日正式使用格里高利历的。

3.3.3　阴阳历

阴阳历是兼顾月亮绕地球的运动周期和地球绕太阳的运动周期而制定的历法。阴阳历历月的平均长度接近朔望月,历年的平均长度接近回归年,是一种"阴月阳年"式的历法。它既能使每个年份基本符合季节变化,又使每一月份的日期与月相对应。它的缺点是历年长度相差过大,制历复杂,不利于记忆。我国的农历就是一种典型的阴阳历。

我国的历法在几千年的过程中,不断改进、充实、完善,逐渐演变为现在所用的农历。农历实质上就是一种阴阳历,以月亮运动周期为主,同时兼顾地球绕太阳运动的周期。

1. 我国农历的主要内容

农历的历月长度以朔望月为准,大月 30 天,小月 29 天,大月和小月相互弥补,使历月的平均长度接近朔望月。

农历固定地把朔的时刻所在日子作为月的第一天——初一日。所谓"朔",从天文学上讲,它有一个确定的时刻,也就是月亮黄经和太阳黄经相同的那一瞬间。太阳和月亮黄经的计算十分烦琐和复杂,这里就不予介绍了。

至于定农历日历中月份名称的根据,则是由"中气"来决定的。即以含"雨水"的月份为一月;以含"春分"的月份为二月;以含"谷雨"的月份为三月;以含"小满"的月份为四月;以含"夏至"的月份为五月;以含"大暑"的月份为六月;以含"处暑"的月份为七月;以含"秋分"的月份为八月;以含"霜降"的月份为九月;以含"小雪"的月份为十月;以含"冬至"的月份为十一月;以含"大寒"的月份为十二月。凡没有包含中气的月份作为上月的闰月。

农历的历年长度是以回归年为准的,但一个回归年比 12 个朔望月的日数多,而比 13 个朔望月短,古代天文学家在编制农历时,为使一个月中任何一天都含有月相的意义,即初一是无月的夜晚,十五左右都是圆月,就以朔望月为主,同时兼顾季节时令,采用十九年七闰的方法:在农历十九年中,有十二个平年,一平年为十二个月;有七个闰年,每一闰年十三个月。

为什么采取"十九年七闰"的方法呢? 一个朔望月平均是 29.5306 日,一个回归年有 12.368 个朔望月,0.368 小数部分的渐进分数是 1/2、1/3、3/8、4/11、7/19、46/125,即每两年加一个闰月,或每三年加一个闰月,或每八年加三个闰月……经过推算,十九年加七个闰月比较合适。因为十九个回归年＝6939.6018 日,而十九个农历年(加七个闰月后)共有 235 个朔望月,等于 6939.6910 日,这样二者就差不多了。

七个闰月安插到十九年当中,其安插方法可是有讲究的。农历闰月的安插,自古以来完全是人为的规定,历代对闰月的安插也不尽相同。秦代以前,曾把闰月放在一年的末尾,叫做"十三月"。汉初把闰月放在九月之后,叫做"后九月"。到了汉武帝太初元年,又把闰月分插在一年中的各月。以后又规定"不包含中气的月份作为前一个月的闰月",直到现在仍沿用这个规定。

为什么有的月份会没有中气呢? 节气与节气或中气与中气相隔时间平均是 30.4368 日(即一回归年排 365.2422 日平分 12 等分),而一个朔望月平均是 29.5306 日,所以节气或中气在农历的月份中的日期逐月推移,到一定时候,中气不在月中,而移到月末,下一个中气移到另一个月的月初,这样中间这个月就没有中气,而只剩一个节气了。

上面讲过,古人在编制农历时,以十二个中气作为十二个月的标志,即雨水是正月的标志,春分是二月的标志,谷雨是三月的标志……把没有中气的月份作为闰月就使得历月名称与中气一一对应起来,从而保持了原有中气的标志。

从十九年七闰来说,在十九个回归年中有 228 个节气和 228 个中气,而农历十九年有 235 个朔望月,显然有七个月没有节气和七个月没有中气,这样把没有中气的月份定为闰月,也就很自然了。

农历月的大小很不规则,有时连续两个、三个、四个大月或连续两个、三个小月,历年的长短也不一样,而且差距很大。节气和中气,在农历里的分布日期很不稳定,而且日期变动的范围很大。这样看来,农历似乎显得十分复杂。其实,农历还是有一定循环规律的:由于十九个回归年的日数与十九个农历年的日数差不多相等,就使农历每隔十九年差不多是相同的。每隔十九年,农历相同月份的每月初一日的阳历日一般相同或者相差一两天。每隔十九年,节气和中气日期大体上是重复的,个别的相差一两天。相隔十九年闰月的月份重复或者相差一个月。(总结一下太阴历、太阳历和阴阳历的相同点和不同点,重点说说我国采用的阴阳历的特点。)

2. 干支纪法

干支就字面意义来说,就相当于树干和枝叶。我国古代以天为主,以地为从,天和干相连叫天干,地和支相连叫地支,合起来叫天干地支,简称干支。

天干有十个,就是甲、乙、丙、丁、戊、己、庚、辛、壬、癸;地支有十二个,依次是子、丑、寅、卯、辰、巳、午、未、申、酉、戌、亥。古人把它们按照一定的顺序而不重复地搭配起来,从甲子到癸亥共六十对,叫做六十甲子。

我国古人用这六十对干支来表示年、月、日、时的序号,周而复始,不断循环,这就是干支纪法。

传说黄帝时代的大臣大挠"深五行之情,占年纲所建,于是作甲乙以名日,谓之干;作子丑以名日,谓之支,干支相配以成六旬"。这只是一个传说,干支到底是谁最先创立的,现在还没有证实,不过在殷墟出土的甲骨文中,已有表示干支的象形文字,说明早在殷代已经使用干支纪法了。

天文小知识

1. 二十四节气

节气就实质而言属于阳历范畴,从天文学意义来讲,二十四节气是根据地球绕太阳运行的轨道(黄道)360°,以春分点为0点,分为二十四等分点,两等分点相隔15°,每个等分点设有专名,含有气候变化、物候特点、农作物生长情况等意义。二十四节气即立春、雨水、惊蛰、春分、清明、谷雨、立夏、小满、芒种、夏至、小暑、大暑、立秋、处暑、白露、秋分、寒露、霜降、立冬、小雪、大雪、冬至、小寒、大寒。以上依次顺属,逢单的均为"节气",通常简称为"节",逢双的则为"中气",简称为"气",合称为"节气"。现在一般统称为二十四节气。

二十四节气在我国是逐渐确立完善起来的。我国周朝和春秋时代用"土圭"测日影的方法来定夏至、冬至、春分、秋分。土圭测影,就是利用直立的杆子在正午时测量日影的长短。秦朝《吕氏春秋》的《十二纪》中所记载的节气已增加为八个,即立春、春分、立夏、夏至、立秋、秋分、立冬、冬至等。还有一些记载是有关惊蛰、雨水、小暑、白露、霜降等节气的萌芽:一月"蛰虫始振",二月"始雨水",五月"小暑至",七月"白露降",九月"霜始降"。到了汉朝《淮南子·天文训》中已有完整的二十四节气记载,与今天的完全一样。

我国民间有一首歌诀:

春雨惊春清谷天,夏满芒夏暑相连。

秋处露秋寒霜降,冬雪雪冬小大寒。

这一歌诀是人们为了记忆二十四节气的顺序,各取一字缀连而成的。

2. 星期的由来

星期制的老祖宗,是在东方的古巴比伦和古犹太国一带,犹太人把它传到古埃及,又由古埃及传到罗马,公元 3 世纪以后,就广泛地传播到欧洲各国。明朝末年,基督教传入我国的时候,星期制也随之传入。

在欧洲一些国家的语言中,一星期中的各天并不是按数字顺序,而是有着特定的名字,是以"七曜"来分别命名的。七曜指太阳、月亮和水星、金星、火星、木星、土星这五个大行星。其中,土曜日是星期六,日曜日是星期天,月曜日是星期一,火曜日是星期二,水曜日是星期三,木曜日是星期四,金曜日是星期五。

在不同地区,由于宗教信仰的不同,一星期的开始时间并不完全一致。埃及人的一星期是从土曜日开始的,犹太教以日曜日开始,而伊斯兰教则把金曜日排在首位。在我国,起初也是以七曜命名一星期中的各天,到清末才逐渐为星期日、星期一、……、星期六所代替,习惯上认为星期一是开始时间(某些地区也有把星期日作为一周开始的观念)。

3. 天空的亮度

什么叫"天空的亮度"? 观测星空,不是应该越黑越好吗? 是的呀,很久以前这不是问题,随着人类生活的"城市化",要想见到真正黑暗,适合天文观测的天空,是越来越难了。为了让你能够更好地观测,以及更好地评价自己的观测成效,我们为你介绍一种"黑暗天空分级法"。

你的夜空有多黑? 对这一问题的精确回答有助于对观测场地进行评估、比较。更重要的是,它有助于确定在这个观测地你的眼睛、望远镜或者照相机是否能达到它的理论极限。而且,当你记录一些天体的边缘细节时,如一条极长的彗尾、一片暗弱的极光或者星系中难以察觉的细节,你需要精确的标准来对天空状况进行评定。

许多人声称在"很暗"的观测地进行观测,但从他们的描述中可以清楚地发现,他们所描述的天空仅只能算是一般"暗"而已,或者只能是相对来说"暗"。现今大多数的观测者已经无法在合理的驾驶里程之内找到一个真正黑暗的观测地。因此,一旦能找到一个用肉眼就能看到 6.0~6.3 等恒星的半乡村地点,就认为已找到一个观测的极乐世界了。

天文爱好者通常使用肉眼所能见的最暗恒星的星等来评定他们的天空。然而,肉眼极限星等是一个比较粗糙的标准。它过于依赖个人的视觉能力,以及观测时间和对观测暗弱天体的能力。一个人眼中"5.5 等的天空"在另一个人眼中可能是"6.3 等的天空"。此外,深空天体观测者需要对恒星和非恒星天体的能见度进行评价。光污染会对弥散天体的观测造成影响,例如彗星、星云和遥远的星系。为了帮助观测者评定一个观测地的黑暗程度,我们建立了一套含有 9 个等级的"黑暗天空评价系统"。三角座中的三角星系(M33)是重要的黑暗天空"指示器"。一个已完全适应黑暗天空的观测者可以在 4 级以上的天空中用肉眼看到它(图 3.7)。

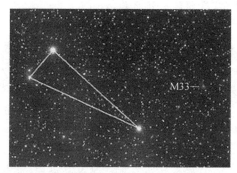

图 3.7 "黑暗天空评价系统"要先找到 M33,利用它来评定你的天空

第 1 级:完全黑暗的天空。黄道光(图 3.8)是一些不断环绕太阳的尘埃微粒反射太阳光而成。黄道光因行星际尘埃对太阳光的散射而在黄道面上形成的银白色光锥,一般呈三角形,大致与黄道面对称并朝太阳方向增强。总的来讲黄道光很微弱,除在春季黄昏后或秋季黎明前在观测条件较理想情况下才勉强可见外,一般不易见到,黄道带都能看到。黄道光达到醒目的程度,而且黄道带延伸到整个天空。甚至仅使用肉眼,三角座中的三角星系(M33)也是一个极为清晰的天体。天蝎座和人马座中的银河区域可以在地面上投下淡淡的影子。天空中的木星或金星甚至会影响肉眼对黑暗的适应程度。气辉(一种一般出现在地平线上 15°的天然辉光)也稳定可见。如果你在由树木围绕的草地上观测,那你几乎无法看到你的望远镜、同伴和你的汽车。这里是观测者的天堂。

第 2 级:典型的真正黑暗观测地。沿着地平线气辉微弱可见。M33 可以被很

图 3.8   黄道光、黄道带和气辉都清晰可见

容易地看到。夏季银河具有丰富的细节,在普通的双筒镜中其最亮的部分看起来就像有着纹路的大理石。在黎明前或黄昏后的黄道光仍很明亮,可以投下暗弱的影子,与蓝白色的银河比较它呈现很明显的黄色。任何在天空中出现的云就好像是星空中的一个空洞。除非在星空的照耀下,你仅能模糊地看到你的望远镜和周围的事物。梅西叶天体中许多球状星团都是用肉眼就能直接看到的目标。经过适应和努力,肉眼的极限星等可达到 7.1～7.5 等。

第 3 级:乡村的星空(图 3.9)。在地平线方向有一些光污染的迹象。冬季银河虽然可见,但并不壮观。银河仍然富有结构,M4、M5、M15 和 M22 等球状星团仍是肉眼明显可见的目标。M33 也很容易被看到。黄道光在春季和秋季很明显,但它的颜色已难以辨别。距离你 6～9 米的望远镜已变得模糊。肉眼的极限星等可达到 6.6～7.0 等。

第 4 级:乡村/郊区的过渡。在人口聚集区的方向光污染可见。黄道光较清晰,但延伸的范围很小。银河仍能给人留下深刻的印象,但是缺少大部分的细节。M33 已难以看到,只有在地平高度大于 50° 时才勉强可见。

图 3.9   乡村的星空

云在光污染的方向被轻度照亮,在头顶方向仍是暗的。你能在一定距离内辨认出你望远镜。肉眼的极限星等可达到 6.1～6.5 等。

第 5 级:郊区的天空。仅在春秋季节最好的晚上才能看到黄道光。银河非常暗弱,在地平线方向不可见。光源在大部分方向都比较明显,在大部分天空,云比天空背景要亮。肉眼的极限星等为 5.6～6.0 等。

第 6 级:明亮郊区的天空。甚至在最好的夜晚,黄道光也无法被看到。仅在天顶方向的银河才能看见。天空中的地平高度 35°以下的范围都发出灰白的光。天空中的云在任何地方都比较亮。你可以毫不费力地看到桌上的目镜和一旁的望远镜。没有双筒望远镜 M33 已不可能看到，对于肉眼来说仙女星系（M31）也仅仅是比较清晰的目标。肉眼极限星等为 5.5 等。

第 7 级：郊区/城市过渡。整个天空呈现模糊的灰白色。在各个方向强光源都很清晰。银河已完全不可见。蜂巢星团（M44）或 M31 肉眼勉强可见且不十分明显。云比较亮。甚至使用中等大小的望远镜，最亮的梅西叶天体仍显得苍白。在真正努力的尝试之后，肉眼极限星等为 5.0 等。

第 8 级：城市天空（图 3.10）。天空发出白色、灰色或橙色的光，你能毫不困难地阅读报纸。M31 和 M44 只有在最好的夜晚才能被有经验的观测者用肉眼看到。用中等大小的望远镜仅能找到最亮的梅西叶天体。一些熟悉的星座已无法辨认或是整个消失。在最佳情况下，肉眼极限星等为 4.5 等。

图 3.10　第 8 级或者第 9 级的星空所能看到的星座

第 9 级：市中心的天空。整个天空被照得通亮，甚至在天顶方向也是如此。许多熟悉的星座已无法看见，巨蟹座、双子座等星座根本看不到。也许除了昴星团，肉眼看不到任何的梅西叶天体。只有月亮、行星和一些明亮的星团才能给观星者带来一些乐趣（如果能观测到的话）。肉眼极限星等为 4.0 等或更小。

（考察一下你居住的城市的"天空的亮度"的情况，按"标准"确定几个你认为合适的观测地点。）

第 **4** 章 天文望远镜

许多人都以为,进行天文观察需要使用昂贵的仪器。事实上,只要我们的眼睛能清楚地看到东西,我们就可以参与天文观察。在黑暗的郊野,我们的肉眼就能够看到 6 等星和美丽的银河。当然,透过望远镜,可以大大扩展我们的眼界。

人类为什么要花费巨资在高山上建造望远镜? 为何要把望远镜送到外太空轨道中? 又为什么要使用射电望远镜、红外线望远镜、紫外线望远镜、X 光望远镜、γ 射线望远镜等各种不同波长的望远镜来从事天文学研究? 如何处理我们得到的数据? 怎样把它们表现出来? ……这一切都是天文望远镜和附带的天文仪器的问题。

4.1 电磁波谱和大气窗口

4.1.1 电磁波谱

1888 年赫兹(Hertz)证实了电磁波的存在。可见光、无线电波、红外线、紫外线、X 射线、γ 射线等均是不同频率的电磁波。目前人类通过各种方式已产生或观测到的电磁波的最低频率为 $f = 10^{-2}$ Hz,其波长为地球半径的 5×10^3 倍,而电磁波的最高频率为 $f = 10^{25}$ Hz,它来自于宇宙的 γ 射线。

将电磁波按频率或波长的顺序排列起来就构成电磁波谱(图 4.1),不同频率的电磁波段可进行不同用途的天文观测。

4.1.2 大气窗口

大气窗口(图 4.2)指天体辐射中能穿透大气的一些波段。由于地球大气中的各种粒子对辐射的吸收和反射,只有某些波段范围内的天体辐射才能到达地面。按所属范围不同分为光学窗口、红外窗口和射电窗口。

光学窗口可见光波长为 390~760nm。波长短于 390nm 为天体的紫外辐射,在地面几乎观测不到,因为近紫外辐射被大气中的臭氧层吸收,只能穿透到约 50 千米高度外;100~200nm 的远紫外辐射被氧分子吸收,只能到达约 100 千米的高

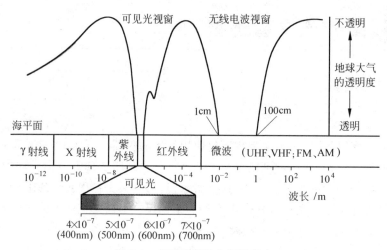

图 4.1　电磁波谱及大气透明度

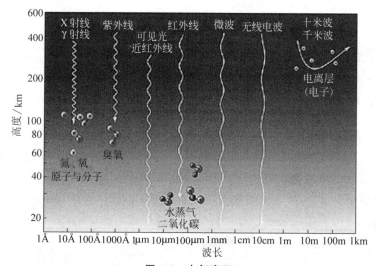

图 4.2　大气窗口

度；而大气中的氧原子、氧分子、氮原子、氮分子则吸收了波长小于100nm的辐射。390～760nm的辐射受到的选择吸收很小，主要因大气散射而减弱。

　　红外窗口水汽分子是红外辐射的主要吸收体。较强的水汽吸收带位于0.71～0.735μm（微米），0.81～0.84μm，0.89～0.99μm，1.07～1.20μm，1.3～1.5μm，1.7～2.0μm，2.4～3.3μm，4.8～8.0μm。在13.5～17μm处出现二氧化碳的吸收带。这些吸收带间的空隙形成一些红外窗口。其中最宽的红外窗口在8～13μm处

（9.5μm 附近有臭氧的吸收带）。17～22μm 是半透明窗口。22μm 以后直到 1mm 波长处，由于水汽的严重吸收，对地面的观测者来说完全不透明。但在海拔较高、空气干燥的地方，24.5～42μm 的辐射透过率达 30％～60％。海拔 3.5 千米高度处，能观测到 330～380μm、420～490μm、580～670μm（透过率约 30％）的辐射，也能观测到 670～780μm（约 70％）和 800～910μm（约 85％）的辐射。

射电窗口 这个波段的上界变化于 15～200m，视电离层的密度、观测点的地理位置和太阳活动的情况而定。

所以来自外太空的电磁波，因地球大气的选择性吸收，只有可见光与无线电波得以传抵海平面，位于大部分水汽之上的高山，除可见光与无线电波外，另可作红外线天文观测。（熟悉大气窗口，明白是什么原因使得一些天体的电磁辐射不能达到地面，怎样做才能获得它们?）

世界主要天文台皆建于高山之上，如：

夏威夷（Mauna-Kea，4200 米）；

美国基特峰（Kitt-Peak，2000 米）；

欧洲南方天文台（European Southern Observatory，ESO，3000 米）；

澳洲塞汀泉（Siding Spring，2500 米）；

北京天文台兴隆站（雾灵山，960 米）；

云南天文台（昆明凤凰山，2000 米）。

（对世界主要的天文台、望远镜做个"高度"统计，并按照海拔高度排出前十名。）

4.1.3 宇宙中的各种电磁波段

1. 无线电波

一般特点：能穿透星际尘埃和地球大气，日夜皆能进行观测，需要极大口径望远镜才能达到高解析度。

观测目标：行星、星际磁场，银河系以及河外星系。

本银河系核心：星系结构；活动星系；宇宙背景辐射。

观测仪器：射电望远镜 VLBI；极大阵列——VLA（图 4.3）等。

2. 红外线

一般特点：能穿透星际尘埃。对地球大气的穿透力有限，只能在高山或大气外作观测。

观测目标：恒星诞生，星际尘埃，或冷星、太阳系行星，本银河系核心，星系结构，宇宙的大型结构。

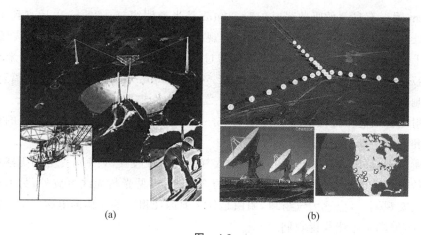

图 4.3

(a) Arecibo 望远镜;(b) 极大阵列——VLA

观测仪器:IRAS,GTC 红外天文望远镜等(图 4.4)。

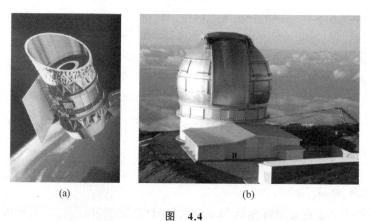

图 4.4

(a) IRAS 红外天文卫星;(b) 位于加那利群岛的 GTC 红外天文望远镜

3. 可见光

一般特点:能穿透地球大气,但需考虑大气消光与红化效应。

观测目标:行星观测,星云与恒星演化,星系结构宇宙的大型结构。

观测仪器:凯克望远镜Ⅰ&Ⅱ、多镜面望远镜等(图 4.5)。

4. 紫外线

一般特点:无法穿透地球大气,需建太空观测站。

观测目标:星际物质,冷星的大气中炽热的区域,炽热的星体。

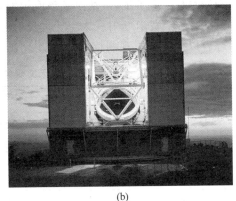

(a)   (b)

图   4.5

(a) 凯克望远镜;(b) 多镜面望远镜

观测仪器:Astron-1,Astrosat,荷兰天文卫星,ROSAT XUV 等。

5. X 射线

一般特点:无法穿透地球大气,需建太空观测站。成像需采用特殊安排的镜子。

观测目标:恒星大气、观测爆炸的恒星;中子星与黑洞:物质掉入中子星或黑洞的情形;星系团中的炽热气体;活跃星系核或星系碰撞的情形。

观测仪器:"钱德拉"X 射线太空望远镜(图 4.6(a))等。

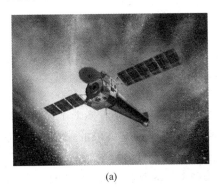

(a)   (b)

图   4.6

(a) "钱德拉"X 射线太空望远镜;(b) 费米 γ 射线太空望远镜

6. γ 射线

一般特点:无法穿透地球大气,需建太空观测站。无法成像。

观测目标：中子星,活跃星系核或银河系碰撞的情形。

观测仪器：费米 γ 射线太空望远镜(图 4.6(b)),核光谱望远镜阵列等。

综合以上各波段观测特点,表 4.1 列出了各波段最佳天文观测对象。

表 4.1 天文现象和辐射波段

波 段	天 文 现 象
γ 射线	致密天体碰撞(中子星并合……)
X 射线	黑洞,中子星(脉冲星)
紫外线	高温星,类星体
可见光	恒星
近红外	红巨星,尘埃,星系核
远红外	尘埃,原恒星,行星
毫米波	冷尘埃,分子云
射电	21 厘米氢谱线,脉冲星

(简述各波段天体辐射的特点,给出各波段望远镜的典型代表。)

4.2 天文望远镜的性能指标

4.2.1 倍率 可用最高倍率

望远镜的放大倍率是望远镜焦距及目镜焦距之比,可用以下的公式求出:

$$放大倍率 = 望远镜焦距/目镜焦距$$

例如,1000 毫米焦距的望远镜及 20 毫米的目镜,放大倍率 = 1000/20 = 50 倍。

虽然理论上望远镜的放大倍率是可以随意改变的(只需换上不同的目镜),甚至可将放大倍率提升到千倍或更高。但在实际观测是有极限的,每一台望远镜都有它的可用最高倍率。超越这个倍率所得来的部分只会影响观测效果。

可用最高倍率除取决于望远镜的口径外,还要视乎观测时的大气稳定度(seeing)及被观测的物体的特性。通常星云星团等都不需要用最高倍率来观测。至于不同口径的可用最高倍率则凭经验指出有下列参考数值:

折射望远镜:口径(mm)的 1.5～2 倍;

反射/折反射望远镜:口径(mm)的 1.0～1.5 倍。

当然,望远镜的性能会改变以上的倍值。优质望远镜的可用最高倍在十分理想的大气稳定度下可以达到口径(mm)的 3 倍。

4.2.2 分辨力 视野

1. 分辨力

分辨力(又称为解像力)是指望远镜能够分辨两个接近星点的能力。当两个星点的分隔小于分辨力时,望远镜便不能将两颗星分辨为两个星点。人眼的分辨力约为 1′。望远镜的分辨力可用以下的公式求得:

分辨力=120″/望远镜口径(mm)

例如,60mm 口径望远镜,分辨力=120″/60mm=2″,即可分辨 2″角距的双星。

图 4.7 所示为不同分辨力下的仙女座大星云。

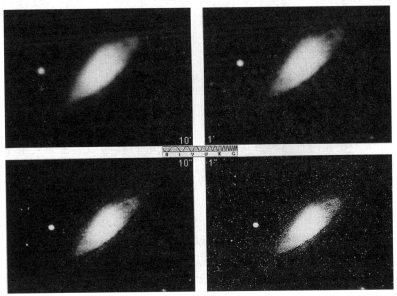

图 4.7 分辨力分别为 10′、1′和 10″、1″能力下的仙女座大星云

2. 视野

从天文望远镜观察星空,可见圆形的视野中有星星。视野变成圆形的原因,是目镜的焦点面装有视野圈。目镜内可见的视野范围称为目视界,在目视界中,实际星空的范围称为实视界。单位以角度表示,若目镜的目视界和望远镜的倍率为已知数,依下式可计算实视界:

实视界=目镜目视界/倍率

由此可知,倍率越高,实视界变得越狭小。

4.2.3　聚光能力　极限星等

1. 聚光能力

聚光能力(light-gathering power)与望远镜的物镜的面积(A)成正比,而$A = \pi D^2/4$,也就是望远镜的口径(D)越大,望远镜的聚光能力越强。图 4.8 所示为不同口径拍摄的仙女座大星云。

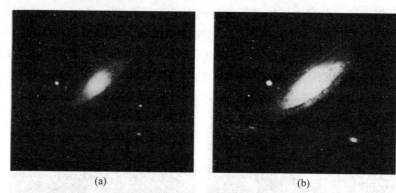

(a)　　　　　　　　　　　　(b)

图 4.8　望远镜的口径为 10cm 和 20cm 拍摄的仙女座大星云

例如,人眼瞳孔的直径约为 0.8cm,一台 24cm 口径的望远镜为人眼聚光能力的 900 倍。

2. 极限星等

通过望远镜可以看到人眼不能看见的暗弱星体。这是因为望远镜的集光力较人眼强,能够看到较暗的星,但这是有限度的。极限星等是指通过该台望远镜所能见到的最暗的星等。人眼所见的星最暗为 6 等,而 50mm 口径的望远镜则为 10.3 等。当然口径越大所能见的极限星等越暗。(请给出望远镜的主要参数指标,你认为最重要的是哪 3 个?)

表 4.2 中所示为正常情况下望远镜口径与极限星等及其分辨力的数据。

表 4.2　望远镜口径与极限星等及其分辨力的数据

望远镜口径/mm	极限星等	分辨力/(″)
50	10.3	2.28
100	11.8	1.14
150	12.7	0.76
200	13.3	0.57

续表

望远镜口径/mm	极限星等	分辨力/(")
250	13.8	0.46
300	14.2	0.38
500	15.3	0.23

4.3 天文望远镜分类

4.3.1 光学天文望远镜

人眼是最早的光学望远镜,其构造如图 4.9 所示。

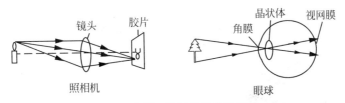

图 4.9 人眼：最早的光学望远镜

瞳孔：可变 2~8mm；

细胞：光探测器；

响应波长：400~760nm；

极限分辨率：0.5(")；

极限探测率：5×10^{-17} W(10 个光子/s)；

人脑相当于电脑。

望远镜通常是由一个长焦距物镜(主镜)将天体的影像聚焦,再在焦点附近用一个(短焦距)目镜把这个影像放大。一般来说,望远镜可分为折射望远镜(图 4.10)、反射望远镜(图 4.11(a))和折反射望远镜(图 4.11(b))三大类。

1. 折射望远镜(refractor)

一般折射望远镜的物镜,是由两块不同折光率的玻璃镜片组成,以减少色差,使红蓝两色的影像聚在同一焦点上,这类镜头称为消色差镜头(achromatic lens)。严格来说,这类镜头影像外围仍有一个很淡的紫色光晕。

色像差(chromatic aberration)为折射望远镜最难以克服的问题。此外,磨制大口径且高精度的镜片不易,造价昂贵,镜片沉重,易变形,也都是其致命的缺点。

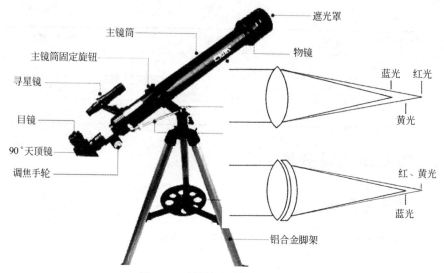

图 4.10　折射望远镜及其色像差

(a)

(b)

图　4.11

（a）反射望远镜；（b）折反射望远镜

为了减少镜头的球面差（spherical aberration）、彗星像差（coma）及像散（astigmatism），一般可将焦比值增大，因此一般折射望远镜的口径与焦距比（焦比）f 起码在 $10 \sim 16$ 之间。

较高级的镜头，是由三块不同折光率的玻璃镜片组成或采用较低色散的玻璃（ED），甚至采用萤石晶体来制造，可消除红、绿、蓝三色的色差。这些镜头称为复消色差镜头（apochromat）。它们的口径与焦距比 f 可以达到 5，使到望远镜的长度缩短及质量较轻，使用较为方便，但售价十分昂贵。

由于折射望远镜筒可以密封，所以维修保养方面较为方便，更适宜于搬往野外使用，同时也不受镜筒内气流的影响。由于镜头起码由两块玻璃组成，所以成本（要磨制四块镜面）较同口径的反射望远镜昂贵。

Yerkes 天文台（美国芝加哥大学）的 40 英寸（102cm）折射望远镜为此类之最大者。

2. 反射望远镜 (reflector)

反射望远镜是利用一块镀了金属（通常是铝）的凹面玻璃聚焦，由于焦点在镜前，所以必须在物镜焦点之前用另一块镜将影像反射出镜筒外，再用目镜放大。

反射望远镜的主要类型（图 4.12）如下。

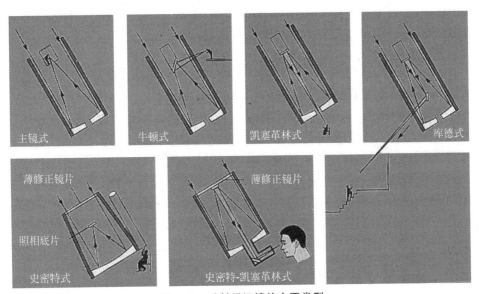

图 4.12　反射望远镜的主要类型

主镜式（prime focus）是大型的望远镜常采用的聚焦形式。用以观测很暗的星体，但观测者须在主焦距观测，使用上较不方便。

牛顿式(Newtonian focus)是大型与小型望远镜皆采用的聚焦方式。聚焦点在侧面,便于观测者使用。

凯塞革林式(Cassegrain focus)是大型与小型望远镜皆采用的聚焦方式。聚焦点在后面,便于观测使用。

库德式(Coude focus)将光程改变送至实验室,直接以仪器记录、分析(例如光谱仪)。

史密特式(Schmidt focus)为一广角镜,主要用于全天星野照相观测。

史密特-凯塞革林式(Schmidt-Cassegrain telescope)为史密特式及凯塞革林式的组合形式,是市面上小口径天文望远镜最常采用的形式。

3. 折反射望远镜(catadioptric telescope)

顾名思义,折反射望远镜是将折射系统与反射系统相结合的一种光学系统,它的物镜既包含透镜又包含反射镜,天体的光线要同时受到折射和反射。这种系统的特点是便于校正轴外像差。以球面镜为基础,加入适当的折射透镜(也称"改正镜"),用以校正球差,获得良好的成像质量。按照改正镜形状的不同,这类望远镜又分为马克苏托夫-卡塞格林系统和施密特-卡塞格林系统(如美国 Meade LX200 GPS-SMT 望远镜)。由于折反射望远镜具有视场大、光力强、能消除几种主要像差的优点,适合于观测有视面天体(彗星、星系、弥散星云等),并可进行巡天观测。折射与反射原理的望远镜,是 1930 年由施密特(Schmidt)发明最早用作天文摄影的。主要是利用一球面凹镜作为主镜以消除彗星像差,同时利用一非球面透镜放于主镜前适当位置作为矫正镜以矫正主镜的球面差。这样可以得出一个阔角(可达 40°~50°)的视场而没有一般反射镜常有的球面差与彗星像差,只有矫正镜造成的轻微色差而已。摄影用的施密特望远镜,焦比方面可以做到很小(通常在 $f1\sim f3$ 间,最小可达 $0.6''$),因此很适宜于星野及星云摄影。

一般天文爱好者用的是施密特卡式折反射望远镜(Schmidt-cassegrain),利用一块凸镜作为副镜,在主镜焦点前将光线聚集,穿过主镜一个圆孔而聚焦在主镜之后。因为经过一次反射,所以镜筒可以缩短,通常焦比在 $f6.4\sim f10$ 之间。(说出折射、反射、折反射望远镜的主要特点,比较一下它们各自的优缺点,并总结它们最适宜的天文观测。)

4.3.2 射电天文望远镜

射电天文望远镜是主要接收天体射电波段辐射的望远镜。射电望远镜的外形差别很大,有固定在地面的单一口径的球面射电望远镜,有能够全方位转动的类似卫星接收天线的射电望远镜,有射电望远镜阵列,还有金属杆制成的射电望远镜。

经典射电望远镜的基本原理和光学反射望远镜相似,投射来的电磁波被一精确镜面反射后,同相到达公共焦点。用旋转抛物面作镜面易于实现同相聚焦,因此,射电望远镜天线大多是抛物面。射电望远镜表面和一理想抛物面的均方误差若不大于 $\lambda/16 \sim \lambda/10$,该望远镜一般就能在波长大于 λ 的射电波段上有效地工作。对米波或长分米波观测,可以用金属网作镜面;而对厘米波和毫米波观测,则需用光滑精确的金属板(或镀膜)作镜面。从天体投射来并汇集到望远镜焦点的射电波,必须达到一定的功率电平,才能为接收机所检测。目前的检测技术水平要求最弱的电平一般应达 $10 \sim 20$ W。射频信号功率首先在焦点处放大 $10 \sim 1000$ 倍,并变换成较低频率(中频),然后用电缆将其传送至控制室,在那里再进一步放大、检波,最后以适于特定研究的方式进行记录、处理和显示。

表征射电望远镜性能的基本指标是空间分辨率和灵敏度,前者反映区分两个天球上彼此靠近的射电点源的能力,后者反映探测微弱射电源的能力。射电望远镜通常要求具有高空间分辨率和高灵敏度。

根据天线总体结构的不同,射电望远镜按设计要求可以分为连续和非连续孔径射电望远镜两大类。

1. 连续孔径射电望远镜

主要代表是采用单盘抛物面天线的经典式射电望远镜。按机械装置和驱动方式,连续孔径射电望远镜(它通常又是非连续孔径的基本单元)还可分为三种类型。

(1) 全可转型或可跟踪型可在两个坐标转动,分为赤道式装置和地平式装置两种,如同在可跟踪抛物面射电望远镜中使用。

(2) 部分可转型可在一坐标(赤纬方向)转动,赤经方向靠地球自转扫描,又称中星仪式(也称带形射电望远镜)。

(3) 固定型主要天线反射面固定,一般用移动馈源(又称照明器)或改变馈源相位的方法。我国 500 米口径的"天眼"就是这种方式,口径世界第一。

2. 非连续孔径射电望远镜(天线阵列)

以干涉技术为基础的各种组合天线系统主要有甚长基线干涉仪和综合孔径射电望远镜,前者具有极高的空间分辨率,后者能获得清晰的射电图像。世界上最大的可跟踪型经典式射电望远镜其抛物面天线直径达 100 米,安装在德国马克斯·普朗克射电天文研究所(图 4.13(a));世界上最大的非连续孔径射电望远镜是甚大天线阵,安装在美国国立射电天文台。

为了满足观测弱射电源的需要,射电望远镜必须有较大孔径,并能对射电目标进行长时间的跟踪或扫描。此外,还必须综合考虑设备的造价和工艺上的现实性。

射电观测在很宽的频率范围进行,检测和信息处理的射电技术又远较光学波

(a)　　　　　　　　　　　　(b)

图　4.13

(a) 德国的 100 米孔径望远镜;(b) "平方千米阵列"望远镜效果图

段灵活多样,所以射电望远镜种类繁多,还可以根据其他准则分类:诸如按接收天线的形状可分为抛物面、抛物柱面、球面、抛物面截带、喇叭、螺旋、行波、偶极天线等射电望远镜;按方向束形状可分为铅笔束、扇束、多束等射电望远镜;按工作类型可分为全功率、扫频、快速成像等类射电望远镜;按观测目的可分为测绘、定位、定标、偏振、频谱、日象等射电望远镜。

　　澳大利亚、新西兰、南非三国联合建造了世界最大射电天文望远镜阵列——"平方千米阵列"(图 4.13(b))。于 2016 年开工,计划 2024 年完工,将包括 3000 座碟形天线,每座直径 15 米,总面积达 1 平方千米。(写一篇有关射天天文学发展的小论文。)

4.3.3　空间天文望远镜

　　在太空建立望远镜一直是天文学家的梦想。因为通过地面望远镜观测太空总会受到大气层的影响,因而在太空设立望远镜意味着把人类的眼睛放到了太空,盲点将降到最小。可以不受大气层的干扰得到更精确的天文资料。

　　自从 1990 年以美国天文学家埃德温·哈勃命名的望远镜进入太空以来,它已经成为最多产的天文望远镜之一。这要归功于它的环境优势:在距离地面数百千米的轨道上,它不会受到大气层的干扰,地面上的光学天文望远镜因此望尘莫及。哈勃望远镜的重大发现包括拍摄到了遥远星系的"引力透镜"和新的恒星诞生的"摇篮"等。

　　就天体的太空观测而言,第一个上天的望远镜应该是红外线天文卫星(infrared astronomical satellite,IRAS),是美国的 NASA、荷兰的 NIVR 与英国的

SERC 联合执行的计划,于 1983 年 1 月 25 日发射升空,执行任务 10 个月。

哈勃望远镜于 1990 年升空。它上面的广角行星相机拍摄到的恒星照片,其清晰度是地面天文望远镜的 10 倍以上,其观测能力相当于从华盛顿看到 1.6 万千米外悉尼的一只萤火虫。哈勃望远镜所收集的图像和信息,经人造卫星和地面数据传输网络,最后到达美国的太空望远镜科学研究中心。利用这些极其珍贵的太空图像和宇宙资料,科学家们取得了一系列突破性的成就。公众也通过哈勃望远镜欣赏到了无数美丽的宇宙图片。

除哈勃太空望远镜外,目前以及曾经遨游于太空的主要空间望远镜如下:

(1) 空间红外望远镜

2001 年发射升空,其主镜口径 84cm,配备有灵敏度极高的红外探测元件。为彻底避开地球红外辐射的干扰,它在近百亿米之遥的深空轨道运行。当望远镜在外层空间、处于极低温的条件下进行观测时,红外波段的宇宙"面容"纤毫毕现,较之于地面观测将清晰百万倍。

(2) 空间干涉望远镜

2005 年 3 月被送入预定轨道。它实际上由 7 架 30cm 口径的镜面组成,进入轨道空间后释放排列成长达 9m 的望远镜阵。运用光学干涉技术,它的空间分辨率要优于哈勃望远镜近千倍。

(3) 康普顿 γ 射线太空望远镜

重 15.4 吨、长 9.45 米,造价 6.7 亿美元,1991 年 4 月 5 日升空。9 年的太空旅行中,康普顿为人类探索宇宙写下了一本厚厚的功劳簿。2000 年 5 月 30 日,这只人类在外层空间最犀利的"眼睛"开始回家的路程,并于 6 月 4 日在人工控制下坠入太平洋。

(4) 斯皮策(Spitzer)太空望远镜

2003 年 8 月 25 日发射升空,是人类史上最大的红外线波段太空望远镜,取代了原来的 IRAS 望远镜。它的观测波段为 $3\sim180\mu m$ 波长,总长度约 4 米,总质量约 865 千克,它有 1 个 0.85 米的主镜和 3 个极低温的观测仪器,为了避免望远镜本身因黑体辐射而发出红外线干扰观测结果,所以观测仪器温度必须降低到接近绝对零度。除此之外,为了避免太阳热能及地球本身发出的红外线干扰,望远镜本身还包含了 1 个保护罩,而且望远镜在太空的位置被刻意安排在地球绕太阳的公转轨道上,在地球后面远远地跟着地球移动。

(5) 钱德拉 X 射线太空望远镜

1999 年 7 月 23 日升空。主要用于搜寻宇宙中的黑洞和暗物质,从而更深入地了解宇宙的起源和演化过程。钱德拉太空望远镜原称高级 X 射线天体物理学设施(AXAF),后以印裔美籍天体物理学家钱德拉塞卡(Chandrasekhar)的名字命名。钱德拉望远镜是美国航宇局 NASA"大天文台"系列空间天文观测卫星中的第三颗。该系列共由 4 颗卫星组成,其中哈勃太空望远镜(HST)和康普顿(Compton)γ 射线观测台已分别在 1990 年和 1991 年发射升空,另一颗卫星称为太空红外望远镜设施(SIRTF),也就是斯皮策太空望远镜,于 2003 年发射成功。

(6) 费米太空望远镜

NASA 最新的太空望远镜,也就是先前的 GLAST,2008 年 6 月发射升空。通过高能 γ 射线观察宇宙,升空后 NASA 宣布给它重新命名为费米 γ 射线太空望远镜,以纪念高能物理学的先驱者恩里科·费米(1901—1954)。

(7) "开普勒"太空望远镜

"开普勒"太空望远镜是世界首个用于探测太阳系外类地行星的飞行器,2009年 3 月 6 日发射升空,在为期 3 年半的任务期内,对天鹅座和天琴座中大约 10 万个恒星系统展开了观测,以寻找类地行星和生命存在的迹象。美国航天局公布的资料显示,"开普勒"太空望远镜携带的光度计装备有直径为 95 厘米的透镜,它通过观测行星的"凌日"现象搜寻太阳系外类地行星。

(8) 宇宙背景探测器(COBE)

1989 年由美国发射。1990 年,发送回来的第一批探测资料表明,微波背景辐射与温度 2.730K 的黑体辐射曲线的吻合程度达到 99.75%。1992 年,研究人员又正式宣布已探测到背景辐射的不均匀性,它表明早期宇宙中曾发生过物质的扰动,正是这种扰动才破坏了最初的均匀性,并得以形成今天所见的星系和星系成团现象。它还可观测宇宙中大尺度结构的物质分布不均匀天象,与大爆炸宇宙学模型所需的早期宇宙中的暴涨理论相符。这项现代宇宙学的成就,确认了周围的宇宙是动态的和演化的,而不是静态的和永恒不变的。

(9) 普朗克空间望远镜

也称为"普朗克"卫星,是 2009 年 5 月 14 日发射升空的,它以德国物理学家马克斯·普朗克的名字命名。"普朗克"卫星携带了一系列敏锐度极高的仪器,能够对宇宙微波背景辐射进行深入探测。望远镜口径为 1.5 米,望远镜能利用安放在舱内名为"低频仪器"和"高频仪器"的高灵敏传感器收集宇宙微波背景辐射,瞬息敏感度比"宇宙背景探测器"高 10 多倍。

(10) 赫歇尔空间望远镜

2009 年 5 月 14 日发射升空,与普朗克空间望远镜协同工作。赫歇尔空间望远镜的镜面直径为 3.5 米,这是迄今发射至太空中镜面直径最大的望远镜,是哈勃望远镜镜面直径的 1.5 倍。赫歇尔望远镜能够探测到更多的远红外线范围内的宇宙星体,包括银河系和银河系之外的星体(图 4.14)。

即将升空的太空望远镜如下:

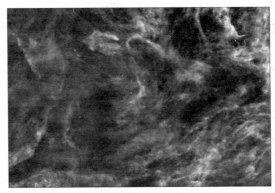

图 4.14 赫歇尔空间望远镜拍到的宇宙尘埃云（较大的尘埃云将可能诞生恒星）

（1）詹姆斯·韦伯太空望远镜(James Webb space telescope，JWST)

计划中的红外线观测用太空望远镜。作为结束观测活动的哈勃太空望远镜的后续机，计划于 2011 年发射升空，但因哈勃太空望远镜的修补等延命措施的效果，故发射改期为 2013 年。最终定为 2020 年发射，是 NASA 空间卫星计划中的第四颗，由欧洲空间局(ESA)和美国宇航局(NASA)共同计划，放置于太阳-地球的第二拉格朗日点(两物体引力场的平衡点)。不像哈勃空间望远镜那样是围绕地球上空旋转，而是飘荡在从地球到太阳的背面的 150 万千米的空间。詹姆斯·韦伯太空望远镜的主要的任务是调查作为大爆炸理论的残余红外线证据(宇宙微波背景辐射)，即观测目前可见宇宙的初期状态。为达到此目的，它配备了高敏度红外线传感器、光谱器等。为便于观测，机体要能承受极限低温，也要避开太阳和地球的光等。为此，詹姆斯·韦伯太空望远镜附带了可折叠的遮光板，以屏蔽会成为干扰的光源。因其处于拉格朗日点，地球和太阳在望远镜的视界总处于一样的相对位置，不用频繁的修正位置也能让遮光板确实地发挥功效。

（2）大型空间太空望远镜

用来替代哈勃望远镜系列的下一代太空望远镜(NGST)的开发和部署，是美国航空与航天局(NASA)为推进宇宙探索的一个挑战性项目。NGST 上装配一个包括 $0.6 \sim 5 \mu m$ 多目标分光计的照相机/分光计系统。为从太空的不同区域有选择地将光线引导至分光计，采用可独立寻址的微电子机械反射镜阵列作为分光计的狭缝掩模。Goddard 太空飞行中心的 NASA 小组设计了一套能够满足系统要求的集成微反射镜阵列(MMA/CMOS)驱动器芯片。样机的芯片构造和检测结果均符合预期要求。欲构建完全基于 MEMS 的狭缝掩模，设计要求 4 片大规模集成芯片以 2×2 镶嵌方式精确排列(至少为 9cm×9cm)。另外，必须在低于 40K 温度条件下掩模才能发挥作用。上述要求对集成 MEMS 芯片的封装提出了严峻的挑战。

4.4 使用望远镜的限制因素和辅助仪器

1. 观测环境因素

（1）空气污染

天文观测的第一个条件,也是必须关注的便是空气污染,如果空气污染情况严重,即使具备再好的天文设备,拥有再多的天文知识,也没有用武之地。

（2）光污染

在很多大城市,光污染一直是天文观测中令人头疼的问题。由于城市的发展,许多原来在郊外的天文台已经"进城"了。所以,许多天文台都在忙着"搬家",包括著名的英国格林尼治天文台,我国的紫金山天文台、上海天文台等。

就算是一个天文爱好者,每当想要仰望星空,看看最近的天象时,却总是失望而归,各种灯光把整个天空照得通明……所以,找一个无光污染的环境去观测星空,是很有必要的。这种地方很好找,像郊区、经济不太发达的地区,基本无光污染。还要注意一点,我们大多生活在北半球,观测的天体基本上是在南半天区,所以,去郊外观测时应尽量选择去城市的东南方。

（3）其他因素

观测环境的其他因素还包括空气湿度、昼夜长短、观测时间的选择等。

2. 大气影响

（1）大气消光

星光与大气中的气体分子散射,造成星光亮度的减少。大气层吸收各种波长的电磁波,使之变暗。

（2）视像度（seeing,视宁度）

大气扰动造成星光闪烁的程度。

3. 像差——望远镜本身所受的限制

像差包括色像差、球面像差、彗星像差、十字像差等。

4. 望远镜的保养

观测质量的好坏与平时对望远镜的保养也有很大关系,天文爱好者对望远镜进行保养,起码需要注意以下几点:

（1）望远镜需置于干燥的环境下,避免主镜长霉,并避免用手触摸;万一主镜长霉,最好是送至代理商维修。

（2）目镜需置于干燥箱中,若目镜脏了可先用气刷将灰尘吹掉,再用无水酒精轻轻清洗,切勿刮伤镜面;若是长霉,最好是送至代理商维修。

(3)赤道仪在操作中,需注意配重与离合器的开关,以免伤了赤道仪的齿轮系统。

(4)使用时,慎防小零件的遗失,比如滤光镜、目镜等。

5. 望远镜辅助仪器与设备

(1)赤道仪或经纬仪

用以架设、支撑望远镜,可以和计算机连线,自动追踪星体。

(2)辐射探测器(将天体辐射转变为可测量事件)

早期探测器:照相底片;

优点:视场大、底片颗粒细;

缺点:效率低,4%以下,响应非线性,测量定标困难。

现代天文观测:CCD(Charge-Coupled Device);

优点:量子效率高,可以到 75%,动态范围大、线性响应,像素可以很多。

(3)光谱仪(spectrograph)——把入射光按波长分离

为外接仪器,可用以获得恒星的光谱。

(4)光度仪(photometer)

属外接仪器,可用以测量星光的强度。

(5)计算机

用以操控望远镜,从事资料分析及影像处理。

 天文小知识

1. 天文望远镜的发展历程

1608 年,荷兰的一位眼镜商偶然发现用两块镜片可以看清远处的景物,受此启发,他制造了人类历史上的第一架望远镜。经过 400 多年的发展,望远镜的功能越来越强大,观测的距离也越来越远。为了认识人类制造和使用天文望远镜的历程,我们选择天文观测史上最著名的 16 架望远镜,给大家简单介绍一下天文望远镜的发展脉络。

(1)伽利略折射望远镜

伽利略是第一个认识到望远镜将可能用于天文研究的人。虽然伽利略没有发明望远镜,但他改进了前人的设计方案,并逐步增强其功能。1609 年 8 月,伽利略制作了一架口径 4.2 厘米、长约 1.2 米的望远镜。他用平凸透镜作为物镜,凹透镜作为目镜,这种光学系统称为伽利略式望远镜。伽利略将这架望远镜指向天空,得

到了一系列的重要发现,天文学从此进入了望远镜时代。

（2）牛顿反射式望远镜

牛顿反射式望远镜的原理并不是采用玻璃透镜使光线折射或弯曲,而是使用一个弯曲的镜面将光线反射到一个焦点上。这种方法比使用透镜将物体放大的倍数要高很多。牛顿经过多次磨制非球面的透镜均告失败后,决定采用球面反射镜作为主镜。他用金属磨制成一块凹面反射镜,并在主镜的焦点前面放置了一个与主镜成45°角的反射镜,使经主镜反射后的会聚光经反射镜以90°角反射出镜筒后到达目镜。这种系统称为牛顿式反射望远镜。

（3）赫歇尔望远镜

18世纪晚期,英国天文学家威廉·赫歇尔开始制造大型反射式望远镜。最大望远镜镜面口径为1.2米。该望远镜非常笨重,需要四个人来操作。赫歇尔是制作反射式望远镜的大师,他终身研究天文学,从1773年开始磨制望远镜,一生中制作的望远镜达数百架。

（4）叶凯士折射望远镜

叶凯士折射望远镜坐落于美国威斯康星州的叶凯士天文台,主透镜建成于1895年,是当时世界上最大的望远镜。19世纪末,随着制造技术的提高,制造较大口径的折射望远镜成为可能,随之就出现了一个制造大口径折射望远镜的热潮。世界上现有的8架70厘米以上的折射望远镜有7架是在1885年到1897年期间建成的,其中最有代表性的是1897年建成的口径102厘米的叶凯士望远镜和1886年建成的口径91厘米的里克望远镜。但折射望远镜后来在发展上受到限制,主要是因为从技术上无法铸造出大块完美无缺的玻璃作透镜,并且由于重力使大尺寸透镜的变形会非常明显,因而丧失明锐的焦点。

（5）威尔逊山60英寸(1.524米)海尔望远镜

1908年,美国天文学家乔治-海尔(George-Harer)主持建成了口径60英寸的反射望远镜,安装于威尔逊山。这是当时世界上最大的望远镜,在光谱分析、视差测量、星云观测和测光等天文学领域均成为世界领先的设备。1992年海尔望远镜上安装了一台早期的自适应光学设施,使它的分辨本领从0.5″～1.0″提高到0.07″。

（6）胡克100英寸(2.54米)望远镜

在富商约翰·胡克的赞助下,口径为100英寸的反射望远镜于1917年在威尔逊山天文台建成。在此后的30年间,它一直是世界上最大的望远镜。为了提供平稳的运行,这架望远镜的液压系统中使用液态的水银。1919年阿尔伯特·迈克耳孙(Albert·Michelson)为这架望远镜安装了一个特殊装置:一架干涉仪,这是光学干涉装置首次在天文学上得到应用。迈克耳孙可以用这台仪器精确地测量恒星的大小和距离。亨利-诺里斯-罗素(Henry·Norris·Russell)使用胡克望远镜的数据制定了他对恒星的分类。埃德温·哈勃使用这架 100 英寸望远镜完成了他的关键的计算。他确定许多所谓的"星云"实际上是银河系外的星系。在米尔顿·赫马森(Milton·Humason)的帮助下他认识到星系的红移说明宇宙在膨胀。

(7) 海尔 200 英寸(5.08 米)望远镜

海尔对胡克 100 英寸望远镜并不十分满意。1928 年,他决定在帕洛玛山天文台架设一台口径为 200 英寸的巨型反射望远镜。新望远镜于 1948 年完工并投入使用。海尔 1890 年毕业于美国麻省理工学院。1892 年任芝加哥大学天体物理学副教授,开始筹建叶凯士天文台,任台长。1904 年筹建威尔逊山太阳观象台,即后来的威尔逊山天文台。他任首任台长,直到 1923 年因病退休。1895 年,海尔创办《天体物理学》杂志。1899 年当选为新成立的美国天文学与天体物理学会副会长。海尔一生最主要的贡献体现在两个方面:对太阳的观测研究和制造巨型望远镜。

(8) 喇叭天线

喇叭天线位于美国新泽西州的贝尔电话实验研究所,曾用来探测和发现宇宙微波背景辐射。喇叭天线建造于 1959 年。

(9) 甚大阵射电望远镜

甚大阵射电望远镜坐落于美国新墨西哥州索科洛,于 1980 年建成并投入使用。甚大阵由 27 面直径 25 米的抛物面天线组成,呈 Y 形排列。

(10) 哈勃太空望远镜

哈勃太空望远镜发射于 1990 年 4 月。它位于地球大气层之上,因此它取得了其他所有地基望远镜从来没有取得的革命性突破。天文学家们利用它来测量宇宙的膨胀比率以及产生这种膨胀的暗能量和神秘力量。

(11) 凯克系列望远镜

凯克系列望远镜有两台,是以它的出资建造者来命名的,隶属于美国加州理工学院和加州大学。1993 年凯克 I 建成(造价 10.3 亿美元),1996 年凯克 II 建成(造价 9.6 亿美元)。凯克望远镜位于夏威夷玛纳克亚山,口径为 10 米。凯克望远镜的镜面由 36 块六边形分片组合而成。每个直径为 1.8 米。凯克望远镜开创了基于地面的望远镜的新时代。它的规模是美国加利福尼亚州帕洛玛山上的海尔望远镜的两倍,后者在前几十年内是世界上最大的望远镜。有人曾认为制造如此之大的望远镜是不可能的,但新科学技术把不可能变为了现实。

(12) 甚大望远镜(very large telescope,VLT)

甚大望远镜是欧洲南方天文台在智利建造的大型光学望远镜,由 4 台相同的

8.2 米口径望远镜组成,组合的等效口径可达 16 米。分别于 1998 年和 2000 年建成投入使用。这 4 台 8.2 米望远镜排列在一条直线上,它们均为 RC 光学系统,焦比是 $f/2$,采用地平装置,主镜采用主动光学系统支撑,指向精度为 1″,跟踪精度为 0.05″,镜筒质量为 100 吨,叉臂质量接近 120 吨。这 4 台望远镜可以组成一个干涉阵,作两两干涉观测,也可以单独使用每一台望远镜。甚大望远镜位于智利安托法加斯塔以南 130 千米的帕瑞纳天文台。

(13)斯隆 2.5 米望远镜

2000 年位于美国新墨西哥州阿柏角天文台的 2.5 米望远镜开始使用,执行"斯隆数字天空勘测计划"。该望远镜拥有一个相当复杂的数字相机,望远镜内部是 30 个电荷耦合器件(CCD)探测器。斯隆望远镜使用口径为 2.5 米的宽视场望远镜,测光系统配以分别位于 u、g、r、i、z 波段的五个滤镜对天体进行拍摄。这些照片经过处理之后生成天体的列表,包含被观测天体的各种参数,比如它们是点状的还是延展的,如果是后者,则该天体有可能是一个星系,以及它们在 CCD 上的亮度,这与其在不同波段的星等有关。另外,天文学家们还选出一些目标来进行光谱观测。

(14)威尔金森宇宙微波各向异性探测卫星

美国宇航局于 2001 年 7 月发射了威尔金森宇宙微波各向异性探测卫星(WMAP),用来研究宇宙微波背景以及宇宙大爆炸遗留物的辐射问题。WMAP 绘制了首张清晰的宇宙微波背景图,精确测定宇宙的年龄为 137 亿年。WMAP 的目标是找出宇宙微波背景辐射的温度之间的微小差异,以帮助测试有关宇宙产生的各种理论。

(15)雨燕观测卫星

"雨燕"(Swift)观测卫星发射于 2004 年,属于美国国家航空航天局(NASA)。"雨燕"卫星是一颗专门用于确定 γ 射线暴起源、探索早期宇宙的国际多波段天文台。它主要由三部分组成,分别从 γ 射线、X 射线、紫外线和光波四个方面研究 γ 射线暴和它的耀斑。可以检测到 120 亿光年以外单独的恒星参数。

(16)赫歇尔空间天文台

2009 年发射,原名为"远红外线和亚毫米波望远镜"(far infrared and submillimetre telescope,FIRST),为纪念发现红外线的英国天文学家赫歇尔而命名为赫歇尔空间天文台。它是第一个在太空中对整个远红外线和亚毫米波进行观测的天文台,安装有太空中最大的反射式望远镜,直径 3.5 米。专门搜集来自遥远的不知名天体的微弱光线,例如数十亿光年远的年轻星系。

表 4.3 与表 4.4 分别为世界大型光学和射电天文望远镜简表。

表 4.3　世界大型光学天文望远镜简表

名　　　称	口径/米	位　　　置	经、纬度和海拔	备　　　注
加那利大望远镜	10.4	西班牙加那利群岛中的拉·帕尔玛岛	28 46N；17 53W 2400m	截至 2010 年世界上最大的光学望远镜
凯克 1 号	10.0	夏威夷大岛玛纳克亚山	19 50N；155 28W 4123m	两台望远镜可以进行光干涉观测
凯克 2 号				
南非大望远镜	9.2	南非开普敦东北	32 23S；20 49E 1759m	霍彼·埃伯利望远镜的改进型
霍彼·埃伯利望远镜	9.2	得克萨斯州戴维斯堡	30 40N；104 1W 2072m	隶属于麦克唐纳天文台
美·意·德大双筒望远镜	8.4	亚利桑那州的格雷厄姆山	32 42N；109 53W 3170m	世界上最大的双筒望远镜
昴星团	8.2	夏威夷大岛玛纳克亚山	19 50N；155 28W 4100m	隶属于日本国立天文台
Antu(太阳)	8.2	智利北部阿塔卡玛沙漠	24 38S；70 24W 2635m	欧南台甚大望远镜的四台巨型反射望远镜
Kueyen(月亮)				
Melipal(南十字座)				
Yepun(金星)				
北双子	8.1	夏威夷大岛玛纳克亚山	19 50N；155 28W 4100m	
南双子		智利色拉·帕穹山	30 20S；70 59W (大约)2737m	
多镜面望远镜	6.5	亚利桑那州图森霍普金斯山	31 41N；110 53W 2600m	1999 年被亚利桑那大学斯图尔德天文台镜面实验室设计的单一主镜所替代
麦哲伦 1 号		智利拉斯·卡普尼斯	29 002S；72 48W 2282m	
麦哲伦 2 号				
经纬台式大望远镜	6.0	俄罗斯泽伦楚克斯卡亚	43 39N；41 26E 2070m	实际观测效果逊于海尔望远镜
大天顶望远镜		加拿大英属哥伦比亚大学	49 28N；122 57W 395m	使用充满液态水银的匀速旋转的主镜
海尔望远镜	5.0	加州帕洛玛山	33 21N；116 52W 1900m	海尔望远镜占据世界第一的宝座长达半个世纪之久

表 4.4　世界大型射电天文望远镜简表

名　　称	口径/米	位　　置	备注
俄罗斯雷坦射电望远镜	60	俄罗斯泽伦楚克斯卡亚	
熊湖射电天文台 TNA-1500 一号	64	俄罗斯莫斯科东北	
帕克斯射电望远镜	64	澳大利亚新南威尔士的帕克斯	
加廖恩基 70 米射电望远镜	64	俄罗斯莫斯科东北	
叶夫帕托里亚 70 米射电望远镜	70	乌克兰克里米亚的叶夫帕托里亚城以西	
萨法 70 米射电望远镜	70	乌兹别克斯坦萨法高原	
金石 70 米射电望远镜	70	美国加利福尼亚州莫哈韦沙漠	
卡利亚津射电天文台 TNA-1500 二号	70	俄罗斯加廖恩基	
洛弗尔 76 米射电望远镜	76	英国英格兰西北部的切希尔的古斯特里	
埃费尔斯贝格 100 米射电望远镜	100	德国北莱茵·威斯特法伦省奥伊斯基兴	
格林班克 100 米射电望远镜	100	美国西弗吉尼亚州格林班克	
阿雷西博射电望远镜	305	波多黎各岛	
中国贵州"天眼（FAST）"	500	贵州平塘	
新墨西哥州甚大天线阵列	27 面口径 25 米天线	美国新墨西哥州索科罗	
低频微波阵列（LOFAR）	36 个区域的 25000 面天线组成	荷兰北部、德国、瑞典、法国和英国的 36 个区域	

2. 哈勃空间望远镜

（1）直上青天

1990 年 4 月 25 日清晨，美国佛罗里达州卡纳维拉尔角肯尼迪航天中心，数百名天文学家和技术专家翘首注目。远处巨大的发射平台上，"发现号"航天飞机如同展翼欲升的鲲鹏，正巍然倚靠在发射塔边。

航天飞机此次飞行肩负着重要使命，就是把耗资巨大、深受世人瞩目的哈勃空间望远镜（HST）送入太空。美国东部时间上午 8 点 34 分，随着指令的发出，航天飞机喷云吐焰，在轰鸣声中直上青天，标志着人类探索宇宙的历程揭开了新的一页。

哈勃空间望远镜以美国天文学家哈勃的名字命名,是由美国国家航空航天局主持建造的四座巨型空间天文台项目中的第一台。

天文学的研究以观测为基础。但由于地球大气的吸收,波长在300nm以下的紫外光波段对地面观测者来说是一个"盲区"。即使在可见光和近红外波段,由于大气宁静度的制约,通常3米左右口径的大型地面光学望远镜对星象的分辨率很难优于1角秒。

若在大气层以外的观测则只受衍射极限的限制,角分辨率可比地面观测提高近10倍,达到0.1角秒,这相当于能分辨出约10千米以外的一枚1元硬币。对于天文学上许多悬而未决的"宇宙之谜"来说,高分辨率的观测正是破解谜团的关键,这也是人类不惜工本进行空间天文观测的主要原因。

有关空间望远镜的构想,早在20世纪40年代就已显露雏形,而具体的设计和建造则完成于20世纪70年代至80年代。哈勃空间望远镜外观像一个5层楼高的圆筒,其主体长13.2米,最大直径4.3米(其中光学主镜口径为2.4米),两块长达12米左右的太阳能电池翼板伸展在镜筒两侧,总质量达11.5吨(图4.15(a))。

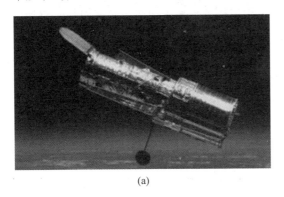 

(a)　　　　　　　　　　　　　(b)

图　4.15

(a) 哈勃空间望远镜;(b) 宇航员在对它进行太空维修

这是一座高度自动化的空间天文台,它的主要性能要比通常的地面光学望远镜优越一个量级以上。哈勃空间望远镜从1979年蓝图设计到1990年投入观测,历时10余年,耗资15亿美元。若按重量计算,平均每克造价接近130美元,远比纯金更贵。

(2) 好事多磨

然而好事多磨。在哈勃望远镜上天之后,经过最初几周紧张的测试与调整,人们发现望远镜的成像质量与预期效果存在很大差距。按设计能力,在可见光波段,被观测的点源 60% 以上星光应能聚落在 0.1 角秒的小圆域内,而实际结果只有 15% 的光线落入其中。

经过地面上专家们紧张忙碌的调查研究,很快查明其祸因是望远镜在主镜研磨制作过程中发生人为差错,主镜边缘处比设计尺寸多磨去了 2 微米(约只有头发丝的 1/30),但按照现代精密光学的标准来看,这却是一个大错误。它导致了望远镜光学主镜存在严重的球形像差,降低了观测图像的分辨率,使望远镜的"视力"大受损伤,同时令其捕捉遥远天体信息的威力降低了将近 20 倍。

受其影响,许多原定的重要观测也将无法进行。无独有偶,哈勃望远镜还接二连三地遇上其他麻烦。人们发现,它的太阳能电池板因受热不均产生微颤,破坏了望远镜瞄准系统的稳定性,进一步影响了观测图像的清晰度。

此外,望远镜机载导向系统中的 6 个陀螺,有两个相继失灵,另有一个也只能断断续续地工作。这一切使得这座曾被寄予厚望的空间望远镜几乎处于岌岌可危的境地。

面对严峻的挑战,科学家们使出浑身解数,力挽狂澜。他们在地面上利用计算机图像还原技术,尽可能弥补图像的缺陷。由于主镜在加工中所造成的偏差,采用计算机处理后,可以把哈勃望远镜在图像清晰度上的损失控制到最小,使其角分辨率比起地面上最好的望远镜仍优越得多。

仅此一点,已使得哈勃望远镜最初三年的科学观测依然成果辉煌,获得大批珍贵资料。但是,哈勃望远镜集光能力为原设计的 1/20,这种损失在地面是无法补偿的,天文学家只能期待对它作"脱胎换骨"的太空维修了。

(3) 太空维修

其实早在 1979 年,哈勃望远镜尚处于蓝图阶段,就已经把进行太空维修纳入可行性设计之中。按照设计方案,望远镜上有 50 余种元件和设备可在太空中作更换。哈勃望远镜拥有 5 台主要的科学观测仪器,包括两台照相仪、两台光谱仪和一台高速光度计。每台设备都设计成相互独立的组装插件,可以分别或同时进行观测,也可以单独被撤换而不影响其他仪器。

哈勃望远镜频频"遇险",于是美国国家航空航天局在 1993 年 12 月对其作了为期 12 天的太空维修。7 名机组人员带着 7 吨重的各种器材,于 12 月 2 日搭乘"奋进号"航天飞机驶入太空。此次太空之旅的意义非比寻常,不但是要修好望远镜,矫正哈勃望远镜的"视力",更重要的是可以检验人类在太空里从事高难度操作的能力,也为今后空间城的建造积累宝贵的经验。

"奋进号"起程 3 天之后与哈勃相会。首先,宇航员用机械臂把哈勃望远镜抓入飞船的敞开式货舱中。在随后几天激动人心的紧张"手术"中,数位宇航员轮番步入太空,依照事先周密的安排和演练,有条不紊、精心根治哈勃望远镜的诸多病患,终于"妙手回春",全面恢复了望远镜原设计的观测能力(图 4.15(b))。

在修复过程中,更换了望远镜的两台陀螺仪和太阳能电池翼板上的驱动控制部件,解决了望远镜空间定向的稳定性问题。矫正望远镜主镜的像差是此次成败的关键,宇航员们为哈勃望远镜新装了"光学矫正替换箱",就仿佛给近视眼配上一副"矫光眼镜",使其重现清明。在科学仪器方面,换装上一台加州喷气推进实验室制作的新一代的广角行星照相仪,令望远镜的观测能力如虎添翼。此外,宇航员还安装了新的计算机存储器,进一步改善了计算机的使用效率。

在与地面环境迥然不同的外层空间进行如此复杂而精细的工程维修,显示出人类在空间中从事高难度活动的能力,堪称科技史上的伟大创举,诚如美国国家航空航天局的主管韦勒(Weller)博士所言:"这次(维修)飞行无论成功与否,都将名存史册。"

(4) 注目未来

令人们额手称庆的是,这次太空维修行动最终获得圆满的成功。1993 年 12 月 28 日,哈勃望远镜维修后拍摄的第一幅照片传回地面,图像之清晰令人欣喜和惊诧,天文学家们甚至都怀疑起自己的眼睛。韦勒博士说:"维修效果比我们最大胆的梦想还要棒。""康复"后的哈勃望远镜,不仅消除了像差,其分辨率甚至超过了原初的设计。矫正后的望远镜可使点源 70% 的光线聚在 0.1 角秒内,已非常接近于物理学定律所决定的极限。在随后的几年里,哈勃望远镜所获观测图像的质量空前之高,得到一系列极有价值的发现,对天体物理学的进步做出了卓越的贡献。

1997 年 2 月,"发现号"航天飞机升空与哈勃望远镜再次相会,此次服务飞行的主要任务是为哈勃望远镜换装上两台新一代的仪器。一台名为"空间望远镜成像光谱仪",它使用新的、更为灵敏的探测器,并且能同时对多个目标作光谱测量,而原先的光谱仪一次只能观测一个目标,新旧两种设备的工作效率不可相提并论;另一台是"近红外照相仪",原先哈勃望远镜上的照相机只能在可见光和紫外波段观测,近红外照相仪则可在 2.5 微米以下的近红外波段进行成像观测,尤其适合观测研究恒星形成区和高红移星系方面的诸多奥秘现象。

仪器设备的更新换代使哈勃空间望远镜观测宇宙的能力百尺竿头,更上一步。2002 年 3 月对哈勃望远镜进行了最后一次维修飞行。此后,随着岁月流逝,能量耗散,设备毁损,哈勃望远镜将在太空中孤独地走完最后的历程,直至寿终正寝。

哈勃空间望远镜于 2020 年完成其历史使命,而人类驶向辽阔太空的航程才刚刚起步。"地球是人类的摇篮,但人不会永远生活在摇篮里。"如今,人类的目光已经指向太空深处。建立空间站,漫游太阳系,已不再只是少数先驱者头脑中的理想或者科幻小说里的奇景。也许在不远的将来,回首今天,人们会普遍意识到,哈勃空间望远镜自身的业绩和它成功的太空维修,正是人类拓展空间疆域历程中坚实的一大步。

3. 你想拥有一台天文望远镜吗?

我们经常听到想购买望远镜的朋友一开口就讲:天文望远镜能看多远? 天文望远镜能放大多少倍? 天文望远镜能把天上的星星放多大? 诸如此类的问题反映了公众对于望远镜和天文知识的缺乏。所谓"看多远""放多大"的提法既不科学,也没有意义,望远镜的品质也绝不是这样来评价的。

事实上,"看多远"完全取决于被观测目标的亮度,只要目标足够明亮,不用望远镜也能看到无穷远,譬如我们用肉眼能看到的6000颗左右的恒星,实际上都可认为在无穷远处;而"放多大"更是因缺乏天文基本知识才会提出的问题,这是因为我们所见的"天上的星星"99.9%以上都是恒星,而恒星离我们如此遥远,所以即使用地球上最大的望远镜来观测,它们仍然只是一个个几何亮点(亮点越小,表明望远镜的光学成像质量越高;反之,如果在望远镜中看到恒星有了视面甚至有了颜色,则可断定其光学系统存在严重弊病),只有那些太阳系中的天体(如太阳、行星、卫星、彗星等)或太阳系外有视面的天体(如星云、星系、星团等)才能借助于望远镜放大。

那么"放大倍数"是不是选购望远镜所首先要考虑的性能指标呢? 绝对不是! 它不但排不上第一,而且如选择过大,将导致成像质量严重恶化。看到这里,一定有不少朋友感到疑惑:"怎么和我原先想的完全不一样?"是的,等你看完本部分内容,你就彻底明白了,也希望能对大家在选购和使用望远镜方面有所帮助。

我们从"怎样选择双筒望远镜"开始,因为许多天体,尤其是太阳系内的天体,使用双筒望远镜观测会更加方便。

1) 怎样选择双筒望远镜

市场上有五花八门的双筒望远镜,它们的外观、大小、价格和用途各不相同,有的用于观赏风景、体育比赛和文艺演出,有的用于观察鸟类和其他动物,有的用来进行定点监视(如森林、电业、公安部门等),也有的用来欣赏夜空中神奇美丽的天体……如果你想选购一架适合自己的双筒望远镜,那么必须知道下面的知识。

(1) 注意选择望远镜的型号

市场上出售的双筒望远镜上,都标有这样的数字:"7′35""8′50""15′70"等,"′"号前面的数字代表放大倍数,"′"号后面的数字代表双筒望远镜单个物镜的直径,也称物镜口径,以毫米为单位。

(2) 放大倍数越大越好吗?

绝大部分人相信,望远镜的放大倍数越大,看到的效果越好,事实却正相反。在物镜口径相同的情况下,放大倍数越高,成像质量就越差,看到的景物越模糊。

（3）什么叫镀膜？镀膜有什么用处？

如果你注意观察，你会发现望远镜的物镜表面呈现不同的颜色：红、蓝、绿、黄、紫等，这就是平常所说的镀膜（也称增透膜，是特制的化学薄膜层）。如果不镀膜，会有 50% 的光线在通过物镜时被漫反射掉而无法到达你的眼睛，并且造成一种雾蒙蒙的感觉！镀膜可以提高透光率，增加亮度与色彩的对比度、鲜明度，大大改善观测效果。

（4）何种型号双筒望远镜适合星空观测？

假如你用双筒望远镜来观测星空，那么物镜口径是最关键的，因为它直接决定了望远镜的分辨本领。如果你要手持双筒望远镜，则口径选择 50 毫米或 60 毫米，放大倍数选择 7～8 倍为佳；如果你计划将双筒望远镜固定在三脚架上使用，那么口径可以增大到 70～80 毫米，放大倍数则可增大到 20 倍。当然，如果你希望取得更好的星空观测效果，那么最好还是选购一架天文望远镜。

2）选择天文望远镜应注意哪些性能指标

评价一架望远镜的好坏，首先要看它的光学性能，其次看它的机械性能（指向精度与跟踪精度）。天文爱好者选择望远镜应该注意下列光学性能指标。

（1）物镜口径（D）

望远镜的口径越大，聚光本领就越强，越能观测到更暗弱的天体，看亮天体也更清楚，它反映了望远镜观测天体的能力。因此，应根据自己的经济条件，尽量选择口径较大的望远镜。

（2）焦距（f）

对天体进行拍摄时，对于同一天体而言，焦距越长，天体在底片上成的像就越大。

（3）相对口径（A）与焦比（$1/A$）

（4）放大率（倍数）（G）

对目视望远镜而言，放大率（倍数）是观测目标的角度放大率（相当于将目标拉近到倍数分之一）。在一般情况下，当放大率超过物镜口径毫米数的 1 倍时，成像质量就不太理想了。

（5）视场角（ω）

能够被望远镜良好成像的天空区域的角直径称为望远镜的视场或视场角。望远镜的视场往往在设计时已被确定。

（6）分辨本领

望远镜的分辨率越高，越能观测到更暗、更多的天体，看到的像也越清楚。所以说，高分辨率是望远镜最重要的性能指标之一。

(7) 极限星等(贯穿本领)

望远镜可以看见的最暗星等主要是由望远镜的有效口径决定的,口径越大,看见的星等也就越高。当然极限星等还与望远镜物镜的吸收系数、大气吸收系数和天空背景亮度等诸多因素有关;对于照相观测,极限星等还与曝光时间及底片特性等有关。

3) 天文望远镜的光学系统与机械装置

(1) 天文望远镜的光学系统

天文望远镜分三种,不同的天文望远镜的光学系统各具优缺点。下面分别介绍。

① 折射望远镜。折射望远镜由于对物镜光学玻璃的材质和制作工艺的要求较高,所以成本较高。由于它的镜身特别长,所以限制了它口径的增加,一般业余用的折射天文望远镜口径最大不超过220mm,若再要加大口径,成本将会增加(相比之下,另两种望远镜的成本要低得多)。但对于小口径望远镜来说,它的制作成本还不算很高,而它的优点是用途较广(既可用于天文观测,也可用来观赏风光),使用和维护较方便,还是比较适合于天文爱好者选购的。

② 反射望远镜。业余爱好者使用的反射望远镜多为牛顿系统,从外形上看,它与折射望远镜与折反射望远镜最大的不同是它的观测目镜在望远镜镜筒的前端。对业余爱好者来说,其突出的优点是没有色差且价格较低。

由于反射望远镜的反射镜面在观测时是完全敞开在空气中,没有镜筒与物镜等的保护,所以极易受到尘埃与空气中氧气等的污染与氧化,需要定期拆卸下来清洗、镀膜与重新安装校准,这对于没有经验的天文爱好者来说是相当困难的事。另外,反射望远镜由于视场很小(一般都小于1°),因此它只能用于天文观测,不能用来观赏风光等,这就使得反射望远镜的应用受到了限制。所以对观测经验不足的天文爱好者来说,我们一般不推荐购买反射望远镜。

③ 折反射望远镜。折反射望远镜具有视场大、光力强、能消除几种主要像差的优点,适合于观测有视面天体(彗星、星系、弥散星云等),并可进行巡天观测。另外,由于它的光线在镜筒内通过反射走了一个来回,所以与同样焦距的折射望远镜相比,其镜筒缩短了一半以上,使整架望远镜的体积、重量大大减小,便于携带以进行流动观测。美中不足的是它的改正镜很难磨制,所以成本较高,也无法把口径做得很大。但总的来说,由于它优良的成像质量和轻便性、多用途等突出的优点,很适合天文爱好者使用。

(2) 天文望远镜的机械装置

由于地球的自转,天空中的所有天体都围绕着地球的自转轴,沿着天球上的赤纬圈作东升西落的周日运动,因此,望远镜所对准的天体,很快便会跑出视场,望远镜需经常不断地调整方向,才能始终对准目标,这就要求望远镜必须安置在一个可以任意自由调整方向的装置上,这种装置叫做天文望远镜的机械装置,主要有以下两种类型。

① 地平式装置。它的优点是结构简单、紧凑,重量对称,稳定性好,造价较低,可架设口径较大的望远镜,圆顶随动控制简单。缺点是由于水平与垂直两个转动方向与天体作周日转动的方向都不一致,所以望远镜在跟踪天体时必须两个轴同时运动,操作比较麻烦;并且对天体进行长期跟踪时天体的像会在焦平面上旋转,所以不能进行长时间曝光拍摄;另外在天顶处有一无法观测的盲区。

② 赤道式装置。在科普型天文望远镜中,它往往设计成既能手动跟踪又能电动跟踪。为了在观测时能够较长时间方便地跟踪天体,建议天文爱好者尽量选用赤道式装置的望远镜。

4) 天文望远镜的目镜、寻星镜、转仪钟和终端设备

(1) 天文望远镜的目镜

目视望远镜系统必须由物镜系统和目镜系统共同组成,目镜的好坏直接影响着目视系统的成像质量,特别在分辨天体的细节时,目镜的质量尤为重要。

天文望远镜目镜的作用为:①使入射到物镜的平行光从目镜出射时仍为平行光;②将物镜所成的像放大,这对于观测有视面的天体和近距双星等天体是十分重要的。一架天文望远镜应备有多种目镜,才能适应不同目的的观测,也才能最大限度地发挥它应有的作用。

(2) 天文望远镜的寻星镜

天文望远镜的主镜(即物镜与目镜系统)担当观测主角。但是,许多天文观测不是光靠主镜就能全部顺利完成的,它也需要助手,这就是寻星镜。

由于天文望远镜主镜的视场一般都比较小,所以要直接在主镜中寻找到观测目标往往非常困难。为了能迅速地搜寻到待观测的天体,常常在主镜旁附设一个低倍率、大视场的小型望远镜,它就是寻星镜。寻星镜一般都采用折射式的望远镜。寻星镜物镜的口径一般在 50～100mm,视场在 30°～50°,放大率为 7～20 倍,焦平面处装有供定标用的分划板。观测时,先用寻星镜找到待观测的天体,将该天体调到寻星镜的视场中央,这时,它也应出现在主镜视场中央部分。

(3) 天文望远镜的转仪钟

为使镜筒自动作跟踪转动,就需要安装相应的驱动装置,该装置的机械电子系统称为转仪钟。

(4) 天文望远镜的终端设备

应该说没有终端探测器的望远镜还称不上是一个完整的望远镜,望远镜的物镜将无穷远的天体成像在焦平面上,再通过不同的终端探测器来接收所需要的信

号。事实上人的眼睛就是一个天然的探测器,在天文观测中除了用人眼外,还使用照相底片、光电光度计、CCD(电荷耦合器件)照相机、光谱仪等终端来接收和记录信息。

5) 天文望远镜的维护与保养

天文望远镜是精密仪器,维护的好坏直接影响到望远镜的使用和寿命,故必须要做到专人使用、专人保管,非专业人士不要轻易拆卸与修理。

(1) 光学系统的维护

① 保证望远镜放置在通风、干燥、洁净的地方。所有的目镜、棱镜、二次成像镜及其他小的光学零附件,不使用时应放入带干燥剂的干燥箱或干燥缸内,同时要时常注意更换干燥剂。在雨雪天、风沙、湿度大(超过85%)的天气均不要使用望远镜,也不要打开物镜盖,特别是对于无密封窗的反射望远镜,灰尘是最大的故害。在南方的梅雨季节可将镜筒两头用不透气的塑料袋扎紧,内部放置袋装的干燥剂(不要接触镜头),并注意经常更换新的干燥剂,以保持物镜的干燥。

② 光学镜面上如有灰尘等杂物,应用吹耳球轻轻吹去,不能用嘴吹,以免唾沫溅到镜面上;也千万不要用布和硬毛刷去擦拭,以免损坏镀膜层与镜面;光学镜面上千万不要用手去摸,留下的指印往往会腐蚀镜面而造成永久性痕迹。若一旦不慎留下指印须尽快清擦,应当用无水乙醇和乙醚各50%的混合液滴在干净的脱脂棉球上,从镜面中心按顺时针或逆时针方向轻轻地向镜面边缘转擦(只能向一个方向轻擦,不能来回擦),并不断更换脱脂棉球,直到擦净为止。望远镜镜面除平时注意保护外,应不定期进行清洁,对透镜切勿使用有机溶剂,以免损坏增透膜;对镀铝反射镜面,尽量不要擦拭,以免铝膜受损或脱落。

③ 便携式望远镜尽量不要在雾气很重的森林、水边及海边观测,若迫不得已必须观测,在观测完后应尽快按上述方法擦拭一遍。

④ 反射望远镜的反射镜面应定期(一般情况下1~3年)进行镀膜,以保证反射镜面具有良好的反射率。

大型与高档望远镜的维护与保养最好请专业人员协助进行。

(2) 转仪钟的维护

① 望远镜的机械及跟踪系统是属于高精度的传动系统,但由于其转速较慢,一般不需要经常维护,只是要按照说明书的要求,不要过载使用并定期加入同样型号的润滑油(脂);若润滑油(脂)的型号不同,请将原来的润滑油(脂)用煤油等清洗干净后再加入新的润滑油(脂),注意千万不要将不同类型的润滑油(脂)混合使用。有条件的单位或个人,如能在使用几年后,请专业人员重新清洗、加油、调整,将是十分有益的。

② 望远镜的控制系统应不定期进行检查,使用时应严格按照说明书的要求操

作,平时应防止水滴、水汽、异物进入电路部分,电池长期不用应取出保存好。

（3）电控系统的维护

望远镜的电控系统因型号、功能的不同而差别甚大,但使用维护的注意点基本相同：

① 检查输入的交流电压是否和望远镜的额定电压相同,使用直流电源时也应注意电池组或蓄电池的额定电压是否与望远镜电控要求一致。

② 在大功率驱动电路中,请注意大功率管的散热片不要相碰短路,以免烧坏管子。

③ 所有电源或电控线不要硬拉和随意交叉,以免断路。

（为自己制定一个购买天文望远镜的计划。其中要有形式、观测目标设定、资金准备、观测地点准备等内容。最好还有一个不断升级自己的天文观测仪器的小计划,比如,先购买双筒望远镜,然后是一般的小型天文望远镜,再然后……）

第 **5** 章　地球 月球 地月系

5.1　地球 月球

"地球是一颗行星,是太阳系的一分子。地球有自转和公转;地球和它的卫星——月球构成了地月系(图5.1),从而产生了岁差、章动、潮汐;地球有大气,大气层在严重的干扰着天文观测。"如果你问一位天文学家,什么是地球,他大概会像上面那样回答你。

(a)　　　　　　　　　　　　　　(b)

图　5.1

(a) 地球;(b) 月球

《中国大百科全书——天文学卷》中是这样向我们描述我们的家的:地球(earth)是太阳系八大行星之一,按离太阳由近及远的次序为第三颗。它有一个天然卫星——月球,二者组成一个天体系统——地月系统。地球大约有46亿年的历史。不管是地球的整体,还是它的大气、海洋、地壳或内部,从形成以来就始终处于不断的变化和运动之中。在一系列的演化阶段,它保持着一种动力学平衡状态。

关于月球的叙述我们就会有非常浪漫的感觉。相信各位童年的时候,都听到过和月亮有关的神话故事吧?嫦娥奔月、吴刚伐桂、月下老人等。

5.1.1　地球概况

地球的基本参数:

平均赤道半径 R_e ＝6378136.49m

平均极半径 R_p ＝6356755.00m

平均半径 R ＝6371001.00m

赤道重力加速度 g ＝9.780327m/s^2

平均自转角速度 ω_e ＝7.292115×10^{-5}rad/s

扁率 f ＝0.003352819

质量 M_e ＝5.9742×10^{24}kg

太阳与地球质量比 M_{sun}/M_e ＝332946.0

太阳与地月系质量比 M_{sun}/M_{m+e} ＝328900.5

回归年长度 T ＝365.2422d

表面温度 t ＝−30～45℃

表面大气压 p ＝101325Pa

地心引力常数 G_e ＝3.986004418×10^{14}m^3/s^2

平均密度 ρ_e ＝5.515g/cm^3

离太阳平均距离 A ＝1.49597870×10^{11}m

逃逸速度 v ＝11.19km/s

5.1.2 月球概况

月亮不能说是远在天边,可也不能说是近在眼前。它是距离我们最近的天体。它与地球的平均距离约384400km(视直径31′4″)。月球绕地球运动的轨道是一个椭圆形,其近地点平均距离为363300km(视直径32′46″),远地点平均距离为405500km(视直径29′22″),两者相差42200km。

月亮比地球小,直径是3476km,相当于地球直径的3/11;

月亮的表面积大约是地球表面积的1/14,比亚洲的面积还稍小一些;

月亮的体积是地球体积的1/49,换句话说,地球里面可装下49个月亮;

月亮的质量是地球质量的1/81;物质的平均密度为3.34g/cm^3,只相当于地球密度的3/5;

月球上的引力只有地球的1/6,也就是说,6kg重的东西到月球上只有1kg重。人在月面上行走,身体显得很轻松,稍稍一使劲就可以跳起来,宇航员认为在月面上半跳半跑地走,似乎比在地球上步行更痛快。

月球上几乎没有大气,因而月球上的昼夜温差很大。白天,在阳光垂直照射的地方,温度高达127℃;夜晚温度可低到−183℃。由于没有大气的阻隔,使得月面上日照强度比地球上强1/3左右。由于月球大气少,因此在月面上会见到许多奇特的现象,如月球上的天空呈暗黑色,太阳光照射是笔直的,日光照到的地方很明亮,照不到的地方就很暗,因此才会看到月亮的表面有明有暗。由于没有空气散射光线,在月球上星星看起来也不再闪烁了。

月球基本上没有水,也没有地球上的风化、氧化和水的腐蚀过程,也没有声音的传播,到处是一片寂静的世界。月球本身不发光,天空永远是一片漆黑,太阳和星星可以同时出现。(列出一个你能想到的地球、月球数据对照表。)

5.1.3 地球各圈层结构

整个地球不是一个均质体,而是具有明显的圈层结构的、赤道部分略微突出的球。地球每个圈层的成分、密度、温度等各不相同。

地球圈层分为地球外圈和地球内圈两大部分。

地球外圈可进一步划分为四个基本圈层,即大气圈、水圈、生物圈和岩石圈;地球内圈可进一步划分为三个基本圈层,即地幔圈、液体外核圈和固体内核圈。此外,在地球外圈和地球内圈之间还存在一个软流圈,它是地球外圈与地球内圈之间的一个过渡圈层,位于地面以下平均深度约 150km 处。这样,整个地球总共包括八个圈层,其中岩石圈、软流圈和地球内圈一起构成了所谓的固体地球(图 5.2)。

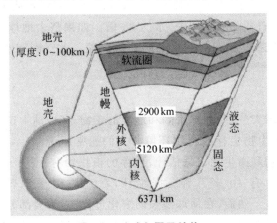

图 5.2 地球各圈层结构

对于地球外圈中的大气圈、水圈和生物圈,以及岩石圈的表面,一般用直接观测和测量的方法进行研究。

而地球内圈,目前主要用地球物理的方法,例如地震学、重力学和高精度现代空间测地技术观测的反演等进行研究。地球各圈层在分布上有一个显著的特点,即固体地球内部与表面之上的高空基本上是上下平行分布的,而在地球表面附近,各圈层则是相互渗透甚至相互重叠的,这一点生物圈表现最为显著,其次是水圈。

1. 大气圈

大气圈是地球外圈中最外部的气体圈层,它包围着海洋和陆地。大气圈没有确切的上界,在 2000~16000km 高空仍有稀薄的气体和基本粒子。在地下,土壤和某些岩石中也会有少量空气,它们也可认为是大气圈的一个组成部分。地球大气的主要成分为氮、氧、氩、二氧化碳和不到 0.04% 的微量气体。地球大气圈气体的总质量约为 $5.136×10^{21}$ g,相当于地球总质量的百万分之 0.86。由于地心引力作用,几乎全部的气体集中在离地面 100km 的高度范围内,其中 75% 的大气又集中在地面至 10km 高度的对流层(风、雨、雷、电在此发生)范围内。根据大气分布特征,在对流层之上还可分为平流层、中间层、热成层等。

2. 水圈

水圈包括海洋、江河、湖泊、沼泽、冰川和地下水等,它是一个连续但不很规则的圈层。从离地球数万千米的高空看地球,可以看到地球大气圈中水汽形成的白云和覆盖地球大部分的蓝色海洋,它使地球成为一颗"蓝色的行星"。地球水圈总质量为 $1.66×10^{24}$ g,约为地球总质量的 1/3600,其中海洋水质量约为陆地(包括河流、湖泊和表层岩石孔隙和土壤中)水的 35 倍。如果整个地球没有固体部分的起伏,那么全球将被深达 2600m 的水层所均匀覆盖。大气圈和水圈相结合,组成地表的流体系统。

3. 生物圈

由于存在地球大气圈、地球水圈和地表的矿物,在地球上这个合适的温度条件下,形成了适合于生物生存的自然环境。人们通常所说的生物,是指有生命的物体,包括植物、动物和微生物。据估计,现存的植物约有 40 万种,动物约有 110 多万种,微生物至少有 10 多万种。据统计,在地质历史上曾生存过的生物有 5 亿~10 亿种之多。然而,在地球漫长的演化过程中,绝大部分都已经灭绝了。现存的生物生活在岩石圈的上层部分、大气圈的下层部分和水圈的全部,构成了地球上一个独特的圈层,称为生物圈。生物圈是太阳系所有行星中仅在地球上存在的一个独特圈层。

4. 岩石圈

对于地球岩石圈,除表面形态外,是无法直接观测到的。它主要由地球的地壳和地幔圈中上地幔的顶部组成,岩石圈厚度不均匀,平均厚度约为 100km。由于岩石圈及其表面形态与地球物理学、地球动力学有着密切的关系,因此,岩石圈是地球科学中研究得最多、最详细、最彻底的地球固体部分。岩石大体上可分为三类。第一类是由地下的熔融状态的炽热黏稠的岩浆沿着火山或地壳上的其他"裂缝"涌到地球表层冷却后形成的,称之为**火成岩**。第二类是由水下或陆地沉淀下来的东西形成的,地质学上称之为**沉积岩**。第三类是由火成岩或沉积岩经过长时间较高的温度和压力的作用,发生变化而产生的"**变质岩**",它们一般都是比较"老"的石头。

5. 软流圈

在距地球表面以下约 100km 的上地幔中,有一个明显的地震波的低速层,这是由古登堡(Gutenberg)在 1926 年最早提出的,称之为软流圈。在洋底下面,它位于约 60km 深度以下;在大陆地区,它位于约 120km 深度以下,平均深度约位于60~250km 处。软流圈将地球外圈与地球内圈区别开来。

6. 地幔圈

在软流圈之下,直至地球内部约 2900km 深度的界面处,属于地幔圈。整个地幔圈由上地幔(33~410km 深度的 B 层,410~1000km 深度的 C 层,也称过渡带层)、下地幔的 D′层(1000~2700km 深度)和下地幔的 D″层(2700~2900km 深度)组成。地球物理的研究表明,D″层存在强烈的横向不均匀性,其不均匀的程度甚至可以和岩石层相比拟,它不仅是地核热量传送到地幔的热边界层,而且极可能是与地幔有不同化学成分的化学分层。

7. 外核液体圈

地幔圈之下就是所谓的外核液体圈,它位于地面以下 2900~5120km 深度。整个外核液体圈基本上可能是由动力学黏度很小的液体构成的,其中 2900~4980km 深度称为 E 层,完全由液体构成。4980~5120km 深度层称为 F 层,它是外核液体圈与固体内核圈之间一个很薄的过渡层。

8. 固体内核圈

地球 8 个圈层中最靠近地心的就是固体内核圈了,它位于 5120~6371km 地心处,又称为 G 层。根据对地震波速的探测与研究,证明 G 层为固体结构。地球内层不是均质的,平均地球密度为 $5.515g/cm^3$,而地球岩石圈的密度仅为 2.6~$3.0g/cm^3$。由此可见,地球内部的密度必定要大得多,并随深度的增加,密度也出现明显的变化。地球内部的温度随深度而上升。据估计,在 100km 深度处温度为1300℃,300km 处为 2000℃,在地幔圈与外核液体圈边界处,约为 4000℃,地心处温度为 5500~6000℃。

5.1.4 月球的结构及月面特征

月面上山岭起伏,峰峦密布。没有火山活动,也没有生命,是一个平静的世界。

早年的观测者凭借想象,借用地球上的名称,命名了许多洋、海、湾、湖。月海是肉眼所看到的月面上的暗淡黑斑,它们是广阔的平原。在月球正对地球的面,月海面积约占整个半球表面积的一半。已经命名的月海有 22 个,总面积 500 万平方千米。从地球上看到的月球表面,较大的月海有 10 个:位于东部的是风暴洋、雨海、云海、湿海和汽海,位于西部的是危海、澄海、静海、丰富海和酒海。这些月海都为月球内部喷发出来的大量熔岩所充填,某些月海盆地中的环形山,也被喷发的熔岩所覆盖,形成了规模宏大的暗色熔岩平原。因此,月海盆地的形成以及继之而来的熔岩喷发,构成了月球演化史上最主要的事件之一。

月球上的陨击坑通常又称为环形山,它是月面上最明显的特征(图 5.3(a))。环形山(crater),希腊文的意思是"碗",所以又称为碗状凹坑结构。环形山的形成可能有两个原因,一是陨星撞击的结果,二是火山活动。1924 年,吉福德曾把月坑同地球上的陨石坑作了比较,证实了月坑是陨星撞击形成的。因此,陨击作用是形成现今月球表面形态的主要作用之一。

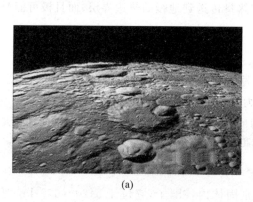
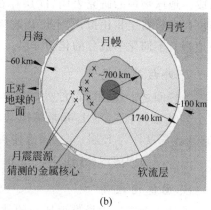

(a)   (b)

图 5.3

(a) 月球表面特征;(b) 月球内部可能的圈层结构

许多大型环形山都具有向四周延伸的辐射状条纹,并由较高反射率的物质所组成,形成波状起伏的地形,向外延伸可达数百千米。环形山周围有溅射出来的物质形成的覆盖层;溅射的大块岩石又撞击月球表面,形成次生陨击坑。由于反复的陨星撞击与岩块溅落,以及月球内部喷出的熔岩大规模泛滥,使得许多陨击坑模糊不清,或只有陨击坑中央的尖峰露出覆盖熔岩的表面。从叠加在月海上的陨击坑的状况以及从月球上带回样品的放射性年龄测定判断,月海物质大致是与陨击坑同时期形成的。

月海年龄大都在 35 亿年左右,而月陆高地至少在月海熔岩喷发之前 10 亿多年已经存在,因此原始月壳是更为早期形成的,并且是大量熔岩的不断喷发,月球物质长期圈层分化的结果。研究表明,月球的圈层结构是继大约 46 亿年前它所经历的一个漫长的天文演化阶段之后,又一个持续了约 10 亿年之久的一个圈层分化过程。

月球表面陨击坑的直径大的有近百千米,小的不过 10cm,直径大于 1 千米的环形山总数多达 33000 个,占月球表面积的 7%～10%,最大的月球坑直径为 235km。月球背向地球的一面,布满了密集的陨击坑,月海所占面积较少,月壳的厚度也比正面厚,最厚处达 150km,正面的月壳厚度为 60km 左右。

月球上大型环形山多以古代和近代天文学者的名字命名,如哥白尼、开普勒、埃拉托塞尼(Eratesthenes)、托勒密、第谷等。(去找到一张月面图,对月面特征的命名进行分类。)

由于月球表面之上缺乏大气圈和水圈,所以月球早期的熔岩喷发和陨星撞击形成的月球表面形态特征能够得到长期的保存。自 1969 年以来,宇航员已从月球表面取回数百千克的月岩样品,经过对这些月岩样品的研究分析得出结论,这些月岩曾熔化过,月球表层物质主要由岩浆岩组成。月球的年龄至少已有 46 亿年。

月球是地球唯一的天然卫星,它与地球有着密切的演化联系。根据对建立在月球上的阿波罗 11 号和阿波罗 12 号月震台记录资料的分析,以及对月球表面和月岩的研究,可知现今的月球内部也有圈层结构(图 5.3(b)),但与地球内部的圈层结构并不完全相同。

月球表面有一层几米至数十米厚的月球土壤。整个月球可以认为由月球岩石圈(0～1000km)、软流圈(1000～1600km)和月球核(1600～1740km)组成。月球岩石圈又可进一步分为四层,即月壳(0～60km)、上月幔(60～300km)、中月幔(300～800km)和月震带(800～1000km)。

软流圈又称为下月幔。在月壳的 10km、25km 和 60km 深处,均存在月震波速的急剧变化,表明在这些深度处存在显著的不连续性。月球表面至 25km 深处为玄武岩组成的月壳第一层次,25～60km 为月壳的第二层,由辉长岩和钙长岩组成。上月幔由富镁的橄榄石组成,中月幔和下月幔由基性岩组成。月球震源的位置在 600～1000km 的深处,平均月球震源深度为 800km。

由于月球表面岩石的密度并不比整个月球的平均密度小很多,因此,可以认为月球核不会是较重的铁镍等元素组成,它可能呈塑性或部分熔融状。在月球 1000km 深处,月幔温度不会高于 1000℃。根据对月球内部状况的了解,固体部分圈层结构并不是地球本身所特有的。月球的上述圈层结构,也是月球在演化过程中整个月球物质圈层分化的结果。

5.2 地月系运动 自转 公转

5.2.1 地球自转

地球存在绕自转轴自西向东的自转,平均角速度为每小时转动15°。

在地球赤道上,自转的线速度是465m/s。

天空中各种天体东升西落的现象都是地球自转的反映。

人们最早利用地球自转作为计量时间的基准。自20世纪以来由于天文观测技术的发展,人们发现地球自转是不均匀的。1967年国际上开始建立比地球自转更为精确和稳定的原子时。由于原子时的建立和采用,地球自转中的各种变化相继被发现。天文学家已经知道地球自转速度存在**长期减慢、不规则变化**和**周期性变化**。

通过对月球、太阳和行星的观测资料和对古代月食、日食资料的分析,以及通过对古珊瑚化石的研究,可以得到各地质时期地球自转的情况。在6亿多年前,地球上一年大约有424天,表明那时地球自转速率比现在快得多。在4亿年前,1年约有400天,2.8亿年前为390天。(尝试推算一下:地球上有人类产生的时期,地球上一年的天数;再给出一个你喜欢的时间间隔,比如每一千年或是每一百年,地球上一年天数减少的情况;再推算一下,若干年之后,地球上一年的天数都是多少?)

研究表明,每经过一百年,地球自转长期减慢近2ms(1ms=0.001s),它主要是由潮汐摩擦引起的。除潮汐摩擦原因外,地球半径的可能变化、地球内部地核和地幔的耦合、地球表面物质分布的改变等也会引起地球自转长期变化。

地球自转速度除上述长期减慢外,还存在着时快时慢的不规则变化,这种不规则变化同样可以在天文观测资料的分析中得到证实,其中从周期为近十年乃至数十年不等的所谓"十年尺度"的变化和周期为2～7年的所谓"年际变化",得到了较多的研究。十年尺度变化的幅度可以达到约±3ms,引起这种变化的最有可能的原因是**核幔间的耦合作用**。年际变化的幅度为0.2～0.3ms,相当于十年尺度变化幅度的1/10。这种年际变化与厄尔尼诺事件期间的赤道东太平洋海水温度的异常变化具有相当的一致性,这可能与**全球性大气环流**有关。此外,地球自转的不规则变化还包括几天到数月周期的变化,这种变化的幅度约为±1ms。

地球自转的周期性变化主要包括周年周期的变化,月周期、半月周期变化以及近周日和半周日周期的变化。周年周期变化,也称为季节性变化,是20世纪30年代发现的,它表现为春天地球自转变慢,秋天地球自转加快,其中还带有半年周期的变化。周年变化的振幅为20～25ms,主要由风的季节性变化引起。半年变化的振幅为 8~9ms,主要由太阳潮汐作用引起。此外,月周期和半月周期变化的振幅约为 ±1ms,是由月亮潮汐力引起的。地球自转周日和半周日变化振幅只有约 0.1ms,主要是由月亮的周日、半周日潮汐作用引起的。

5.2.2 地球公转

1543 年著名波兰天文学家哥白尼在《天体运行论》一书中首先完整地提出了地球自转和公转的概念。地球公转的轨道是椭圆的,公转轨道半长径为 149597870km,轨道的偏心率为 0.0167,公转的平均轨道速度为 29.79km/s;公转的轨道面(黄道面)与地球赤道面的交角为 23°27′,称为黄赤交角。地球自转产生了地球上的昼夜变化,地球公转及黄赤交角的存在造成了四季的交替。

(a) (b)

图　5.4

(a) 位于乌干达的赤道纪念碑;(b)位于厄瓜多尔的赤道纪念碑

从地球上看,太阳沿黄道逆时针运动,黄道和赤道在天球上存在相距 180° 的两个交点,其中太阳沿黄道从天赤道以南向北通过天赤道的那一点,称为春分点,与春分点相隔 180° 的另一点,称为秋分点,太阳分别在每年的春分(3 月 21 日前后)和秋分(9 月 23 日前后)通过春分点和秋分点。

对居住在北半球的人来说,当太阳分别经过春分点和秋分点时,就意味着已是春季或是秋季时节。太阳通过春分点到达最北的那一点称为夏至点(白天最长),与之相差 180° 的另一点称为冬至点(夜晚最长),太阳分别于每年的 6 月 22 日前后和12月22日前后通过夏至点和冬至点。（类似于乌干达和厄瓜多尔的赤道纪念碑（图5.4），在我国的广东、广西有"北回归线纪念碑"，找出它们的位置。）

同样，对居住在北半球的人，当太阳在夏至点和冬至点附近，从天文学意义上，已进入夏季和冬季时节。上述情况，对于居住在南半球的人，则正好相反。

5.2.3 地月系的运动

地球与月球构成了一个天体系统，称为地月系。在地月系中，地球是中心天体，因此一般把地月系的运动描述为月球对于地球的绕转运动。然而，地月系的实际运动，是地球与月球对于它们的公共质心的绕转运动。地球与月球绕它们的公共质心旋转一周的时间为27天7小时43分11.6秒，也就是27.32166天，公共质心的位置在离地心约4671千米的地球体内。

宇宙间天体之间都存在相互作用，其中所谓"潮汐作用"是重要的作用形式之一。由于地月间距离相对较近，这种潮汐作用更为明显。太阳系天体中，月球对地球的潮汐作用约为太阳对地球潮汐作用的2.2倍，并远远大于其他天体对地球的潮汐作用。

由于月球的潮汐摩擦作用使得地球自转变慢，每天时间变长，平均每一百年一天的长度增加近0.002秒。同时，由于地球自转变慢，角动量减小，使得月球缓慢向外作螺旋运动，目前月球正以每年3～4厘米的速度远离地球。同样道理，地球对月球的潮汐作用，使得月球自转周期变得与其公转周期相同。月球的自转和公转都是自西向东的。月球的这种自转，称为同步自转。因此，自古以来，人们看到月球总是以同一面朝向我们地球（图5.5）。

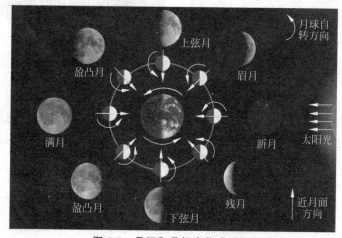

图 5.5 月相和月相变化成因图

地球的**自转**和**公转**对于我们**是最重要的两种运动**。除此之外,地球在天空中的运动还有许多种。可以说很多、也很复杂,让我们来谈谈地球另外九种运动。

第三种运动是因为有月亮的存在,它把地球拉出绕太阳运行的轨道。事实上这个理想的轨道是相对地球和月亮两个天体的重心而言的,地球绕着这个重心每月转一周。它离地心约有 4670 千米,所以在地面下 1700 千米的地方,并常和月亮在相同的一边。因此地球的第三种运动使它每月走一个轨道,不过因为这个轨道的直径只有 9320 千米,与它绕太阳公转的轨道相比实在是微小得多。这个位移就是形成**太阳的月角差**的原因。

地球并不像地面上滚动的球那样,常常使它自己的旋转轴维持在水平面上;地球又不像在地板上回旋的陀螺那样,经常维持自己的垂直的轴。地球的轴总是维持在一定的方向上,它的北端指向天空中接近北极星的一点,并且和地球绕日公转的轨道斜交。换句话说,地球的赤道和地球轨道平面(黄道)是斜交的。极点在众星中并不是绝对固定的,因为地球的轴好像一根指着天的拇指,经历若干世纪才缓缓地绕过一个圆圈。极点的转动极慢,大约需要 2.6 万年才能绕行一周。地球的这种长期运动,叫做二分点(春分点、秋分点)的进动,或叫做**岁差**。这便是地球的**第四种运动**。公元前 2 世纪,古希腊天文学家喜帕恰斯在编制一本包含 1022 颗恒星的星表时,首次发现了岁差现象。中国晋代天文学家虞喜,根据对冬至日恒星的中天观测,独立地发现了岁差。据《宋史·律历志》记载:"虞喜云:'尧时冬至日短星昴,今二千七百余年,乃东壁中,则知每岁渐差之所至'"。"岁差"这个名词即由此而来。这种运动,比起上面所说的三种运动,实在是缓慢得多了。这种运动是由于太阳和月亮两个天体对地球赤道突出部分的作用而产生的。

第五种运动和第四种类似,基本上是单单由于月亮对地球赤道突出部分的吸引而产生的,这叫做**章动**。英国天文学家布拉得雷在 1748 年分析了 20 年恒星位置的观测资料后,发现了章动现象。月球轨道面(白道面)位置的变化是引起章动的主要原因。章动周期的影响因素共有 263 项之多,其中章动的主周期项,即 18.6 年章动项是振幅最大的项,它主要是由于白道的运动引起白道的升交点沿黄道向西运动,约 18.6 年绕行一周所致。天文学中基本上把地球自转轴沿一个光滑圆锥面的运动归为**岁差**,把所有其他复杂的摆动归为**章动**。

第六种运动使黄道与赤道的交角缓慢变化。这个交角现在是 $23°27'$,比 1/4 直角稍大一些,但这个交角现在正在逐渐地变小,将来又会大起来。这种长期的摆动,叫做**黄赤交角**的变化。这主要是由于地球在运动中受到月球和大行星的摄动(对地球轨道面的吸引),造成的黄道面的变化而引起的。

第七种运动使地球围绕太阳所作的曲线产生变化,这条曲线不是正圆,而是稍扁的椭圆。这个椭圆会时多时少地接近于正圆。这种运动叫做**偏心率的变化**。

太阳在这个椭圆的一个焦点上。行星轨道上和太阳最接近的一点叫做**近日点**，现在地球大约在每年1月2日经过这一点。**第八种运动**便是使这一点移动。公元前4000年，地球在9月23日经过这一点；公元1250年，地球在12月21日经过这一点；今后，在公元6400年的3月21日、公元11500年的6月21日经过这一点；最后，在公元16000年（即自公元前4000年算起，经过了200个世纪），近日点才重新回复到公元前4000年的位置。这种运动叫做**近日点的长期变化**。

是不是地球太不老实了，可我们还没有说完！

第九种运动是由于行星变化的吸引力所引起的。地球的邻居金星和庞大有力的木星起着主要的作用，它们干扰了地球的公转轨道，造成各种各样的**摄动**。

因为太阳应该围绕太阳系的公共重心而运动，这样就移动了地球公转的中心，于是使地球发生了**第十种运动**。

第十一种运动比以上的十种更令人瞩目，它使得太阳越过星空，地球和别的行星也随着太阳同时越过星空。自有地球以来，**它从来没有两次在相同的位置上，它也绝对不会再回到我们现在所在的位置上来**。我们在星空中沿着无穷尽而且时常变化的螺旋圈运行。还必须指出，地球随着太阳在银河系里转动。也许银河系在所谓总星系里，也同样地在转动着。

最后，地球本身也在改变它自己的形态，这是它作为一个行星在不断地运动中所不可避免的结果。就以我们生活的短时间的尺度来说，这些变化，有日、月的吸引力所引起的潮汐，周期地不但吸起海面，也吸起了陆地（**固体潮**）；主要的气象现象，使大气里的空气团和水汽团移动；从地理纬度的变化而发现地极的移动（**极移**），虽然微小，但却存在，还有地球自转速度长期的、不规则的和季节的改变以及地震、火山等现象。以地质史的长期尺度来看，这些变化有的因地壳的变形造成了山岳，再因流水的冲刷削平了山岳，就是海洋和大陆的变迁，沧海桑田的改观。总之，在几亿年的时间内，地球的面貌已经是大不相同了。（看到地球这么"不老实"，你会发出什么感叹吗？做一张表格，罗列出地球的各种运动，给出它们的原因和产生的效果，你认为这些运动会对我们的日常生活产生什么影响吗？）

5.3 地球 月球 地月系的形成和演化

人类的起源，以至于地（月）球的起源与演化，一直是一个万古不变的谜团。主要的原因就是，人类对自身居住的星球的认识，尤其是对地球内部的认识还远不及人类对宇宙天体的认识。你可能会提出异议——不是吧？只要你想一下就可以明白，我们探测宇宙天体可以发射火箭、卫星、探测器，还可以作载人飞行。可是，我们研究地球内部有什么手段呢？我们会通过遥感卫星（也只限于对地壳的了解），会通过钻探,通过深源地震来了解地球内部。但是,它们都是间接的、是一种现象的反演。所以,直至 20 世纪中期,可以说我们对地球内部基本上是一无所知。

5.3.1　地球的形成和演化

1. 地球的起源

关于天地(地球)的来历,一直有一个动人的神话故事。在亿万年前的"太古时代",宇宙中漂浮着一团浑浊的气体球,球里面混沌,既没有光明,也没有声音,有的只是一片死寂。但,在这个气体球中间围困着一个名叫盘古的巨人,他在里面闷得实在透不过气来。一天他想,与其这样闷着,不如拼它一下。于是,盘古挥舞起一把大斧,向周围一阵猛砍猛劈。瞬时,气体球被劈成了上下两半,清气逐渐上浮,浊气逐渐下降。上升的清气每天升高一丈,最终变成了天;下沉的浊气每天加厚一丈,变成了大地。盘古自己也一天天高大起来,很久很久,天已经很高很高,地也已经很厚很厚,盘古则变成了顶天立地的巨人。这时他平静地死去了。盘古死后,他的眼睛变成了日月,给人们带来光明;他的血液变成了江、河、湖、海,为人们带来了甘泉;他的毛发变成了树木花草,给大地带来了生机。他的喜悦变成了晴日,他的哀愁变成了阴天,他的叱咤呼声变成了震天的惊雷,他的躯干化作了雄伟的山脉,这样一个日月同辉、气象万千、有声有色的天地诞生了!

很美的神话故事!但你肯定认为它太没有科学根据了……但它反映了人类想了解自然,想了解我们生活的空间的愿望!地球究竟是怎样产生的?让我们看看科学的解释吧。

地球起源问题是同太阳系的起源紧密相连的,因此探讨地球的起源问题,首先了解目前太阳系的三个主要特征是必要的。概括起来,这三个特征如图 5.6 所示。

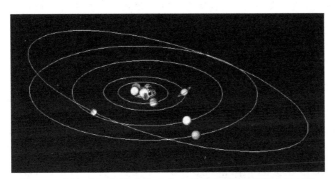

图 5.6　太阳系天体运动的三个主要特征(最外面为冥王星)

(1) 太阳系中的八大行星,都按逆时针方向绕太阳公转。太阳本身也以同一方向自转,这个特征称为太阳系天体运动的**同向性**。

(2)上述行星绕太阳公转的轨道面,非常接近于同一平面,并且这个平面与太阳自转赤道面的夹角也不到 6°,这个特征称为行星轨道运动的**共面性**。

(3)除水星和冥王星(冥王星已经不属于大行星)外,其他所有行星的绕日公转轨道都很接近于圆轨道。这个特征称为行星轨道运动的**近圆性**。

任何有关地球起源的学说都首先要能解释这有关太阳系天体运动的三个主要特征。

最早形成关于天地万物起源的学说是"创世说"。其中流传最广的要算《圣经》中的创世说。在人类历史上,创世说曾在相当长的一段时期内占据了统治地位。

自 1543 年波兰天文学家哥白尼提出了日心说以后,天体演化的讨论突破了宗教神学的桎梏,开始了对地球和太阳系起源问题的真正的科学探讨。1644 年,笛卡儿在他的《哲学原理》一书中提出了第一个太阳系起源的学说,他认为太阳、行星和卫星是在宇宙物质涡流式的运动中形成的大小不同的漩涡里形成的。

一个世纪之后,布封于 1745 年在《一般和特殊的自然史》中提出第二个学说,认为:一个巨量的物体,假定是彗星,曾与太阳碰撞,使太阳的物质分裂为碎块而飞散到太空中,形成了地球和行星。事实上由于彗星的质量一般都很小,不可能从太阳上撞出足以形成地球和行星的大量物质。在布封之后的 200 年间,人们又提出了许多学说,这些学说基本倾向于笛卡儿的"一元论",即太阳和行星由同一原始气体云凝缩而成;也有"二元论"观点,即认为行星物质是从太阳中分离出来的。

1755 年,著名德国古典哲学创始人康德(I. Kant)提出"星云假说"。1796 年,法国著名数学和天文学家拉普拉斯(P. S. Laplace)在他的《宇宙体系论》一书中,独立地提出了另一种太阳系起源的星云假说。由于拉普拉斯和康德的学说在基本论点上是一致的,所以后人称两者的学说为"康德-拉普拉斯学说"。整个 19 世纪,这种学说在天文学中一直占据着统治地位。

到 20 世纪初,由于康德-拉普拉斯学说不能对太阳系的越来越多的观测事实作出令人满意的解释,致使"二元论"学说再度流行起来。

1900 年,美国地质学家张伯伦提出了一种太阳系起源的学说,称为"星子学说";同年,摩耳顿发展了这个学说,他认为曾经有一颗恒星运动到离太阳很近的距离,使太阳的正面和背面产生了巨大的潮汐,从而抛出大量物质,逐渐凝聚成了许多固体团块或质点,称为星子,进一步聚合成为行星和卫星。

由于宇宙中恒星之间相距甚远,相互碰撞的可能性极小,因此,摩耳顿的学说不能使人信服。由于所有灾变说的共同特点,就是把太阳系的起源问题归因于某种极其偶然的事件,因此缺少充分的科学依据。中国天文学家戴文赛先生于 1979 年提出了一种新的太阳系起源学说,他认为整个太阳系是由同一原始星云形成的。

这个星云的主要成分是气体及少量固体尘埃。原始星云一开始就有自转,并同时因自身引力而收缩,形成星云盘,中间部分演化为太阳,边缘部分形成星云并进一步吸积演化为行星。

总的来说,关于太阳系起源的学说已有 40 多种。20 世纪初期迅速流行起来的灾变说,是对康德-拉普拉斯学说的挑战;20 世纪中期兴起的新的星云说,是在康德-拉普拉斯学说基础上建立起来的更加完善的解释太阳系起源的学说。人们对地球和太阳系起源的认识也是在这种曲折的发展过程中得以深化的。

至此,我们可以对形成原始地球的物质和方式得出以下可能的结论。形成原始地球的物质主要是上述星云盘的原始物质,其组成主要是氢和氦,它们约占地球总质量的 98%。此外,还有固体尘埃和太阳早期收缩演化阶段抛出的物质。在地球的形成过程中,由于物质的分化作用,不断有轻物质随氢和氦等挥发性物质分离出来,并被太阳光压和太阳抛出的物质带到太阳系的外部,因此,只有重物质凝聚起来逐渐形成了原始的地球,并演化为今天的地球。

水星、金星和火星,由于距离太阳都比较近,可能与地球的形成方式类似,它们保留了较多的重物质;而木星、土星等外行星,由于离太阳较远,至今还保留着较多的轻物质。关于形成原始地球的方式,尽管还存在很大的推测性,但大部分研究者的看法与戴文赛先生的结论一致,即在上述星云盘形成之后,由于引力的作用和引力的不稳定性,星云盘内的物质,包括尘埃层,因碰撞吸积,形成许多原小行星或称为星子,又经过逐渐演化,聚成行星,地球也就在其中诞生了。根据估计,地球的形成所需时间为 1 千万年至 1 亿年,离太阳较近的行星(类地行星),形成时间较短,离太阳越远的行星,形成时间越长,甚至可达数亿年。

2. 地球的演化

地球的基本球层结构形成之后,我们能够注意到的变化最多的就是地壳运动,也称之为大陆漂移现象。

地表的基本轮廓可以明显地分为两大部分,即大陆和大洋盆地。大陆是地球表面上的高地,大洋盆地是相对低洼的区域,它为巨量的海水所充填。大陆和大洋盆地共同构成了地球岩石圈的基本组成部分。因此,岩石圈的演化问题,也就是大陆和大洋盆地的构造演化问题。

地球科学家都已确认大陆漂移现象,并一致认为地球上海洋与陆地的结构分布和变化与大陆漂移运动直接相关。比较坚硬的地球岩石圈板块作为一个单元在其之下的地球软流圈上运动;由于岩石圈板块的相对运动,导致了大陆漂移,并形成了今天地球上的海洋和陆地的分布。地球岩石圈可分为大洋岩石圈和大陆岩石圈,总体上,前者的厚度是后者的一半,其中大洋岩石圈厚度很不均匀,最厚处可达

80 千米。

大部分大型的地球板块由大陆岩石圈和大洋岩石圈组成,但面积巨大的太平洋板块由单一的大洋岩石圈构成。地球上陆地面积约占整个地球面积的 30%,其中约 70% 的陆地分布在北半球,并且位于近赤道和北半球中纬度地区,这很可能与地球自转引起的大陆岩块的离极运动有关。

在全球范围内,分布在大陆附近的大陆壳岛屿几乎全部位于大陆的东海岸一侧,个别大陆的东部边缘,则被一连串的大陆壳岛屿构成的花彩状岛群所环绕,形成了显著的向东凸出的岛弧。这种全球大陆壳岛屿的分布特征,可以用岩石圈板块的普遍向西运动和边缘海底的扩张理论来加以解释。

长期以来,人们就注意到地表上的某些大陆构造能够拼合在一起,这就好像是一个拼板玩具,特别是非洲的西海岸与南美洲的东海岸之间的吻合性最为明显。这种现象可以用大陆岩石圈的直接破裂和大陆岩块体的长期漂移来解释。

1966 年,梅纳德(Maynard)等汇集了当时所有的有关海洋深度的探测资料,再度进行了世界海洋深度的统计,得到全球陆地在海平面以上的平均高程为 0.875 千米,大洋的平均深度为 3.729 千米。大陆和大洋之间存在为海水所淹没的数十千米宽的边缘地带,这个地带包括大陆架和大陆坡,两者共占地球表面积的 10.9%。大陆地壳和大洋地壳的差异非常明显,大陆地壳的化学成分主要是花岗岩质,而大洋盆地下的岩石主要由玄武岩或辉长岩构成。因此,整个地壳又可以分为大陆硅铝壳和大洋硅镁壳两大类型。

地质和地球物理学家杜托特(A. L. Du Toit)于 1937 年在他的《我们漂移的大陆》一书中提出了地球上曾存在两个原始大陆的模式,分别被称为劳亚古陆(Lanrasia)和冈瓦纳古陆(Gondwanaland);杜托特认为,两个原始大陆原来是在靠近地球两极处形成的,其中劳亚古陆在北,冈瓦纳古陆在南,在它们形成以后,便逐渐发生破裂,并漂移到今天大陆块体的位置(图 5.7)。

劳亚古陆有着很复杂的形成和演化历史,它主要由几个古老的陆块合并而成,其中包括古北美陆块、古欧洲陆块、古西伯利亚陆块和古中国陆块。在晚古生代(距今约 3 亿年前)这些古陆块逐步靠拢并碰撞,大致在石炭纪早中期至二叠纪(即 2 亿~2.7 亿年前)才逐步闭合。古地质、古气候和古生物资料表明,劳亚古陆在石炭纪至二叠纪时期位于中、低纬度带。在中生代以后(即最近的 1 亿~2 亿年间)劳亚大陆又逐步破裂解体,从而导致北大西洋扩张形成。研究表明,全球新的造山地带的形成和分布,都是劳亚古陆和冈瓦纳古陆破裂和漂移的构造结果。在此过程中,大陆岩块的不均匀向西运动和离极运动的规律十分明显。总的看来,劳亚古陆曾位于北半球的中、高纬度带,冈瓦纳古陆则曾一度位于南半球的南极附近;这两个大陆之间由被称为古地中海(也称为特提斯地槽)的区

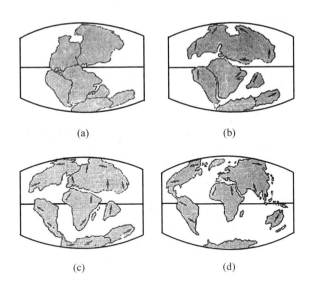

图 5.7　大陆漂移现象

(a) 2 亿年前；(b) 1.35 亿年前；(c) 6500 万年前；(d) 现在

域分隔开。

　　在杜托特（1937 年）提出劳亚古陆与冈瓦纳古陆理论之前,魏格纳（A. L. Wegener）早在 1912 年曾提出了地球上曾只有一个原始大陆存在的理论,称为联合古陆。魏格纳认为,它是在石炭纪时期（距今约 2.2 亿～2.7 亿年前）形成的。人们更赞成杜托特的两个古大陆分布的理论。最近 2 亿年以来的大陆漂移和板块运动,已得到了确切证明和广泛的承认。然而有人推测,板块运动很可能早在 30 亿年前就已经开始了,而且不同地质时期的板块运动速度是不同的,大陆之间曾屡次碰撞和拼合,以及反复破裂和分离。大陆岩块的多次碰撞形成了褶皱山脉,并连接在一起形成新的大陆,而由大洋底扩张形成新的大洋盆地。因此,要准确复原出大陆在 2 亿多年前所谓的"漂移前的漂移"是十分困难的。地球的年龄已有 46 亿年,目前已经知道地球上最古老的岩石年龄为 37 亿年,并且分布的面积相当小。这样,从 46 亿年到 37 亿年间,约有 9 亿年的间隔完全缺失地质资料。此外,地球上 25 亿年前的地质记录也非常有限,这给研究地球早期的历史状况带来不少困难。（海地扩张、大陆漂移、板块理论,近期的研究表明地球表面就是按照这样的顺序演化的。由此,科学家研究推测,太平洋是最早形成的大洋,也就是"最老"的大洋,而大西洋是最新形成的大洋,并且,下一个大洋会在红海产生。去收集资料,把上述的地球演变过程组合完整。）

5.3.2　月球形成学说

月球的天文演化同地月系统的天文演化有重要关系。

在地月系统的形成中,很重要的一个问题是月球的形成问题。目前人们普遍认为,太阳系中行星-卫星系统的形成机制,基本上与太阳-行星系统的形成机制相同;或者,至少在主要方面大体上相一致。已有关于月球起源的学说,可以分为三大类:地球分裂说(所谓母女说)、地球俘获说(所谓情人说)、共同形成说(所谓姐妹说)。

1. 地球分裂说

在太阳系形成的初期,地球和月球原是一个整体,那时地球还处于熔融状态,自转快。由于太阳对地球强大潮汐力的作用,在地球赤道面附近形成一串细长的膨胀体,终于分裂而形成月球。在19世纪末,乔治·达尔文(Geoge Dorwin)在研究了地月系统的潮汐演化后认为,月球是从地球分离出去而形成的,并提出太平洋盆地就是月球脱离地球时所造成的一个巨大遗迹。在此期间,支持分裂说的人已经知道太平洋地区地壳缺失硅铝层,由于形成月球的物质分离出去,使得该地区地壳的硅镁层暴露出来。所以他们推测月球从地球上分离出去的具体位置是在太平洋地区。

2. 地球俘获说

月球可能是在地球轨道附近运行的一颗绕太阳运行的小行星,后来被地球所俘获而成为地球的卫星。支持地球俘获说的人认为,由于月球的平均密度只有$3.34g/cm^3$,与陨星、小行星的平均密度十分接近。因此,很有可能月球原是一颗小行星,在围绕太阳运行中,由于接近地球,地球的引力使它脱离原来的轨道而被地球所俘获。持此学说的人认为,月球的运动轨道显著地偏离地球赤道面,而比较接近各行星绕太阳运行的公转平面,因此,月球是被地球俘获的可能性较大。有人认为这个俘获事件发生在35亿年前,整个俘获过程经历5亿年。月球在被地球俘获后,由于受到地球的潮汐力作用,喷发出大量岩浆,形成了月海玄武岩。

3. 共同形成说

持这一学说的研究者认为地球和月球是由同一块原始行星尘埃云所形成。它们的平均密度和化学成分不同,是由于原始星云中的金属粒子在形成行星之前早已凝聚。在形成地球时,一开始以铁为主要成分,并以铁作为核心。而月球则是在地球形成后,由残余在地球周围的非金属物质凝聚而成。

从地月系统来看,地球是中心天体,月球是地球的卫星。因此,地球的演化历史绝不会短于月球的演化史;此外,月球表面没有大量的硅铝质岩石,否定了地壳物质分出一部分形成月球,而同时在地球上形成大洋盆地的学说。

根据对阿波罗 11 号带回的月球岩石样品的元素分析,以及对岩石样品中的铀-钍-钴系同位素的分析,结果比较有利于地球和月球作为一个行星-卫星系统的共同形成说。月球玄武岩中化学元素的丰度同地球玄武岩中元素的丰度的对比研究表明,月球玄武岩的元素丰度更接近于地球的丰度,而不是接近于宇宙的丰度。同时,月球样品中氧的同位素组成与地球上氧同位素的组成没有什么区别。由此得出结论,月球与地球是在太阳系的同一区域内形成的,这就排除了月球是在距地球相当远的地方形成的可能性,这对"地球俘获说"是个否定。

4. 月球起源"正解"

月球来自哪里?随着行星演化理论的飞跃发展以及现代计算机技术的广泛应用,又出现了一种月球起源的新学说,叫做新俘获说(或称之为"碰撞说")。

近几年来,科学家们以现代行星演化理论为基础,用计算机计算了在太阳系形成初期,作用于太阳、地球、月亮三者之间的力以后,得出了一种新的月球起源学说。科学家们认为,月球是在地球形成的初期,在地球的引力范围内被地球所俘获的;而这种现象在当时又是极为普遍的现象。这种新学说,即所谓新俘获说。

新俘获说与过去的旧俘获说不同。旧说仅从地球引力来考虑月球起源,而新说是从整个太阳系行星形成过程来研究月球起源的。新说认为太阳系八大行星及若干卫星,包括月球在内,都起源于原始太阳系星云。原始太阳系星云是 46 亿年前在原始太阳周围形成的一片薄圆盘状星云。星云中含有固体微粒子。大量微粒子逐渐集聚在星云赤道平面上,形成一片很薄的固体粒子层,随着微粒子密度的加大,自身引力也越来越强,到一定程度其稳定性便遭到破坏,粉碎成半径为 5 千米左右的很多小天体,即小行星(也称星子)。整个太阳系起初是由约一兆个小行星构成的。无数小行星在星云气体中围绕太阳旋转,互相碰撞,逐渐凝聚成长,形成大小不同的行星。我们的地球就是这样,大约经过一千万年才长成现在这么大。

太阳的年龄是 50 亿年左右,在太阳诞生之后的 3 亿~4 亿年,地球开始形成了,也就是距今 46 亿~47 亿年的时候。最初形成的地球的胚胎,应该是具有比较严格的沿深度逐渐分层的,温度和压力也是梯度分布的。这些现象从太阳系现有的类地行星金星和火星上也能推测出。但是,像地球现在这样具有固态的内核心和包围内核心的液态圈层,而且两者的自转速度不一样,应该是"非自然"形成的结果。也就是说,就像某些研究者所认为的,一个叫做 Theia 的星(子)在与地球相撞后,被一分为二,其核心的大部分密度高的物质是直达原来地球的内核心的。而由于碰撞速度极快,压力极大,产生的温度也很高,所以才形成了原有的地球核心变为液态围绕 Theia 星形成的内核心分布的状态。巨大的地球磁场的产生就是来源于地球内外核心的相互耦合作用。

碰撞的第二个重大的影响,就是关于月球的产生。新俘获说认为,这一次的"俘获"并不是那么"脉脉含情""温文尔雅",而是真正的"惊天动地""改头换面"。也就是说,俘获是以激烈碰撞的形式发生的,碰撞之后,Theia 星(子)一分为二,或者是一分为很多! 但其中密度大的核心部分形成了地球核心的一部分,而撞碎的,或者说密度小、质量轻的部分,形成了一个围绕地球转动的物质圈,最终这些物质相互吸积、碰撞组合成了现在的月球,这也就能够解释,为什么地球的平均密度(5.5)要高于月球的平均密度(3.8)的现象。

天文小知识

1. 如何辨识方向

不管你是野外游玩的需要,还是拓展自己的知识、能力的需求,随时能辨识方向,是很有必要的。当然,我们这里说的是在野外,如果是在那种高楼林立的城市街区,找不到路时,我们可以靠路标、靠警察,或者用导航等。

做"驴友"去闯天下,那是要做专业准备的,不属于我们讨论的范畴。我们的目的只是从告诉你如何辨识方向开始,引导你去认星星,去识别星空,去认识宇宙、大自然。

一般在野外都是利用指南针和地图来分辨方向的。不过,如果身边没有指南针或是指南针出故障了;地图湿了、坏了,或者不会看。那就一点办法也没有了吗? 放心,大自然会救你,你的天文学知识会救你! 根据太阳、月亮、星星或是树木生长的情况,就可以辨识出我们所在的方位。

1) 观察周围的事物分辨南北

我们先来点简单的,气定神闲,先从身边开始。

(1) 由树枝生长的情形分辨。树木若吸收充分的阳光,枝叶自然生长茂密。由此可知,树叶茂密的部分即为南边。靠近太阳的一边(在北半球是南边更靠近太阳),光合作用明显,树叶茂密的同时也需要更粗的树干。

(2) 由树叶生长的方向辨别。花草树木皆有向阳的特性,叶面所朝的方向即为南边。

(3) 由树木的年轮辨别。如果周围有截断的大树干时,可借由年轮的情形加以分辨方向。相邻年轮距离较宽的一方,即为阳光充足能使树木生长良好的南方。

(4) 由石头或树根的青苔辨别。利用青苔喜欢生长于潮湿地方的特性,找出背阳处,进而分辨出向阳的南方。

2）观察远方事物分辨南北

利用附近的事物是能观察南北方向,但为了得到充分的证实,我们还是要得到远方物体的求证。

（1）以山上树木生长的茂密情形判断。向南的树木生长较向北的树木快。依此可分辨出南北。

（2）以民宅的坐向判断。山上的民宅（尤其是庙宇）多为坐北朝南的建筑,并且会在北方种植树木以防止寒冷的北风,依此原则也可判别出南北。

3）以手表和太阳的位置分辨北方

发现戴手表又成为一种"时尚"。带指针的手表可以用来判断方向,下面就跟着我们看图操作吧：

（1）将手表摆平,中央立一小树枝（图 5.8(a)）;

（2）旋转手表表盘,使小树枝的影子与短针重叠（图 5.8(b)）;

（3）小树枝阴影与手表 12 点位置之间的夹角的中央方位即为北方（图 5.8(c)）。

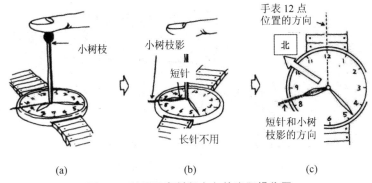

图 5.8　利用手表判断方向的实际操作图

4）以日月的移动分辨东西南北

我们再把视野和"标的物"放大一点、放远一点。这次我们用太阳和月亮。

（1）在平地上直立一长棒,在棒影的前端放置一小石头;

（2）10～60 分钟后,当棒影移至另一方时,再放置另一小石头于棒影的前端;

（3）在两个石头间画上一条线,此线的两端即为东西,与此线垂直的两端即为南北。

5）以月亮的形状和移动分辨东西南北

如同我们可以用观察太阳移动的位置分辨方向一样,借由月亮的形状和移动我们也可以找出东西南北。

(1) 上弦月黄昏时由南方天空升起,深夜则沉没于西方地平线;

(2) 满月黄昏时由东方地平线升起,清晨则沉没于西方地平线;

(3) 下弦月深夜时由东方地平线升起,清晨则位于南方天空上。

6) 找到北极星就可以找到北方

如果夜空中出现美丽的星斗,我们可由北方三星座找到北极星(图5.9)。

(1) 大熊星座的 A 处长度加上 5 倍同等距离的长度;

(2) 仙后星座的 B 处长度加上 5 倍同等距离的长度;

(3) 小熊星座的尾端即为北极星所在位置。

图 5.9 利用北斗七星"斗口"的两颗"指极星"和仙后座的"W"形状去找到北极星

还可以利用其他的星座来找寻北极星以及确定方向,这需要你熟悉更多的星座。我们会在后面的内容中陆续为大家介绍。比如,在我国的南方,秋冬季节北斗七星已经跑到地平线以下了,我们除了可以利用上图的仙后座"W"形状之外,还可以利用由飞马座和仙女座四星组成的"秋季大四方",它被称作天上的"天然定位仪",不仅能找到北极星,还能很方便的确定方位。

2. 日(月)食

1) 日(月)食形成的原理

日食是太阳圆面被月球遮掩的现象。根据交食的情况,可分为日全食、日偏食和日环食(图5.10)。日食必定发生在"朔日"(即农历初一)。地球和月亮都是不发光的球体,它们在太阳的照射下,在背向太阳的一面必然发生黑影。当月亮运行到太阳和月球之间时,如果太阳、月亮和地球正好位于或接近同一直线,这样便发生了日食。

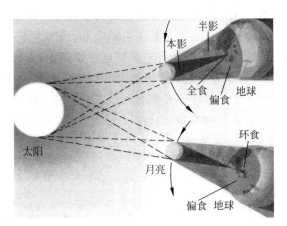

图 5.10   日月食形成原理

日食是一种十分壮观的天文现象,尤其是日全食,更是使人敬畏,终生难忘。阳光灿烂的白天,光焰无际的日轮突然被一团黑影逐渐蚕食、吞噬,当黑影把日轮完全挡住的时候,天空的亮度骤然下降一百万倍。原来的太阳位置,变成暗黑的月亮圆面,夺目的贝利珠耀眼而出。刹那间,夜幕降临,本来明亮的天空,变得繁星似锦,昏暗的大地上凉风习习,气温陡降,鸡犬惊叫着逃回自己的巢穴,有时空中的飞鸟也会因此失去自控而坠落到地上。

2) 日(月)食发生的规律

(1) 日食和月食的"季节"

日、月食的发生必须是新月和满月出现在黄白交点的一定界限之内,这个界限就叫做"食限"。计算表明,对日食而言,如果新月在黄道和白道的交点附近18°左右的范围内,就可能发生日食;如果新月在黄道和白道的交点附近16°左右的范围内,则一定有日食发生。

对月食而言,如果望月在黄道和白点的交点附近12°左右的范围内,就可能发生月食;如果望月在黄道和白道的交点附近10°左右的范围内,则一定有月食发生。

由于黄道和白道的交点有两个,这两个交点相距180°,所以一年之中有两段时间可能发生日食和月食,这两段时间都称为"食季",它们相隔半年。

太阳每天在黄道上向东移动约1°,由于日食的食限为18°左右的范围,太阳从黄道和白道交点以西的18°运行到黄道和白道交点以东的18°,大约需要36天,也就是说日食的每一个食季为36天。对于月食而言,它的食限为12°左右,因此月食的每一个食季就只有 24 天。

　　(2) 一年之中有几次日、月食

　　日食的一个食季是 36 天,这个天数比一个朔望月的平均长度(29.53 天)还要长。因此在一个日食的食季内必定会发生一次日食,也可能发生两次日食。一年之中有两个日食食季,所以在一年之内至少有两次日食发生,也可能有四次日食发生(如果每个食季中都包含两个朔日的话)。

　　月食的一个食季为 24 天,这个天数比一个朔望月的平均天数(29.53 天)还要短。因此在月食的一个食季内可能包含一个望月,也可能没有望月在内,也就是说,在这个食季内可能有一次月食发生,也可能一次也不会发生。一年之中一般情况下,月食的食季也是有两个;所以在一年之中,可能有两次月食发生,也可能一次也不会发生。

　　一般情况下,一年之中,日、月食的次数最多时可以达到六次,即四次日食和两次月食。但是实际上有的年份一年之中的日、月食次数可以多达七次,即五次日食和两次月食,或者是四次日食和三次月食。如 1935 年就曾发生过五次日食和两次月食,将来的 2160 年也会是这样;1917 年和 1982 年就曾发生过四次日食和三次月食。那么,为什么一年之内的日、月食会多达七次呢?

　　这是由于在太阳的引力作用下,黄道和白道的交点会不断地沿着黄道从东向西移动,每年移动约 20°,这个方向与太阳沿黄道运行的方向相反,因此太阳在黄道上连续两次通过同一交点所经历的时间间隔(这个间隔叫"食年")比一年(365.2422 天)要短,只有 346.62 天,约少 19 天。这样就会产生两种情况:一种情况是一年 365.2422 天之内,包含了两个完整的食季和一个不完整的食季。比方说第一个食季 1 月初开始,那么经过 346.62 天一个食年之后,第三个食季就会在同一年的 12 月中旬开始,在这种情况下就可能发生五次日食和两次月食;另一种情况是一年 365.2422 天之内,包含了两个不完整的食季(一个在年头,一个在年尾)和一个完整的食季,在这种情况下就可能发生四次日食和三次月食。

　　综上所述,我们可以把一年中日、月食所可能发生的次数归纳如下:

　　一年中日、月食最少有两次,而且这两次都是日食;

　　一年中可能一次月食都不会发生(如 1980 年);

　　一年中日、月食最多可以有七次:五次日食和两次月食(例如 1935 年),或者是四次日食和三次月食(例如 1917 年和 1982 年)。

　　一般来说,最常见的情况是一年中有四次日、月食:两次日食和两次月食。

　　以上这些情况只是就全球范围而言的。至于对地球的某个地点而言,一年内能看到日、月食的机会就要少得多。

　　另外,从上面的数字来看,一年中日食发生的次数比月食发生的次数多,但实际上人们却往往看到月食的次数比看到日食的次数多。这是由于月食发生时,背向太阳的那半个地球上的人都可以看到;而在日食发生时,月亮的影锥只扫过地球上一个狭窄的地带,只有在这部分地区的人才能看到日食,尤其是日全食发生时,全食带的范围更小,宽度只不过二三百千米,因此只有很少的一部分人才能看到。

平均起来,一个地方要两三百年才能看见一次日全食。因此有很多人一生也没有看到过日全食是不足为奇的。例如 1961 年 3 月 2 日夜里发生的月食在我国、整个亚洲以及欧洲地区都可以看到,而 1968 年 9 月 22 日发生的日全食,我国只有新疆的部分地区可以看到日全食,在北京只能看到日偏食,而在上海什么也看不到。

(3) 日食和月食的周期性

由于地球绕太阳和月亮绕地球的公转运动都有一定的规律,因此日食和月食的发生也具有其循环的周期性。

早在古代,巴比伦人根据对日食和月食的长期统计,发现了日食和月食的发生有一个 223 个朔望月的周期。这个 223 个朔望月的周期便被称为"沙罗周期","沙罗"就是重复的意思。

223 个朔望月等于 6585.3 天(223×29.530588),即 18 年零 11.3 天,如果在这段时间内有 5 个闰年,那就是 18 年零 10.3 天。在这段时间内,太阳、月亮和黄白交点的相对位置在经常改变着,而经过一个沙罗周期之后,太阳、月亮和黄白交点差不多又回到原来相对的位置,因此便会出现同上一次情况相类似的日、月食,但见食的地点会有所变化,这里就不再细述了。

在我国汉代也发现日、月食具有一个 135 个朔望月的周期。135 个朔望月等于 3986.6 天,约等于 11 年少 31 天,也就是说日、月食每过 11 年少 31 天重复发生一次。这个循环周期记载在汉代的"三统历"中,因此也称为"三统历周期"。

此外,人们还发现日、月食还有其他的循环周期。比如以 358 个朔望月为周期的纽康周期(合 29 年少 20 日),以 235 个朔望月为周期的米顿周期(合 19 年)等,但这些周期都是非常粗略的,只能粗略地推算出日、月食发生的日期,并不能确定日、月食发生的准确时刻、食分的大小和见食的地区。准确的日、月食发生的时间以及交食情况,需要经过专门的严格推算,这已经属于相当专门的历书天文学中"食论"的研究范围了。我国紫金山天文台就担负着日、月食预报的工作。

3) 日食的过程

一次日全食的过程可以包括以下五个时期:初亏、食既、食甚、生光、复圆。如图 5.11 所示。

(1) 初亏

由于月亮自西向东绕地球运转,所以日食总是在太阳圆面的西边缘开始的。

图 5.11　日食过程

当月亮的东边缘刚接触到太阳圆面的瞬间（即月面的东边缘与日面的西边缘相外切的时刻），称为初亏。初亏也就是日食过程开始的时刻。

（2）食既

从初亏开始，就是偏食阶段了。月亮继续往东运行，太阳圆面被月亮遮掩的部分逐渐增大，阳光的强度与热度显著下降。当月面的东边缘与日面的东边缘相内切时，称为食既。此时整个太阳圆面被遮住，因此，食既也就是日全食开始的时刻。

（3）食甚

食既以后，月轮继续东移，当月轮中心和日面中心相距最近时，就达到食甚。对日偏食来说，食甚是太阳被月亮遮去最多的时刻。

在太阳将要被月亮完全挡住时，在日面的东边缘会突然出现一弧像钻石似的光芒，好像钻石戒指上引人注目的闪耀光芒，这就是钻石环，同时在瞬间形成一串发光的亮点，像一串光辉夺目的珍珠高高地悬挂在漆黑的天空中，这种现象叫做"珍珠食"，英国天文学家倍利最早描述了这种现象，因此又称为倍利珠。这是由于月球表面有许多崎岖不平的山峰，当阳光照射到月球边缘时，就形成了倍利珠现象。倍利珠出现的时间很短，通常只有一两秒钟，紧接着太阳光就全部被遮盖住而发生日全食了。

日全食时，大地变得昏暗，兽惊归巢穴。这时天空中就会出现一番奇妙的景色：明亮的星星出来了，在原来太阳所在的位置上，只见暗黑的月轮，在它的周围呈现出一圈美丽的、淡红色的光辉，这就是太阳的色球层；在色球层的外面还弥漫着一片银白色或淡蓝色的光芒，这就是太阳外层的大气——日冕；在淡红色色球的某些地区，还可以看到一些向上喷发的像火焰似的云雾，这就是日珥。

日珥是色球层上部气体猛烈运动所形成的气体"喷泉"。色球层、日珥、日冕都是太阳外层大气的组成部分，平时在一定的条件下也可以观测到，但在日全食时，这些现象可以看得特别清楚。

（4）生光

月亮继续往东移动，当月面的西边缘和日面的西边缘相内切的瞬间，称为生光，它是日全食结束的时刻。在生光将发生之前，钻石环、倍利珠的现象又会出现在太阳的西边缘，但也是很快就会消失。接着在太阳西边缘又射出一线刺眼的光芒，原来在日全食时可以看到的色球层、日珥、日冕等现象迅即隐没在阳光之中，星星也消失了，阳光重新普照大地。

（5）复圆

生光之后，月面继续移离日面，太阳被遮蔽的部分逐渐减少，当月面的西边缘与日面的东边缘相切的刹那，称为复圆。这时太阳又呈现出圆盘形状，整个日全食过程宣告结束。

日偏食的过程和日全食过程大致相同，由于它只发生偏食，因此就只有初亏、食甚和复圆，而没有食既和生光这两个阶段。日环食则同样有初亏、食既、食甚、生光和复圆等阶段。

天文台对日全食或日环食进行预报时，往往要把这五个阶段的时间报告出来。人们根据这些报告就可以了解整个日食的过程，并进行观测。至于日偏食，天文台在预报时，就只给出初亏、食甚和复圆这三个时刻。

我们在日食的预报中，常常还可以看到"食分"这样一个词，它是用来表示日食的程度的。对于日食而言，食分并不表示太阳圆面被遮掩的面积，而是表示日面直径的被遮部分与太阳直径的比值。以太阳的直径作为 1.0，如果食分为 0.5，这就表示太阳的直径被遮去了一半；如果食分为 1.0，就是太阳的整个圆面被遮住，就是日全食。很显然，食分越大，日面被遮掩的程度就越大。日偏食的食分在 0~1.0 之间，日全食的食分为 1.0。

4）食带

月影扫过的地方称食带。日食的时间长短，同月球影锥在地面上移动的速度有关。以日全食来说，由于月球的视直径仅略大于太阳，同时月影在地面移动速度很快，因此日全食的时间是很短暂的。在全食带的某个地点所看到的日全食时间通常只有两三分钟，最多不超过 7 分钟。如果全食带经过赤道附近地区，日全食时间就可延续到 7 分 40 秒，这时是观测日全食的最好机会。

在发生日环食时，月亮总是位于远地点附近，这时月亮运行的速度较慢，因此日环食的时间比较长，如果日环食发生在赤道附近，那么在赤道附近观测日环食的时间可长达 12 分 42 秒。

就全球范围来说，如果把月亮半影开始遮掩日面的时间计算在内，日食时间的长度由初亏至复圆的整个过程可长达三个半小时。

日偏食的时候，由于月影范围大于其本影，食相经过的时间长短要视食分的大小而定,食分越大,时间也就越长。

由于月亮的影锥又细又长,所以当它落到地球表面时,所占的面积很小,至多不会超过地球表面积的万分之一,它的直径最大也只有 260 多千米。当月球绕地球转动时,影锥就在地面上自西向东扫过一个狭长的地带,在月影扫过的地带,就都可以看见日食。所以这条带就叫做"日食带"。带内发生日全食的,就叫全食带;带内发生日环食的,就叫环食带。可以看到偏食的范围很广阔,已经不像一条带子,而是很大的一片地区。

全食带是一条宽度不超过两三百千米,长约数千到 10000 千米的狭窄路径,只有在全食带扫过的地区才能看见日全食或日环食的发生。全食带的两旁可见偏食。离全食带越近的偏食区,所见偏食程度越大;离带越远,可见偏食程度越小;半影区以外的地方是看不见日食的。

由于月球是由西向东运行,所以它的影子也是沿同一方向运行,因此各地看到日食的时间是不同的。当地面上的西部地区已经处在黑影区域内,这一地区的人已经看到日食时,东部地区的人却不能同时看到日食,得在月影向东移来后才能看到日食。所以,西部地区的人总是比东部地区的人先看到日食。日食每年都会发生,但由于全食带是一条狭窄的影带,据估计,平均每 200~300 年,某一地区或城市才有机会被全食带扫过,所以,对居住在一个地方的人来说,一生可能从未看到过一次日全食。

5) 怎样观测日食

根据天文台发布的日食的有关资料(日期时刻、食分和见食地区等),人们就可以对所在地区的日食进行观测。

太阳是一个发出极度强光的天体,因此对日食进行观测时,千万不可用肉眼直接观看,即使日偏食的时候,当太阳光被遮掩得只剩下弯弯的一部分时,还是不要用肉眼直接观测,否则会被强烈的阳光刺伤眼睛。

究竟用什么方法观看日食才是最安全的呢?在这里介绍一下一般天文爱好者所常用的几种方法。

最简易的方法是找一块玻璃,涂上些墨或者用烟熏黑,用它们来观看日食,眼睛就能受到保护,不会被伤害。

有一种叫太阳屏的滤光片,这是一块特制的塑胶薄膜,它不但可以降低阳光里的可见光,还能够阻挡阳光里的红外线和紫外线的通过,因此将它用于日食的肉眼观测或望远镜观测,都是非常安全的。但由于它是一种非常薄的胶膜,因此易受损破裂。切勿用已经破裂的太阳屏来观测太阳。

使用望远镜观测。一般用作观测风景的双筒望远镜,体积小,携带方便,而且视野广阔,容易寻找目标,价格也较便宜,是理想的观测日食的工具之一。通常可选择 7′50 或 8′30 的类型。

目前市面上出售的折射望远镜是用作观测日、月食更为理想的工具。天文望远镜大多附有赤道仪底座。赤道仪可以很方便地追踪太阳的移动,配上照相机,就可以进行追踪拍摄。

反射望远镜也可用来观测日、月食。但由于它的镜筒不是密封的,经阳光照射后管内的空气受热而形成扰动性气流,会影响成像的质量,观测效果不太理想。

日食观测的内容非常丰富,仅就一般天文爱好者力所能及的内容列举一些在下面。

(1)日偏食时测定月球边缘和太阳两次接触的时间(即初亏和复圆)。这是一项要求准确度较高的工作,时间记录相差不可超过 0.1 分。

(2)月球边缘的观测。在月球横过日面时,其边缘并不是完整的,而是有些很微小的、不规则的突出或凹陷现象。在观测时,可特别留意月球的边缘,并可用绘图法记录下来。

(3)日全食时测定月球边缘和太阳边缘的四次接触(即初亏、食既、生光和复圆)的时间。食既的时刻以倍利珠消失的一刹那为准,而生光则以倍利珠重现的瞬间为准。

(4)日冕的观测。日冕是太阳的外层大气,只有日全食时才露出其面貌。每次日全食时所见的日冕形状、大小及结构都有所不同。在太阳黑子活动盛期,日冕的形状一般呈圆盘形;黑子活动衰期,日冕的形状则不大规则,且沿赤道区可见射光,在两极附近地区可见一些呈扇形的结构物。观测时,可利用绘图法记录下来。

(5)气象变化观测。日全食时,阳光突然消失,气温迅速下降,气压和风向都有所变化。可用简单的仪器把这些变化记录下来。

(6)日全食时,还可以利用这珍贵的机会,进行彗星和小行星的搜索。

日食时除了用肉眼和望远镜进行上述项目的观测外,还可以用照相方法进行观测记录,这样可以获得更多的珍贵资料。例如对日全食的全过程拍摄,利用望远镜或长焦距镜头将太阳影像放大,每隔一段时间拍摄一张,以记录日全食的全过程;再如倍利珠、日珥、日冕的特写拍摄等,都是可以进行的。对天文爱好者来说,能拍摄到日全食的照片,会是一个难忘的永久纪念。

日食观测有很重要的科学意义。日食,特别是日全食是人们认识太阳的极好机会。例如在 1868 年 8 月 18 日的日全食观测中,法国天文学家让桑拍摄了日珥的光谱,发现了一种新的元素"氦",这个元素一直在过了二十多年之后,才由英国的化学家雷姆素在地球上找到。

日食可以为研究太阳和地球的关系提供良好的机会。

此外，日食观测对研究日食发生时的气象变化、生物反应等都有一定的意义。

6）日食之最及其他

日全食持续最长的时间是 7 分钟 30 秒。

日食影子移动的速度在赤道地区为 1770km/h，在两极地区则达到 8045km/h。

最宽的日食带为 269km。

每年日食（偏食、环食和全食）最多出现 5 次。

地球上每年至少有 2 次日食。

在北极和南极只能看到日偏食。

日全食大约每 1 年半发生一次。

同样的日食（全食、环食和偏食）每 18 年零 11 天（6585.32 天（沙罗周期））发生一次。因为沙罗周期的真正的长度是 6585.32 天，所以，如果在地球上同一个地点再出现一次日食，要等待 3 个沙罗周期。在每次日食发生后的 1/3 个沙罗周期会发生下一次日食，在 3 个沙罗周期（大约 54 零 33 天）之后，日食会在同一个地区重新出现。

现在有 12 个不同的大沙罗周期出现，一个出现在 1937 年，1955 年，1973 年，1991 年和 2009 年的连续的大约 7 分 30 秒的日全食。

每次日食都是在日出时从某一点开始，然后沿着日食带在日没时结束。从开始点到结束点大约绕地球半圈。

在日全食经过的地区，可以看到偏食的范围最高达 4827 千米。

在现代的原子钟出现之前，天文学家通过对日食的古代记录进行研究，发现地球旋转的速度每 1 个世纪变慢了 0.001 秒。

日全食发生时当地的温度通常会下降 20℃ 以上。

在日全食期间，地平线的周围会有一个窄的光带，这是因为观察者并不是直接站在月亮的影子下面，地球和月亮有一定的距离。

3. 为什么世界地理经度的起算点是在格林尼治？

今天，连小学生都知道经、纬度是什么。用经、纬度来表示一个地方在地球表面上的位置，这已成为人们的一种常识。可为了确定这种认识并付诸实用，人类差不多花费了两千年的时间！

（1）最早的认识

所谓测定经度，就是测定某个地方在地球表面东西方向上的位置。我们知道，位于同一纬度不同经度上的地方，有着不同的时间。例如，当北京是晚间 8 点钟时，伦敦却是中午 12 点钟。这种差别启示了人们，只要知道了某地的当地时间，并将它与世界标准时间相比较，就可以推算出当地的经度。因此，测定经度的本质就是测定时间。

早在公元前 2 世纪,古希腊人已经认识到,如果在两个不同的地方观测同一事件,并记下发生这一事件的当地时间,那么,通过计算这两地记下的时间差,就可以求得这两地之间的经度差。问题是怎样来确定两地的时间差呢?

古希腊天文学家喜帕恰斯提出,可以用观测月食来解决这一问题。因为无论对地球上的哪一点来说,月亮进入地球的影子区,是严格在同一瞬间发生的,或者说月食是同时开始的,这起着标准时间的作用。只要记下两地观测到的月食开始时刻,也就是两地看到月食开始的当地时,人们就可以求得两地的经度差了。

但是,喜帕恰斯没有具体解释,应该如何来测定每个地方的地方时。在当时来说,能够用来作为计时仪器的是日晷,这是一种依靠太阳照射下产生的影子来计时的仪器。而当月食发生之时,太阳已落到地平线以下了,日晷计时无从谈起。因此,喜帕恰斯的设想仅只是一种理论上的设想,在当时条件下是不可能实现的。由于月食发生的次数很少,一年中最多不超过两三次。为了推算出月食发生日期,据说喜帕恰斯曾编纂了一本六百年月食一览表,真是精神可嘉。

(2)托勒密的贡献

一提到托勒密,人们自然就想起他的"地心说"。这是他在巨著《天文学大成》里详加阐述的。托勒密一生主要有两部巨著,另一部是八卷本的《地理学指南》。这是他编制的一本地名辞典和地图集。书中记载了几千个地方的地理位置,堪称一项伟大成就。在《地理学指南》这部巨著中,托勒密谈到了地理位置的确定问题。他提出了一种等间距的坐标网格,用"度"来进行计算。托勒密可以算得上是第一个明确提出经纬度理论的人。

他的理论中,纬度从赤道量起,而经度则从当时所知道的世界最西点幸运岛算起。这一切已经和今天的经纬度概念很接近了。在托勒密之后的一千多年,关于确定经度的问题,一直没有获得重大进展。

(3)航海业的需要

从 13 世纪起,欧洲的航海事业获得蓬勃发展。在这些大规模的航海活动中,由于要到达一些距离出发港口十分遥远的陌生地方,用罗盘、铅垂线及对船速的估计来确定这些陌生地方的地理位置,就很不可靠了,航海家们必须求助于天文学方法。

当时已经有了航海历,能够比较准确地预报太阳、月亮和诸行星的位置,以及日食、月食等天象发生的较精确的时间。哥伦布就曾利用 1494 年 9 月 14 日的月食,测得了希斯帕尼奥拉港的经度。也有人曾用月掩火星的机会来测定经度。

然而,所有的天文方法都得依靠月食等一类天文现象,而这些天象却是很难见到的。因此,依靠天象来测定经度,一年中也只能进行几次。而航海事业的发展,却要求随时测定船舶位置的经度。正是这种客观需要,把测定经度的理论和实践大大推进了。

(4) 新的突破

随着 16 世纪的来临,测定经度问题开始从理论上有了突破。

1514 年,纽伦堡的约翰·沃纳在托勒密《地理学指南》一书新译本的译注中,提出了一种确定经度的新原理。他根据月亮相对于背景恒星每小时约东移半度的原理,提出了"月距法"。沃纳认为,可以用一种称为"十字杆"的仪器,进行观测工作。

关键性的突破是在 1530 年取得的。那一年,格玛·弗里西斯在他的著作《天文原理》一书中指出,只要带上一只钟,使它从航海开始的地方起一直保持准确的走动,那么,到一个新地方后,只要一方面记下这只钟的时间,另一方面同时用一台仪器测出当地的地方时,这两个时间差就是两地的经度差。这就是所谓的"时计法"的原理。

实际上,测定经度的关键也就在这里:一方面需要有一只走得很准的钟,以记录起算点的时间;另一方面必须用天文方法精确地测出当地的地方时。这两点在 16 世纪都无法做到,因此,"时计法"再好也只能停留在理论上。然而,随着欧洲各国与印度的海上贸易越来越频繁,确定海上船舶位置的经度变得更为迫切了,以致一些国家不得不采用悬赏来寻求解决办法。

(5) 悬赏征求经度

1567 年,西班牙国王菲利浦二世为解决海上经度测定问题,给出了一笔赏金。金币的吸引力固然大,但要得到它可真不容易。1598 年,菲利浦三世为能够"发现经度"的人提供了一笔总数为 9000 块旧金币的赏金,其中 1000 块作为研究工作资助。然而,始终没有人能够领取这笔为数不少的赏金。

差不多与此同时,荷兰国会为解决经度问题提供了一笔高达 3 万弗洛林的奖金,以当时的兑换比价计,相当于 9000 英镑。据说,葡萄牙和威尼斯也提供过数量不等的经度奖,此风盛行一时,直到 18 世纪初,法国议会还在为有关进一步研究经度测定的工作,提供各种单项赏金。

(6) 伽利略请奖

申请西班牙经度奖最有名的人物,当属意大利天文学家伽利略。

伽利略用他制作的望远镜,发现了木星的卫星和卫星食现象。卫星食出现的时刻,对地球上任何地区的人来说几乎是完全相同的,因而就可以利用这一现象来测定两地的经度差,其原理同月食法是一样的。而且木星卫星食的现象,平均每个晚上可以发生一两次,比一年只有一两次的月食要常见得多,因此,只要能对木星的卫星食现象作出准确预报,测定经度的问题也就基本解决了。

1616 年,伽利略以这个方法向西班牙申请经度奖,但西班牙人对此不感兴趣。经过一番旷日持久的书信往来,到 1632 年,伽利略放弃了申请西班牙经度奖的念头。1636 年,他向荷兰进行试探,并声称为了完善他的预报表,他已花了整整 24 个年头。荷兰议会被伽利略的方法深深打动,有意要采纳他的建议。但是,双方的磋商十分困难,因为这时伽利略由于宣传哥白尼的日心说已经被软禁在佛罗伦萨郊区的家中,受到宗教裁判所的严密监视。据说,宗教裁判所拒绝让伽利略去接受荷兰政府奖赏给他的金项链。

1642 年,伽利略与世长辞,他发现的测经度方法也无法付诸实现。但是,人类在解决经度测定问题上,仍然朝着既定的目标一步一步迈进。

(7) 建立天文台

1657 年,一个新的转折点出现了。著名的荷兰天文学家、物理学家惠更斯发明了摆钟,从而为测定经度提供了高精度的计时仪器。

在这之前,巴黎皇家学院的医生兼数学家莫林,由于考虑了月亮视差的效应,从而对测定经度的月距法作了重大改进。他提议要使他的这一建议付诸实用,应该建立一个天文台来提供必要的资料。莫林的提议推动了经度测定工作的进展,因为天文台的建立,对解决经度测定问题起到了重大的作用。

17 世纪下半叶,法国国王路易十四在财政大臣科尔伯特的怂恿下,决心使法国在科学及海上处于世界领先地位。1666 年,他下令成立法国科学院,1667 年,建立巴黎天文台。不料新成立的法国科学院,却给这位法国国王带来了很大的不快。当时在巴黎天文台第一任台长卡西尼等人领导下重新绘制的法国地图,比原来那张不太准确的法国地图上的面积缩小了好多。路易十四抱怨他的科学家们说,他们这么一测量使他失去的土地,比法国军队通过打仗所占领的土地还要多。

在英国,1662 年建立了伦敦皇家科学院。1667 年年初,皇家科学院开始制订建立天文台的计划,经过努力,终于在 1676 年 9 月 15 日建成了格林尼治天文台(图 5.12)。天文学家约翰·弗兰斯提德为第一任台长,并于第二天立即开始用台上的大六分仪进行天文观测。

各国天文台的相继建立,为编制高精度的天体位置表铺平了道路。1757 年,船用六分仪问世。这是一种手持的轻便仪器,它可以测量天体的高度角和水平角,将所得结果与天文台编制的星表对照,就可以测定船舶所在地的当地时间,最终解决了海上船舶的经度测定问题。此时距离喜帕恰斯的月食法,已经有两千年之久。

(8) 各行其是

我们介绍了经度测定技术的发展历程。然而,一个地方的经度值与起算点有

图5.12　于1676年9月15日建成的格林尼治天文台

关,起算点不同,同一个地方的经度值也不同。通过起算点的经度线,称为"本初子午线"。

要画出一张世界地图来,首先必须确定本初子午线的位置,这样,世界各地的地理位置才能相应确定下来。因此,具有国际性的本初子午线如何确定,必须为世界各国所确认。否则不同地区都有自己的本初子午线,结果便会带来很大的混乱和麻烦。

最早,喜帕恰斯用他进行观测的地点爱琴海上的罗德岛作为经度起算点。而托勒密则用幸运岛为起算点,幸运岛即现今的加那利群岛,位于大西洋中非洲西北海岸附近。当时认为这就是世界的西部边缘,对于把地球当作扁平的一块大地的人们来说,这里就是世界的起点。

到中世纪时,各国更是我行我素,通常都各自选择其首都或本国主要的天文台作为本初子午线通过的地方。而航海家们则又另搞一套,他们通常采用某一航线的出发点作为起算点,因而就有"好望角东26°32′"这一类的表示法。直到18世纪初,大部分海图的原点仍取决于绘制出版这张图的国家所定的原点。在法国,甚至在同一张地图上还会出现多种距离的比例尺,真是混乱不堪。

(9) 最初的尝试

由本初子午线不统一所造成的混乱,很早就引起了人们的重视,也屡次有人试图解决这个棘手的问题。

1634年4月,红衣主教里舍利厄在巴黎召开了一次国际性会议,邀请当时欧洲最杰出的数学家和天文学家参加,目的在于确定一条为世界各国所认可的本初子午线。会议决定选用托勒密所定的幸运岛,更严格来说,就是加那利群岛最西边的耶鲁岛。后人把这个起算点称为"里舍利厄本初子午线"。

实际上,这次会议的召开,有一半原因是出于政治动机。因为本初子午线的划定,实际上是势力范围的重新划分。法国国王路易十三,在 1634 年 7 月的一道命令中就提道:"法国军舰不应该攻击任何位于本初子午线以东以及北回归线以北的西班牙和葡萄牙舰只。"意思是说,那个地区是西班牙和葡萄牙的势力范围。

(10)一笔交易

1767 年,根据格林尼治天文台提供的观测数据绘制的英国航海历出版了。这时,英国已取代西班牙和荷兰等国,成为头号海上强国,其出版的航海历自然也广为流传,并为其他国家所仿效。这意味着格林尼治已开始成为许多海图和地图的本初子午线。

1850 年,美国政府决定在航海中采用格林尼治子午线作为本初子午线。1853 年,俄国海军大臣宣布,不再使用专门为俄国制订的航海历,而代之以格林尼治为本初子午线的航海历。所有这些为后来的决定打下了一个基础。

从 1870 年起,各国的地理学家以及有关学科的科学家们,开始全力为全世界的经度测定寻找一个公认的国际起算点。然而,意见并不是一下子就能取得统一的。甚至当著名的铁路工程师弗莱明提出,对世界各国来说应该有一个公共的本初子午线时,像皮阿齐这样的著名天文学家居然反问道:"如果一定需要这样一个公共的原点,那为什么不选取埃及的大金字塔呢?"科学家的认识尚且如此,其他人的观点可想而知了。

1883 年,在罗马召开的第七届国际大地测量会议考虑到,当时 90% 的航海家已根据格林尼治来计算经度,因而建议各国政府应采用格林尼治子午线作为本初子午线。会议还提出,当全世界这样做的时候,英国应该将英制改用米制。拿格林尼治作本初子午线,来交换英国改用米制,这里面似乎还有一笔"交易"呢!

(11)投票决定

问题直到 1884 年才得以最后解决。那年的 10 月 1 日,在美国的发起下于华盛顿召开了国际子午线会议。

10 月 23 日,大会以 22 票赞成,1 票(多米尼加)反对,2 票(法国、巴西)弃权,通过一项决议,向全世界各国政府正式建议,采用经过格林尼治天文台子午仪中心的子午线,作为计算经度起点的本初子午线。

这次大会的决议还详细规定,经度从本初子午线起,向东西两边计算,从 0° 到 180°,向东为正,向西为负。这一建议后来为世界各国所采纳,而且,这也正是今天我们用来计算经度的基本原则。

皇家格林尼治天文台(Royal Greenwich Observatory)

地址:英国苏塞克郡的赫斯特蒙苏堡

高度:34 米(海拔)

经度:东经 0001.4

纬度:北纬 50.523

天文台的原址以零点来计算。现在在那里有一间专门的房间,里面妥善保存着一台子午仪。它的基座上刻着一条垂直线,那就是本初子午线。许多旅游者都要站在这间房间的门口摄影留念,日后他们会向人们夸耀道:瞧,我的两条腿分别站在东西两半球上!

第 6 章　太阳(系) 行星 卫星

太阳系是浩瀚宇宙中属于我们的小世界。太阳是这个世界的主宰,是光明、热量、运动、生命的来源。

原始人把太阳当作神来崇拜,在任何时代,太阳都受到人民的感激和敬仰。一般人爱太阳,因为感觉到它的伟大力量;科学家喜欢研究太阳,因为知道它对行星世界的重要性。太阳从天上把能量发射到我们地球,以致到遥远的冥王星和暗淡飘荡的彗星上。如果没有太阳光的照射,一切星球都会变得寒冷以致死亡。

6.1　太阳系概况

太阳系是由受太阳引力约束的天体组成的系统,它的最大范围可延伸到约1 光年以外。太阳系(图 6.1)位于银河系内,其星体位置是在离银心 10 千秒差距,偏银面向北约 8 秒差距处。主要成员:

太阳(质量占 99.865%);

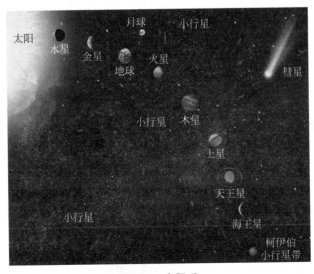

图 6.1　太阳系

八大行星:水星、金星、地球、火星、木星、土星、天王星、海王星;

矮行星(冥王星等)、小行星、小行星带;

彗星(扁长轨道);流星体(小天体 $1 \sim 10^3$ g);

行星际物质(气体、尘埃、宇宙线、磁场)。

从太阳系的图示(图 6.2)中可以看出,八大行星差异很大。具体体现在质量、密度、到太阳的距离、轨道偏心率等。我们这里用图例和表 6.1 加以说明。

图 6.2　八大行星大小示意图

(你个人对哪一个(种)天体最感兴趣,详细说说它们。)

太阳系内天体(彗星除外)的运动有共面、近圆、同向三大特点,并遵循开普勒行星运动三定律(图 6.3)。

行星运动第一定律(椭圆定律):所有行星绕太阳的运动轨道是椭圆,太阳位于椭圆的一焦点上,见图 6.3(a)。

行星运动第二定律(面积定律):连接行星和太阳的直线在相等的时间内扫过的面积相等,见图 6.3(b)。

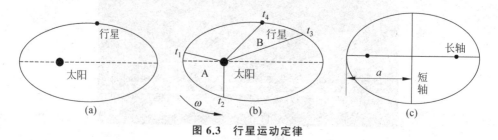

图 6.3　行星运动定律

表 6.1 八大行星数据比较

行星	与太阳距离/百万公里	赤道半径/公里	体积(地球=1)	质量(地球=1)	密度/(g/cm³)	赤道重力/(m/s²)	自转周期/日	公转周期	轨道离心率	表面温度/℃	自转方向
水星	57.909175	2439.7	0.054	0.055	5.427	3.7	58.646	87.97 日	0.20563069	-173~427	顺时针
金星	108.20893	6051.8	0.88	0.815	5.24	8.87	243	224.7 日	0.0068	420~485	逆时针
地球	149.59789	6378.14	1	1	5.515	9.766	0.9972968	365.24 日	0.01671022	-88~58	顺时针
火星	227.93664	3397	0.150	0.10744	3.94	3.693	1.0260	686.93 日	0.0934	-87~-5	顺时针
木星	778.41202	71492	1316	317.82	1.33	20.87	0.41354	11.8565 年	00.04839	-148	顺时针
土星	1426.7254	60268	763.6	95.16	0.70	10.4	0.44401	29.448 年	0.0541506	-178	顺时针
天王星	2870.9722	25559	63.1	14.371	1.30	8.43	0.718	84.02 年	0.047168	-216	顺时针
海王星	4498.2529	24764	57.7	17.147	1.76	10.71	0.67125	164.79 年	0.00859	-214	顺时针

行星运动第三定律（调和定律）：行星绕太阳运动的公转周期的平方与它们的轨道半长径的立方成正比，见图 6.3(c)，即

$$\frac{a_1^3}{T_1^2}=\frac{a_2^3}{T_2^2}=\cdots=\frac{a_n^3}{T_n^2}=k$$

6.2 谈日

对于人类来说，发出光辉的太阳无疑是宇宙中最重要的天体。万物生长靠太阳，没有太阳，地球上就不可能有姿态万千的生命现象，当然也不会孕育出作为智能生物的人类。太阳给人们以光明和温暖，它带来了日夜和季节的轮回，左右着地球冷暖的变化，为地球生命提供了各种形式的能源。

太阳，这个既令人生畏又受人崇敬的星球，它究竟由什么物质所组成，它的内部结构又是怎样的呢？

6.2.1 太阳——空中的受控热核反应堆

太阳是距离地球最近的恒星，它的大小和亮度属于中等，归类应属 **G2** 型矮星。太阳有磁场和自转，太阳的核心温度高达 1500 万 K，压力超过地球的 340 亿倍。在这里发生着核聚变，聚变导致四个质子或氢原子产生一个 α 粒子或氦原子核。α 粒子的质量比四个质子小 0.7%，剩余的质量转化成了能量被释放至太阳的表面，散发出光和热。每秒钟有 7 亿吨的氢被转化成氦，在此过程中，约有 500 万吨的净能量被释放。太阳核心的能量需要几百万年才能到达它的表面。

太阳的年龄约为 46 亿年，它还可以继续燃烧约 50 亿年。在其存在的最后阶段，太阳中的氦将转变成重元素，太阳的体积也将开始不断膨胀，直至将地球吞没。在经过一亿年的红巨星阶段后，太阳将突然塌缩成一颗白矮星——所有同质量恒星存在的最后阶段。再经历几万亿年，它最终将完全冷却。太阳基本参数见表 6.2。

表 6.2 太阳基本参数

质量	中心温度	年龄	表面温度	半径
1.99×10^{30} kg	1.5×10^7 K	约 46 亿年	5770K	695990km
平均密度	中心压力	日地平均距离	自转周期	
1.4×10^3 kg/m³	3300 亿大气压	1AU（一亿五千万千米）	25 天	

在银河系一千多亿颗恒星中，太阳只是普通的一员，它位于银河系的对称平面附近，距离银河系中心约 26000 光年，在银道面以北约 26 光年，它一方面绕着银心

以 250km/s 的速度旋转,另一方面又相对于周围恒星以 19.7km/s 的速度朝着织女星附近方向运动。

6.2.2 太阳结构

太阳结构(图 6.4)大体上可分为内部和外部两部分。

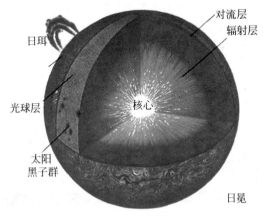

图 6.4 太阳结构图

太阳的内部主要可以分为三层:**核心层**、**辐射层**和**对流层**。

太阳的能量来源于其**核心**部分。太阳没有明显的核心,一般核心层指产生核熔合反应之处。太阳核心约占其总质量的 50% 及其半径的 10%,太阳 99% 的能量来自太阳核心的核反应。

辐射层包在核心区外面。这一层的气体也处在高温高压状态下(但低于核心区),粒子间的频繁碰撞,使得在核心区产生的能量经过几百万年才能穿过这一层到达对流层。

辐射层的外面是**对流层**。能量在对流层的传递要比在辐射层快得多。这一层中的大量气体以对流的方式向外输送能量(有点像烧开水,被加热的部分向上升,冷却了的部分向下降)。对流过程中产生的气泡一样的结构就是我们在太阳大气的光球层中看到的"米粒组织"。

太阳的外部是我们看到的太阳活动区。它基本上包含:光球层、色球层、日冕、日珥、耀斑和太阳黑子等。

光球层,就是我们实际看到的太阳圆面。光球是一层不透明的气体薄层,厚度约 400 千米,它辐射出太阳能量的绝大部分。米粒组织在太阳热气体云的顶部,大小为 300~1450 千米,形状为不规则多边形,持续时间 7~10 分钟,有垂直方向的振荡。光球的能量来自不同深度,形成不同温度的表面大气。

色球层,太阳具有反常增温现象,从光球顶部到色球顶部再到日冕区,温度陡升。太阳能量经过这一区域自中心向外传递,这一层可见太阳耀斑。耀斑是太阳黑子形成前在色球层产生的灼热的氢云层。在光球层的某些区域,温度比周围稍低(通常是4000K),这些区域便是黑子。(详细阅读有关太阳活动的内容,总结一下它们的规律性。)

日冕是包围太阳的一层发光的高温稀薄气体,亮度很微弱,只有在日全食时或用日冕仪才能看到。这一区域有日珥。日冕最高温度可达200万K,因高温而不断发出带电微粒向外扩散,称为太阳风。在太阳黑子活动的极大年,日冕的形状呈球形;而在极小年,两极的方向出现极羽(图6.5)。

(a)   (b)

图 6.5

(a)太阳黑子活动极大年日冕的形状;(b)太阳黑子活动极小年日冕的形状

太阳黑子由暗黑的本影和在其周围的半影组成,形状变化很大,最小的黑子直径只有几百千米,没有半影,而最大的黑子直径比地球的直径还大几倍。太阳黑子是由于周围明亮光球背景的反衬才显得黢黑,实际上它的温度达4000K,比熔化的钨还亮热。黑子的重要特性是其磁场强度,黑子越大,磁场强度越高,大黑子的磁场强度可达4000高斯(地球磁场强度约为0.5高斯)。太阳黑子活动呈周期性出现,两次极大年的平均间隔为11.2年,叠加有一个为期80年的低幅度的周期。在黑子群周围常出现耀斑,发出的辐射和粒子同地球磁场和电离层相互作用会使地球上的短波无线电通信中断,并且会引发**极光**。

太阳上最剧烈的活动现象是**耀斑**,它们通常都出现在黑子附近,是一种色球与日冕之间突然发生的剧烈爆发现象。当黑子出现得多时,耀斑出现也更频繁。耀斑产生于太阳色球层。所以,耀斑又称色球爆发,或者太阳爆发。

太阳大气的外层(日冕),位于色球之上,伸展的范围超过太阳圆面半径十几倍。在这一层中,有时会发生一种规模巨大的太阳活动现象,这就是**日珥**。日珥由光球一直伸展到日冕里,是一些较稠密的气体流,因而可以在日冕的背景中明显地看到。最大的日珥可以伸展到4万千米高,呈环状,寿命可达几个月。还有一种爆发日珥,规模虽然不是很大,但在数小时内有剧烈的变化,然后迅速消失。

6.3　大行星

　　人类经过千百年的探索,到 16 世纪哥白尼建立日心说后才普遍认识到:地球是绕太阳公转的行星之一,而包括地球在内的八大行星则构成了一个围绕太阳旋转的行星系——太阳系。

　　行星本身一般不发光,以表面反射太阳光而发亮。在主要由恒星组成的天空背景下,行星有明显的相对移动。离太阳最近的行星是水星,以下依次是金星、地球、火星、木星、土星、天王星和海王星。现在天文学中有关太阳系大行星的描述和分类,已经趋同于分为类地行星(地球、水星、金星、火星)和类木行星(木星、土星、天王星、海王星)两大类。

　　(关于八大行星分类,谈谈你的看法。在"二类法"之前,大行星是被分为三类的:类地行星、巨行星和远日行星。)

6.3.1　水星

　　水星(Mercury)是太阳系中最靠近太阳的行星,最亮时目视星等达 −1.9 等,是太阳系中运动最快的行星,平均速度为 47.89km/s,至今尚未发现它有卫星。水星为地内行星,会发生水星凌日现象(图 6.6(a))。

　　它的体积在太阳系八大行星中是最小的。它的直径比地球小 40%,比月球大 40%。水星甚至比木星的卫星 Ganymede(木卫三)和土星的卫星 Titan(土卫六)还小。

　　假如有位探险家在水星表面漫步,他会发现一个类似月球表面的世界。尘埃覆盖着陨石撞成的起伏山峦,几千米高的断层悬崖绵延数百千米,到处是大大小小的陨石坑。他还将发现太阳看上去要比在地球上的大两倍半。由于没有足够的大气来散射阳光,天空通常都是漆黑一片。如果仰望天空,他也许会发现两颗明亮的星:一颗是淡黄色的金星,另一颗是蓝色的地球。从地球上观测,水星与太阳的最大距角只有 28°,它只在黎明或白天出现在天空,因此对它的观测非常困难。致使在"水手 10 号"造访水星前,人们对水星的认识非常少。

　　水星绕太阳一周只需 87.969 个地球日,而它自转一圈为 58.6462 个地球日。由于它的公转与自转之间的关系较为复杂,如果按从太阳升起到太阳落下为一个单位来计算,水星上的一天将是 176 个地球日。

　　水星上看来不可能存在水。但有可能存在冰吗?由于水星的轨道比较特殊,在它的北极,太阳始终只在地平线上徘徊。在一些陨石坑内部,可能由于永远见不到阳光而使温度降至 −161℃ 以下。这样低的温度就有可能凝固从行星内部释放出来的气体,或积存从太空来的冰。

水星的大气少得可怜,它的主要成分为氦(42%)、汽化钠(42%)和氧(15%),它的平均地表温度为 179℃,最高地表温度为 427℃,最低地表温度为 −173℃。

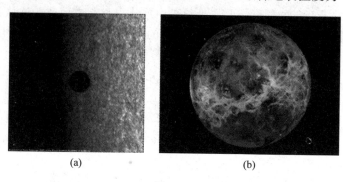

图 6.6

(a) 水星凌日;(b) 金星表面

6.3.2　金星

金星(Venus)是距太阳第二近的行星。它是天空中最亮的星,亮度最大时为 −4.4 等,比著名的天狼星还亮 14 倍。金星是地内行星,故有时为晨星,有时为昏星。至今尚未发现金星有卫星。

由于金星分别在早晨和黄昏出现在天空,中国古代称它为**太白**或**太白金星**,中国史书上则称晨星为"**启明**",昏星为"**长庚**"。古代的占星家们一直认为存在着两颗这样的行星,于是分别将它们称为"晨星"和"昏星"。英语中,金星——"维纳斯"(Venus)指的是古罗马的爱情与美丽之神。它一直被卷曲的云层笼罩在神秘的面纱中。

由于金星和地球在大小、质量、密度上非常相似,而且金星和地球几乎都由同一星云同时形成,占星家们将它们当作姐妹行星。

事实上金星与地球非常不同。金星上没有海洋,它被厚厚的主要成分为二氧化碳的大气所包围,一点水也没有。它的云层是由硫酸微滴组成的。在其表面,大气压相当于在地球海平面上的 92 倍。

由于金星厚厚的二氧化碳大气层造成的"温室效应",金星地表的温度高达 482℃ 左右。阳光透过大气将金星表面烤热,地表的热量在向外辐射的过程中受到大气的阻隔,无法散发到外层空间,这使得金星比水星还要热。金星上的一天相当于地球上的 243 天,比它 225 天的一年还要长。金星是自东向西自转的,这意味着在金星上,太阳是西升东落的。

金星的表面随机布满了许多小型陨石坑群。这是由于大型陨石撞击金星表面,其产生的碎片在其四周又撞击出许多小型陨石坑所造成。但由于金星的浓厚大气,直径小于 2 千米的陨石坑几乎无法保留下来。所以金星表面比较"光滑"(图 6.6(b))。

至少 85% 的金星表面覆盖着火山岩,火山及火山活动在金星表面数量很多。大量的熔岩流经几百千米填满低地,形成了广阔的平原。除了几百个大型火山外,100000 多座小型火山口点缀在金星表面。从火山中喷出的熔岩流产生了长长的沟渠,范围大至几百千米,其中一条的范围超过 7000 千米。

6.3.3 火星

火星(Mars)按离太阳由近及远的次序为第四颗行星,它的体积在太阳系行星中居第七位。由于火星上的岩石、砂土和天空是红色或粉红色的(图 6.7),因此这颗行星又常被称作"红色的星球"。随着它同地球的距离不断变化,它的亮度也在不断变化:最暗时的视星等约为 +1.5 等;最亮时则达到 -2.9 等,比最亮的天狼星还亮得多。

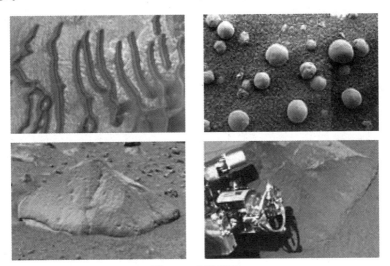

图 6.7　火星表面

它在众恒星间的视位置也不断变化,时而顺行,时而逆行。火星比地球小,赤道半径为 3395 千米,为地球的 53%,体积为地球的 15%,质量为地球的 10.8%,表面重力加速度为地球的 38%。大气也比地球稀薄。这颗红色的星球异常寒冷和干燥。尽管如此,火星仍然是太阳系中与地球最相似的一颗行星。

火星的南半球是类似月球的布满陨石坑的古老高原,而其北半球大多由年轻的平原组成。火星上高 24 千米的"奥林匹斯"山可称为是太阳系中最高的山脉。在距火星大约几万千米的地方,有两颗非常小的星体,它们是火星的卫星,即火卫一和火卫二。

中国古代称火星为"荧惑",而在古罗马的神话中,它被形象地比喻为身披盔甲、浑身是血的战神"玛尔斯"。玛尔斯在古希腊神话中的名字为阿瑞斯。

6.3.4　木星

木星(Jupiter)是距太阳第五近的行星,并且是太阳系八大行星中最大的一颗。木星是夜空中最亮的星之一,仅次于金星,通常比火星亮(火星冲日时除外),也比最亮的天狼星亮。

木星的成分比其他行星更为复杂。赤道半径为 71400km,为地球的 11.2 倍;体积为地球的 1316 倍;质量为 1.9×10^{30} kg,相当于地球质量的 300 多倍,是所有其他行星总质量的两倍半。

木星平均密度相当低,只有 1.33g/cm³。重力加速度在赤道和两极不同,赤道上为 2707cm/s²,两极为 2322cm/s²。木星是太阳系中卫星数目较多的一颗行星,最新的数据是其拥有 79 颗卫星,其中的四颗(木卫四、木卫二、木卫三和木卫一)早在 1610 年就被伽利略发现了。

1979 年,"旅行者一号"发现木星也有环,但它非常昏暗,在地球上几乎看不到。

木星的大气非常厚,可能它本身就像太阳那样是个气体球。木星大气的主要成分是氢和氦,以及少量的甲烷、氨、水汽和其他化合物。在木星的内部,由于巨大的压力,氢原子中的电子被释放出来,仅存赤裸的质子使氢呈现金属特性。

纬线上色彩分明的条纹、翻腾的云层和风暴象征着木星多变的天气系统(图 6.8(a))。云层图案每天每小时都在变化。"大红斑"是一个复杂的按顺时针方向运动的风暴,其外缘每 4~6 天旋转一圈;而在中心附近,运动很小,且方向不定。在条状云层上可以发现一系列小风暴和漩涡。木星大气层的平均温度为 −121℃。

在木星的两极,发现了与地球上十分相似的极光,这似乎与沿木卫一螺旋形的磁力线进入木星大气的物质有关。在木星的云层上端,也发现有与地球上类似的高空闪电。

木星在中国古代用来定岁纪年,由此把它叫做"岁星",而西方天文学家称木星为"朱庇特",即古罗马神话中的众神之王,相当于古希腊神话众星之中的王者宙斯。

图   6.8

(a) 木星;(b) 土星

6.3.5   土星

土星(Saturn)是距离太阳第六近的行星,它有美丽的光环,是最美的天体之一。其表面呈淡黄色,有平行于赤道的永久性云带,但不如木星上显著(图 6.8(b))。

土星的反照率是 0.42,视星等随光环张开程度有 3 个星等的变化,赤道区最亮,呈米色,有时几乎是白色,极区稍暗,色近微绿,云带略呈橙色。

土星上盛行强风。在赤道附近,风速约为 500m/s,风向通常是向东的。在高纬度,风速逐渐递减。在纬度大于 35° 的地区,风向随着纬度的递增而逐渐由向东转为向西。表面温度 −290℃,比木星表面温度低 60℃。土星的平均密度只有 0.70g/cm³,是太阳系八大行星中密度最小的,也是太阳系唯一比水轻的行星。在太阳系八大行星中,土星的大小和质量仅次于木星,占第二位。

土星大气主要由氢、氦、甲烷和氨组成。土星环是由无数个小卫星构成的物质系统,在土星赤道面上,里部比外部旋转得更快。1675 年,卡西尼在土星环上观测到一个缝,称为卡西尼缝,它把光环分为 A、B 两部分。1837 年,恩克又在 A 环上发现另一个较窄的缝,称为恩克缝。这些缝具有持久性,是由内土卫的引力效应造成的。1850 年又在 B 环内部发现暗淡的 C 环,或称砂环。还有 E 环、F 环、G 环等更加暗弱的环等。土星的体积是地球的 745 倍,质量是地球的 95.18 倍。它由于快速自转而呈扁球形,所以赤道半径约为 60000 千米,两极半径与赤道半径之比为 0.912,扁率约为 1/9。土星的大半径和低密度使其表面的重力加速度和地球表面相近。

土星在冲日时的视星等达 −0.4 等,亮度可与天空中最亮的恒星相比。土星是太阳系中卫星数目较多的一颗行星,最新的数据共有 82 颗,超过了木星。

中国古代称土星为填星或镇星,而在古罗马神话中称之为第二代天神克洛诺

斯,他在推翻其父亲王位之后登上天神宝座(另一说法:在古代西方,人们用罗马
农神萨图努斯的名字为土星命名)。

6.3.6 天王星

天王星(Uranus)是距太阳第七近的行星,在太阳系中,它的体积位居第三。

天王星的赤道半径约 25900 千米,公转周期为 84.01 个地球年。它与太阳的平均距离为 2.87 亿千米,体积约为地球的 65 倍,在太阳系八大行星中仅次于木星和土星。

天王星的大气层中 83% 是氢,15% 为氦,2% 为甲烷以及少量的乙炔和碳氢化合物。上层大气层的甲烷吸收红光,使天王星呈现蓝绿色。大气在固定纬度集结成云层,类似于木星和土星在纬线上鲜艳的条状色带。由于天王星的自转,星体的中纬度地区有风,风速为 40~160m/s。经无线电科学测试,发现在赤道附近有大约 100m/s 的逆风。

天王星云层的平均温度为 -193℃。直径为 5 万多千米,是地球的 4 倍。质量为 8.742×10^{28} g,相当于地球质量的 14.63 倍。密度较小,只有 1.24g/cm³,为海王星密度的 74.7%。因此,它虽然比海王星大,质量却只有海王星质量的 85%。在太阳系八大行星中,它的质量位次于木星、土星和海王星之后,居第四位。

天王星有 27 颗卫星,11 条光环(图 6.9(a))。天王星于 1781 年 3 月 13 日由英国天文学家威廉·赫歇尔发现。

在古希腊神话中,天王星被看作是第一位统治整个宇宙的天神——乌剌诺斯。他与地母该亚结合,生下了后来的天神,是他费尽心机将混沌的宇宙规划得和谐有序。

(a)   (b)

图 6.9 天王星(a)和海王星(b)与地球的比较

6.3.7 海王星——"笔尖底下"发现的行星

海王星（Neptune）是太阳系内距离太阳最远的行星,由于它对天王星轨道的摄动作用而于 1846 年 9 月 23 日被发现的,计算者为法国天文学家勒威耶,德国天文学家 J.G.伽勒是按计算位置观测到该行星的第一个人。海王星的发现被看成是行星运动理论精确性的一个范例。

海王星的亮度为 7.85 等,只有在望远镜里才能看到。海王星用望远镜看略呈绿色(图 6.9(b)),它的大气中含有丰富的氢和氦,大气温度大约为 $-205℃$,这个值高于从太阳辐射算得的期望值,说明要么海王星大气下层存在温室效应,要么它有内在的热源。1846 年,W.拉塞尔发现逆行的海卫一,据计算它正接近海王星,将来也许会碎裂成为海王星的环。1949 年发现海卫二。

海王星云层的平均温度为 $-193\sim-153℃$,大气压为 $1\sim3Pa$。绕太阳运转的轨道半径为 45 亿千米,公转一周要 165 年。

海王星有 14 颗卫星,5 条光环。人们称其为涅普顿,涅普顿是古罗马神话中统治大海的海神,掌握着 1/3 的宇宙,颇有神通。

6.4 矮行星 小行星 卫星

2006 年 8 月 24 日,参加第 26 届 IAU 大会的大约 2500 名科学家和天文学家经过数天的激烈争论,最后表决通过将原来太阳系的第九大行星——冥王星排除在大行星行列之外,而将其列入"矮行星"(plutonian objects)。

实际上,一直以来,什么是行星,怎样大小的行星可以称之为"大行星",对这个问题并没有硬性和严格的规定。在古希腊语中,行星(planet)一词的本义是"流浪者",这是因为古代的天文学家观察到某些星星时时刻刻都在天空中移动,而另一些看起来一动不动。因此他们将前者称为行星,而将后者称为恒星(fixed star)。到了今天,行星指的是那些围绕着恒星公转的不发光天体。不幸的是,这个松散的定义同时也囊括了数千颗彗星和小行星。

6.4.1 冥王星从大行星"降格"为矮行星

冥王星(Pluto)在 2005 年以前一直是太阳系大行星中距太阳最远、质量最小的一颗。

冥王星在远离太阳 59 亿千米的寒冷阴暗的太空中蹒跚而行,这情形和古罗马神话中住在阴森森的地下宫殿里的冥王普鲁托非常相似,因此,人们称其为普鲁托。冥王星有一卫星,名叫卡戎。冥王星的直径约为2370千米,比月球还小,而卡戎的直径约为1172千米,两者直径之比约为2：1,是行星中行星与卫星之比最大的。冥王星的质量是地球质量的0.0024倍,这不仅比水星质量小,甚至比月球质量还小;它的密度为1.8～2.1g/cm³,反照率为50%～60%。因为冥王星与太阳的距离是如此遥远,致使它表面的温度接近-240℃。在冥王星上,太阳看上去只是一颗明亮的星星。

冥王星是1930年1月21日被美国科学家汤博发现的。当时发现这颗大行星时错估了它的质量和体积,认为它比地球大几倍。等这个错误被纠正时,冥王星已经作为太阳系第九大行星被写入了教科书。

一直以来,世界上的大多数天文学家都对冥王星的地位问题睁一只眼闭一只眼,直到"齐娜(Xena)"的出现,才将争论推向了顶峰。2003年,美国加州理工学院的天文学家迈克·布朗在柯伊伯小行星带发现了"齐娜",并将其编号为UB313(小行星编号)。经过两年的观察,他们在2005年7月对外界公布了这一发现。通过哈勃望远镜进行观测发现,"齐娜"的直径约为2398千米,比冥王星还要大28千米。对此,布朗表示,"齐娜"应该被命名为太阳系第十大行星。但IAU(国际天文学联合会)位于美国马萨诸塞州剑桥的小行星中心负责人布赖恩·玛斯登认为:"('齐娜')的发现令人头疼,因为冥王星不像另外8颗行星,它是海王星外天体,位于布满小行星的柯伊伯带。'齐娜'也是在柯伊伯带被发现的,因此如果冥王星算得上是行星,那'齐娜'也有此资格。"问题还不仅在于此,由于柯伊伯带上有着许多岩石天体,如何为这些天体下定义和划界限也让科学家们着实头疼。

随着观测手段的进步,科学家在太阳系内发现了不少比冥王星个头更大的天体,包括2002年的"夸瓦尔"(Quaoar)和2004年的"塞德娜"(Sedna),此二者都没有获得行星资格,也正因为如此,冥王星的第九大行星地位愈发显得名不正、言不顺。不过,也有一些天文学家认为,将冥王星"降格"并不是个受人欢迎的决定。玛斯登就认为:"它们与公众的联系很大,但是天文学意义却很小。"

但这又是一个我们必须解决的问题。是把"齐娜""夸瓦尔"和"塞德娜"等新发现或将要被发现的"个头较大"的行星都"提拔"为大行星呢,还是忍痛割爱把冥王星从大行星行列中"驱除"出去?

参加2006年8月24日第26届IAU大会的大约2500名科学家和天文学家经数天的激烈争论,最后表决通过将冥王星排除在大行星行列之外,而将其列入"矮行星"。同时给出了如下的定义:

(1)一颗行星是一个天体,它满足:(a)围绕太阳运转;(b)有足够大的质量来克服固体应力以达到流体静力平衡的形状(近于圆球);(c)所在轨道范围的邻里关系清楚。

（2）一颗矮行星是一个天体，它满足：(a)围绕太阳运转；(b)有足够大的质量来克服固体应力以达到流体静力平衡的形状（近于圆球）；(c)所在轨道范围的邻里关系不清楚；(d)不是一颗卫星。

（3）其他围绕太阳运转的天体统称为"太阳系小天体"。

（关于将冥王星"剔除"出大行星行列，谈谈你的看法。）

冥王星被国际天文学联合会(IAU)剥夺行星身份后，为了配合其矮行星的地位，被赋予了一个新的名称。2006 年 9 月 7 日，国际天文学联合会小行星中心(Minor Planet Center)给这颗原太阳系第九行星分配了一个新的小行星序列号：134340。同时，冥王星的卫星卡戎(Charon)、尼克斯(Nix)和许德拉(Hydra)也被列入了这一小行星系统，并被授予了各自的小行星序列号。这几颗冥王星卫星的名字分别为 134340Ⅰ、134340Ⅱ 和 134340Ⅲ。

6.4.2 小行星带

在太阳系中，除了八大行星以外，还有两个充满着绕太阳公转的小天体的"小行星带"(minor planets)（图 6.10）。

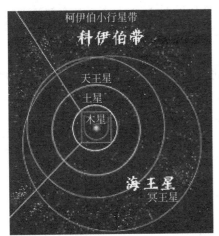
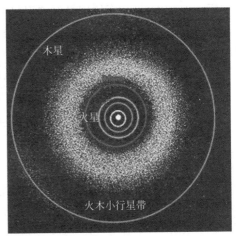

图 6.10 太阳系中的两个小行星带

1951 年，美籍荷兰裔天文学家吉纳德·柯伊伯(Kuiper)首先提出在海王星轨道外存在一个小行星带，其中的星体被称为 KBO(Kuiper Belt Objects)。1992年，人类发现了第一个 KBO。KBO 地带有大约 10 万颗直径超过 100 千米的星体，天文学界就以吉纳德·柯伊伯的名字命名此小行星带。此小行星带距太阳40~50 个天文单位。

在红色的火星和巨大的木星轨道之间,有成千上万颗肉眼看不见的小天体,沿着椭圆轨道不停地围绕太阳公转。与八大行星相比,它们好像是微不足道的碎石头。这些小天体就是太阳系中的小行星。这部分区域被称为火木小行星带,与太阳的距离为 2.06~3.65 个天文单位。

大多数小行星的体积都很小,是些形状不规则的石块。最早发现的"谷神星""智神星""婚神星"和"灶神星"是小行星中最大的四颗。其中"谷神星"直径约为 1000 千米,位居老大,老四"婚神星"直径约为 200 千米。除去这"四大金刚"外,其余的小行星就更小了,最小的直径还不足 1 千米。

自从 1801 年发现第一颗小行星,截止到 2018 年共发现小行星约 127 万颗。已登记在册和编了号的小行星已超过 10000 颗。它们中的绝大多数分布在火星和木星轨道之间以及柯伊伯小行星带上。

6.4.3 太阳系卫星家族

太阳系八大行星中只有水星和金星没有卫星。近来,科学家把太阳系天体探测的重心逐渐转移到大行星的卫星上。一个原因是太阳系的卫星众多,而且数量还在不断地变化;另一个原因是这些卫星不论从形态、构造等方面都存在巨大的差异,有极强的研究价值;最重要的原因就是,在其中的一些卫星上发现可能存在大量的液态水,而水是生命的源泉。

由于我们对太阳系的探测还在不断地进行中,表 6.3 中列出了目前体积、质量比较大且较受关注的八大卫星的资料,以供大家研究、参考。

表 6.3 太阳系主要卫星参数

	木卫三	土卫六	木卫四	木卫一	月亮	木卫二	海卫一	天卫三
平均直径/km	5262	5150	4821	3643	3476	3122	2707	1578
体积/km^3	7.6×10^{10}	7.15×10^{10}	5.9×10^{10}	2.53×10^{10}	2.2×10^{10}	1.593×10^{10}	1.04×10^{10}	2.06×10^{9}
质量/kg	1.48×10^{23}	1.35×10^{23}	1.08×10^{23}	8.932×10^{22}	7.3×10^{22}	4.8×10^{22}	2.147×10^{22}	3.526×10^{21}
表面积/km^2	8.7×10^{7}	8.3×10^{7}	7.3×10^{7}	4.19×10^{7}	3.8×10^{7}	3.1×10^{7}	2.3×10^{7}	0.35×10^{7}
平均密度/(g/cm^3)	1.942	1.88	1.834	3.53	3.34	3.014	2.05	1.72
表面重力/(m/s^2)	1.428	1.35	1.235	1.796	1.618	1.314	0.78	0.378
公转/d	7.15	15.8	16.69	1.77	27.3	3.55	−5.877（逆行）	8.706

续表

	木卫三	土卫六	木卫四	木卫一	月亮	木卫二	海卫一	天卫三
自转周期	与公转同步	与公转同步	与公转同步	与公转同步	与公转同步	与公转同步	与公转同步	与公转同步
反照率	0.43 ± 0.02	0.21	0.22	0.63 ± 0.02	0.12	0.67	0.76	0.27
表面温度/K	110	84	134 ± 11	130	300	103	34.5	60
温度范围/K	$70\sim152$	—	—	$?\sim200$	$153\sim423$	$50\sim125$	—	—
视星等	4.61		5.65	5.02(冲)	−12.7	5.3		13.73
轴倾斜	—	$1.942°$	—	—	—	0	0	0
大气压	—	160kPa	7.5μbar	—	1.3×10^{-10}Pa	1μPa		

1. 木卫三(盖尼米德)

木卫三是太阳系中最大的卫星,其直径5262km,大于水星,质量约为水星的一半。木卫三主要由硅酸盐岩石和冰体构成,星体分层明显,拥有一个富铁的、流动性的内核。木卫三是太阳系中已知的唯一一颗拥有磁圈的卫星,其磁圈可能是由富铁的流动内核的对流运动所产生的。木卫三拥有一层稀薄的含氧大气层,其中含有原子氧、氧气和臭氧,同时原子氢也是大气的构成成分之一。

美国航空航天局"伽利略"号太空船发现了在"木卫三"的表面下藏有辽阔的液体水的迹象。利用"伽利略"号太空船上磁力计对"木卫三"进行的磁场测量,在这个巨大卫星冰表层190千米的下面隐藏着像地球上海洋中一样的咸水。冰冻水在太阳系并不少见,但目前在宇宙中只有地球被证实存在液体水。"木卫三"将加入包括"木卫二"和火星在内仅有的几个拥有液体水迹象的星球行列。液体水是生命发展的重要因素,因此也被作为寻找外星生命的重要依据。另外,"木卫三"拥有两个磁场,一个可能是本身熔核产生的强磁场。另一个则是木星系产生的次级磁场。而根据"伽利略"号太空船拍摄的"木卫三"照片显示:"木卫三"表面也如"木卫二"一样沟渠纵横,但"木卫三"表面的沟渠要比"木卫二"的沟渠平滑、明亮。

2. 土卫六(泰坦星)

土卫六是土星最大的卫星,也是太阳系第二大卫星,其体积甚至比水星还大(虽然质量没有水星大)。土卫六有浓密的大气,其主要成分是氮,表面大气压为

$1.5 \times 10^5 \mathrm{Pa}$，表面温度$-178℃$。土卫六一半是冰一半是固体材料。

土卫六是目前已知的真正拥有大气层的卫星，其他的卫星最多只是拥有示踪气体。土卫六也是太阳系中唯一除了地球外的富氮星体，大气的98.44%是氮气。那里还有大量不同种类的碳氢化合物残余。

天文学家认为，土卫六上分布着众多由液体甲烷和乙烷构成的湖泊，这颗卫星的寒冷程度超过南极洲。土卫六有复杂有机分子，像45亿年前的地球。因此被视为一个时光机器，有助于人类了解地球最初期的情况和揭开地球生物诞生之谜。

地球相似度指数是用来评估行星或卫星与地球究竟相似到何种程度的，该指数考虑的因素包括星球大小、密度以及与主恒星的距离等。地球相似度指数最高的为系外行星 Gliese 581g，分值为 0.89。而土卫六的地球相似度指数为 0.64，在太阳系诸多行星及卫星中位居首位。

3. 木卫四(卡里斯托)

木卫四是太阳系的第三大卫星。木卫四的直径为水星直径的99%，但是质量只有它的 1/3。木卫四是由近乎等量的岩石和水构成的，其平均密度约为$1.834\mathrm{g/cm^3}$。

木卫四表面存在的物质包括冰、二氧化碳、硅酸盐和各种有机物。木卫四内部可能存在着一个较小的硅酸盐内核，同时在其表面下 100 千米则可能存在着一个地下海洋，其构成物质为液态水。

木卫四表面曾经遭受过猛烈撞击，其地质年龄十分古老。由于木卫四上没有任何表明存在诸如板块运动、地震或火山喷发等地质活动的证据，故其地质特征被认为主要受到陨石撞击的影响。其主要地质特征包括多环结构、各种形态的撞击坑、撞击坑链、悬崖、山脊和沉积地形。木卫四之上存在着一层极其稀薄的大气，主要由二氧化碳构成，可能还包括氧气。此外，其上还有一个活动剧烈的电离层。

由于木卫四上可能存在着海洋，所以该卫星上也可能存在生命，不过其存在生命的概率要小于邻近的另一颗卫星木卫二。

4. 木卫一(艾奥)

木卫一的直径为 3643 千米，比月球略大，是太阳系第四大卫星。

木卫一的内部主要由硅酸盐岩石和铁组成，在卫星中比其他的卫星都更接近类地行星的结构主体。它有着铁或硫化铁的熔融核心和以硅酸盐为主的岩石层。木卫一的密度为$3.53\mathrm{g/cm^3}$，是太阳系的卫星中密度最高的。木卫一的大气层极其稀薄，只有地球大气压力的十亿分之一，主要的成分是二氧化硫。

木卫一有 400 多座活火山，这使它成为太阳系中地质活动最活跃的天体。表面有超过 100 座的(普通)山峰，是在硅酸盐的地基上广泛的压缩和抬升，其中有些山峰比地球上的珠穆朗玛峰还要高。

木卫一的火山流束和熔岩流使广大的表面产生各种变化，并且造成各种不同的颜色彩绘，红色、黄色、白色、黑色和绿色，主要肇因于硫化物。表面大部分的平原都被硫磺和二氧化硫的霜覆盖着。为数众多的广阔熔岩流，有些长度达到 500 千米，也是表面的特征。

木卫一如此活跃的原因可能是因为它处于木星与木星的另两颗大卫星——木卫二和木卫三的共同引力潮汐作用下，这种类似拔河竞赛似的引力作用常常使木卫一的形状发生大约 100 米的改变。

5. 月球（月亮）
资料见第 5 章。

6. 木卫二（欧罗巴）
木卫二是太阳系第六大卫星，木星第四大卫星，直径 3122 千米，小于太阳系第五大卫星月球。

木卫二的主体构成与类地行星相似，即主要由硅酸盐岩石构成。它的表面由水覆盖，据推测，其厚度可达上百千米，上层为冻结的冰壳，冰壳下是一个覆盖全球的液态海洋。木卫二的中心可能还有一个金属性的铁核。

木卫二的表面极度光滑，很少有超过几百米的起伏，它是太阳系中最光滑的天体。木卫二上的环形山很少，只发现三个直径大于 5 千米的环形山。这表明它有一个年轻又活跃的表面。木卫二是太阳系反照率最高的卫星之一。

木卫二表面最突出的特征就是那些张牙舞爪的布满整个星球的暗色条纹，大一点的条纹横向跨度可达 20 千米，这是由低浅的地形造成的。这些条纹很可能是由于表层冰壳开裂，较温暖的下层物质暴露而引起的冰火山喷发或间歇泉所造成。

木卫二另一个显著的特征就是遍布四野的或大或小或圆或椭圆的暗斑。暗斑的形成是下层温度较高的"暖冰"在透刺作用下向上涌升而穿透表层的"寒冰"所致。

木卫二的内部很可能是非常活跃的，在冰壳下面可能隐藏了一个太阳系中最大的液态水海洋，这个海洋中有可能存在着生命。其生存环境可能与地球上的深海热液口或南极的沃斯托克湖相似。

木卫二的表面包裹着一层主要由氧构成的极其稀薄的大气（约 $1\mu Pa$）。在已知的太阳系的所有卫星当中只有七颗具有大气层（其他六星为木卫一、木卫四、土卫二、木卫三、土卫六和海卫一）。

7. 海卫一（崔顿）
海卫一是太阳系第七大卫星，海王星最大卫星，直径 2707 千米。它是太阳系七个比冥王星大的卫星中最后一个,其余卫星的体积和质量都远小于冥王星。

海卫一有一个逆行轨道(轨道公转方向与行星的自转方向相反)。逆行的卫星不可能与行星同时产生,因此它是后来被行星捕获的。海卫一的大小和组成类似冥王星,这说明海卫一本来可能是一颗类似冥王星的柯伊伯带天体,后来被海王星捕获。由于海卫一的轨道离海王星非常近,加上它的逆行,它持续受潮汐作用的影响。估计在 14 亿年到 36 亿年内,它可能与海王星大气层相撞,或者分裂成一个环。海卫一的轨道几乎完全是一个完美的圆,其偏心率小于 0.0000001。

海卫一的轨道与海王星(赤道面)倾角达 157°,与海王星的轨道之间的倾角达 130°。因此它的极几乎可以直对太阳。每 82 年海卫一的一个极正对太阳,这导致了海卫一表面极端的季节变化。其季节变化的大周期每 700 年重复一次。

海卫一的平均密度为 2.05g/cm³,在地质上估计含有 25%固态冰以及其他岩石物质。它拥有一层稀薄大气,大气成分与土卫六类似,主要是氮,同时含有少量甲烷,整体大气压约为 0.01mbar。

海卫一是太阳系中最冷的天体之一,它的表面温度低于 40K。它的表面主要由冻结的氮组成,但它也含干冰(二氧化碳)、水冰、一氧化碳冰和甲烷,估计其表面还含有大量氨。海卫一的表面非常亮,60%～95%的入射阳光被反射。

海卫一地质活跃,其表面非常年轻,很少有撞击坑。旅行者 2 号观测到了多个冰火山或正在喷发的液氮、灰尘或甲烷混合物喷泉,这些喷泉可以达到 8 千米的高度。海卫一表面的火山活动可能不是潮汐作用造成的,而是季节性的太阳照射所造成的。

海卫一表面有非常错综复杂的山脊和峡谷地形,它们可能是通过不断地融化和冻结所形成的。海卫一的赤道地区由长的、平行的、从内部延伸出来的山脊组成,这些山脊与山谷交错。这个地形被称为沟。这些沟的东部是高原。南半球的平原周围有黑色的斑点,其组成和来源不明。

海卫一的"哈密瓜皮地形"是太阳系里最奇怪的一个地形之一。它的表面看上去像哈密瓜的瓜皮。其成因不明,可能是由于氮的一再升华和凝结、倒塌、冰火山的一再掩盖造成的。至今为止这个地形只在海卫一上被发现。

海卫一是太阳系内少数有火山活动的天体。其他还有地球、金星、木卫一和土卫二。

海卫一的地质活动和可能的内部热量有可能使得它内部有一个液态的水层。氨等抗冻剂的存在提高了液态水存在的可能性。在这样的一个地下海洋中有可能有原始的生命存在。

8. 天卫三(泰坦妮亚)

天卫三是天王星最大的卫星,也是太阳系内第八大卫星。

天卫三的主要成分为水冰,有少量冻甲烷和岩石。有一种模型认为它大致由 50％的碎冰、30％的硅酸盐岩石和 20％与甲烷相关的有机化合物组成。天王星的大卫星都是由占 40％～50％的冰和岩石混合而成。

天卫三的地形是由火山口地形和相连长达数千米的山谷混合而成,一些火山口已被填了一半。天卫三的表面相对而言尚年轻,显然经过了一些地壳变化。

天卫三和天卫四差不多大小,也覆满了火山灰,这表明曾发生过火山活动。天卫三的表面也被一种黑色物质重新覆盖过,可能是甲烷或水冰。天卫三表面主要的特征是巨大的峡谷,像是地球上大峡谷的缩影,其规模与火星上的水手号峡谷一样。大峡谷可能是由于内部的水冻结、膨胀,撑裂了薄弱的外壳而形成的。

(除去以上卫星中的"八大天王"外,太阳系的卫星还有许多"有趣"的存在,尝试发掘一下,介绍给你周围的朋友们。)

6.5 太阳系起源与演化

太阳是亘古不变还是有始有终?它的来龙去脉究竟如何?

实际上,任何天体都和人一样,要经历出生、成长和死亡的过程,这就是天体的演化过程。人类生长在地球上,生命本身依赖于太阳系的存在,因此我们人类更加关心赖以生存的这个空间系统是怎样形成的,又将在什么时候、如何最终消逝。

太阳系的形成依据的星云假说,最早是在 1755 年由康德和 1796 年由拉普拉斯各自独立提出的。这个理论认为太阳系是在 50 亿年前在一个巨大的分子云的塌缩中形成的。这个星云原本有数光年大小,并且同时诞生了数颗恒星。研究古老的陨石追溯到的元素显示,只有超新星爆炸的心脏部分才能产生这些元素,所以包含太阳的星团必然在超新星残骸的附近。可能是来自超新星爆炸的震波使邻近太阳附近的星云密度增高,使得重力得以克服内部气体的膨胀压力造成塌缩,因而引发了太阳的诞生。

经由吸积的作用,各种各样的行星将从云气(太阳星云)中剩余的气体和尘埃中诞生。一旦年轻的太阳开始产生能量,太阳风会将原行星盘中的物质吹入行星际空间,从而促进行星的成长。年轻的金牛座 T 星的恒星风就比处于稳定阶段的较老的恒星强得多。

根据天文学家的推测,目前的太阳系会维持到太阳离开主序带。由于太阳是利用其内部的氢作为燃料,为了能够利用剩余的燃料,太阳会变得越来越热,于是燃烧的速度也越来越快。这就导致太阳不断变亮,变亮速度大约为每 11 亿年增亮 10％。

从现在起再过大约 50 亿年,太阳的内核将会热得足以使外层氢发生融合,这会导致太阳膨胀到现在半径的 260 倍，变为一个红巨星。此时，由于体积与表面积的扩大，太阳的总光度增加，但表面温度下降，单位面积的光度变暗。

随后，太阳的外层被逐渐抛离，直到裸露出核心成为一颗白矮星，变成一个极为致密的天体，只有地球的大小却有着原来太阳一半的质量。最后形成褐矮星。

 天文小知识

1. 大行星排位与提丢斯-波德定则

提丢斯-波德定则（Titius-Bode law），是关于太阳系中行星轨道的一个简单的几何学规则。它于 1766 年由德国的一位中学教师戴维·提丢斯发现，后来被柏林天文台的台长波德归纳成了一个经验公式：从离太阳由近到远计算，对应于第 n 个行星（对水星而言，n 不是取为 1，而是 $-\infty$），其同太阳的距离为 a（以天文单位表示）：

$$a = 0.4 + 0.3^{n-2} （天文单位）$$

1772 年，波德在他的著作《星空研究指南》中总结并发表了由提丢斯提出的太阳系行星距离的定则：取 0、3、6、12、24、48⋯这样一组数，每个数字加上 4 再除以 10，就是各个行星到太阳距离的近似值。在那时已为人所知的 4 行星用定则来计算会得到惊人的发现：

水星到太阳的距离为 (0+4)/10＝0.4 天文单位

金星到太阳的距离为 (3+4)/10＝0.7 天文单位

地球到太阳的距离为 (6+4)/10＝1.0 天文单位

火星到太阳的距离为 (12+4)/10＝1.6 天文单位

照此下去，下一个行星的距离应该是：(24+4)/10＝2.8，可是当时在那个位置上没有发现任何天体，波德不相信在此位置上会有空白存在，而提丢斯也认为也许是一颗未被发现的火星卫星，但不管怎样，定则在 2.8 处出现了中断。

当时认知最远的两颗行星是木星和土星，用定则来推算，其结果是：

木星到太阳的距离为 (48+4)/10＝5.2 天文单位

土星到太阳的距离为 (96+4)/10＝10 天文单位

推算结果到底怎样呢？由表 6.4 说明，在 2.8 处确实应有一颗大行星存在，只是大家没有用正确的方法寻找罢了。波德也因此向其他的天文学家们呼吁，希望大家一起来寻找这颗丢失的行星。好几年过去了，什么也没发现。一直到 1781 年，英国天文学赫歇尔宣布，他在无意中发现了太阳系的第七大行星——天王星。使人惊讶的是，天王星与太阳的平均距离是 19.2 天文单位，用定则推算:(192+4)/10=19.6,符合得真是好极了!就这样,大家的积极性再次被调动起来,所有人都对定则完全相信了。大家一致认为,在 2.8 处,的确还存在一颗大行星,正在等待着大家的发现。很快,十多年时间过去了,大行星还是没有露面。直到 1801 年,从位于意大利西西里岛的一处偏僻的天文台传出消息,此台台长在进行常规观测时,发现了一颗新天体,经过计算,它的距离是 2.77 天文单位,与 2.8 极为近似。它被命名为谷神星。可是它的个头太小了,直径只有 1020 千米。陆续地,在火星和木星轨道之间又发现了其他的行星,但个头也都不大。后来人们知道,这就是所谓的小行星带。

表 6.4　提丢斯-波德定则

天体	波德参数 n	理论值/AU	实测值/AU	差距/AU
水星	$-\infty$	0.4	0.39	0.01
金星	2	0.7	0.72	0.02
地球	3	1	1	0
火星	4	1.6	1.52	0.08
小行星带	5	2.8	2.9	0.1
木星	6	5.2	5.203	0.003
土星	7	10	9.54	0.46
天王星	8	19.6	19.18	0.42
海王星	9	38.8	30.06	8.74
冥王星	10(?)	77.2	39.44	37.76

　　为什么大行星变成了 150 多万颗小行星了呢?人们也是众说纷纭,其中一种说法是:可能是因某种人们还不知道的原因,原本存在的大行星爆炸了。后来,在 1846 年和 1930 年,海王星和冥王星也相继被发现,但这两次发现,对提丢斯-波德定则来说却是挫折。理论值与实测值的差距见表 6.4。

　　提丢斯-波德定则到底有何意义呢?随着时间的流逝,人们已渐渐淡忘了它,但不管怎样,提丢斯-波德定则连同 2.8 处行星大爆炸的理论都成为人们孜孜以求的世纪之谜。

2. 行星凌(冲)日

1) 水星、金星凌日

　　水星、金星从地球与太阳之间经过时,人们将看到一个小黑点从日面移过,这就是水星、金星凌日(图 6.11(a))。其实水星、金星凌日,就像日月食,也是一种交食现象,只是由于水星、金星的视圆面大大小于太阳的视圆面,才使得它表现为在日面上出现一个缓慢移动的小黑点。水星、金星有凌日现象,但是火星、木星、土星、天王星、海王星则都没有凌日。这是因为水星和金星都是在地球的公转轨道内侧环绕太阳公转(这样的行星叫内行星),它们有机会从太阳和地球之间通过,这是产生行星凌日的必要条件。而火、木、土、天王、海王各大行星都是在地球公转轨道的外侧环绕太阳公转(这样的行星叫外行星),它们也会和太阳、地球形成一条直线,只是太阳是在中间。这种现象叫做"行星冲日"(图6.11(b))。

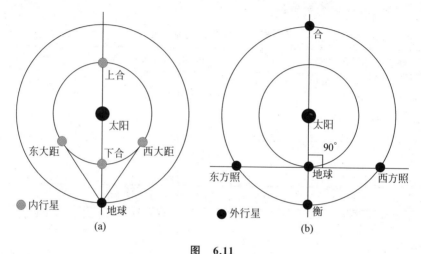

图　6.11
(a)行星凌日;(b)行星冲日

2)行星凌日的科学价值

凌日是一种难得的天象,也是天文学家认识宇宙的重要工具。借助于水星、金星凌日,天文学家曾第一次较为精确地测量了日地距离;天文学家也在利用凌日法寻找其他恒星周围的大行星。

(1)测量日地距离

公元前3世纪,古希腊天文学家和地理学家埃拉托色尼第一次测量了地球的半径。从理论上讲,知道了地球半径之后,如果再知道太阳视差,我们就能够计算出地球到太阳的距离。

地球到太阳的距离在天文学上被称为**天文单位**,它是天文学中的基本单位之一。太阳视差是一个角度:地球半径对于太阳中心的张角。然而,确定太阳视差并非一件轻而易举的事。在埃拉托色尼的时代,另一位科学家曾提出了一种在弦月时太阳-月球-地球成直角,测出月球和太阳的角距离,进而得到太阳视差的测量方法。然而这个方法误差很大。

对日地距离的测量还等待着金星来获得突破。开普勒预测,1631 年将发生一次水星凌日和一次金星凌日,可以利用它们来测量太阳视差,但开普勒卒于凌日发生的前一年。天文学家第一次目击金星凌日是在 8 年之后的 1639 年。直到 1677年,哈雷在观测水星凌日后终于意识到,人们可以借助金星凌日来测量日地距离。

1677 年,21 岁的哈雷对将要发生在 1761 年的金星凌日作了预报,他明白,自己是无法亲自看到那年的金星凌日了。但哈雷相信,只要通过观测金星凌日得到了金星的视直径,并且知道金星的公转周期,则太阳视差可以很容易地由开普勒第三定律推算出来。太阳系中只有两颗行星为我们提供了作这种计算的机会,另一颗是水星,但由于它离太阳比金星近,而且体积又小,相比之下远没有金星易于观测。

1761 年,天文学家按照哈雷给出的预测纷纷前往合适的观测点观测金星凌日。他们从大约 70 个观测点得到的数据印证了哈雷生前的预言,并在人类历史上第一次较为准确地计算出了天文单位的长度。但是这个结果仍然远没有哈雷预计的那样乐观,因为各个观测点的天气不一定合作,并且天文学家无法以足够的精度确定观测地点的经度。另外,哈雷在他的计算中也犯了点错误,并不是他预言的所有地点都能够看到那次金星凌日。

更为糟糕的是,天文学家们在观测金星凌日时遇到了一种被称为**黑滴效应**的现象,它使得确定金星与日面内切的时刻变成一件非常困难的事情,而根据哈雷提供的方案,计时的精度会直接影响观测结果。

黑滴效应表现为,金星运行至与日面内切附近时出现的一种金星边缘与太阳边缘被油滴状黑影“粘连”在一起的现象。这种现象使得观测者难以把握金星完全进入日面的时刻。黑滴效应因此声名狼藉,有人认为它是导致历史上首次大型国际科学项目失败的罪魁祸首。实际上只有当黑滴与太阳边缘完全断裂时,才是真正的凌始内切。

黑滴效应的产生原因是一个谜团,即使到今天也存在一些具有争议的解释。有人认为这种效应来源于光的衍射,有人认为它仅仅是错觉,还有人认为它与金星的大气层有关。黑滴效应并非由以上这些原因引起,它实际上由地球大气中的一种与视宁度有关的涂污效应引起。另外,黑滴效应也受到观测时望远镜质量的一些影响,这就是 19 世纪的观测比 18 世纪更为容易一些的原因。

天文学家们最终根据 1761 年观测结果计算出的日地距离相互之间存在明显的出入,数字最小的结论与最大者之间的差距超过了 2800 万千米。现代天文观测结果告诉我们,日地距离大约为 1.5 亿千米。

(2) 寻找其他“太阳系”

金星凌日与天文单位之间一波三折的故事已经成为往事。今天金星凌日本身的科学意义已经很小。不过,这种现象为天文学家寻找其他的“太阳系”提供了一种重要的方法。

太阳系外的行星遥远而且深藏在其恒星的光芒之中,想"看"到它们绝非易事。举例来说,木星是太阳系最大的行星,距太阳约 5 个天文单位,它庞大的身躯抵得上 1316 个地球。然而,如果有外星人在距我们最近的恒星——半人马 α 星——观察太阳系,木星距太阳则只有 4 角秒距离,亮度仅为太阳的十亿分之一。假设外星人拥有的观测设备与目前人类最好的设备相仿,那么在它们看来,木星是完全淹没在太阳的光辉中而不可见的。事实上,绝大多数恒星都要比半人马 α 星远得多。所以,从地球上看其他恒星的行星也是非常困难的。

于是,天文学家为了让外星行星"现身",发展出了一些间接的探测方法。我们知道恒星在与它的行星一起围绕二者的质心运动。从远处观察起来,恒星并不是纹丝不动的,它围绕质心运转的过程在观察者看来是在周期性地"摆动"。假如能够对这种"摆动"进行探测,则天文学家就能确定行星的存在了。

探测恒星的"摆动",一种方法是多普勒法。恒星向远离地球的方向"摆动"时,其光谱会向红端移动(红移);恒星向接近地球的方向"摆动"时,其光谱会向蓝端移动(蓝移);在行星存在的作用下,这种光谱的变化是很有规律的,天文学家可以通过探测这种多普勒效应来发现外星行星。另一种方法,就是利用行星凌日的原理直接测量恒星在更遥远的恒星背景上的"摆动"。当然,这需要探测仪器有相当的精度。

自 1992 年发现第一颗太阳系外行星至今,天文学家已经发现了超过 150 颗。然而运用上面这些方法时有一个明显的缺陷,即它们无法测得行星的轨道倾角,也就无法得知它们的确切质量。所有已知的太阳系外行星中只有一个例外。

这个唯一的例外者就是编号为 HD209548 的行星。它的质量是木星质量的 0.67 倍,每 3.5 天围绕它的恒星运行一周。当它运行至恒星朝向地球的一面时,就发生了与金星凌日相似的现象,这种现象称为"凌星"。

HD209548 凌星时,恒星的光芒因被遮挡而减弱 1.7%。这么大程度上的亮度变化不但可以被专业的天文仪器探测到,就连业余爱好者也可以观察得出来。通过观察 HD209548 凌星,天文学家确定了它的轨道倾角,进而确定了它的质量。由观察凌星搜寻外星行星的方法被叫做"凌星法"。

我们可以看出,有了凌星法,业余爱好者也可以进行搜寻太阳系外行星的活动了,虽然目前还没有成功的先例。值得一提的是,人类第一架专为寻找外星行星而设计的太空探测器——美国宇航局的"开普勒"号已经围绕太阳运行,在最初 4 年的时间里探测了 10 万颗恒星,寻找其行星存在的迹象。"开普勒"号的工作原理就是"凌星法"。

金星凌日曾帮助天文学家认识我们的太阳系,而今它又在帮助人们寻找我们银河系中其他生命的家园。

3）行星冲日

类似内行星的凌日现象,地外行星会发生冲日现象(图 6.11(b))。

火星、木星、土星在地球的外侧环绕太阳旋转,约每隔几百天会有一次最接近地球的机会。当地球与火星、木星、土星运行到太阳的同一侧,并且差不多排列在一条直线上时才会发生冲日现象。届时太阳和行星相差 180°,此时行星亮度远胜平时,只要用肉眼就清晰可见。当太阳在傍晚时分从西方刚刚落下时,行星即从东方升起,直到第二天日出前才从西方落下,因此整夜都可见到行星在夜空呈现的"雄伟形象"。

此外,冲日前后的两三天,只用小型天文望远镜,就可以看到火星上的"大运河"、木星表面上色彩斑斓的条纹,还可以见到围绕在木星周围的最大的 4 颗伽利略卫星。当然还有最漂亮的天象——土星的光环!

3. 太阳活动对地球的影响

太阳活动如耀斑、黑子等,有一定的周期,可能会造成地震、火山等自然灾害(当然地震、火山也有地球本身的原因),还会导致自然气候异常、扰乱电离层、干扰电磁波、影响地球磁场等。

当太阳上黑子和耀斑增多时,发出的强烈射电会扰乱地球上空的电离层,使地面的无线电短波通信受到影响,甚至会出现短暂的中断。

太阳大气抛出的带电粒子流,能使地球磁场受到扰动,产生"磁暴"现象,使磁针剧烈颤动,不能正确指示方向。

地球两极地区的夜空,常会看到淡绿色、红色、粉红色的光带或光弧,称为极光。极光是带电粒子流高速冲进那里的高空大气层,被地球磁场捕获,同稀薄大气相碰撞而产生的。

太阳活动有时比较平静,有时比较剧烈;太阳有自转,太阳上的活动区有时对向地球,有时又背向地球;地球本身有自转又有公转,因此太阳活动对地球的影响是很复杂的,周期也是各种各样的,如日周期、27 天周期、年周期、11 年周期等。

研究最多的主要是耀斑和快速变化的黑子群对地球的影响,耀斑及黑子对地球的电离层、磁场和极区有显著的地球物理效应。地球大气层在太阳辐射的紫外线、X 射线等作用下形成电离层,无线电通信的无线电波就是靠电离层的反射向远距离传播的。当太阳活动剧烈,特别是耀斑爆发时,在向阳的半球,太阳射来的强 X 射线、紫外线等,使电离层 D 层变厚,造成靠 D 层反射的长波增强,而靠 E 层、F 层反射的短波却在穿过时被 D 层强烈吸收受到衰减甚至中断。如 1970 年 11 月 5 日长途台曾因此中断 2 小时,这被称为"电离层突然骚扰"。这些反应几乎与大耀斑的爆发同时出现,因为电磁波的传播速度就是光速,大约 8 分钟即可由太阳到达地球表面,所以反应非常快。经过一段时间以后耀斑产生的带电的高能粒子逐渐到达地球,它们受地球磁场的作用向地磁极两极运动,因而影响极区的电离层,造成高纬度地区的雷达和无线电通信的骚扰,甚至中断。这被称为"极盖吸收"和"极光带吸收",它的影响时间较长。

整个地球是一个大磁场。地球的北极是地磁场的磁南极,地球的南极是地磁场的磁北极。地极和磁极之间有大约11°的夹角,因此地球的周围充满了磁力线,不同的位置有不同的地磁强度。平时地磁受多方面的影响,会有不同程度的扰动,而影响最大的就是太阳磁暴现象。磁暴一般发生在太阳耀斑爆发后20～40小时,它对地磁场会产生强烈的扰动,磁场强度可以变化很大。这时太阳风速往往增加,并且向太阳一面的磁层顶面可由距地心8～11个地球半径被压缩到5～7个地球半径,磁暴的发生对人类活动,特别对与地磁有关的工作都会有影响。

在磁暴发生时,高纬度地区常常伴有极光出现。极光常常出现于纬度靠近地磁极地区25°～30°的上空,离地面100～300千米,它是大气中的彩色发光现象,形状不一。常出现极光的区域称为极光区。由于来自太阳活动区的带电高能粒子流到达地球,并在磁场作用下奔向极区,使极区高层大气分子或原子激发或电离而产生光。当太阳活动剧烈时,极光出现的次数也增多。

太阳活动与地球上气候变化的关系也是比较明显的,据统计,地面降水量的变化,也有11年、22年等的周期(图6.12),另外地球高层大气的变化也与太阳活动相关。地震、水文、气象等多方面的研究都说明了太阳活动对地球的影响。

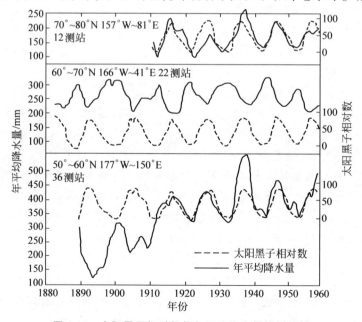

图6.12 太阳黑子相对数与年平均降水量的相关性

　　大耀斑出现时射出的高能量质子,对航天活动有极大的破坏性。高能质子到达地球附近时,特别是容易到达无辐射带保护的极区,会影响极区飞行,如遇卫星则对卫星上的仪器设备有破坏作用;太阳能电池在高能质子的轰击下,性能会严重衰退以致不能工作;如遇在飞船外工作的宇航员将危及生命。

　　由以上种种影响可以看出,对太阳活动的预报很有必要。通过预报可使有关部门,如通信部门、航天部门等,及时采取措施减少太阳活动对这些部门工作的影响,也为准确地进行天气、气候、水文、地震等预报提供资料。

　　(去搜集一些关于太阳和地球关系的资料,系统性地从生活、工作、科学研究等各个角度,介绍一下太阳对地球,以及人类生产、生活的影响。)

第 **7** 章　流星 彗星 极光

流星的传说、彗星的神秘、极光的美丽,让我们对宇宙充满敬畏和探索的欲望。

7.1　许个愿吧

天空中一颗耀眼的流星划过,你的朋友马上会提醒你:许个愿吧!

流星真的能帮你实现愿望吗? 我们说这只能在心理学范围内成立。但流星许愿的说法的确已经流传了几千年。我没有找到很具体的有关"流星许愿"的传说,只能根据古人们的一些说法猜想一二。(如果你和我一样对流星许愿有兴趣,不妨也去搜集一下资料。)

在古代中国,流星是天的使者,这大约是由于流星从出现到消失的时间,甚为短促;唯其短暂,且形态、轨迹各异,光泽、色彩多变,方才显示出它的"神秘"意义。

中国古代著名的占星家李淳风说过:"流星者,天皇之使,五行之散精也。飞行列宿,告示休咎。若星大使大,星小使小。星大则事大而害深,星小则事小而祸浅。"

流星一词在英文中有 3 种说法:shooting star,falling star 和 meteor。

"meteor"一般用在天文学,比如流星雨就是 meteor shower。"falling star"则有点"日薄西山"的意思啦,中国人看到"流星"想到的是生命的稍纵即逝,由盛转衰,看来外国人也如此想。"shooting star"和"falling star"差不多,也表示"流星"的意思,但它是从"射击明星"转过来的,也有"break into another world"(冲进新世界)或者"sparkling"(耀眼)这种积极的含义,看来是在期待改变自己的命运。

根据古老的说法,一颗星坠落就必须有一份灵魂补上去。人死了,灵魂就升天,升天时也就把你的愿望带给上帝了;流星总是偶然经过的,把长久放在心里的梦想在那电光火石的一瞬间告慰上天,这样的愿望,才有最终实现的可能;流星是闯入大气的星星,是"现在进行时";满天星光,不过是远古的星星的影子,是"过去时",现在时的愿望当然要请流星来帮忙了。

所以一定要去看流星,对着它说出自己的心愿……

7.1.1 流星的来历

1. 流星的种类

流星是太阳系中行星际空间的尘粒和固体块(流星体)闯入地球大气圈同大气摩擦燃烧产生的光迹。

流星一词来自希腊语"meteoron",意思是"天空现象",指的是我们看到流星体划过时留下的光带。一旦同地球相撞,流星体变成陨星。

流星体的质量一般很小,比如产生 5 等亮度流星的流星体直径约 0.5cm,质量 0.06mg。肉眼可见的流星体直径为 0.1~1cm。当地球穿越它们的轨道时,这些颗粒就会进入地球大气层。由于它们与地球相对运动速度很高(12~72km/s),与大气分子发生剧烈摩擦而燃烧发光,在夜空中表现为一条光迹。若它们在大气中未燃烧尽,落到地面后就称为"陨星"或"陨石"。(关于流星 12~72km/s 的速度,来源于(42±30)km/s 的计算,请读者想想看,42km/s 指的是什么速度,而 30km/s 指的是什么速度?)

流星有单个流星、火流星(图 7.1)和流星雨几种。火流星是一种比较亮的单个流星,单个流星的出现时间和方向没有什么规律,又叫偶发流星。

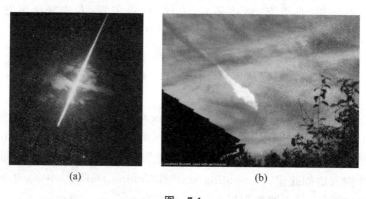

(a)   (b)

图　7.1

(a) 一颗流星划过夜空;(b)"天火"——火流星

在各种流星现象中,最美丽、最壮观的要数流星雨了。当它出现时,千万颗流星像一条条闪光的丝带,从天空中某一点(辐射点)辐射出来。流星雨以辐射点所在的星座命名,如仙女座流星雨、狮子座流星雨等。历史上出现过许多次著名的流星雨:天琴座流星雨,宝瓶座流星雨,狮子座流星雨,仙女座流星雨……

中国在公元前 687 年就记录到天琴座流星雨,"夜中星陨如雨",这是世界上最早的关于流星雨的记载。流星雨的出现是有规律的,它们往往在每年大致相同的日子里出现,因此它们又被称为"周期流星雨"。

2. 流星与陨石

未烧尽的流星体降落在地面上,叫做陨石。陨石是来自地球之外的"客人"。根据陨石本身所含的化学成分的不同,陨石大致可分为三种类型:

(1) 铁陨石,也叫陨铁,它的主要成分是铁和镍;

(2) 石铁陨石,也叫陨铁石,这类陨石较少,其中铁镍与硅酸盐大致各占一半;

(3) 石陨石,也叫陨石,主要成分是硅酸盐,这种陨石的数量最多。

陨石包含着丰富的太阳系天体形成演化的信息,对它们的实验分析将有助于探求太阳系演化的奥秘。陨石是由地球上已知的化学元素组成的,在一些陨石中找到了水和多种有机物。这成为"是陨石将生命的种子传播到地球的"这一生命起源假说的一个依据。

通过对陨石中各种元素的同位素含量测定,可以推算出陨石的年龄,从而推算太阳系开始形成的时期。陨石可能是小行星、行星、大的卫星或彗星分裂后产生的碎块,它能携带来这些天体的原始信息。著名的陨石有中国吉林陨石(图 7.2(a))、中国新疆大陨铁、美国巴林杰陨石(图 7.2(b))、澳大利亚默其逊碳质陨石等。1976 年中国吉林市出现了世界上罕见的陨石雨,陨落的巨石穿透冻土层,砸出一个深 6.5 米、直径 2 米多的坑。这块陨石重 1770 千克,是至今世界上最大的石陨石,连同收集到的其他陨石,总重量达 2 吨以上。

(a)　　　　　　　　　　　　　　　　(b)

图　7.2

(a) 中国吉林陨石;(b) 美国亚利桑那州巴林杰陨石坑

3. 与流星有关的事件

(1) 通古斯事件之谜

1908 年 6 月 30 日早晨,一个来自太空的巨大物体以极快的速度冲进了地球大气层,在西伯利亚通古斯河流域一个人烟稀少的沼泽深林区爆炸,发出震耳欲聋的轰响,强大的冲击波掀倒了方圆 60 平方千米的杉树(图 7.3(b)),巨大的火柱冲天而起,又黑又浓的蘑菇云升腾到 20 多千米的高空,大火一直燃烧了好几天。

(2)小行星撞击地球引发恐龙灭绝

在大约 6500 万年前,由于小行星或彗星撞击地球,导致了火山喷发和气候变化,最终造成了恐龙灭绝。人们在尤卡坦半岛附近发现了巨大的几乎全部在水下的陨石坑(图 7.3(a)),似乎为这一理论提供了完美的证据。虽然有科学家对此事件提出质疑,但是,小行星撞击地球时引起的巨大的尘埃云以及火山比平时更剧烈爆发产生的火山灰,会严重遮挡阳光的入射,从而造成地球表面温度急剧下降,很多生物无法适应如此巨大的环境变化而走向灭绝之旅。

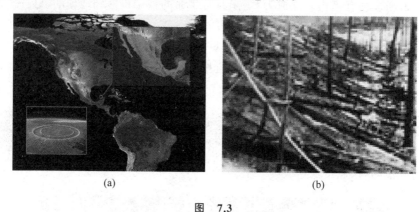

(a)   (b)

图　7.3

(a)尤卡坦半岛附近水下的陨石坑;(b)通古斯河流域辐射状倒塌的森林

7.1.2　主要的流星雨(群)

流星雨形成的主要原因是由于彗星的破碎。彗星主要由冰和尘埃组成。当彗星逐渐靠近太阳时冰会被汽化,使尘埃颗粒像喷泉之水一样从彗星母体喷出。但大颗粒仍保留在母彗星的周围形成尘埃彗头;小颗粒则被太阳的辐射压力吹散,形成彗尾。

这些位于彗星轨道的尘埃颗粒被称为"流星群体"。当流星体颗粒刚从彗星喷出时,它们的分布是比较轨道化的。由于大行星的引力作用,这些颗粒便逐渐散布于整个彗星轨道。在地球穿过流星体群时,各种形式的流星雨就有可能发生了。每年地球都穿过许多彗星的轨道。如果轨道上存在流星体颗粒,便会发生周期性流星雨。

当每小时出现的流星数超过 1000 颗时,我们称其为"流星暴"。下面介绍几个最著名的流星雨。

1. 狮子座流星雨

狮子座流星雨在每年的 11 月 14 日至 21 日出现。一般来说,流星的数目大约为每小时 10 至 15 颗,但平均每 33 年至 34 年狮子座流星雨会出现一次高峰期,流星数目可超过每小时数千颗。这个现象与坦普尔-塔特尔彗星的周期有关。流星雨产生时,流星看来会像由天空上某个特定的点发射出来,这个点称为"辐射点",因为狮子座流星雨的辐射点位于狮子座,由此得名(图 7.4)。

(a)   (b)

图   7.4

(a) 狮子座流星雨的辐射点;(b) 出现的火流星痕迹

2. 双子座流星雨

双子座流星雨在每年的 12 月 13 日至 14 日左右出现,最高时流量可以达到每小时 120 颗,且流量极大的持续时间比较长。双子座流星雨源自小行星 1983 TB,该小行星由 IRAS 卫星在 1983 年发现,科学家判断其可能是"燃尽"的彗星遗骸。(图 7.5(a))。

3. 英仙座流星雨

英仙座流星雨在每年 7 月 17 日到 8 月 24 日这段时间出现,它不但数量多,而且几乎从来没有在夏季星空中缺席过,是最适合非专业流星观测者进行观测的流星雨,地位列全年三大周期性流星雨之首。彗星 Swift-Tuttle 是英仙座流星雨之母,1992 年该彗星通过近日点前后,英仙座流星雨大放异彩,流星数目达到每小时 400 颗以上(图 7.5(b))。

4. 猎户座流星雨

猎户座流星雨一般出现在两个时间段,辐射点在参宿四附近的流星雨一般在

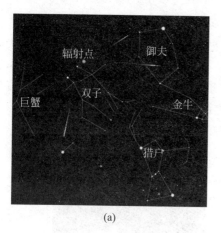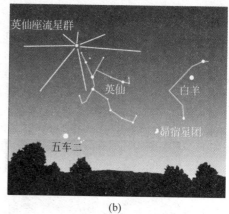

(a)　　　　　　　　　　　　(b)

图　7.5

（a）双子座流星雨的辐射点；（b）英仙座流星雨的辐射点

每年11月20日左右出现；辐射点在ν附近的流星雨则发生于每年10月15日到10月30日期间，极大日在10月21日。我们常说的猎户座流星雨是后者，它是由著名的哈雷彗星造成的，哈雷彗星每76年就会回到太阳系的核心区，散布在彗星轨道上的碎片，形成了著名的猎户座流星雨（图7.6）。

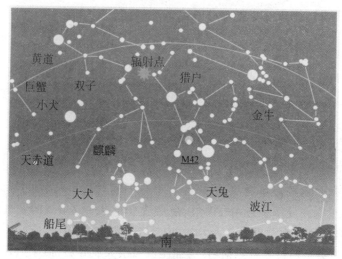

图7.6　猎户座流星雨的辐射点

5. 金牛座流星雨

金牛座流星雨出现在每年的10月25日至11月25日期间，一般11月8日是其极大日,Encke 彗星轨道上的碎片形成了该流星雨,极大日时平均每小时可观测到 5 颗流星曳空而过。虽然其流量不大,但由于其周期稳定,所以也是广大天文爱好者所热衷的对象之一。

6. 天龙座流星雨

天龙座流星雨在每年的 10 月 6 日至 10 日出现,极大日是 10 月 8 日,该流星雨是全年三大周期性流星雨之一,最高时流量可以达到每小时 120 颗,其极大日一般接近新月,基本上不受月光的影响,为观测者提供了很好的观测条件。Giacobini-Zinner 彗星是天龙座流星雨的本源。

7. 天琴座流星雨

天琴座流星雨一般出现于每年的 4 月 19 日至 23 日,通常 22 日是极大日。该流星雨是我国最早记录的流星雨,在古代典籍《春秋》中就有对其在公元前 687 年大爆发的生动记载。彗星 1861 I 的轨道碎片形成了天琴座流星雨,该流星雨作为全年三大周期性流星雨之一。

8. 象限仪座流星雨

象限仪座流星雨,每年年初发生。活动期为 1 月 1 日到 5 日,极大一般在 1 月 3 日出现。极大时的平均天顶流量每小时为 120 颗,经常在 60～200 颗变化。流星的速度属于中等,为 41km/s,亮度较高。

象限仪座是一个比较古老的星座,现代星座的划分中已没有这个星座,其位置大致在牧夫座和天龙座之间,赤纬可达 50°N 左右。分辨象限仪群内的流星并不难,它们的颜色多有些发红。

7.1.3 流星的观测

对于流星的观测,最直接有效也是最经典的方法就是目视观测。我们的眼睛比大多数的观测设备都要灵敏,况且成本投资都很低,的确应该好好利用。而且,流星的观测偶然性大,观测时间长,流星出现的时间和天区比较随机。如果利用望远镜进行观测,一是视场会受限制,二是观测多数在郊外,所带的仪器设备以及配件的使用都会受到限制。但照相机是要带的。作为天文爱好者观测流星的项目一般包含:

(1) 流星的归属;

(2) 流星的速度;

(3) 流星的亮度;

(4) 多彩的流星;

（5）极限星等；

（6）视野和天空状况；

（7）流星余迹；

（8）流星计数；

（9）其他。

7.2 彗星

从地球上仰望星空，一般的天体都是晶莹可爱的光点，但有时天上也会出现毛发悚然的"怪物"，它那淡淡的银光常常还拖着一条摇曳不定的长尾，这就是古人十分惧怕的彗星（图7.7）。而且，人类对彗星的恐惧中外皆同。

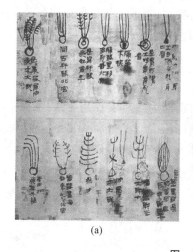
(a)

(b)

图 7.7

(a) 长沙马王堆汉墓出土的彗星图画；(b)拖着长长"尾巴"的彗星图片

7.2.1 神秘 灾祸 机遇

在我国古代对彗星的记载中，把彗星称为孛星、妖星、星孛、异星、奇星等，听起来好像都与"怪物"有关。而古代西方对"怪物"的描述更恐怖：它的尾巴异常之长，颜色红得像血一般，在这颗彗星的头上我们看出一只屈曲的臂，手里持着一柄长剑，好像要往下砍似的。在这彗星的光芒两旁有许多带着鲜血的刀、斧、剑、矛，其中还混杂有许多可憎恶的、须毛悚悚的人头。

那么，为什么人们对彗星如此恐惧？当然，不了解它的来历、原理及它与地球的关系,不具备必要的科学知识的原因是首要的;其次,中外占星术的推波助澜也起到了关键的作用。比如,中外占星术都有"成功"利用彗星出现预测大人物的生死、改朝换代、大洪水、大瘟疫等事例的记载。

7.2.2 彗星细说

1. 彗星的起源

太阳系外围存在有柯伊伯小行星带(Kuiper belt)和奥尔特云(Oort cloud)。长周期彗星来自奥尔特云,而短周期彗星来自柯伊伯带。

1950 年,荷兰天文学家 Jan Oort 提出在距离太阳 30000AU 到一光年之间的球壳状地带,有数以亿计的彗星存在,这些彗星是太阳系形成早期时的残留物。有些奥尔特彗星偶尔受到"路过"的天体的影响,或由于彼此间的碰撞,离开了原来的轨道。大多数的离轨彗星,没有进入太阳系的范围。只有少数彗星,沿各式各样的轨道进入太阳系。

2. 彗星的组成和结构

彗星主要由 4 个部分组成。远离太阳的时候,彗星只有一个彗核。接近太阳后,一般是在火星轨道附近,逐渐产生彗核外面的彗发、氢云和彗尾(图 7.8)。

彗尾分为两种:一种是电离子体彗尾,一般呈蓝色;另一种是尘埃彗尾,一般呈黄色或者红色。彗尾又可从形态上分为Ⅰ、Ⅱ、Ⅲ三类。Ⅰ类彗尾长而直,略带蓝色,主要由气体离子组成,现在常称作"等离子体彗尾"(等离子体是正、负离子混合体,在大尺度上平均呈电中性)。Ⅱ类彗尾较弯曲而亮,Ⅲ类彗尾更弯曲,这两类彗尾略带黄色,都由尘埃粒子组成,只是Ⅲ类彗尾的尘粒比Ⅱ类彗尾的大些,常一起称作"尘埃彗尾"。

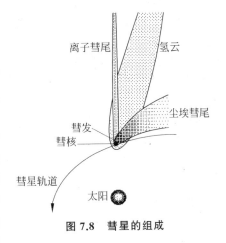

图 7.8 彗星的组成

彗星从远处接近到距离太阳约 2AU 时,开始生出彗尾。随着彗星不断接近太阳,彗尾逐渐变长变亮。彗星过近日点后,随着远离太阳,彗尾逐渐减小到消失(图 7.9)。彗尾最长时达上亿千米,个别彗星如 1842c 彗星的彗尾长达 3.2 亿千米,超过太阳到火星的距离。

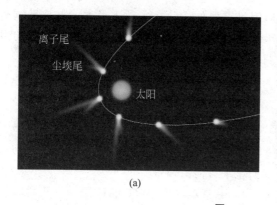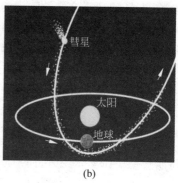

图　7.9
(a)彗尾变化情况；(b)彗星绕日运行轨道

3. 彗星的轨道和周期

通过对多次观测得到的资料进行分析与计算,可以推求出彗星绕太阳公转的6个轨道要素,即近日距、过近日点时刻、偏心率、轨道面对黄道面的倾角、升交点(在轨道上由南向北经黄道面上的点)黄经、近日点与升交点的角距,进而可以推算出彗星的历表,即不同时刻在天球上的视位置(赤经与赤纬)。

彗星的命名办法是国际天文联合会在1995年1月1日开始采用的,就是在发现时的公元年号加上这年的那半个月的大写字母(A＝1月1日—15日,B＝1月16日—31日,C＝2月1日—15日,……,Y＝12月16日—31日,I除外),再加上这半个月期间代表发现先后次序的阿拉伯数字。为了让人们了解每颗彗星的性质,前面还加上前缀。P/表示短周期彗星;C/表示长周期彗星;D/表示丢失的彗星或者不再回归的彗星;A/表示可能是一颗小行星;X/表示无法算出轨道的彗星。例如,2500年1月10日发现一颗彗星,这是一颗长周期彗星,也是该年1月上旬发现的第50颗彗星,发现者是Tom,则彗星命名为C/2500 A50 Tom。

由于有时候刚发现的彗星被误认为小行星,因此有一些彗星带有小行星的编号,例如C/2000 WM1 LINEAR就是这样的例子。

对于确认以后的短周期彗星还要加上编号,例如1号是哈雷彗星,2号是恩克彗星,等等。如果一颗彗星已经碎裂,那么就要在名字后面加上-A,-B,以便区分每一个碎核。(假设你在某年的一个晚上发现了一颗彗星,长周期的,是那段时间间隔发现的第9颗彗星,你将如何为它命名?)

7.2.3 著名的彗星

1. 哈雷彗星

哈雷彗星(图 7.10)是第一颗被计算出轨道的彗星。它是英国天文学家哈雷在计算彗星轨道时,发现 1682 年、1607 年和 1531 年出现的彗星有相似的轨道,由此他判断这三颗彗星其实是同一颗彗星,并预言它将在 1758 年年底或 1759 年年初再次出现。1759 年,这颗彗星果然出现了。虽然哈雷已在 1742 年逝世,但为了纪念他,人们把这颗彗星命名为"哈雷彗星"。

图 7.10 1910 年 5 月 13 日哈雷彗星回归时在巴黎上空拍到的照片(右上角为金星)

哈雷彗星的回归周期为 76 年,最近一次的回归是在 1986 年。哈雷彗星的公转轨道是逆向的,与黄道面呈 18°倾斜。哈雷彗星在众多彗星中几乎是独一无二的,又大又活跃,且轨道明确规律。

2. 海尔-波普彗星

海尔-波普彗星号称"世纪彗星"。它于 1985 年 7 月 22 日由美国天文学家海尔和天文爱好者波普分别独立发现,回归周期约 2000 年。刚发现时它的亮度仅 10.5 等,1997 年 3 月 31 日过近日点时(图 7.11(a)),人们实际看到的海尔-波普彗星最亮达到了 −0.8 等,它的突出特点是蓝色的离子彗尾与黄色的尘埃彗尾都异常明显,两者组成了一个 30°的交角。虽然它不如 1910 年的哈雷彗星和 1965 年的池谷-关彗星那样壮观,但是自 1976 年威斯特彗星之后人们已 20 年未见大彗星,又赶上了新世纪即将来临之际,人们称它为"世纪彗星"。

3. 百武彗星

百武彗星(图 7.11(b))是首次探测到有 X 射线发射的彗星。这颗彗星是日本

(a)   (b)

图　7.11

(a) 海尔-波普彗星；(b) 百武彗星

天文爱好者百武裕司于 1996 年 1 月 30 日发现的,刚发现时它位于火星轨道附近,亮度很低,到了 3 月份,它的亮度急剧增加,一直增到 3 等左右,肉眼清晰可见。百武彗星在 5 月 1 日过近日点。它的一条长长的蓝色离子彗尾,横跨夜空六七十度,蔚为壮观。更引人注目的是,1996 年 3 月 26 日至 28 日,美国和德国的天文学家通过"罗赛特"X 射线天文卫星观测百武彗星,发现它有 X 射线发出。

这是人类第一次探测到发射 X 射线的彗星,而且它的强度也是天文学家始料未及的。百武彗星的 X 射线是怎样形成的? 是来自彗星内部,还是来自太阳风与彗星物质的猛烈撞击? 这一发现又给天文学家们增添了新的研究和探索方向。

4. 威斯特彗星

威斯特彗星是 20 世纪出现的一颗漂亮大彗星。1975 年 11 月由丹麦天文学家威斯特首先发现。1976 年 2 月 25 日过近日点以后达到最亮,亮度约−3 等。它的彗尾又宽又大,宛如一只洁白的孔雀在夜空中张开了它那妖媚动人的羽屏(图 7.12(a))。

5. 科胡特克彗星

科胡特克彗星是最令人失望的彗星。捷克天文学家科胡特克 1973 年 3 月 7 日发现它时亮度约 16 等,距离太阳 4.75AU。天文学家预测当它 12 月 28 日过近日点时亮度可达到−10 等左右,会成为 20 世纪最亮的彗星。世界各国天文学家都做好充分的准备,对它进行史无前例的全面观测(图 7.12(b))。但是后来该彗星并不如预期中的明亮,最亮时仅为−2 等。经过仔细研究后,天文学家才发现科胡特克彗星只是一个柯伊伯带天体,所以无法达到预期中的亮度。

6. 池谷-关彗星

池谷-关彗星是典型的掠日彗星(图 7.13(a))。1965 年 9 月 4 日由日本的两位

图　7.12

（a）威斯特彗星漂亮的"孔雀开屏"；（b）在太空中拍到的科胡特克彗星

天文爱好者池谷和关勉同时独立发现。它的突出特点是近日距极小，仅 46 万千米。太阳内冕的边界距日面约 200 万千米，所以说池谷-关彗星过近日点时是要穿过温度高达百万度的日冕层，真好比是"飞蛾扑火"。

图　7.13

（a）"飞蛾扑火"的池谷-关彗星；（b）池谷-张彗星

1965 年 10 月 2 日，池谷-关彗星过近日点，10 月中下旬，它的亮度达到 −11 等，连白天也能看见，人称"神话般的大彗星"。11 月 4 日发现它裂为三段，它的回归周期是 880 年。

7. 池谷-张彗星

池谷-张彗星以其发现者——日本静冈县的池谷薰和中国河南的张大庆共同命名，这是中国人第一次独立发现彗星，时间是 2002 年 2 月 1 日。张大庆是中国天文爱好者的骄傲。池谷-张彗星（图 7.13（b））位于鲸鱼座，很可能是一颗周期性彗星，有天文学家怀疑它与 1661 年出现的亮彗星是同一颗彗星。

8. 苏梅克-利维 9 号彗星

苏梅克-利维 9 号彗星是曾经撞击木星的彗星。它以 11 年左右的周期绕太阳运动，当它在 1992 年 7 月 8 日离木星最近时，它的彗核被木星引力拉碎成 21 块，变成绕木星运动的群体。它于 1993 年 3 月 24 日由美国天文学家苏梅克夫妇和加拿大业余天文学家利维在帕洛玛山天文台一起发现。

该彗星被发现时的亮度为 14 等，已经分裂成许多块，形成了一串"珍珠项链"（图 7.14(a)）。1994 年 7 月 17 日至 22 日之间这颗彗星的碎块陆续撞向木星。

9. 麦克诺特彗星

麦克诺特彗星（正式编号：C/2006 P1）是澳大利亚天文学家 Robert H. McNaught 于 2006 年 8 月 7 日发现的。它在 2007 年 1 月上旬，过近日点前亮度大增，尘埃尾呈现了非常特殊的扇形（图 7.14(b)），彗尾末端散开呈辐射状；其中最宽的条纹，阔逾 $10°$，长达 $35°$，弯曲超过 $135°$（而满月的视直径约是 $0.5°$），与黄道光几乎重叠。

(a)   (b)

图　7.14

（a）苏梅克-利维 9 号彗星分裂形成了一串"珍珠项链"；（b）麦克诺特彗星

（看了这么多漂亮的彗星，你喜欢哪一颗？进一步去搜集相关资料。）

7.3　极光

极光的美丽是毋庸置疑的。但我相信大部分人是从照片上看到她的美丽的。当然，真正看到美丽的"她"是我们的向往。

7.3.1　极光原理

人们记载极光至少已有 2000 年了，她一直是古典神话的主人公。在中世纪早期，不少人相信，极光是骑马奔驰越过天空的勇士。在北极地区，纽因特人认为，极光是神灵为最近死去的人照亮归天之路而创造出来的。中国古代《汉书》中有"天上出美光,天下有美女"的记载。

1. 极光的产生

产生极光的原因是来自大气外的高能粒子(电子和质子)撞击高层大气中的原子。这种相互作用常发生在地球磁极周围区域。作为太阳风的一部分,荷电粒子在到达地球附近时,被地球磁场俘获,并使其朝向磁极下落。它们与氧和氮的原子碰撞,使之激发成为电离态的离子,这些离子发射不同波长的辐射,产生出红、绿或蓝等色的特征色彩的极光。

目前的研究表明,极光的产生与地球的"磁暴"现象密切相关。地磁场分布在地球的周围,被太阳风包裹着,形成一个棒槌状的腔体,叫做磁层。可以把磁层看成是一个硕大无比的电视显像管,它将进入高空大气的太阳风粒子流汇聚成束,聚焦到地磁的极区,极区大气就是显像管的荧光屏,极光则是电视屏幕上移动的图像(图 7.15)。

图 7.15　太阳风带来的荷电离子撞击地球磁层并产生"拖曳"

但是,这里的电视屏幕却不是 29 英寸或 34 英寸,而是直径为 4000 千米的极区高空大气。通常,地面上的观众,在某个地方只能见到画面的 1/50。在电视显像管中,电子束击中电视屏幕,因为屏上涂有发光物质,会发射出光,显示成图像。同样,来自空间的电子束,打入极区高空大气时,会激发大气中的分子和原子,导致其发光,人们便见到了极光。在电视显像管中,则是一对电极和一个电磁铁作用于电子束,产生并形成一种活动的图像。在极光发生时,极光的显示和运动则是由于粒子束受到磁层中电场和磁场变化的调制造成的。极光不仅有可见光的图像,而且会发出各个波段的射电辐射,可以用雷达进行探测研究。有人注意到极光还能发出声音。

2. 极光出现的区域和极光种类

大多数极光出现在地球上空 90～130km 处,但有些极光要高得多。1959 年,一次北极光的高度达 160km,宽度超过 4800km(图 7.16)。

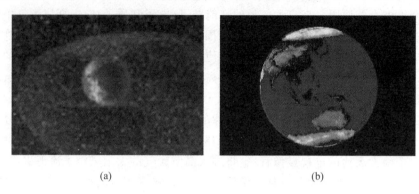

(a)   (b)

图　7.16

(a)"飘荡"在地球周围的荷电离子;(b)"哈勃"在太空中看到的极光

观测统计结果显示,极光最经常出现的地方是南北地磁纬度 67°附近的两个环带状区域内,以南北极为中心 60°伸延至 75°左右,分别称为南极光区和北极光区。

在极光区内,差不多每天都会发生极光活动。在极光区所包围的内部区域,通常称为极盖区,在该区域内,极光出现的机会反而比纬度较低的极光区来得少。在中低纬度地区,尤其是近赤道地区,很少出现极光,但并不是说完全观测不到极光,只不过要数十年才难得遇到一次。1958 年 2 月 10 日夜间的一次特大极光,在热带地区都能见到,而且其显示出鲜艳的红色。这类极光的发生往往与特大的太阳耀斑爆发和强烈的地球磁暴有关。

从科学研究的角度,人们将极光按其形态特征分成五种:一是底边整齐微微弯曲的圆弧状极光弧(图 7.17(a));二是有弯扭折皱的飘带状极光带(或称为带状极光,图 7.17(b));三是如云朵一般的片朵状极光片(图 7.17(c));四是像面纱一样均匀的幕状极光幔;五是沿磁力线方向的放射状极光冕。

3. 极光的色彩

极光在不同的环境、不同的气候、不同的时间会呈现多种色彩的变幻,研究表明,极光呈现的颜色是由以下 4 个因素决定的:

(1) 入射粒子的能量;

(2) 大气中的原子和分子在不同高度的分布状况;

(3) 大气中原子和分子本身的特性;

 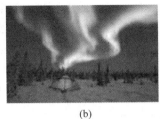 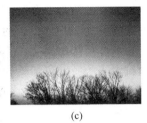

(a) (b) (c)

图 7.17

(a) 圆弧状极光弧;(b) 飘带状极光带;(c) 云朵状极光片

(4) 大气密度的均匀度。

入射粒子的能量高低决定了粒子能够冲入大气的深度,因此决定了极光产生的高度;而大气成分随高度的变化决定了入射粒子可能会撞击到哪种原子或分子,因此决定了可能发出的极光波长。此外,大气粒子本身的特性也很重要,这些特性直接决定极光所发出光的颜色。

另外,大气密度也会影响极光的颜色。由于高层大气密度较低,发光的过程不会受到原子和分子彼此碰撞的干扰。不过,距离地表越近,大气密度越高,分子之间的撞击较为频繁,这会使得某些波长的光不容易产生。

决定极光颜色的主要因素之一,就是不同种类分子在大气中的垂直分布状况。在接近地表处,大气的组成十分均匀,78%是氮分子,21%是氧分子,这样的组成直到高度约 100 千米处都是如此。在更高之处,来自太阳的高能紫外线会将大气分子分解成原子,不同种类的原子受到重力影响而产生不同的分布,较轻的原子会分布在上层。

在大气层的最顶端,也就是约在距离地表 500 千米处,氢与氦原子占了大部分;距离地表 200~500 千米,氧原子的数目最多;在 100~200 千米,则是氮分子的数目最多,其余主要是氧原子和氧分子;60~100 千米主要由氧分子和氮分子构成。

知道了以上大气的分布,你就能猜到,高度介于 60~100 千米的极光,主要的光应该来自氧和氮分子;100~200 千米的极光主要由氮分子和氧原子所贡献;在 200 千米以上,极光主要来自氧原子,少部分来自氮分子;在大气的最高层,氢与氦原子也会产生极光,不过这些光十分微弱,肉眼不容易见到。一般来说,当氧原子受电子激发后,会发出绿色和红色的光,在大气中主要发出浅绿色光。能量较高的电子激发中性氮分子,发出粉红色或紫红色的光。电离的氮分子则发出紫蓝色的光。(判断一下,地球大气层沿地面向上的高度,比如 50,100,150,…,500 千米处极光的主要颜色。)

大气的密度也是决定极光颜色的重要因素之一。在地表附近,每立方厘米的

空气约有高达 10^{19} 个分子。大气密度随着高度升高而降低,在距离地表 50 千米处,密度下降 1000 倍。到了 100 千米处,密度更是比海平面降低 200 万倍。不过,到了 200 千米的高空,每立方厘米仍然有 100 亿颗(10^{10})气体粒子。相比之下,太阳风粒子的密度仅为大约每立方厘米 5 颗。

尽管 150 千米以上的高空仍然有许多气体粒子,但粒子之间的撞击已经不像低空那样频繁。碰撞会影响极光颜色,这是由于撞击会把处于激发状态的原子或分子的能量夺走,而这能量原本会放射出特定颜色的光。由于氧原子第一激发态的生命期长达 110 秒,在这段时间内如果受到其他原子撞击,就会失去能量而无法放出波长 6300 埃的红光。在 200 千米以上的高空,碰撞频率很低,所以影响不大,但是在比较低的高度,红色光就明显受到抑制。

7.3.2　极光观测

极光实质上是地球周围的一种巨大的放电现象。由此可知,研究极光的时空出现率,就能了解到形成极光的太阳粒子的起源,以及这些粒子从太阳上形成,经过行星际空间、磁层、电离层,以及最终消失的过程,并能了解到在此过程期间,这些粒子在一路上受到电的和磁的、物理的和化学的、静力学的和动力学的各种各样的作用力的情况。因此,极光可以作为日地关系的指示器,可以作为太阳和地磁活动的一种电视图像,去探索太阳和磁层的奥秘。

极光还是一种宇宙现象,在其他磁性星体上也能见到,如图 7.18(a)所示的土星极光。

极光不但美丽,而且在地球大气层中投下的能量,可以与全世界各国发电厂所产生电容量的总和相比。这种能量常常扰乱无线电和雷达的信号。极光所产生的强力电流,会集结在高压电传输线或影响微波的传播,使电路中的电流局部或完全"损失",甚至使电力传输线受到严重干扰,从而使某些地区暂时失去电力供应。利用极光所产生的能量为人类造福,也是科学界的一项重要使命。

对于一般民众来讲,更重要的就是如何去欣赏极光!那么,在什么时间、什么地点欣赏极光最好呢?

秋季至冬季可以在晴朗的夜空中看到极光。其他季节也有极光出现,但只有在黑暗的夜空才能看到,所以欣赏极光的最佳日期为日照时间最短的 9 月至次年 4 月初。

在格陵兰岛南部欣赏极光的最佳日期为 8 月中旬至次年 3 月底。奇怪的是,春季、秋季极光的出现比冬季更有规律。尽管黑暗的地方是欣赏极光的最佳位置,但是月光和城市的灯火辉煌并不一定妨碍人们欣赏极光。相反,雪地和建筑物反射的月光有时还会给摄影作品留下神奇的效果。

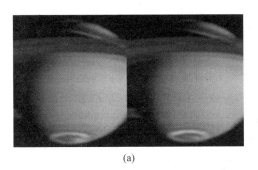

(a)   (b)

图 7.18

(a) 淡蓝色的土星极光；(b) 阿拉斯加的极光

关于欣赏极光的地点，许多人认为美国阿拉斯加州(图 7.18(b))和加拿大更靠近极区，是比较好的地点。但各方面权衡，斯堪的纳维亚应该是最适合欣赏极光的地点，它的最大特点是极光出现在人们的正常活动范围内。一般来说，北纬 65°以上的地区为极光区(南极附近陆地较少，不适合作为欣赏极光的地点)。天气晴朗时，如果该地区温度在 −15～−10 摄氏度之间，一般都可以欣赏到北极光。在居住区，极光在城市的灯火的辉照下显得格外美丽。白天，可以游览景点，晚上我们可以悠闲地等候极光的光临。以下几个地点可供您选择。

丹麦：格陵兰、堪格尔路斯思阿克、伊卢里萨特；

挪威：博德、罗弗敦、纳尔维克、特罗姆瑟、阿尔塔、北角(这是欧洲最北端的海角，距离北极 2110 千米)；

瑞典：基律纳、于克斯亚尔比、耶利瓦勒、约克摩克(位于北极圈内)。

天文小知识

1. 有关恐龙灭绝

恐龙究竟为什么在地球上销声匿迹？一直以来，科学界对此争论不休。英国科学家提出了一种推测，假设恐龙的生理结构类似于当今的爬行类动物的话，那么6500 万年前，由于地球环境发生了巨大变化，恐龙后代的性别大受温度影响，出现了严重的性别失调现象，雌性恐龙越来越少，以致恐龙家族渐渐无法继续繁衍。

在动物王国中，脊椎动物的性别是在受精的一刹那由父母双方的染色体所决定的。如果一条 X 染色体遇到了一条 Y 染色体，那么下一代性别就是雄性；如果两条 X 染色体相遇，那么下一代性别则为雌性。哺乳动物、鸟类、蛇类以及爬行动物中的蜥蜴后代性别都是如此确定的。

然而,由于生理构造和新陈代谢不同,大多数卵生爬行动物后代性别的确定方式非常独特,它们受孵化时巢穴温度的影响。海龟和鳄鱼就是其中的典型代表,即使它们在同一巢穴中生下上下两层蛋,由于温度不同,孵出的幼体性别也不同。

英国利兹大学的大卫·米勒教授带领一个科研小组进行了相关研究,他们认为恐龙的生理构造与当今的卵生爬行动物颇为相似,他们由此推测出恐龙后代的性别很可能也会随着温度的变化而改变,并提出寒冷天气状况会导致恐龙家族多添雄性宝宝,这极可能是导致恐龙覆灭的重要原因。(有兴趣的话,去调查一下各类动物的繁殖机制、类型,做一个表格说明。)

那么,是什么原因导致了气候变化呢?科学界的说法是:在6500万年前,一颗小行星曾与地球相撞,使许多恐龙和其他古生物死亡,碰撞使得大量尘埃漫天飞舞,并令火山运动更加频繁,导致大气中的火山灰增多,因而地球上一度阴云密布,罕见阳光,地球的温度随之急剧下降。

米勒认为,幸存下来的恐龙在这样的条件下继续生存繁衍,但是由于天气寒冷,恐龙妈妈孵出的大多是雄性小恐龙,这使恐龙世界雌雄比例严重失调,随着雌性恐龙的逐渐减少,恐龙家族也就走向了灭亡。

米勒研究小组中的另一位专家舍曼·西尔博也表示:"在6500万年前,地球上的生命并没有全部灭亡,当时的温度发生了极大的变化,但是那些庞然大物(指恐龙)的遗传系统并没有改变,所以无法与环境适应,以致恐龙家族性别失调。"

有人指出,早在小行星撞击地球之前,海龟和鳄鱼已经出现在地球上了,它们又是如何逃过这场劫难,顺利繁衍到现在的呢?专家们也对此做出了解释。有科学家在论文中写道:"这些动物(指海龟和鳄鱼)一直生活在水陆交界地带,诸如河床和浅水洼里,这些地方的环境变化相对较小,因而它们有较为充裕的时间去适应环境的变化。"这应了中国一句古话:"船小好掉头。"

关于恐龙灭绝还有一些其他学说。

(1)"气候大变动论" 持这种说法的科学家认为白垩纪晚期的造山运动引起气候的剧烈变化,许多植物枯死,食用植物的恐龙因此死去。

(2)"疾病论" 美国权威的病理学家认为在地球上恐龙这一物种发展到最鼎盛的时期,一场神秘病毒或者瘟疫突然席卷了整个地球,使称霸地球长达1.4亿年的物种灭绝。

(3)"地磁移动论" 美国学者提出,地球磁极的极圈曾多次发生移动,每次移动都导致自然环境巨大变化,使恐龙难逃绝种之劫。

(4)"便秘论" 持这种观点的人认为,食草类恐龙的食物以苏铁、羊齿等植物为主,后来这类植物灭绝,所以恐龙们不得不改食桑树等植物,造成便秘,食而不化而死亡。

(5)"种族老化论和哺乳类竞争论" 持这两种观点的人认为,在生存竞争中,"后来者"哺乳类不但与恐龙争食,而且把恐龙蛋吃光了,使恐龙绝了后。

2. 哈雷和哈雷彗星

爱德蒙·哈雷(Edmond Halley),1656 年 10 月 29 日出生于伦敦,1742 年 1 月 14 日逝世于伦敦,英国天文学家、地质物理学家、数学家、气象学家和物理学家。曾任牛津大学几何学教授,并任第二任格林尼治天文台台长。

(1)哈雷的传奇人生

哈雷 20 岁毕业于牛津大学王后学院。此后,他放弃了获得学位的机会,去圣赫勒拿岛建立了一座临时天文台。在那里,哈雷仔细观测天象,编制了第一个南天星表,弥补了天文学界原来只有北天星表的不足。哈雷的这个南天星表包括了 381 颗恒星的方位,它于 1678 年刊布,当时哈雷才 22 岁。

哈雷是个不同凡响的人物。他当过船长、地图绘制员、牛津大学几何学教授、皇家制币厂副厂长、皇家天文学家,是深海潜水钟的发明者。他写过有关磁力、潮汐和行星运动方面的权威文章,还天真地写过关于鸦片的效果的文章。他发明了气象图和运算表,发现了恒星的自行,提出了利用金星凌日的机会测算地球年龄和地球到太阳的距离的方法,他甚至还发明了一种把鱼类保鲜到淡季出售的实用方法。此外,他还发现了月亮运动的长期加速现象,为精密研究地月系的运动作出了重要贡献。

哈雷作为船长航海归来后,绘制了一张显示大西洋各地磁偏角的地图。磁偏角,即指南针指示的北方与实际正北方的夹角,我国宋代科学家沈括首先发现磁偏角现象。哈雷在十四五岁时就对这种现象感兴趣了,当时还亲手测量了几次。三十多年后,在经历海上、船上重重艰辛后,这张实用又美观的地图问世了。它是第一张绘有等值线的图。图中每条曲线经过的点,磁偏角的值都是相同的。我们常看到的等高线地形图、有等气压线的天气图,其实都来自哈雷的创意。等值线在当时被称为"哈雷之线"(Halleyan Lines)。

如果有人拿出个难题请教哈雷,哈雷一定会想尽办法去解决它。比如说,一个皇家学会成员约翰·霍顿问道:怎样才能合理而准确地测量出英格兰和威尔士的总面积呢?版图是不规则的,直接对着地图,用尺子测量再计算显然太费工夫了。对这个复杂的问题,哈雷用了一种独特的方式轻松解决了。他找来了当时最精确的地图,贴在一块质地均匀的木板上,然后小心地沿着边界把地图上的英格兰和威尔士切下来,称其重量;再切下一块面积已知的木板(如 10cm×10cm),称其重量。两块的重量之比也就是它们的面积之比,所以英格兰和威尔士在地图中的面积可以很容易算出。再根据比例尺进行放大,就可知两地区的实际面积了。他得出的结果和现在用高科技手段测量出的面积惊人的一致。这种方法也可以在某些科学竞赛中找到踪影。

他对人类知识的最大贡献也许只在于他参加了一次科学上的打赌。赌注不大,对方是那个时代的另外两位杰出人物。一位是罗伯特·胡克,人们现在记得最清楚的兴许是他描述了细胞;另一位是伟大而又威严的克里斯托弗·雷恩爵士,他起先其实是一位天文学家,后来还做过建筑师。1683年,哈雷、胡克和雷恩在伦敦吃饭,席间谈话内容转向天体运动。据说,行星往往倾向于以一种特殊的卵行线即以椭圆形在轨道上运行——用理查德·费曼的话来说,"一条特殊而精确的曲线"——但不知道什么原因。雷恩慷慨地提出,要是他们中间谁能找到答案,于是他愿意发给他价值40先令(相当于两个星期的工资)的奖品。胡克以好大喜功闻名,尽管有的见解不一定是他自己的。他声称他已经解决这个问题,但现在不愿意告诉大家,他的理由有趣而巧妙,说是这么做会使别人失去自己找出答案的机会。因此,他要"把答案保密一段时间,别人因此会知道怎么珍视它"。没有迹象表明,他后来有没有再想过这件事。可是,哈雷对此着了迷,一定要找到这个答案,于是他前往剑桥大学,冒昧拜访该大学的数学教授艾萨克·牛顿,希望得到他的帮助。1684年8月,哈雷登门拜访牛顿时问他,要是太阳的引力与行星离太阳距离的平方成反比,他认为行星运行的曲线会是什么样的。牛顿马上回答说,会是一个椭圆。哈雷又高兴又惊讶,问他是怎么知道的。他说:"我已经计算过了。"接着,哈雷马上要他的计算材料。牛顿在材料堆里翻了一会儿,但是没有找到。在哈雷的敦促之下,牛顿答应再算一遍。之后,牛顿有两年时间闭门不出,最后拿出了他的杰作《自然哲学的数学原理》。哈雷自费为牛顿出版了这本书。

也就是说,因为哈雷,才会诞生科学史上最伟大的著作之一——《自然哲学的数学原理》。

(2) 哈雷的绰号

哈雷有许多有意思的绰号。当年他出色地绘制了南天星图,于是当时的英国皇家天文学家弗拉姆斯蒂德(John Flamsteed)便叫他"南天第谷(Our Southern Tycho)"。第谷是丹麦天文学家,他用肉眼精确测量了北天777颗恒星的位置,并发掘出了后来成为"星空立法者"的开普勒。弗拉姆斯蒂德也以观测精确著称,第谷自然成为他心中至高的偶像。22岁的哈雷竟被严肃刻板的弗拉姆斯蒂德毫不吝啬地誉为"南天第谷",其天文才华可见一斑。

可是,几十年后,哈雷从弗拉姆斯蒂德那里得来了另一个性质完全不一样的绰号"雷霉儿(Raymer)"。这是怎么一回事呢?

说起来,弗拉姆斯蒂德和第谷确实有很多共同点。第谷发掘了开普勒,而在某种意义上,弗拉姆斯蒂德发掘了哈雷。格林尼治天文台刚准备建设那会儿,弗拉姆斯蒂德作为被指定的天文台第一任台长,到牛津大学选助手。当时正在上大二的哈雷在同龄人中脱颖而出,从此逐渐成为公众的焦点。

　　天文台建设得很顺利,一切看起来相当不错。可是随着时间推移,弗拉姆斯蒂德发现他和哈雷的性格根本合不到一块儿。哈雷活泼好动,说起话来轻快幽默,不着边际的想法多得是,比如说,为什么星星有无数颗,夜晚还是黑的?他甚至有时会搞无伤大雅的恶作剧。这种个性在大部分人看来,当然是极具吸引力的。加上哈雷才华横溢,在公众影响力方面几乎是把弗拉姆斯蒂德秒杀了。弗拉姆斯蒂德一是嫉妒,二是作为一个认真严肃的学者,他绝对不能容忍哈雷这样大大咧咧锋芒毕露地做学问,于是有段时间他大肆诽谤,传了很多哈雷的丑闻。

　　从此这两个昔日志同道合的人变成了针尖对麦芒的冤家,互相打着笔墨官司,谁也不让谁。其实哈雷是个大方的人,口才又好,几乎成了皇家学会的"专业调解员"。胡克和赫维留(Hevelius)之争、牛顿和胡克之争、牛顿和莱布尼茨之争,都是有了哈雷的劝说才稍显平息(尽管后两者最终还是酿成悲剧)。但哈雷容忍不了弗拉姆斯蒂德,在他眼里弗拉姆斯蒂德简直是个嫉妒心极强、脾气又怪异的家伙。

　　而弗拉姆斯蒂德则认为哈雷浮夸自负,没真本事,只靠发挥想象力、拉关系在皇家学会里混。更重要的是,哈雷貌似对神不敬。其实哈雷不过是试图用科学道理解释《圣经》里的一些奇异事件,比如大洪水。

　　与此同时,弗拉姆斯蒂德仍以第谷自诩,他觉得自己的境遇和第谷简直有异曲同工之妙。第谷也有个针尖对麦芒型的冤家,叫 Raymers。但弗拉姆斯蒂德可不敢自夸说自己就是第二个第谷,他只好说他的冤家哈雷是第二个 Raymers,简称 Raymer,似乎这样一来也就间接证明了自己和第谷有缘。

　　不过不管怎样,"南天第谷"和"雷霉儿"这两个绰号都挺来之不易的,浓缩了两个人之间的戏剧性的传奇。

　　人们(尤其在西方)谈到哈雷,习惯性地不直呼其名,而是叫他"彗星男(The Comet Man)"。当然,在其他书中,我们可以看到,哈雷还被称为"潮汐王子(Prince of Tides)""地球物理学之父(Father of Geophysics)"等。

　　还有哪个科学家能享有如此多的绰号呢?

　　以哈雷命名的事物有哈雷彗星——哈雷第一个预言它的回归,哈雷环形山——是火星上的一座环形山,哈雷研究站——位于南极洲。

　　(3) 哈雷彗星

　　哈雷彗星(正式的名称是 1P/Halley)是最著名的短周期彗星,每隔 75 年或 76 年就能从地球上看见,哈雷彗星是唯一能用裸眼直接从地球看见的短周期彗星,也是人一生中唯一可能以裸眼看见两次的彗星。其他能以裸眼看见的彗星可能会更壮观和美丽,但那些都是数千年才会出现一次的彗星。

至少在西元前 240 年，或许在更早的西元前 466 年，哈雷彗星返回内太阳系就已经被天文学家观测和记录到。在古代的中国、巴比伦和中世纪的欧洲都有这颗彗星出现的清楚记录，但是当时并不知道这是同一颗彗星的再出现。这颗彗星的周期最早是哈雷测量出来的，因此这颗彗星就以他为名。哈雷彗星上一次回归是在 1986 年，下一次回归将在 2061 年。

在 1986 年回归时，哈雷彗星成为第一颗被太空船详细观察的彗星，提供了第一手的彗核结构与彗发和彗尾形成机制的资料。这些观测支持一些长期以来有关彗星结构的假设，特别是弗雷德·惠普的"脏雪球"模型，正确地推测哈雷彗星是挥发性冰（像是水、二氧化碳和氨）和尘埃的混合物。

哈雷彗星是第一颗被确认的周期彗星。直到文艺复兴之前，哲学家们一致认定彗星的本质是如亚里士多德所论述的，只是地球大气中的一种扰动。这种想法在 1577 年被第谷推翻，他以视差的测量显示彗星必定在比月球之外更远的地方。许多人依然不认同彗星轨道是绕着太阳，并且假定它们在太阳系内的路径是遵循直线行进的。

在 1687 年，艾萨克·牛顿发表了它的《自然哲学的数学原理》，他在其中简略地介绍了引力和运动的规律。虽然他一直怀疑在 1680 年和 1681 年相继出现的两颗彗星是掠过太阳之前和之后的彗星（后来发现他是正确的），但他在行星的工作还未完成，因此未将彗星放入他的模型中。最后，是牛顿的朋友、编辑和出版者——哈雷，在 1705 年使用了牛顿新的定律来计算木星和土星的引力对彗星轨道的影响。它的计算使得他在检视历史的记录后，有能力确定在 1682 年出现的第二颗彗星，和 1531 年（由阿皮昂观测）、1607 年（由约翰·开普勒观测）出现的彗星有着几乎相同的轨道要素。哈雷因此推断这三颗彗星事实上是同一颗彗星每隔 76 年来一次，周期在 75～76 年间修正。在粗略地估计行星引力对彗星的摄动之后，他预测这颗彗星在 1758 年将会回来。1758 年 12 月 25 日这颗彗星被德国的一位农夫也是业余天文学家的约翰·帕利奇（Johann Georg Palitzsch）发现，证明哈雷的预测是正确的。它受到木星和土星摄动延迟的影响是 618 天，直到 1759 年 3 月 13 日才通过近日点。由三位法国数学家 Alexis Clairaut、Joseph Lalande 和 Nicole-Reine Lepaute 组成的小组，认为这个效果使它提前了一个月回归（与 4 月 13 日有一个月的误差）。但是哈雷于 1742 年逝世，未能活着看见这颗彗星的回归。彗星回归的确认，首度证实了除了行星之外，还有其他的天体绕着太阳公转。这也是最早对牛顿物理学成功的测试。在 1759 年，法国天文学家尼可拉·路易·拉卡伊将这颗彗星命名为哈雷彗星，以显示对哈雷的尊崇。

在 1 世纪的犹太天文学家可能已经认为哈雷彗星是有周期性的。提出这理论是注意到在一篇犹太法典的短文中提到："有一颗星隔 70 年出现一次，会使船长发生错误。"

哈雷彗星的记录和联想

最早和最完备的对哈雷彗星的记录皆在中国。据朱文鑫考证：自秦始皇七年（公元前 240 年）至清宣统二年（1910 年）共有 29 次记录，并符合计算结果。

在欧洲，哈雷彗星的记录也十分详尽，最早的记录在公元前 11 年。但哈雷彗星回归与其他彗星一样，往往被众多迷信的居民联想成灾星，跟恐慌与灾祸扯上关系；1066 年 4 月回归时，英国刚好遇着诺曼底公爵王朝前的侵略战争，当时居民见到彗星高挂的恐惧情况被绘在贝叶挂毯上留传后世。

1910 年之回归

1910 年回归时，尽管已是工业化的社会，但人们仍对哈雷彗星充满恐惧。当时计算出来的结果显示：过近日点后的哈雷彗星彗尾将扫过地球，有报纸故意夸大其恐怖性（彗尾中有毒气渗入大气层，并将毒死地球上大部分人，实际上彗尾中的气体是陨星自然产生，不会毒死人类），当时有些偏僻村落的人感到异常恐慌，有报道在中欧和东欧甚至有人因此自杀。

这次回归开始，哈雷彗星有了照片和光谱记录。这次回归最早在 1909 年 9 月 11 日被发现，当时彗星亮度 16 等；1910 年 5 月中旬直至月底的彗核亮度达 2～3 等，5 月 17 日彗尾长达 100°，往后更发展至 140°之长。由于天文学家已预计 5 月 20 日地球经过哈雷彗星的彗尾（两者相距只有 0.15AU），这样引起包括气象学研究人员对环境的监测。这段时间拍下的彗头照片显示彗头复杂动荡的结构，并且有晕状和鸟冠状的光芒，5 月 24 日彗核中心分为两个，各被抛物线状物包围；当年 8 月时为 9 等星，翌年 1 月时变为 13～14 等，那次回归最后观测记录是 1911 年 6 月 16 日。

1986 年之回归

1986 年初回归时，人类对哈雷彗星作了最详尽的观测。1982 年 10 月 16 日率先被美国帕洛玛山天文台 5 米反射望远镜以 CCD 拍摄到，光度为 24.2 等，当时暂定名为 1982Ⅰ。

由于 1910 年观测时没有计划，当时各天文台观测方法和仪器上没有互相联系，故没有良好成果。为更有效协调全球观测网络，世界各天文台和天文爱好者之间联合观测。以美国喷射推进实验室（JPL）为中心，由美国国家航空航天局（NASA）赞助，并经国际天文学联会（IAU）赞同，由 22 位天文学家组成委员会于 1982 年 8 月 16 日在希腊举行的国际天文学联合会第 18 次全体会议上正式成立"国际哈雷彗星观测计划"（International Halley Watch，IHW）。计划有统一的观测原则，出版规范观测资料和方法，也考虑资料整理，因此使比较研究更容易。此计划由 1983 年 10 月中旬开始直至 1987 年年末，不间断地对哈雷彗星进行观测。

为了观察哈雷彗星,当时参加这场国际哈雷彗星观测计划的国家所属太空中心中,美国国家太空总署、苏联太空局、欧洲空间局以及日本宇宙空间研究所发射了7架宇宙探查器,其中由美国发射的ICE、欧洲发射的乔托号、日本发射的先驱号和彗星号以及苏联发射的维加一号和维号二号在天文迷中普遍被称作"哈雷舰队"。

1991年2月,南欧天文台以1.54米丹麦望远镜观测到哈雷彗星的亮度突然从25等增亮至21.5等,并冒出20角秒(约20万千米)的彗发,这估计是受到一颗小行星的撞击或者太阳耀斑的激波激发所致。

在20世纪最后一次在拍摄中发现哈雷彗星为1994年1月10日,是智利欧南台的3.58米新技术望远镜(New Technology Telescope)观测的。2003年3月6日,天文学家以南欧天文台三座8.2米VLT望远镜在长蛇座头部再次拍到它(81张照片,共计9小时曝光),距地球27.26AU(40.8亿千米),亮度28.2等。天文学家相信,以现时的观测技术,即使它在2023年过远日点(35.3 AU)时,也可拍到其影像。

哈雷彗星下次过近日点为2061年7月28日。

3. 玛雅文明与地球灾难

玛雅(Maya)文明是拉丁美洲古代印第安人文明,美洲古代印第安文明的杰出代表,以印第安玛雅人而得名。约形成于公元前1500年,主要分布在墨西哥南部、危地马拉、巴西、伯利兹以及洪都拉斯和萨尔瓦多西部地区。玛雅文明持续约30个世纪,16世纪被西班牙帝国毁灭。分为前古典期、古典期和后古典期三个时期,其中,公元3~9世纪为其鼎盛时期。

玛雅文明是哥伦布发现美洲大陆之前出现的。它在科学、农业、文化、艺术等诸多方面,都作出了极为重要的贡献。相比而言,西半球这块广阔无垠的大地上诞生的另外两大文明——阿兹台克(Aztec)文明和印加(Inca)文明,与玛雅文明都不可同日而语。

但是,让世人百思不得其解的是,作为世界上唯一一个诞生于热带丛林而不是大河流域的古代文明,玛雅文明与它奇迹般的崛起和发展一样,其衰亡和消失也同样充满了神秘色彩。8世纪左右,玛雅人放弃了高度发展的文明,大举迁移。他们创建的每个中心城市也都终止了新的建筑,城市被完全放弃,繁华的大城市变得荒芜,任由热带丛林将其吞没。玛雅文明一夜之间消失于美洲的热带丛林中。

到11世纪后期,玛雅文明虽然得到了部分复兴,然而,相较于其全盛时期,其辉煌早已不比往昔。随着资本主义海外扩张的血腥行动的到来,玛雅文明最后被西班牙殖民者彻底摧毁,此后便长期湮没在热带丛林中。

18 世纪 30 年代,美国人约翰·斯蒂芬斯(John Stephens)在洪都拉斯的热带丛林中首次发现了玛雅古文明遗址。从此以后,世界各国的考古学家在中美洲的丛林和荒原上又发现了许多处被弃的玛雅古代城市遗迹。玛雅人在既没有金属工具,又没有运输工具的情况下,仅仅凭借新石器时代的原始生产工具,便创造出了灿烂而辉煌的文明。

(1) 玛雅文明的发现

1839 年,探险家斯蒂芬斯率队在中美洲热带雨林中发现古玛雅人的遗迹:壮丽的金字塔、富有的宫殿和用古怪的象形文字刻在石板上的高度精确的历法。

考古学界对玛雅文明湮灭之谜,提出了许多假设,诸如外族入侵、人口爆炸、疾病、气候变化……各执己见,给玛雅文明涂上了浓厚的神秘色彩。

为解开这个千古之谜,20 世纪 80 年代末,一支包括考古学家、动物学家和营养学家在内的共由 45 名学者组成的多学科考察队,踏遍了即使是盗墓贼也不敢轻易涉足的常有美洲虎和响尾蛇出没的危地马拉佩藤雨林地区。这支科考队用了 6 年时间,对约 200 多处玛雅文明遗址进行了考察,结论是:玛雅文明是因争夺财富及权势的血腥内战,自相残杀而毁灭的。玛雅人并非是传说中那样热爱和平的民族,相反,在公元 300—700 年的全盛期,毗邻城邦的玛雅贵族们一直在进行着争权夺利的战争。玛雅人的战争好像是一场恐怖的体育比赛:战卒们用矛和棒作兵器,袭击其他城市,其目的是抓俘房,并把他们交给己方祭司,作为向神献祭的礼品,这种祭祀正是玛雅社会崇拜神灵的标志。

玛雅社会曾相当繁荣。农民垦殖畦田、梯田和沼泽水田,生产的粮食能供养激增的人口。工匠以燧、石、骨角、贝壳制作艺术品,制作棉织品,雕刻石碑铭文,绘制陶器和壁画。商品交易盛行。但自公元 7 世纪中期开始,玛雅社会衰落了。随着政治联姻情况的增多,除长子外的其他王室兄弟受到排挤。一些王子离开家园去寻找新的城市,其余的人则留下来争夺继承权。这种"窝里斗"由原来为祭祀而战变成了争夺珠宝、奢侈品、王权、美女……战争永无休止,生灵涂炭,贸易中断,城毁乡灭,最后只有 10% 的人幸存下来。

现在仍有 200 万以上的玛雅人后裔居住在危地马拉低地以及墨西哥、伯利兹、洪都拉斯等处。但是玛雅文化中的精华如象形文字、天文、历法等知识已消失殆尽,未能留给后代。

"地球并非人类所有,人类却是属于地球所有。"——玛雅预言。根据玛雅预言的表示,现在我们所生存的地球,已经是在所谓的第五太阳纪。到目前为止,地球已经过了四个太阳纪,而在每一纪结束时,都会上演一出惊心动魄的毁灭剧情。

第一个太阳纪是马特拉克提利(MATLACTIL ART),最后被一场洪水所灭,还有一说法是诺亚的洪水。

第二个太阳纪是伊厄科特尔(Ehecatl),被风蛇吹得四散零落。

第三个太阳纪是奎雅维洛(Tleyquiyahuillo),则是因天降火雨而步向毁灭之路,乃为古代核子战争。

第四个太阳纪是宗德里里克(Tzontlilic),也是在火雨的肆虐下引发大地覆亡。

玛雅预言也说,从第一到第四个太阳纪末期,地球皆陷入空前大混乱中,而且往往在一连串惨不忍睹的悲剧下落幕,地球在灭亡之前,一定是会先发出警告。

玛雅预言的最后一章,大多是年代的记录,而且这些年代的记录如同串通好的,全部都在"第五太阳纪"时宣告终结,因此,玛雅预言地球将在第五太阳纪迎向完全灭亡的结局。当第五太阳纪结束时,必定会发生太阳消失,地球开始摇晃的大剧变。根据预言所说,太阳纪只有五个循环,一旦太阳经历过5次死亡,地球就要毁灭,而第五太阳纪始于纪元3113年,历经玛雅大周期5125年后,迎向最终。而以现今西历对照这个终结日子,就在公元2012年12月22日前后(查阅资料,看看在所谓"世界末日"那一天,当今社会的地球都发生了什么?)。

(2) 玛雅人的天文学知识

种种预言大多与天文学有关。相比较而言玛雅人的天文学知识是相当完备的,其中太阳、金星、月亮尤其是历法方面的知识达到了很高的水平。

在玛雅历法中一年固定为365天,并以此来测量各种天文现象。但根据现代天文学的精确测量,一年所需时间应为365.2422天。玛雅的神职人员意识到了他们的历法与真正的太阳运作周期之间存在着偏差,天文学家兼神职人员研究出了一个纠正偏差的方案,这一方案比格列高里历法的跳跃纪年纠正偏差的方法要稍精确一些。

现代天文学中一年的长度为365.2422天,旧的、不精确的儒略历纪年中一年的长度为365.2500天;纠正后的公历纪年中一年的长度为365.2425天;古代玛雅天文学中一年的长度为365.2420天。玛雅人同时也精确地测算出了月亮运行的周期。

金星是古代玛雅天文学家重点观测的行星之一。玛雅人还观测了其他的星辰及星座,也许古代的玛雅人也有他们自己的"黄道十二天官图",包括13个位置层,在《佩雷斯古抄本》一书中,"玛雅黄道十二天官图"是出现在第23或24页上。

北极星也有其重要地位。它出现的位置永恒不变,同时,与它相继的其他星座也绕北极星而动,使北极星成为一个可靠的参照物。

(3) 玛雅人的"卓金历"和"世界末日"

在玛雅历法中,"卓金历"以一年为260天计算。但奇怪的是,在太阳系内却没有一个适用这种历法的星球。依照这种历法,这颗行星的大致位置应在金星和地球之间。"卓金历"中的这个符号,表达了玛雅人所描述的银河核心,并与我们所熟知的太极阴阳图非常相似。有玛雅学者认为,这个叫"卓金历"的历法记载了"银河季候"的运行规律,而据"卓金历"所言:我们的地球现在已经在所谓的"第五个太阳纪"了,这是最后一个"太阳纪"。在银河季候的这一段时期中,我们的太阳系正经历着一个历时 5100 多年的"大周期"。时间是从公元前 3113 年起到公元 2012 年止。在这个"大周期"中,运动着的地球以及太阳系正在通过一束来自银河系核心的银河射线。这束射线的横截面直径为 5125 地球年。换言之,地球通过这束射线需要 5125 年之久。

玛雅人把这个"大周期"划分为十三个阶段,每个阶段的演化都有着十分详细的记载。在十三个阶段中每一个阶段又划分为二十个演化时期。每个时期历时约二十年。这样的历法循环与中国的"天干""地支"十分相似,历法是循环不已的,而不是像西元纪年一直线似的没有终点。

(4)玛雅文明消失原因的猜测

玛雅文化发展了很长一段时间,但让人不解的是公元 830 年,科班城浩大的工程突然停工;835 年,帕伦克的金字塔神庙也停止了施工;889 年,笛卡儿正在建设中的寺庙群工程中断了;909 年,玛雅人最后一个城堡,也停下了已修过半的石柱,散居在丛林中的玛雅人都抛弃了原来的家园,集体向北迁移。过了一段时期,玛雅文明就彻底消失了。这究竟是为什么呢?这个让许多历史学家费解的问题,也使我们十分感兴趣,于是我们大胆做了一些猜测。

① 随外星人离去

在布兰科"铭文神殿"中,曾发现一个很怪的皇家的坟墓。它中间停放一具巨大的石棺,里面躺着一位玛雅国王的遗骨。现在一般认为它曾是布兰科一位极受尊敬的国王,名字叫太阳陛下帕卡尔(Pacar)。这个布兰科的石棺是用一块巨大的木兰花色石灰石做成的,重约 5 吨,面积超过 7 平方米。石棺上盖的雕刻很复杂,上面刻画的是一个蜷曲的几乎处于 W 形的玛雅人形,周围环绕他的是一些奇怪的图案。位于中心的人物看起来像是浮在那里似的。瑞士作家艾瑞兹(Erez)于 20 世纪 60 年代在他的名著《神之战车》里提到,在棺盖中心处蜷着身子的那人实际是一个宇航员,他正在控制着自己那正在起飞的飞船。有些人甚至推测玛雅人突然消失的原因是他们随着外星人的宇宙飞船一同离去。玛雅人对天文如此了如指掌,他们创造奇迹,却又神秘地消失,也许他们是外星人与人类的后裔,被先进的另外星球的"祖先"给接走了。

② 随祖先沉入大海

据有关资料,在大西洋中曾有一个大西洲,它经济繁荣、文化发达,可在 10000 多年前的某一天,它一夜之间沉入了大海,毁灭了。翻开地图我们发现,大西洲的位置离犹卡坦半岛很近。德国科学家莫克（Mock）认为，玛雅人在公元前8499年6月5日13时开始了他们的新纪元。在玛雅人中流传着这样一句话"世界由5个太阳主宰，一个太阳代表一个纪元"。若以上材料是真实可靠的话，那么，也许玛雅人会是幸存的大西洲人和美洲当地人的后代，他们深知祖先的毁灭，他们认为在公元后的某一天，又一个纪元将灭亡，所以集体向北迁移，并在之后的某一天，集体跳入大西洋，逃避世界的灭亡。

③ 内部暴乱

据考古研究，在阿兹特克人到达陶帝华康城（Tonuhuacan）时，这座古城已经荒废了。考古学家认为大概是那儿发生了推翻僧侣神权统治的暴动，其现存的神像统统被砍去脑袋、祭祀神庙也遭捣毁的事实，也暗示了这一点。也许玛雅文明消失原因就是这样。大量祭祀、压迫使人民起来反抗，于是玛雅统治的世界发生了大暴乱，导致玛雅文明的灭亡。

④ 祭祀杀人过多

古玛雅人与阿兹特克人有许多相似之处。他们认为太阳将走向毁灭，他们认为自己的行为能延续太阳存在时间，他们必须通过做一些自我牺牲来保留太阳的光芒四射，阻止它灭亡。他们这种认识导致了以人心和血来喂养太阳的行为。玛雅人以被用作祭祀为荣，奴隶主把奴隶的心挖出献给太阳，于是为此死亡的人越来越多。据说，16世纪西班牙人曾在祭祀头颅架上发现过136000具头骨！当时的人，为了庆祝特偌提兰大金字塔落成，在4天的祭祀中，奴隶主竟杀了36万人！我们认为，用于祭祀的人大多是族中身体健康的人。频繁的祭祀，使被杀的人不断增多，玛雅人大量减少，也许是造成玛雅文明消失的原因吧？！

（玛雅文明之谜，确实吸引人们尤其是好奇心强烈的青少年的注意，你也参与其中吧！）

第 **8** 章　漫天恒星

　　肉眼能看到的星星有 6000 多颗,除了大行星和流星、彗星之外,都是恒星。

　　它们之所以被称为"恒星",是由于它们之间的相对位置,在很长的时间内,用肉眼看不到什么改变。其实,它们都在运动,只是离我们非常遥远,用肉眼觉察不到。我们将恒星沿着我们视线方向的运动称为"视差(运动)",将沿着天球垂直于我们视线方向的运动称为"自行(运动)"。

　　恒星在运动,也有生命。恒星都是气体球,没有固态的表面,气体依靠自身的引力,聚集成球体。恒星区别于行星是它们像太阳一样依靠核反应产生能量,在相当长的时间内稳定发光。太阳是一颗恒星。其他的恒星,因为离我们非常遥远,看上去才只是一个闪烁的亮点。离我们最近的恒星,与太阳相比,距离要远 27 万倍(比邻星距离我们 4.3 光年)。

8.1　恒星的物理性质

　　仔细观看天上众星,它们的明暗不一,颜色也有差别。实际上,数千年前,人类便开始观察并且记录天上的星星,并依照它们的亮度与颜色加以分类。

8.1.1　恒星的亮度、星等

1. 恒星的表面温度

　　星光(或称电磁辐射)是天体内部核反应(如质子-质子链、碳氮氧循环)的产物,或是带电电荷加速运动所发出的辐射。依靠其辐射压和重力压产生的平衡,恒星可以形成球形表面。天体一般都具有一定的表面温度,而它们所发射出来的电磁辐射,和它们的表面温度有很密切的关系,符合斯特藩-玻耳兹曼定律(Stefan-Boltzmann Law):

$$E = \sigma T^4$$

　　任何会发射电磁波的物体,它所发射电磁波的波长和强度大小,与物体的表面温度高低有关。即物体单位时间(s)内从物体表面的单位面积(m²)所辐射出的能量 E 与物体的表面温度 T 的 4 次方成正比。其比例常数 $\sigma = 5.67 \times 10^{-8}$ J/s,称为斯特藩-玻耳兹曼常数。

实际上只有黑体(理想的发射体)的辐射曲线符合此方程式。一般假设来自恒星的辐射也具有黑体辐射的特性。

恒星的颜色也与它的表面温度有关。天体会发出各种不同波长的电磁波,表面温度越高的天体辐射强度越大,能量也更集中在短波辐射。以可见光的范围来说,红光波长最长而紫光波长最短,因此,表面温度越高的恒星,颜色越偏蓝色,表面温度较低的恒星颜色偏红。太阳的表面温度为5800K,所以呈现黄色;表面温度仅有3000K的参宿四呈红色;至于温度达到10000K左右的织女星则为白色,更高温的天体则呈现蓝白色甚至蓝色。观测表明恒星表面温度 T 与恒星电磁辐射波长的最大值($\lambda_{\max}$)存在如下的关系:

$$\lambda_{\max} = 0.29/T \text{(cm)}$$

该关系称为韦恩定律,表明温度越高,波长($\lambda_{\max}$)越短,星光偏蓝。温度越低,波长($\lambda_{\max}$)越长,星光偏红。

例:太阳的 $\lambda_{\max}$ 为 5×10^{-5} cm,经由韦恩定律我们可以知道太阳的表面温度为

$$T_{\text{sun}} = 0.29/5 \times 10^{-5} = 5800\text{K}$$

2. 恒星的亮度和视星等(星等)m_V

单位时间内,通过单位面积的光称为恒星的亮度,以 I 表示。恒星的亮度与其发光强度和到地球的距离有关。如恒星与地球的距离为 d,则其亮度 $I = L/4\pi d^2$,常称为距离平方反比定律,其中 L 为恒星的发光强度(光度)。故计算恒星的亮度时,需知道其光度与距离。

恒星的亮度通常以视星等(星等)表示。古希腊天文家喜帕恰斯将天上的恒星依据肉眼所见的亮暗程度,将星等定为1等星到6等星,1等星最亮而6等星则是肉眼可见最暗弱的星。19世纪英国天文学家经过仪器测量,发现1等星的亮度是6等星的100倍,因此就规定星等每差一等,亮度比约为2.5倍,也就是星等差 n 等,亮度比为$(2.5)^n$倍。$n=5$,则亮度比恰为100倍。此外,星等大小与亮度关系数值化以后,星等数值不见得都是整数,也可以是零或负数。

值得注意的是,其实星球的亮度也就是照度,并非星球真正的发光能力。比如太阳的视星等为-26.8等,比夜晚最亮的恒星(天狼星,-1.5等)还亮一百亿倍,但是如果我们将所有的恒星都放到与地球等距的位置来比较,太阳并非一颗发光甚强的恒星(天文学上规定所有恒星放在距离地球10pc,也就是32.6光年上来比较,这时所见星等称为绝对星等;太阳的绝对星等大约是个5等而已)。

恒星的亮度和它的命名有密切关系,亮星多半有自己的名字,例如牛郎星与织

女星。近代更普遍的命名法则是以"星座名＋亮度排序"来表示,同一星座内的恒星亮暗排序以希腊字母命名,依序为 α、β、γ、δ、ε、ζ、…,例如天琴座 α 星(织女星)就是天琴座中最亮的星。我们将整个天空中肉眼可见的星分为 6 等,其中 1 等星 20 颗,2 等星 46 颗,3 等星 134 颗,4 等星共 458 颗,5 等星有 1476 颗,6 等星共 4840 颗,共计 6974 颗。(附录 4 中给出了全天最亮的 50 颗星,试着把它们按照亮度排序。)

3. 恒星的光度和绝对星等

恒星的亮度不能表达它的发光本领。描述恒星的发光能力(本领)我们用恒星的光度(luminosity)和绝对星等(绝对亮度)M_V。

天体每秒由其表面所辐射出的总能量叫做恒星的光度 L。L 有时又称发光强度、发光能力或发光本领,计量的单位是 W,所以计算恒星的光度,可将恒星看成超级大的灯泡。

$$L = 4\pi R^2 \times \sigma T^4$$

式中,R 为星球的半径,T 为星球的表面温度。

将恒星都移到距地球 10pc(秒差距)处,此时所得的亮度称为绝对星等,可比较、量度恒星真正的"发光能力"。同样地,每差 5 个星等亮度差 100 倍。如恒星在 10pc 的亮度为 $I = L/4\pi 10^2$,在原来距离 d 时的亮度为 $I = L/4\pi d^2$。则

$$M_V - m_V = 2.5\log\{[L/(4\pi d^2)]/[L/(4\pi 10^2)]\}$$

例如:太阳的绝对星等是 +4.74,参宿七的绝对星等是 −7.1,而北极星的绝对星等是 −4.6。

由上式可知,视星等、绝对星等与距离具有下列关系:

$$m_V - M_V = 5\log d - 5$$

式中,d 为恒星与地球的距离(以 pc 为单位)。一般常将光度与绝对星等交互使用,因为光度与绝对星等之间,具有如下关系:

$$\log(L_{star}/L_{sun}) = 0.4 \times (M_{sun} - M_{star})$$

因为太阳的光度($L_{sun} = 3.826 \times 10^{26}$ J/s)与绝对星等($M_{sun} = +4.74$)为已知,所以,知道天体的光度即可找出天体的绝对星等,反之亦然。

8.1.2 恒星的大小

恒星的大小相差较大。以直径相比,由太阳的几百甚至一二千倍直到不及太阳的 1/10。一些死亡的恒星更小,只有地球般大小,甚至有的直径只有几十千米。相对来说,恒星的质量差距要小得多,为太阳质量的 120 倍或更大一些,直到约 0.1 倍太阳质量。由此可知,大直径的恒星与小直径的恒星物质平均密度相差很大。

1. 大小的分类

恒星的大小和恒星的演化程度有很大的关系(见表8.1)。

表 8.1 恒星大小分类

恒星种类	R/R_{sun}	密度/(g/cm³)	说　明
超巨星	100~1000	10^{-6}~10^{-3}	比地球的大气还要稀薄
巨星	10~100	0.01~0.1	
主序星	0.1~10	1	
白矮星	~0.01	~10^6	一块方糖大小的白矮星物质约与大型轿车等重
中子星	~10^{-5}	10^{14}	一块方糖大小的中子星物质约与一座大山等重
黑洞	~10^{-6}	10^{16}	连光线也无法逃离

主序星是恒星一生的主要阶段(中年期),恒星大小之间的差异不大。太阳和地球比起来太阳是巨大的星球,但在所有的恒星中却只是中等大小而已。主序星中最小的恒星,半径约为太阳的1/4,而最大的恒星约为太阳的4倍大。我们肉眼所见最亮的天狼星,半径约为太阳的2倍;而狮子座的轩辕十四约为太阳的4倍,是体积非常大的主序星。

恒星演化的后期(老年期)被称为巨星或超巨星。巨星的半径是太阳半径的十倍到百倍;超巨星则多达数百倍。

比主序星更小的恒星群,包括白矮星或中子星。白矮星的半径为太阳半径的数十分之一,而中子星的半径又仅为太阳半径的数千分之一。

2. 恒星半径(大小)的测定

恒星半径(大小)的测定是天文学中一项重要的工作。一般分为直接测量和间接测量两种。

直接测量包括月掩星法(lunar occultations)和光学干涉法(optical interferometry)。

月掩星法适用于有一定的角直径且位置在白道附近的恒星。光学干涉法也需要恒星有一定的角直径,但是位置可以在任意地方。两种方法都是先测出角直径,再配合恒星的距离算出其线直径。

间接测量就是利用恒星发光强度与半径、温度的关系 $L = 4\pi R^2 \times \sigma T^4$,若已测得发光强度与温度,则可得半径大小。

例:仙王座 δ 星的光谱形态与太阳类似,而其光度为太阳的 2000 倍,求此星的半径。

答案：$R_{仙王\delta星}=44.7R_{sun}$，为一颗巨星。

现在知道最巨大的恒星是仙王座的 μ 星（μCephei），它的半径约为太阳的 3700 倍，如果把这颗星摆在太阳的位置，它的外围会在天王星附近。（银河系中有差不多 2000 亿颗恒星，它们的大小、种类、质量、年龄、发光强度等属性都有着很大的差异。想一种办法，把它们进行分类。最好是做得比较灵活、生动、简单、易懂，达到能给不具备多少天文知识的人清楚地讲明白的程度。选择 100 颗就可以了。）

8.1.3 恒星的质量、密度

一般恒星质量在 0.05～120 个太阳质量。如果恒星的质量再大，它就很不稳定。如果恒星质量过小，它的中心温度和压力不够，难以产生持久的核反应，即不能成为具有恒星性质的天体。由此可见，恒星质量差别比体积差异小得多。

1. 恒星的质量、密度

现在已知质量最大的恒星之一如 HD 93250 星，它的质量大约是太阳质量的 120 倍。HR 2422 双星的主星和伴星质量大约都为太阳的 59 倍，角宿一双星的主星质量约为太阳的 10 倍，五车二双星中两星质量各为太阳的 2.7 倍和 2.6 倍，天狼星主星质量为太阳的 2.1 倍，75% 的白矮星质量为太阳的 0.45～0.65 倍，许多红矮星的质量不到太阳的 1/2 乃至小于太阳的 1/10。可见，在恒星世界里，太阳质量也居中等地位。恒星之间的直径相差 1 亿倍以上，而恒星之间的质量相差仅几千倍。不难想象恒星之间的密度差别是何等惊人了。

若已测得恒星的质量与半径大小，则可由质量除以体积得到其密度：
$$\rho=M/V; \quad V=4/3\pi R^3$$

例：太阳 $R_{sun}=6.96\times10^8$ m，$M_{sun}=1.989\times10^{30}$ kg，所以 $\rho_{sun}=1.409$g/cm^3。而其他主序星的密度与太阳相当（见表 8.1）。

2. 恒星质量测定

恒星质量测定的主要方法有两种：研究双星系统，或间接由恒星的质量与光度关系曲线求得。

（1）双星系统（binary-system）

在众多恒星中，属于双星或多星系统的比率超过 51%，换句话说，像太阳这样的单星系统是"少数民族"。

如有两颗星体相距很近，我们称它们为双星，其中较亮的称为主星，而较暗的叫做伴星。三颗星体的聚集称为三合星，四颗星体的聚集称为四合星。这些形成聚集的星体，有些属于重力束缚系统（gravitational bounded-system），另一些仅是视觉上很接近而已。

有重力束缚的系统称为物理双星,而只是在视线的方向,看起来紧密地靠在一起,但实际上这两颗星彼此相距甚远,毫无关系的称为光学双星(optical-binaries)。恒星质量的测定仅涉及物理双星(目视、天文、分光、交食)。

① 目视双星(visual-binaries)

一般的目视双星是指这两个星球相距甚远,但彼此受重力牵引而互绕,并遵守开普勒第三定律:$M_1 + M_2 = a^3/p^2$。其中 a 为双星椭圆轨道的长半轨,单位为AU,p 为双星环绕周期,单位为年,而质量 M 以太阳质量为单位。

此种双星系统的互绕,周期都比较大(10 年以上),也就是双星之间的距离也比较大(>10AU),例如 Leo 双星系统周期为 619 年,天狼双星的周期为 50 年,Lvgni61 的周期为 653 年。

如何找出双星系统恒星的质量。

例:一双星系统的周期为 32 年,两星的平均距离为 16AU,又如两颗子星与其质心的距离分别为 12AU 与 4AU,试求两颗子星的质量。

解:由公式可知 $\qquad\qquad M_1 + M_2 = 4M_{sun}$

而由质心来看 $\qquad\qquad M_1/M_2 = R_2/R_1$

且已知 $\qquad\qquad R_2 + R_1 = 16AU$

所以 $\qquad\qquad M_1 = 3M_{sun}, \quad M_2 = M_{sun}$

② 天文双星(astrometric binaries)

也有一种双星我们只看到一颗星,但这颗星的运动轨道是波浪状的。这种现象我们认为是这颗星与它旁边的暗星互绕所造成的。这样的双星系称为天文双星。例如在未制造大型望远镜之前,1844 年德国天文学家 F.W.Bessel,已从天狼星的运动轨道发现天狼星是天文双星(图 8.1),但是直到 1962 年美国的 A.Clarlc 从大型的望远镜才看到另一颗伴星,之后天狼星才被归类成目视双星。对于天文双星我们可以运用天体力学知识计算他们的质量。

③ 分光双星(spectroscopic binaries)

如果双星系统彼此很靠近,或距离地球太远,也就是所相对的视角太小,以至于无法通过望远镜分辨出来。此时,通过光谱的观测,我们可以了解这个双星系统的运动情形。主要是双星系统的互绕,会对地球有不同的相对径速度,也就造成谱线上会有光谱红移或蓝移的现象交替出现,如此即可从光谱上量出双星相对于地球的径向运动情形。如图 8.2(a)所示,根据径向速度曲线(radial velocity curve)可推论双星周期、运动轨迹与双星质量。

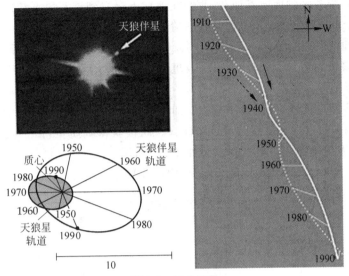

图 8.1　天文双星

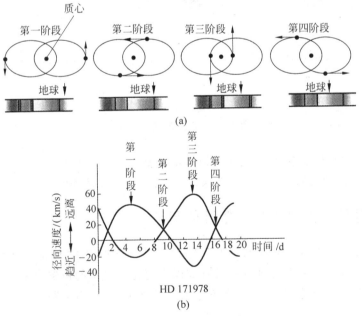

图 8.2　分光和交食双星

④ 交食双星（eclipsing binaries）

双星系统若是侧面向着地球，我们在地球上会看到这双星系统的星球会互相遮住另一颗星的光的情形，有如月食的情形。若以光度计来观测，则我们将会看到亮度变化曲线（light curve）（图 8.2(b)）。通过对亮度变化曲线进行分析，我们也可推论出双星周期、运动的情形以及双星质量与星球的半径。

（2）单独的主序星

对孤零零的单星，我们无法直接获知其质量，但仍可以利用主序星的质量与光度关系（mass-luminosity relation）来计算。间接获得其质量，由下式可知质量越高的恒星，其光度越大。其关系曲线如图 8.3 所示。

$$L_{star}/L_{sun} = (M_{star}/M_{sun})^{3.5}$$

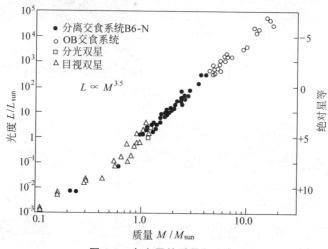

图 8.3　主序星的质量与光度

要知道恒星的光度，需先知道恒星的距离，而距离的测量，其不准确度常在 30% 左右。因此用质量与光度关系来求恒星的质量，其精准度也不高。

8.1.4　恒星的运动和恒星距离的测定

中文中的"恒"字，有"持久不变"的意思。古人之所以称"恒星"，是因为他们认为这一类星星在位置和亮度方面没有或极少变化。恒星的位置真的永远不变吗？现代天文学已经知道，恒星都处于不停的运动之中，只是由于距离的遥远，地球上的人类非常不容易观察到它们的运动。

中国唐代著名天文学家张遂（一行），是历史记载中最早观测到恒星运动的人之一。他在公元 724 年到 725 年组织的一次恒星位置测定中，发现了人马座 ξ1

(中国名"建星")的位置与古代的记录不一致,从而发现了这颗恒星的位置移动。到了比张遂晚了几乎整整 1000 年的 1718 年,英国天文学家哈雷发现,他所观测到的 4 颗最亮恒星的位置,即大犬 α、金牛 α、牧夫 α 和猎户 α 的位置,与古代天文学家喜帕恰斯和托勒密所观测记录中的都很不一致。在排除各种可能的误差和经过审慎的分析后,哈雷指出,可能所有的恒星都有其自己的运动。

1. 恒星的运动

由于恒星可能在空间中的任意方向上运动,为了研究的方便,天文学家把恒星的运动分解为我们视线方向平行的分量和与视线方向垂直的分量两个部分。其中,平行于视向的分量不能直接观察到,而垂直于视向的分量原则上可以直接观察到。假定在一段时间间隔两次观测同一颗恒星,如果有可以观测到的位置移动的话,两次观测的视线方向就会略有不同,从而有一个小的夹角。这一角度就来自恒星运动垂直于视向的分量。用角度的大小除以这段时间间隔,得到的商就被称为恒星的"自行"。由于这一角度非常之小,恒星自行通常用(")/a 来表示(1″等于 1° 的 1/3600)。由于恒星距我们太遥远了,恒星自行在我们看来非常缓慢,通常要用间隔几十年甚至上百年的时间对同一恒星的观测资料,才能得到不等于零的恒星自行值(图 8.4)。

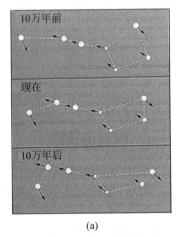
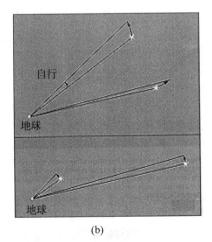

(a)　　　　　　　　(b)

图 8.4　恒星自行——北斗七星的变化

由于恒星自行的存在,恒星的相对位置会发生变化。英国天文学家赫歇尔在 1783 年研究恒星的自行发现,大犬 α(天狼)、小犬 α(南河三)、双子 α(北河二)、双子 β(北河三)、天鹰 α(河鼓二)、狮子 α(轩辕十四)和牧夫 α(大角)这些著名的亮星,似乎都在沿着以武仙座内的一点为中心而散开的方向运动着。这一事实提醒天文学家得出这样的推断：太阳正在携带着它的"家族"成员朝着武仙座运动。这就像你坐在一辆在大平原上高速奔驰的汽车上时,会看到远处的房屋、树木等似乎正在从你的正前方朝两边飞快地散开。武仙座内的这一点就叫做太阳的"向点"。向点在天球上的坐标是：α(赤经)$=18h,\delta$(赤纬)$=+30°$。经测量,太阳朝着向点运动的速度为 19.7km/s,每年中前进的距离约为 6 亿千米。

　　除了上述的运动之外,太阳是属于银河系的一颗恒星,由于银河系的自转,太阳还在围绕着银河系的中心运动。太阳在银河系轨道上的运动速度约为 250km/s(这比朝向点运动的速度要大得多),而其周期约为 2 亿年。

　　自行最快的是巴纳德星,达到每年 10.31″。一般的恒星,自行要小得多,绝大多数小于 1″。

　　(北斗七星的形状变化是不是让你大感诧异,试试看其他天上的著名图形结构,比如夏季、冬季、春季大三角等,告诉我们多少年后,它们会变成什么样子?)

　　关于恒星运动的视向分量,由于它是与我们视线的方向相平行的,所以不能直接观测出来。可是,却可以用测量恒星光谱的"多普勒移动"方法来确定恒星的视向运动状态。

2. 恒星运动速度的测量

　　(1) 直接从望远镜观测恒星的横向运动速度(自行速度)(proper-velocity)：V_p。

　　(2) 利用多普勒效应(Doppler-effect)测量恒星的径向速度(radial-velocty)：V_r。如图 8.5 所示。

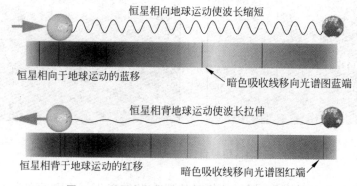

恒星相向地球运动使波长缩短

恒星相向于地球运动的蓝移　　暗色吸收线移向光谱图蓝端

恒星相背地球运动使波长拉伸

恒星相背于地球运动的红移　　暗色吸收线移向光谱图红端

图 8.5　利用多普勒效应测量恒星的径向速度

当恒星的径向速度远小于光速时,$\Delta\lambda/\lambda_0=V_r/c$。

光源远离观测者,波长增加,频率变小,发生红移。

光源趋近观测者,波长减小,频率变大,发生蓝移。

3. 恒星距离的测定

恒星距离的测定是我们研究天体、认识宇宙的基础。例如,恒星的绝对星等(光度)必须由距离推算,这样才有赫罗图,才能研究恒星的演化。恒星、星系距离确立后,才可以确定宇宙的整体性质。所以恒星距离的测定是天文学的一个基本问题。测定恒星的距离主要有以下几种方法。

(1) 三角视差法:对离太阳 100 秒差距范围以内的近距天体,都可利用三角视差法测定它们的距离。但对距离超过 50 秒差距的天体,此法所得的距离已不够准确。三角视差法是测定太阳系外天体距离的最基本方法。用其他方法测得的距离都要用三角视差法来校准。

(2) 分光视差法:分析恒星谱线以测定恒星距离的一种方法。以秒差距为单位的恒星距离与它的视星等和绝对星等之间存在下列关系:

$$m_v - M_v = 5\log d - 5$$

根据恒星谱线的强度或宽度差异,估计恒星的绝对星等,再从观测得到恒星的视星等,由上式求得恒星的距离。由于星际消光对视星等和绝对星等有影响,用分光视差法测定恒星的距离必须涉及星际消光的因素。

(3) 威尔逊-巴普法:1957 年,威尔逊和巴普两人发现,晚型(G 型、K 型和 M 型)恒星光谱中电离钙的反转发射线宽度的对数与恒星的绝对星等之间存在着线性关系。对这条谱线进行光谱分析,便可得到晚型恒星的距离。

(4) 星际视差法:在恒星的光谱中出现有星际物质所产生的吸收线。这些星际吸收线的强度与恒星的距离有关。星越远,星和观测者之间存在的星际物质越多,星际吸收线就越强。利用这个关系可测定恒星的距离。常用的星际吸收线是最强的电离钙的 K 线和中性钠 D 双线。不过这个方法只适用于 O 型和早 B 型星,因为其他恒星本身也会产生 K 线和 D 线,这种谱线同星际物质所产生的同样谱线混合在一起无法区分。由于星际物质分布不均匀,一般来说,用此法测得的距离,精度是不高的。

(5) 力学视差法:目视双星的相对轨道运动遵循开普勒第三定律,即伴星绕主星运转的椭圆轨道的半长径的立方与绕转周期的平方成正比。设主星和伴星的质量分别为 m 和 M,以太阳质量表示,绕转周期 P 以恒星年为单位表示,轨道的半长径的线长度 A 以天文单位表示,这种双星在观测者处所张的角度 α 以角秒表示,则其周年视差 π、α 和 P 可从观测得到。因此,如果知道双星的质量,便可求得该双星的周年视差。如果不知道双星的质量,则用迭代法求解,仍可求得较可靠的周年视差。周年视差的倒数就是该双星以秒差距为单位的距离。

(6) 星群视差法:移动星团的成员星都具有相同的空间速度。由于透视作用,它们的自行会聚于天球上的一点或者从某点向外发散,这个点称为"辐射点"。知道了移动星团的辐射点位置,并从观测得到 n 个成员星的自行和视向速度,则可求出该星团的平均周年视差值。这样求得的周年视差的精度很高。但目前此法只适用于毕星团。其他移动星团因距离太远,不能由观测得到可靠的自行值。

（7）统计视差法:根据对大量恒星的统计分析,知道恒星的视差与自行之间有相当密切的关系。自行越大,视差也越大。因此对具有某种共同特征并包含有相当数量恒星的星群,可以根据它们自行的平均值估计它们的平均周年视差。这样得到的结果是比较可靠的。

（8）自转视差法:银河系的较差自转(即在离银河系核心的距离不同处,有不同的自转速率)对恒星的视向速度有影响。这种影响的大小与星群离太阳的距离远近有关,因此可从视向速度的观测中求出星群的平均距离,这个方法只能应用于离太阳不太远的恒星。

（9）利用天琴座 RR 型变星(太阳系外的远天体):这类变星的特点是尽管光变周期长短不同,而它们的光度是相同的,绝对星等差不多都在 +0.5 等左右。因此,先通过观测得到它们的视星等,再把视星等同上述绝对星等数值作比较,便可求得含有这类变星的球状星团的距离。这类变星由于光度大,光变周期为 0.05～1.5 天,显得特别引人注目,所以可作为相当理想的"距离指示器"。

（10）利用造父变星:这类变星的光变周期长,而且它们的光度和光变周期之间有一种确定的周光关系,即光度越大,光变周期越长。应用这种关系,便可根据观测得到的光变周期计算它们的绝对星等,再将算出的绝对星等同视星等作比较,就可求得这种变星及其所在星团或较近的河外星系的距离。

（11）利用角直径:假如各个球状星团或星系的线直径 D(以天文单位表示)大致是相等的,则通过观测得到它们的角直径 d(以角秒为单位),就可求得星团或星系的距离 r(以秒差距为单位)。但实际上,无论是球状星团,还是各类星系,它们的线直径相差不小,而且要确定它们的角直径也很困难,所以用这个方法求得的距离是很粗略的。

（12）主星序重叠法:这个方法的出发点是,认为所有主序星都具有相同的性质,同一光谱型的所有主序星都具有相同的绝对星等。可以把待测星团的赫罗图同太阳附近恒星的赫罗图相比较,使这两个图的主星序重叠。根据纵坐标读数之差即星团的主星的视星等和绝对星等之差,可算出该星团的距离。也可以把待测星团的主星序同已知距离的比较星团的主星序相重叠,则纵坐标读数之差就是两星团的主星的视星等之差,由此可以求得这两个星团的相对距离。根据比较星团的已知距离,便得到所测星团的距离。这是测定银河星团和球状星团的距离的一种有效方法。

（13）利用新星和超新星：新星和超新星的光度变化都具有这样一个特征，在不长的时间内光度便达到极大值，而且所有新星或属同一类型的超新星的最大绝对星等变化范围不大。因此，可先取它们的平均值作为一切新星或属同一类型的超新星的最大绝对星等，再把它同观测到的最大视星等相比较，便可定出该新星或超新星所在星系的距离。

（14）利用亮星：对于河外星系，可以认为它们所包含的亮星的平均绝对星等与银河系里属于同一类型星的平均绝对星等是相同的。因此，可以先通过观测得到这些亮星的视星等，然后把它们同上述平均绝对星等作比较，以求得河外星系的距离。

（15）利用累积星等：球状星团的累积星等变化范围不大，可先取其平均值作为所有球状星团的累积绝对星等，再从观测得到所测星团的累积视星等，便可算出该球状星团的距离。此法也可用于河外星系，但必须考虑到星系的形态类型，不同类型星系的累积平均绝对星等应取不同的数值。

（16）利用谱线红移：观测表明，在光学望远镜和射电望远镜所及的空间范围内，河外星系的谱线都有红移现象，而且红移量同星系的距离成正比。因此，只要测量出星系的谱线红移量，便可推算出星系的距离。

测定天体的距离尽管方法很多，但要得到可靠的结果是不容易的。因此，对于某一天体，应尽可能采用几种方法分别测定它的距离，然后相互校核，才能得到可靠的结果（附录 5 中给出了距太阳 15 光年之内的恒星，请你详细分析以上的各种测量恒星距离的方法，作出表格对各个方法进行分类整理）。

8.1.5 恒星的光谱分类与赫罗图

光谱（spectrum）：光源所发光波经分光仪器分离后的各种不同波长成分的有序排列。

光谱学（spectroscopy）：研究各种物质的光谱的产生，并利用光谱研究物质结构、物质与电磁辐射相互作用以及对所含成分进行定性和定量分析的学科。

天体光谱分析（astronomical spectral analysis）将光谱学的原理和方法用于天体光谱，以确定天体的物理性质和化学组成的分析法。

光谱学是天体的最基本诊断工具。

1. 天体光谱分析

天体光谱分析包括定性分析和定量分析两种。定性分析的主要任务是谱线证认，也就是说，确认天体光谱中的谱线是哪些化学元素产生的。定性分析的关键是准确地测定谱线的波长。为此，在获得天体光谱的同时获得实验室光源的比较光谱（常用铁弧光谱、钍氩光谱等），将比较光谱中已知波长的谱线的位置同天体光谱中谱线的位置进行比较,便可确定天体光谱中谱线的波长,从而认证出天体谱线的化学元素。定量分析包括对天体的连续光谱的测量和对谱线的测量。前者指测量天体连续光谱在各个波长处的强度,获得连续光谱的能量分布。后者指测量谱线内各波长处的强度,得到谱线的等值宽度或谱线轮廓。当然,定量分析也包含测量谱线的波长,进行谱线的证认。连续光谱的能量分布、谱线的波长、等值宽度、谱线轮廓等依赖于天体的物理性质和运动状况。通过对这些量的测量可以推断出天体的性质,如温度、密度、压力、运动状况等。观测到的天体光谱可分为三类:

连续谱——热的致密的固体,液体和气体;

发射谱——热的稀薄的气体;

吸收谱——连续辐射通过冷的稀薄的气体。

星光主要是来自星体的表面,星光经分光仪解析后,可以发现其中含有许多暗线(吸收谱线)或明线(发射谱线)(图8.6、图8.7)。

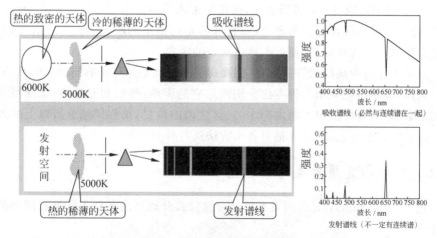

图 8.6 发射和吸收谱线示意图

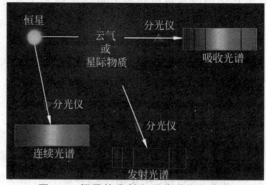

图 8.7 恒星的发射和吸收谱线示意图

　　星光经过光谱仪(分光仪)的分光,拍摄的恒星光谱就像超市商品上的条形码一样,可以告诉我们有关恒星的信息。将这些谱线与标准元素光谱比对,就可以知道星体的化学组成。

　　以太阳为例,分析太阳光谱,可以推出太阳表面至少含有 57 种元素。元素周期表中的氦元素就是首先在太阳大气光谱中发现的。通过定量比较观测得到的天体光谱和实验室中各种元素的光谱,还可以确定天体中各元素的相对丰度。以太阳大气为例,太阳大气中按质量计:H 占 70%,He 占 28%,重元素占 2%;按分子个数计:H 占 90.8%,He 占 9.1%,重元素占 0.1%。

　　此外,通过对天体谱线的基本特征(深度、宽度、形状、多普勒位移)分析,可以获得天体的许多物理、化学参数(表面温度、化学元素、化学元素的丰富度、视向速度、速度场、温度、压力、重力、磁场等)。

2. 恒星的光谱分类与赫罗图

　　恒星依其光谱中最明显的谱线特征,可粗略地分成以下七类:O、B、A、F、G、K、M 温度是从高到低,可再细分为:O0～O9、B0～B9、A0～A9、F0～F9、G0～G9、K0～K9、M0～M9。这些恒星主要的谱线特征如表 8.2 所示。

表 8.2　恒星主要的谱线特征

光谱型	颜色	表面温度/K	主要光谱特征	实例
O	蓝或蓝白	≥30000	具有离子化氦元素及其他元素的谱线,氢的谱线不明显	参宿三(猎户座)
B	蓝白或青	11000～30000	较强烈的氢谱线,中性的氦及一些离子化的元素也会出现	角宿一(室女座)
A	白	7500～11000	氢谱线十分强烈,并有离子化的钙、铁、镁等元素,无氦线	天狼星(大犬座)
F	黄白	6000～7500	氢线又再转弱,钙线十分清晰	南河三(小犬座)
G	黄	5000～6000	强烈的钙线及其他中性与离子化金属元素的谱线,氢线较 F 型星更弱	太阳
K	橘黄	3500～5000	金属元素谱线占尽优势,氧化钛分子开始出现,氢线甚弱	大角(牧夫座)
M	红	2000～3500	强烈的中性金属元素与氧化钛谱带	参宿四(猎户座)

　　赫罗图为恒星光谱型和光度的关系图(图 8.8)。它不仅能给出各类恒星的特定位置,而且还能显示出它们的演化过程。恒星演化的研究便是从赫罗图开始的。

　　1911 年丹麦天文学家赫茨普龙测定了几个银河系中恒星的光度和颜色。

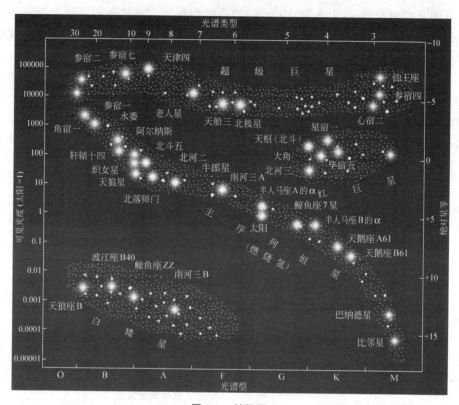

图 8.8　赫罗图

1913 年美国天文学家罗素也研究了恒星的光度与光谱。它们画成图后发现了一定的对应关系。后来这类表示光度-颜色的图叫赫罗图。

　　赫罗图中恒星的光度为纵坐标，以光谱型为横坐标，测定了每一颗星的光谱型和绝对星等后，就在图上画出一个点。把各种不同的恒星的坐标点画出后，可以发现恒星的分布具有一定的规律性。沿左上方到右下方对角线的连线上，点子多而密集，表明温度高的星光度强，温度降低光度减弱。左下方也有一个较密集的区域，这里的星温度高，呈蓝白色，星光度弱、体积小，叫白矮星。右侧也有一个密集区，这些星光度大，温度低。光度大，说明体积大，是巨星。巨星上方为超巨星。由于光度和表面温度存在着内在的关系，那么，恒星的结构、质量和化学成分都有一定的关系。如果已知化学成分，每一恒星便会对应一定的光度和温度，在赫罗图上便会出现相应的序列。同样质量范围内的恒星，如果在图上的不同序列，则必然是化学成分不同。化学成分不同，有可能是原始成分不同，也可能是恒星处在不同的演化阶段。这样，就可以来研究恒星的起源和演化。

表面温度(光谱分类)相同的恒星,光谱线的线宽随恒星变小(密度增加)而加宽(碰撞加宽)。发光强度与恒星大小的平方成正比,故在同一光谱形态的恒星,可以依它们的光度再加以细分。天文学家一般采用恒星的光谱分类与光度分类来标示一颗恒星。例如太阳的标示为 G2V,"G"代表太阳的光谱分类为 G 型星,亦即表面温度介于 5000~6000K,"2"代表太阳的表面温度为 5800K,"V"代表太阳为主序星。

对本银河系来说各类型的恒星"星口"分布,以 M 族星最多,约占 70%,白矮星与 K 型星大约各占 10%,G 型星大约占 4%,A 与 F 型星大约占 1%,而 O 型星与 B 型星的比率少于 1%。总体而言,恒星总数近 90% 为各类型主序星。

3. 恒星的生命期

恒星处在主序星年代,约占总生命期的 90%。主序星的光度与质量的 3.5 次方成正比,依据爱因斯坦的理论,可产生的能量为 $E = mc^2$,则主序星的生命期

$$t = 燃料质量(M)\,/\,消耗速率(L)$$

太阳的主序带生命期 $t_{sun} = M_{sun}/L_{sun}$,约为 100 亿年;如果以太阳的主序带生命期与质量为单位,其他主序星的生命期可以表示成

$$t_{star} = M_{star}/L_{star} = 1/(M_{sun}/L_{sun})^{2.5}$$

表 8.3 所示为根据上式所算出的各种主序星的生命期,并附列其他重要性质作为参考。

表 8.3 恒星的生命期和主要特征参数

光谱形态	表面温度/K	质量/(M/M_{sun})	发光能力/(L/L_{sun})	半径/(R/R_{sun})	主序星生命期/亿年	生物圈范围/AU
O5	45000	60.0	800000	12	0.008	503~1749
B5	15400	6.0	830	4.0	0.7	16.2~56.3
A5	8100	2.0	40	1.7	5	3.6~12.4
F5	6500	1.3	17	1.3	8	2.3~8.1
G5	5800	0.92	0.79	0.92	120	0.5~1.7
K5	4600	0.67	0.15	0.72	450	0.2~0.8
M5	3200	0.21	0.011	0.27	20000	0.06~0.2

(仔细研究一下赫罗图,选择最少 10 颗你所关心的恒星,并结合表 8.3 给出一些这些恒星的数据指标。)

8.2 恒星和恒星集团

如果天文学家告诉你,在宇宙中太阳属于"少数民族",你一定会不认同。"不是说天空中星光点点的都是不同大小的太阳吗?""难道说太阳属于宇宙天体的另类?"是的,太阳的确属于恒星,但是,天空中的恒星大部分都是以"双星""聚星"和"星团"的形式存在的,像太阳这样单独存在的恒星的确是"少数民族"(比例小于50%)。

8.2.1 双星

双星是恒星世界中一种重要的组合形式。许多肉眼看上去单独闪耀的恒星实际上是双星环绕,甚至是多颗星共存的聚星。比如著名的北斗七星之一"开阳"和它的伴星"辅"就是一颗"目视双星"。天狼星有一颗肉眼看不到的伴星,由于它们之间的引力效应才得以被发现是双星系统。天体的许多物理属性(距离、光度、质量等)都要借助于双星的研究,宇宙中万有引力定律的验证,研究恒星的结构(大小、形状、大气成分等)和演化,对分光双星、X射线双星的研究还可能帮助我们寻找黑洞并验证广义相对论的引力辐射效应。

如果你拥有一台小型天文望远镜还可以享受双星的视觉美感!比如天鹅座β星主星是一颗鹅黄色的3等星,伴星是一颗是主星亮度1/8的宝蓝色的小星,看上去就像是一颗精美的钻石吊坠。表8.4中所示为25颗肉眼就能看到的、五彩缤纷的双星的数据。

表8.4 著名的双星

星名	方位(赤经、赤纬)	星等	距离	颜色
仙后 η	0时47.5分、+57°42′	3.7~7.4	9″.6	黄与红
白羊 γ	1时52.1分、+19°10′	4.2~4.4	8″.0	黄
双鱼 α	2时0.9分、+2°39′	4.3~5.2	2″.2	白
仙女 γ	2时2.3分、+42°12′	2.3~5.1	9″.8	黄与青
猎户 ζ	5时38.4分、−1°58′	2.0~5.7	2″.1	白
双子 α	7时33.4分、+31°56′	2.7~3.7	2″.7	白
狮子 γ	10时18.6分、+19°59′	2.0~3.5	3″.9	金黄
大熊 ξ	11时16.8分、+31°41′	4.4~4.9	1″.5	金黄
南十字 α	12时25.1分、−62°58′	1.4~1.9	4″.7	白

续表

星名	方位(赤经、赤纬)	星等	距离	颜色
室女 γ	12 时 40.3 分、−1°19′	3.7～3.7	5″.5	黄
猎犬 α	12 时 54.8 分、+38°27′	2.9～5.4	19″.8	白
大熊 ζ	13 时 22.9 分、+55°04′	2.1～4.2	14″.3	白
半人马 α	14 时 37.9 分、−60°45′	0.3～1.7	9″.9	金黄
牧夫 ε	14 时 44.0 分、+27°11′	3.0～6.3	2″.8	黄与青
巨蛇 δ	15 时 33.6 分、+10°37′	4.2～5.2	3″.7	淡蓝
天蝎 β	16 时 3.9 分、−19°44′	2.9～5.5	13″.3	白
天蝎 α	16 时 27.9 分、−26°23′	1.2～6.5	2″.9	橙与青
武仙 α	17 时 13.5 分、+14°24′	3.5～5.4	4″.7	橙与青
武仙 ρ	17 时 23.0 分、+37°10′	4.5～5.5	4″.0	白
蛇夫 70	18 时 4.2 分、+2°31′	4.1～6.1	6″.0	玫瑰色
巨蛇 θ	18 时 54.9 分、+4°10′	4.5～5.4	22″.2	白
天鹅 β	19 时 29.7 分、+27°55′	3.2～5.4	34″.5	黄与蓝
海豚 γ	20 时 45.5 分、+16°02′	4.5～5.5	10″.4	黄与青
宝瓶 ζ	22 时 27.6 分、−0°10′	4.4～4.6	2″.3	黄
仙王 δ	22 时 28.2 分、+58°16′	3.6 变至 4.3～5.3	41″.0	黄与蓝

　　双星由两颗绕着共同的重心旋转的恒星组成。相对于其他恒星来说,双星的位置看起来非常近。组成双星的两颗恒星都称为双星的子星。其中较亮的一颗,称为主星;较暗的一颗,称为伴星。主星亮度和伴星亮度有的相差不大,有的则相差很大。

　　双星也称为双星系统,根据双星的性质可以把双星系统分为物理双星和光学(天文)双星两大类。也可以根据观测手段的不同分为目视双星、分光双星等。一般所说的双星,没有特别指明的话,都是指物理双星。

8.2.2 聚星 星团

　　比双星复杂的恒星系统有聚星和星团。

　　聚星是由 3～7 颗恒星在引力作用下聚集在一起组成的恒星系统。

　　大熊星座中的开阳星,是一颗有名的聚星。首先,它是一颗肉眼可以分辨出的目视双星。主星大熊星座 ζ 星是 2 等星;伴星大熊星座 80 号星是 4 等星,离开大

熊星座 ζ 星 11 角分。多年观测表明了这两颗恒星之间有力学联系。用望远镜观测大熊星座 ζ 星,可以发现它本身就是一颗目视双星,两子星相距 14 角秒,主星大熊星座 ζ1 星 2.4 等,伴星大熊星座 ζ2 星 4.0 等。大熊星座 ζ1 星又是最早被发现的分光双星。大熊星座 ζ1 星的伴星绕主星转动的周期是 20.5 天,离开主星的距离只有地球到太阳距离的 1/3 左右。后来,又发现大熊星座 ζ2 星和大熊星座 80 号星也都是分光双星。所以,这颗聚星是六合星。

HR 3617 是一个三星系统,由 HR 3617A、HR 3617B 和 HR 3617C 组成。A 和 B 组成物理上的双星,而 C 则是视觉上接近。

半人马座 α 星(南门二)是一个三星系统,有主要的一对黄矮星(半人马座 α 星 A 和半人马座 α 星 B),同时还有较远的红矮星——比邻星。A 和 B 是物理上的双星,轨道离心率极高,它们接近时有 11AU 而遥远时可达 36AU。相比于 A 和 B 之间的距离,比邻星离它们很远(大约 15000AU)。虽然这种距离相对于其他星际距离仍然较小,但是比邻星是否真的以引力吸住 A 和 B 则颇具争议。

HD 188753 是一个物理三星系统,距地球约 149 光年,位于天鹅座中。此系统由黄矮星 HD 188753A、橙矮星 HD 188753B 和红矮星 HD 188753C 组成。B 和 C 以 156 天的周期互相围绕着公转,并且一起每 25.7 年围绕 A 公转一圈。一颗太阳系外类热木星行星以极接近 A 的轨道公转。

北极星是一个三星系统。较近的恒星由于太接近了,以致在 2006 年哈勃太空望远镜拍摄后,我们才能从它对北极星 A 的引力影响中知道它的存在。

比聚星更加复杂的恒星集团称之为星团,星团分为疏散星团和球状星团两种。它们不仅存在着形态上的差异,恒星的构成、演化也不同。

1. 疏散星团

疏散星团形态不规则,包含几十至两三千颗恒星,成员星分布得较松散,用望远镜观测,容易将成员星一颗颗地分开。少数疏散星团用肉眼就可以看到,如金牛座中的昴星团和毕星团、巨蟹座中的鬼星团等。

在银河系中已发现的疏散星团有 1000 多个。它们高度集中在银道面的两旁,离开银道面的距离一般小于 600 光年。大多数疏散星团离开太阳的距离在 1 万光年以内。更远的疏散星团无疑是存在的,它们或者处于密集的银河背景中不能辨认,或者受到星际尘埃云遮挡无法看见。据推测,银河系中疏散星团的总数有 1 万到 10 万个。

疏散星团的直径大多数在 3～30 光年。有些疏散星团很年轻,与星云在一起(例如昴星团),甚至有的还在形成恒星。巨蟹座中的老年疏散星团 M67,距离 2600 光年,亮度为 6.9 星等,年龄在 50 亿年以上。银河系中心的疏散星团

Arches,质量非常大,密度很高,由几千颗恒星组成。同在银河系中心的疏散星团
Quintuplet,质量非常大,密度也很高,是一个年轻星团,年龄不会超过 400 万年,
由红巨星和沃尔夫-拉叶星组成。金牛座中的昴星团,距离 417 光年,由 1000 多颗
恒星组成。同在金牛座中的毕星团(图 8.9(a)),由 300 多颗恒星组成,整个星团集
体在空间移动,故也称为移动星团。英仙座中还存在一个双疏散星团。

(a)　　　　　　　　　　　　　　(b)

图　8.9

(a)金牛座中的毕星团;(b)球状星团武仙座 M13

2. 球状星团

外观呈球形,在轨道上绕着星系核心运行。球状星团因为被重力紧紧束缚,其
外观呈球形并且恒星高度向中心集中。被发现的球状星团多在星系的星系晕之
中,远比在星系盘中被发现的疏散星团拥有更多的恒星。

球状星团在星系中很常见,在银河系中已知有 300 个左右,大的星系会拥有较
多的球状星团,例如在仙女座星系就有多达 500 个,一些巨大的椭圆星系,如
M87,拥有的球状星团可能多达 1000 个。这些球状星团环绕星系公转的半径可以
达到 40000 秒差距(大约 131000 光年)或更远的距离。在本星系群(银河系所在的
星系群)的每一个质量足够大的星系的周围都有球状星团伴随着,而且几乎每一个
曾经探测过的大星系也都被发现拥有球状星团。人马座矮椭圆星系和大犬座矮星
系看来正在将伴随着它们的球状星团捐赠给银河系。

全天最亮的球状星团为半人马座 ω(NGC5139),它的密度大得惊人,几百万颗
恒星聚集在只有数十光年直径的范围内,它中心部分的恒星彼此相距平均只有
0.1 光年,而离太阳系最近的恒星在 4 光年之外。北半天球最亮的球状星团是
M13(图 8.9(b))。半人马座 ω(NGC5139)和 M13 两个球状星团,都是由英国天文
学家哈雷发现的。

球状星团和银核一样,是银河系中恒星分布最密集的地方,这里恒星分布的平
均密度比太阳附近恒星分布的密度约大 50 倍,中心密度则大到 1000 倍左右。

球状星团以偏心率很大的巨大椭圆轨道绕着银心运转,轨道平面与银盘成较大倾角,周期一般在3亿年上下。球状星团的成员星是银河系中形成最早的一批恒星,年龄大约为100亿年。在球状星团中发现的变星主要是天琴座RR变星,其余多半是星族Ⅱ造父变星,因此一些球状星团的距离可以被较为精确地计算出来。

8.2.3 变星 新星 超新星

变星是指亮度与电磁辐射不稳定的、经常变化并且伴随着其他物理变化的恒星。

多数恒星在亮度上几乎都是固定的。以太阳来说,其亮度在11年的太阳周期中,只有0.1%变化,然而有许多恒星的亮度却有显著的变化,这就是我们所说的变星。

1. 变星发现史

约公元900年,阿拉伯人,大陵五,英仙座β星(西名Algol,意思是"妖魔"),在亮度上有约3天为一周期的变化。

公元1054年,中国古天文学家,天观客星(Guest star),忽然出现的亮星(位于今金牛座),其亮度在白天依然可见。

公元1595年8月,Mira,米拉星,中文名刍蒿增二,即鲸鱼座o星(英文Mira,意思是怪物或者善变)。在两个月间亮度由2等星衰减至消失(小于6等)。

公元1572年,Tycho,第谷星(Tycho's star),在仙后座出现的新星,白天也可见,约16个月后消失。

公元1784年,σCephei,造父变星,以5天8小时48分为一周期在亮度上有3.9~5.1等的变化。

公元1975年,Cygni 1975、V1500 Cgy,忽然亮度达到1.8等,几天后渐渐消失。

公元1987年,超新星1987A(Supernova1987A)、大麦哲伦星云。

2. 变星的种类

受外界影响造成恒星亮度改变的如食变双星,由于本身原因而造成亮度变化的有以下几种。

(1) 脉动变星(pulsating)

由星体本身内部变化造成温度和体积的改变,而造成光度上的变化,脉动变星造成脉动的原因是星体处于非平衡状态。星球外层所受的重力与内部压力不平衡,当内部压力大于重力时星体向外膨胀,膨胀后内部压力减小,重力重新取得优势,如此产生一脉动周期。造成不平衡的原因是由于星体化学组成改变,使得恒星内部能量不易释放,此时内部压力小于重力而造成球壳收缩,收缩至重力与压力的平衡点后,内部压力增加,恒星内能量逐渐释放,造成对外压力重新取得优势,球壳开始膨胀,其中恒星的 He^+ 离子层为能量不易释放的主因之一。

(2) 造父变星(Cepheid variable,短周期变光星)

光度-周期变化曲线无重大改变,在银河系中发现约 600 颗,其中约 10 颗为肉眼可见。周期由 1～50 天不等(短周期),光度变化范围大者其周期也长,光谱型均为 F&G 型的巨星(supergiant and bright giant),绝对星等在 -2～7 等。除了光度上变化,其光谱型也变化(F5～G5),温度变化范围为 6300～5000K。高温高亮度,并可测得多普勒效应,由此可知星体体积有所改变,所有造父变星体积变化均在 10% 以下,并有周期正比于 $1/\sqrt{密度}$ 的关系式。造父变星可细分为:

① Population Ⅰ 典型造父,位于银河盘面;

② Population Ⅱ(W virginis),位于银晕,含较少量的金属。

(3) 米拉变星(Mira variable,长周期变化)

周期范围有 100～700 天不等,光度上有很大的变化,这是由于 Mira type 均为 MRN&S 的低温红巨星,主要的辐射范围为红外线。Miras 的光度曲线不是十分固定,光度变化时在光谱型和温度上也造成变化,并有脉动产生,其半径的变化可达 50%,也由于大规模的脉动,许多米拉变星有大量质量损失的情形发生。长周期变星位于恒星演化中氦开始参与热核反应阶段。

(4) 不规则变星(erratic variable)

许多的变星并未有如造父或米拉变星的规则变化,如参宿四 Betelgeuse 有着几天、几周或是数月的变化,在亮度上变化可达半等。不规则变星被分为两种类型:一为半周期变星,其变化有时有周期性,有时无周期性。二为不规则变星,其变化无周期性。不规则变星产生变化的机制有很多,比如北冕座 R 型变星,这类变星富含碳及氦,但只有极少量的氢(与一般恒星相反),造成光度变化的原因为其会发散大量尘埃,导致星体光线遭遮蔽所致。再如,闪星造成光度变化原因估计为极大的能量以类似太阳色球层爆发的方式释放。

(5) 爆发变星(eruptive variables)

造成光度变化的原因为星体发生爆炸,产生光度上急剧的改变,主要有两种类型。

① 新星(nova)

如 1975 年 Nova Cygni,在白矮星阶段的星球发生爆炸,爆炸发生时的绝对星等可达 -8～-10 等,还有一种称为矮新星(Dwarf novae,exp:SS Cygni),一般为一双星系统(一为白矮星、一为红巨星),有着数天至数周不稳定的光度变化,光度改变的原因为两星体互相作用产生的吸积盘面造成小规模的爆炸。

② 超新星(supernova)

大质量恒星演化末期发生的大规模爆炸(天观客星)留下中子星残骸或黑洞，爆炸发生时的绝对星等可达 $-19 \sim -17$ 等。图8.10为1987A超新星爆发前后的照片。

(a)   (b)

图 8.10

(a) 1987A超新星爆发前；(b) 1987A超新星爆发后

变星的种类由于其复杂的变化原因,可以有许多种分法。参见表8.5。

表8.5 变星分类

变星种类	分类型	变星实例
脉动变星	造父或似造父变星	经典造父变星、第二类造父变星、天琴座 RR 型变星、盾牌座 δ 型变星、凤凰座 SX 型变星
	早期光谱型(O 或 B)的蓝白色变星	仙王座 β 型变星、望远镜座 PV 型变星
	长周期和半规则变星	米拉变星、半规则变星、慢不规则变星
	其他	金牛座 RV 型变星、天鹅座 α 型变星、脉动白矮星
爆发变星	主序前星	赫比格 Ae/Be 星、猎户变星、猎户 FU 型变星
	主序星	沃尔夫-拉叶星、耀星
	巨星和超巨星	高光度蓝变星、仙后座 γ 型变星、北冕座 R 型变星
	爆发双星	猎犬座 RS 型变星
	激变变星或爆发变星	激变变星、矮新星、新星、超新星、仙女座 Z 型变星

续表

变星种类	分类型	变星实例
旋转变星	非球体变星	椭球变星
	星斑	后发座 FK 型变星、天龙座 BY 型变星
	磁场变星	猎犬座 α^2 型变星、白羊座 SX 型变星、脉冲星
食变(双)星		大陵五型变星、天琴座 β 型变星、大熊座 W 型变星

3. 变星的作用

（1）测距离

1912 年哈佛大学李维特女士研究小麦哲伦星云中的 25 颗造父变星，并作出其光度曲线，发现这些变星的周期和其相对亮度有关，越亮者周期越长，约成正比关系。因此由变星变化周期可得其光度，再由绝对星等与视星等关系式

$$m_V - M_V = 5\log d - 5$$

即可求得距离，再加上造父变星为具高光度星体，因此可用来决定星系距离。

现今所发现的超新星可分为两种类型：Type Ⅰ 绝对星等可达 -19，Type Ⅱ 可达 -18 等。两者可由其光谱分出，也可以用来判定距离（特别是遥远的星系）。

（2）推导与验证恒星演化理论

根据理论计算，超新星爆炸有一部分能量以中微子的形式释放出来，这已经由 1987 年超新星 1987A 获得验证。而恒星演化理论中的关键的一环就与寻找中微子有关。

4. 天文爱好者与变星

天文爱好者对于天文研究最大的贡献就是观测变星了，无论是周期性变星还是非周期性变星，或是新星、超新星的观测，都是简易的设备加耐心就可办到的。更重要的是众多的业余天文学家能够提供大量的数据，为正式的计算与研究提供了充分的资料。目前最大的组织为 AAVSO（The American Association of Variable Star Observers），该组织自 1911 年起提供业余天文爱好者变星的资料，每年接收来自业余观测者提供的观测报告。希望您也能成为其中的一员。

8.3 恒星的一生

如果告诉你在天上每天都对你眨眼睛的星星会突然消失，你会相信吗？

银河系约有 2000 亿颗恒星，而宇宙至少有 10^{10} 颗恒星。这些众多的恒星，它

们的质量不尽相同,可能处在不同年龄与演化阶段,给天文学家提供了研究恒星演化的一系列图像。天文学家根据观测的结果,再加上理论的计算,构造出恒星演化的理论。恒星演化的顺序为:恒星的诞生(新生期与婴儿期)、主序带恒星的演化(青年期与壮年期)、后主序带恒星的演化(老年期)、恒星的归宿(死亡)与化学元素的合成。这就是恒星的一生。

所以恒星并不是永恒的,它们与我们凡人相似,也有生老病死。

8.3.1 恒星的诞生

我们先来看一下描述恒星诞生和其所走过的一生的简单图像。

由图 8.11 我们可以看到这样一个简单过程。

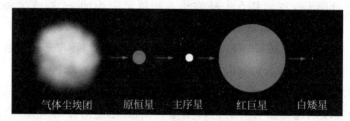

气体尘埃团 　　原恒星　　主序星　　红巨星　　白矮星

图 8.11 恒星诞生、演化简图(此图未按比例绘制)

巨大、低密度的冷星云(分子云)构成了"制造"恒星的原材料,然后气体尘埃团受到某种"激励"之后,经由重力塌缩,将位能转变成热能,体积逐渐缩小、温度逐渐升高,此时我们称其为原恒星,因为它还没有发生热核反应(具有红外辐射)。当核心的温度升高到可以触发氢融合反应,恒星就诞生了,并变成小而密度高的热星(向外辐射光和热),恒星就进入了它一生的主要阶段(主序星)。当燃料基本耗尽时,恒星将发生大变化,变成红巨星,此时没有热核反应,只是靠热能维持发光。到最后一丝热能也耗尽之时,恒星走到了它的尽头,成为白矮星。

当然,恒星的演化过程比我们描述的要复杂得多。尤其是上面的过程只针对如太阳质量大小的恒星。实际上,恒星演化的过程和它本身的质量有着极大的联系,而且是一个极其复杂的物理化学过程。天文学家从没有停止过关于恒星演化的研究。

1. 恒星诞生的原料:星际物质

星际物质主要是由氢、氦、尘埃等所组成。

恒星的质量,大多为太阳质量的 1/10 到数十倍。以太阳而言,其质量约是地球的 33 万倍,可见恒星有相当巨大的质量。能诞生恒星的星际物质所构成的分子云是十分巨大的,由于其密度几近真空,所以要历经亘古的时间才能缓慢地聚集起来。星际物质弥漫于宇宙空间,它的主要参数如下。

温度：数 K 到数百 K 之间，平均在 100K 左右。

密度：平均 10^6 原子/m^3。分布并不均匀，最密者有 10^9 原子/m^3，而最疏者低达 10^4 原子/m^3。在地球上实验室能造成的最好真空约在 10^{10} 分子/m^3，而在海平面大气含有 10^{25} 个分子/m^3。

成分：分析星际星云的吸收光谱，可以得知，星云 90% 是原子或分子氢，9% 为氦，剩下的为较重的元素、分子与星际尘埃。

如此"稀薄"的星际物质我们是怎样判定它们的存在的呢？通过间接的天文观测，天文学家给出了星际物质存在的证据：

(1) 星光的消光与红化。观测已知发光强度的恒星，当我们发现观测数值发生情况不明的强度减低时，就证明星光经过宇宙空间时遇到了星际物质。当星际物质中包含大量的尘埃时就会发生明显的红化现象。

(2) 发射星云(emission nebula)——Trifid 星云或 H Ⅱ 区域发射。红外波段和射电观测表明，某些星际物质具有电磁辐射。

(3) 反射星云(reflection nebula)——Trifid 星云、昴宿星团(the pleiades)。当星际物质构成的气体尘埃团附近有热星存在时，星际物质就会被"照亮"。

(4) 暗星云-马头星云、本银河盘面的暗带。星际物质尘埃密度很大时，就会在亮的空间背景中形成暗带。

(5) 氢 21 厘米线(无线电波段)发射，0.26 厘米 CO 谱线。这些都是构成气体尘埃团的主要成分。

2. 恒星诞生的机制

恒星的诞生并不简单。星际物质受重力的吸引，慢慢地聚集在一起，同时温度也渐渐升高。温度越高，原子与分子运动的速率也越快，这种倾向抗衡了重力塌缩的继续进行，有时甚至可能把星云打散。

有观测的证据显示，星云不可能经由自发性的重力塌缩而变成恒星。天文学家认为有四种不同的过程，具有发挥临门一脚的效用，能触发恒星的形成。

(1) 超新星爆炸产生的巨大震波，如 Cygnus Loop。

(2) O-B 型热星放出巨大的辐射，恒星风推挤周围的星际物质使之成为物质密度较高的球壳，如蔷薇星云(rosette nebula)。

(3) 分子云之间的碰撞。这种碰撞在宇宙中经常发生。

(4) 在银河系的漩涡臂中，漩臂的运动带来了分子云之间的碰撞。

当气体尘埃团中心的物质达到一定的密度时，引力就会足够大，就会不断地将物质吸到中心来，形成物质盘。而中心的温度将不断地升高，直到升高到能产生热核反应的温度。

3. 恒星诞生的过程（类太阳恒星的诞生过程）

恒星的诞生大致经过以下几个过程：

（1）巨大分子云的塌缩。

（2）塌缩分子云的分裂。分裂后的分子云形成围绕云团中心的"星晕"。一般认为，这些"星晕"会由于引力而凝聚为许多个小的"星子"。

（3）分子云的分裂终止。开始形成许多个小的"星子"。此时产生的"星子"将进一步形成一个或几个原恒星（胎星）。

（4）胎星（protostar）形成。这是云气继续塌缩成为恒星的前一状态，它是热到足以产生红外线，但是不足以开始进行核融合，所以在可见光波段很难观测到。

（5）原恒星（胎星）阶段，分子云塌缩会形成吸积盘。原恒星产生的吸积盘中心的温度极高，引力很大。物质被引力吸到吸积盘中心时，一部分会由中心处垂直盘面喷出，形成喷流（jets），也会造成吸积盘中心的继续收缩。

（6）由于吸积盘的作用，原恒星的质量，因周围的物质持续地加入而增加，核心的温度也随之升高。当中心的温度超过 1500 万 K 时，氢开始发生核融合，一颗新的恒星就诞生了。此时恒星的四周云气仍然很稠密，可能还无法直接看到这颗新生的恒星。但可观测到周围云气受中心恒星激发的情形，可以推知云气深处新恒星的诞生。

4. 恒星诞生的观测证据

验证恒星的诞生，我们只能通过间接的观测证据。

（1）茧状物（cocoon）

茧状物是一种红外线光源。年轻的胎星通常是看不见的，都被一层称为茧状物的云气与星际尘埃所包围着，而此茧状云气受到胎星的加热会放出红外线。最终当胎星的温度足够高，则茧状物将被吹走（图 8.12）。

（2）金牛座 T 型星（T tauri stars）

最早发现的这类天体为金牛座 T 型星，之所以这样命名，是因为开始认为其是一种年轻的变星，现在一般相信这类型星，是原恒星演化的最后阶段，即胎星正在清除它们周围的茧状物。例如 NGC2264 中有许多低质量的 T 型星，实测的数据显示，该星团中，大质量的恒星已在主序星阶段，而低质量恒星仍在 T 型星阶段。这个星团的年龄仅有数百万年，因为同星团内的恒星是由同团云气产生，所以它们起步的时间相同，但恒星进入主序带所需的时间与其质量有关，一般质量越大的星，越快进入主序带。

（3）双极流（bipolar flow）

当气体掉入恒星的吸积盘面时，会拉曳着磁场，进而在旋转轴的两端产生喷

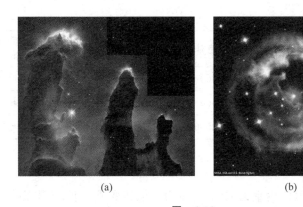

图 8.12
(a) M16 星云内的恒星诞生区;(b) M42 星云中的茧状物

流,而喷流与周围云气相撞,产生光度闪烁不定的 Herbig-Haro 星体。由哈勃太空望远镜的观测发现,在猎户座大星云中的七百多颗新恒星,近半数有吸积盘的存在。这些存在于吸积盘中的物质最大的可能是会被中心逐渐变热的恒星产生的"恒星风"吹走,当然,机缘巧合这些物质也有可能会形成行星。这需要许多恰当的机会和条件。

(4) Herbig-Haro 星体

原恒星演化过程所产生的双极流,高速冲入周围的云气,并激发云气中的物质放出电磁辐射,成为亮度不规则变化的小星云(见彩色插页第 12、14 页的喷流)。这类光度闪烁不定的小星云,常称为 Herbig-Haro 星体(H-H objects),所发出的辐射大都在可见光、红外线与无线电波段。

8.3.2 进入主序带

当胎星的中心开始产生氢核融合,则此一星体我们称之为主序星,开始看到发光、发热过程。恒星 90% 的时间,都待在主星序上。

原恒星演化成主序星所经历的时间,如表 8.6 所列。一般的恒星演化理论认为,恒星的演化过程基本上取决于恒星的质量。

表 8.6 原恒星演化到主序星情况表

恒星质量 (以太阳为准)	演化的时间	绝对温度/K	光度 (以太阳为准)	形成的 恒星种类
0.5	1 亿年	2500~5000	0.01~0.1	矮星
1	3000 万年	5000~10000	1	太阳类

续表

恒星质量 （以太阳为准）	演化的时间	绝对温度/K	光度 （以太阳为准）	形成的 恒星种类
2	100 万年	10000～15000	10～100	巨星
5	70 万年	15000～25000	100～1000	超巨星
15	16 万年	$\geqslant 25000$	$\geqslant 10000$	超巨星

1. 星光的来源

原恒星聚集的云气经由重力塌缩，将重力位能转变成动能，动能的增加使得云气的温度升高。当温度升高到 10^7 K 时，便使得云气中的氢开始产生核融合，释放出能量。氢核融合过程有两种：质子-质子链（p-p chain）和碳氮氧循环（CNO cycle）。

两种核融合过程都是将四个氢核融合成一个氦核，并释放出能量。主序星用哪一种氢融合过程产生能量，和它的质量大小以及核心的温度有密切的关联。依据太阳的标准模型，太阳核心的温度约为 1500 万 K，理论计算显示，太阳高于 90% 的能量可能是经由质子-质子链产生，而少于 10% 的能量是来自于碳氮氧循环。但大质量恒星，能量产生的途径是以碳氮氧循环为主。

不管恒星循何种路径来产生能量，四个氢的质量总和是大于一个氦的，也就是说，四个氢核融合成一个氦核，会损失掉部分的质量。如果我们用 Δm 来代表所损失的能量，由爱因斯坦的质能公式（mass-energy relation）

$$\Delta E = \Delta m \cdot c^2$$

就是"损失的质量转变成能量的释出"。这样的能量转换有多么巨大呢？让我们来计算一下。

例：1 克的氢经由核融合大约可产生多大的能量？

我们知道在一次的氢融合中会消耗 4 个氢核（$m_{4H} = 6.693 \times 10^{-27}$ kg）、产生 1 个氦核（$m_{He} = 6.645 \times 10^{-27}$ kg）。也就是在氢融合的过程中质量减少 $\Delta m = 0.048 \times 10^{-27}$ kg，所以一次的氢融合所释出的能量

$$\Delta E = \Delta m \cdot c^2 = (0.048 \times 10^{-27} \text{kg}) \times (3 \times 10^8 \text{m/s}^2)^2$$
$$= 0.43 \times 10^{-11} \text{J} = 1 \times 10^{-12} \text{cal}$$

1 克氢约有 6×10^{23} 个氢核，每一次氢核融合用掉 4 个氢核产生 1×10^{-12} cal 的能量，所以 1 克的氢在核融合过程中可产生的热量为

$$(6 \times 10^{23} /4) \times (1 \times 10^{-12}) = 1.5 \times 10^{11} \text{cal}$$

每 1 克的水从 0℃增高到 100℃需要 100cal，所以 1 克的氢在核融合的过程中

所产生的能量可将 1500 吨水煮沸！

2. 恒星的能量传输和其内部结构

恒星的体积很大，融合反应只是发生在恒星的中心，那么恒星内部所产生的能量是如何传到表面的呢？

以我们的太阳为例，99％的能量在核心产生，而且所产生的能量，大部分以高能 γ 射线（又称为光子）与中微子释出。中微子极少与物质发生作用，立即飞离太阳。太阳内部的物质密度很高，光子平均每走 1 厘米就与物质粒子碰撞一次。由核心以"光"的形式向外传递的能量，大约需经过 100 万年的挣扎与反复的改头换面，才能抵达太阳表面。

这也说明，恒星的内部构成应该是很复杂的。我们利用可观测量，如光度、大小、表面温度……可以描述恒星的物理属性。但恒星的内部结构，则须靠理论模型来推测。一般而言，恒星的内部可分成核心、对流层与辐射层等三部分（以太阳为基准）。据理论模型，恒星的内部结构与其内部的温度有关。而恒星的温度又取决于其质量，所以恒星的内部结构与其质量有关。

实际上，这也涉及恒星的稳定问题。现在一般认为，恒星的稳定是依赖于流体静态平衡（hydrostatic equilibrium）的。也即要求星球内部各部分的重力压与辐射压保持平衡来维持稳定。从流体静态平衡，我们可了解到星球的内部，因不同的深度有不同的重力，所以在星球的内部不同的深度必须有不同的温度，才能产生相对应的辐射压与重力相抗衡。

利用计算机对恒星作仿真，来计算与推测恒星的内部物质分布、温度分布、光度分布、能量向外传输方式……就得到恒星的理论模型。

恒星理论计算把恒星分成许多具有相同厚度的同心球层，并以四个基本假设为计算的基础：

流体静态平衡——星球内部每一层所受的重力压与辐射压都会达成平衡。

能量传递的方式——能量由高温区传到低温区，是以辐射、对流或传导三种方式进行的。

物质连续性——恒星的质量是所有球层质量的总和。

能量连续性——任一个球层上方的能量，等于由球层下方传来的能量，加上在这一球层所产生的能量，此恒星所辐射的能量为每一壳层所产生能量的总和。

恒星模型的预测，须与实际的观测相吻合，否则必须调整恒星模型的参数，再进行计算与预测，并与实验数据比较。

恒星的理论模型告诉我们主序星的质量不能小于 0.08 太阳质量，也不能大于 100 太阳质量。因为小于 0.08 太阳质量的星体，无法产生氢核融合，也就是无法形成主序星,这类"死胎的恒星"称为棕矮星(brown dwarf);大于100太阳质量的星体,核融合反应非常激烈,会造成星体不稳定,而分裂成数个质量较小的恒星。

8.3.3 主序带及后主序带阶段的演化

在原恒星塌缩成主序星的过程中,恒星的基本物质成分并无变化。所以零龄主序星(zero age main sequence,ZAMS)仍然含有3/4的氢以及1/4的氦及极少量的重元素。

在主序星阶段,恒星最主要是靠重力塌缩所产生的向内压力,与辐射所产生向外膨胀的压力达成平衡来维持稳定。当然核心物质的气压,与电离气体的库仑斥力所产生的压力,对抵抗重力塌缩也都有小量的贡献。

1. 主序带的演化

恒星核心的氢融合,不管是依循氢-氢链(p-p chain)或是碳氮氧循环(CNO cycle),其净反应皆是将四个氢融合成一个氦,所以在恒星核心物质的总数会逐渐减少,这是演化的根本。

若恒星质量小于1.1倍的太阳质量,核聚变以p-p链进行,恒星会有辐射核心和一个对流外壳。若星体质量更大,核聚变以CNO循环的方式进行。CNO循环的反应比较快,可以产生更多能量,这些恒星会有一个对流核心和辐射外壳。

每一个氢融合反应后,所生成的氦原子核对星核气压的贡献与氢原子核相当,但原子核的总数下降,导致气压也略微降低,重力压将星核稍微压缩。当星核收缩,核心的温度上升,氢融合反应的速率升高,产生更多的辐射能,恒星也变得更亮。增加的能量向外传递,使恒星的外层膨胀且表面温度下降。故恒星在进入主序带后,随着星龄增加,体积会缓慢增加,亮度逐渐升高,但表面温度反而下降。

以我们的太阳为例,太阳距零龄已有46亿年,约处在中年期,核心温度已升高到1500万K,但核心的氢氦比已由3∶1降到1∶1(甚至1∶2),所以产能强度已大为降低。结果核心受强大重力的挤压,物质的密度高达150g/cm³。依据恒星理论的推算,现在太阳的亮度比零龄阶段高30%。太阳的核中心的氢之比例会持续下降,当核中心的氢用尽后,以组成成分来看,太阳的结构将会是个多层结构。除了自从诞生后,就未曾发生氢融合反应的外层(辐射层与对流层),核心的中心区是"氦核",而"氦核"外面是仍在进行融合反应的核心层。氢融合层会逐渐变小,而"氦核"范围将持续增加,直到氢融合层消失,太阳被迫走上死亡之旅为止。

所以主序星的核心区,氢与氦的比例会随着年龄逐渐发生改变。除此之外,恒星能量产生的状态与能量传输的方式,也都会发生变化。受到上述因素的影响,主序星的性质会随星龄而略有变化。在 H-R 图上主序星的分布并不是呈线状,而是分布在一个带状的区域上。在主序带上,零龄主序星是在主序带的下端,随着星龄的增加,逐渐向左上方移动。当主序星移至主序带的上缘时,星核的氢燃料已经耗尽,核心的氢核融合反应也终止了,恒星即将离开主序带,并走上死亡之旅。

2. 后主序带的演化

后主序带的演化,单星和双星系统的恒星演化有着很大的不同。尤其是双星系统恒星的演化很是复杂,一直是天文学家的主要研究对象。这里主要谈谈目前比较成熟的类太阳恒星的单星演化过程。对双星的演化只作简单的介绍。

(1)单星系统

离开了主序带的恒星,到底会如何演化,与它们的质量有非常密切的关系。不同质量的恒星,会有不同的演化途径。为了方便讨论,我们按其质量不同将恒星大致分成四大类:

$$M_{star} \leqslant M_{sun}$$

$$8M_{sun} \geqslant M_{star} \geqslant M_{sun}$$

$$25M_{sun} \geqslant M_{star} \geqslant 8M_{sun}$$

$$100M_{sun} \geqslant M_{star} \geqslant 25M_{sun}$$

各类恒星演化的基本图像如图 8.13 所示。

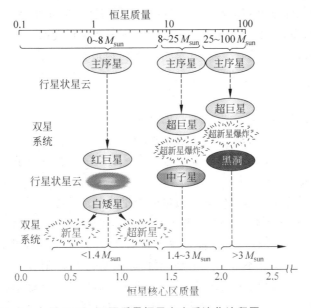

图 8.13　不同质量恒星主序后演化流程图

① $M_{star} \leqslant M_{sun}$ 恒星的演化历程

可能的演化流程图是：主序星→白矮星→黑矮星。

此类恒星无辐射层，以对流的方式传输能量，因此恒星物质的分布很均匀。氢融合反应速率非常缓慢，恒星的主序星生命期非常长，宇宙诞生初期所产生的这类型恒星，尚在主序带上。

这类低质量恒星，星核氢融合反应终止后，会产生重力塌缩，重力位能转成核心热能，但未高到能够触发氦核融合的温度。当重力位能耗尽后，黑矮星是这类恒星演化的终点。

② $8M_{sun} \geqslant M_{star} \geqslant M_{sun}$ 恒星的演化历程

可能的演化流程图是：

主序星→巨星→氦闪、碳闪、行星状星云、……→白矮星→黑矮星。

恒星星核的氢燃尽之后形成氦核心。氦核心的温度不够，无法使氦产生融合，只有继续塌缩，将重力位能转变成热能。当氦核温度升高时，会对氦核附近的氢，再加热使得氢产生融合，构成了氢融合层。氦核所辐射出的能量与氢核融合层所产生的能量，使得恒星外层的气体(H、He)膨胀而成巨星或超巨星。恒星在主序星时期之后会进行更重的元素的融合，产生的现象包括有氦闪、碳闪或行星状星云。

离开了主序带的恒星，除了星核的边缘区域仍有少量的氢融合反应外，中心区域的核反应已经停歇，但残存的辐射能量，仍然需要很长的时间才能完全传递出来，所以核心温度，并未因为核反应中止而大幅下降。但此时逐渐失去辐射压支撑的恒星，星核被强大的重力压缩，其重力位能转换成星核心物质的热能，致使星核的温度急剧上升。所以对这一阶段的恒星而言，它的能量输出速率反而比在主序星时来得高。

最终也会演化成为不会发光发热的矮星。

③ $25M_{sun} \geqslant M_{star} \geqslant 8M_{sun}$ 恒星的演化历程

可能的演化流程图是：主序星→超巨星→超新星爆炸→中子星。

越重的恒星，演化的速度越快。

离开主序时质量超过8倍太阳质量的恒星能制造重原子核。当温度升到6亿K时，碳元素开始加入合成，相互碰撞并聚合成氖和镁。一条"元素生产线"就此建立，因为每个新的热核反应都能释放更多的能量，使温度升得更高，从而导致新的转变。然而核转变并不可能无限制地继续，反应最后都朝着一个元素——铁汇集。铁是大质量恒星核心的最后灰烬。与此同时恒星还不断地膨胀其外壳以调节平衡，它会膨胀到一个异常巨大的尺度，成为红超巨星。红超巨星是宇宙中最大的恒星。如果把这样一个星放在太阳系中心，它将吞没包括远在50亿千米外的冥王星在内的所有行星。

虽然铁核的温度在 10 亿 K 以上,却没有能量从中流出。它不足以使超巨星维持引力平衡,铁核就会被压得更紧密,使其中的电子处于简并态。当简并电子的巨大压力能暂时地支持外层的重量时,恒星活动会出现一个间歇。但是当核心里铁和简并电子的质量超过 1.4 个太阳质量时,电子已简并的核突然塌陷,剧烈收缩,在 1/10 秒内温度猛升到 50 亿 K。涌出的光子带有的巨大能量将铁原子核炸开,蜕变成氦原子核,这个过程叫"光致蜕变"。光致蜕变使原子核破裂并吸收能量,恒星核心的平衡发生了前所未有的急剧变化,越来越不能抵挡无情的重压,温度持续上升,直到氦核本身也蜕变为其基本成分:质子、中子和电子。在高温下电子变得更不能阻挡压缩力,在 0.1 秒内,它们被挤压到与质子结合在一起。二者的电荷相中和,变成为中子,同时迸发出巨大的中微子流。中子"占据的体积"要小得多,两个中子之间的间隔,可以小到 10^{-13} 厘米,也就是说,中子可以相互碰到。于是,中子化就伴随有一场物质的内向爆炸和密度朝着简并态的巨大增长。恒星的密度达到 10^{14} g/cm^3,相当于在一只缝纫顶针里有 1 亿吨的质量。恒星核里再没有任何"真空"留下,恒星核就成了一种主要由中子组成的巨大原子核,这种远比白矮星紧密的新的物质简并态,就叫做中子星。

④ $100M_{sun} \geqslant M_{star} \geqslant 25M_{sun}$ 恒星的演化历程

可能的演化流程图是:主序星→超巨星→超新星爆炸→黑洞。

在某些质量远大于太阳的恒星的已简并的核心,继续发生着塌缩,但最终形成的并不是中子星,而是黑洞。

没有东西能从黑洞逃逸,包括光线在内。黑洞可从大质量恒星的死亡中产生。一颗大质量恒星塌缩后,当其引力大得无任何其他排斥力能与之相对抗时,恒星被压成了一个称为"奇点"的孤立点。奇点是黑洞的中心,在它周围引力极强。黑洞的表面通常称为视界,或叫事件地平(event horizon)、"静止球状黑洞的史瓦西半径",它是那些能够和遥远事件相通的时空事件和那些因信号被强引力场捕获而不能传出去的时空事件之间的边界。在事件地平之下,逃逸速度大于光速。

(2) 双星系统

50% 以上的星隶属于双星或多星系统。

双星系统演化过程较复杂,有时会重复演化的历程。一般是通过洛希(Roche)面与拉格朗日(Lagrangian)点来进行的。

演化过程中所排出的质量,会被局限在个别的洛希面内,而双星透过拉格朗日点交换物质或称物质转移。

越来越精确的天文观测向天文学家展示了越来越多、越来越复杂的双星演化过程,以至于科学家在不断地修改着他们的恒星演化模型。但基本上这些演化是

"通过"洛希面和拉格朗日点来进行的,如图8.14所示。

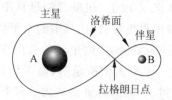

图8.14　双星演化中重要的洛希面(瓣)和拉格朗日点的示意图

一般认为,大多数双星系统的恒星演化(理论)大致是按照图8.15的过程进行的。

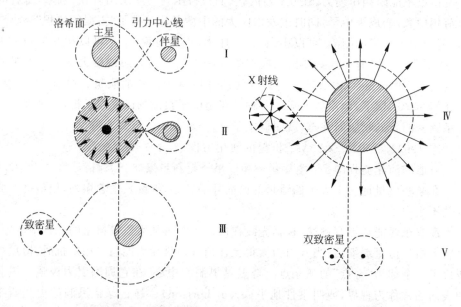

图8.15　比较典型的描述双星系统演化过程(理论)的示意图

大致分为五个典型的过程。

① 主星的质量为2~3个太阳质量,伴星为1.5个太阳质量。这以后,正如单个恒星演化过程一样,质量较大的恒星演化得很快,主星首先消耗掉了大量的氢元素,其外层慢慢膨胀起来,很快膨胀为一颗红巨星,其半径不断增大,而其内部已经形成了一个半径约为太阳几十分之一的白矮星氦核。

② 当主星外壳开始进入伴星的引力范围时,主星的表面物质开始受伴星的引力离开主星表面流向伴星表面。但由于两星相互公转以及伴星的自转,流来的物质并不立即落在表面,而是先在伴星周围随伴星自转形成一个碟状气体盘,然后才

能逐步降落在伴星表面。

③ 于是主星不断有物质转移到伴星,这使得主星的老化进程急剧加快,并以更快的速度膨胀,甚至将伴星的轨道吞没。这个过程将持续数万年。这以后,主星耗尽了它所有剩余的氢,而其巨大的外壳可以伸展到十几个太阳半径之外,但最终大部分将被伴星所吸收。此刻,主星基本上全是由氦组成了,质量仅仅剩下原来的1/5 左右,而伴星质量则增至原来的 2 倍多。这样,质量对比发生了明显变化:主星成了质量较小的致密的白矮星,而伴星由于吸收了主星的大部分质量,体积增加了许多,成为双星中质量较大的恒星。在主星周围原来膨胀的外壳在失去膨胀力后一部分逐渐降落在小白矮星上;而伴星正处于中年期,继续其正常恒星的演化。这就是我们现在看到的天狼星及其伴星的情况。

④ 这以后,这对双星继续演化,像原来一样,质量较大的恒星将以很快的速度进行演化,并在耗尽其内核附近的氢燃料后开始了膨胀,进入红巨星阶段。此时,主星的强大引力将慢慢对伴星不断膨大的表面上的物质起作用,物质开始从伴星表面迅速流向主星。像从前一样,流质在主星周围形成气体盘,并不断降落在主星表面。以后的时间里,伴星由于丢失大量物质而缺少燃料迅速老化膨胀;主星则可能由于吸附了大量物质而塌陷成中子星甚至黑洞。伴星将终于发生超新星爆发而结束其一生,把身体的大部分质量抛向宇宙,而在其中心留下一个致密的白矮星或中子星。

⑤ 这样一对双星就这样转化成一对仍然相互作用转动的白矮星、中子星或黑洞。由于其间复杂的引力作用,双星的演化过程比单个恒星要短得多。这些特点,使我们有机会看到恒星演化的更多奇观。

8.3.4 恒星演化的观测证据

恒星演化还并不是一个很完备的体系,尤其是许多恒星演化的重要阶段需要理论的推测,而这些推测还需要观测证据的支持。支持恒星演化理论的观测证据包括变星的观测和星团的观测。

1. 变星的观测

当恒星离开主星序进入巨星区域之前会经过所谓的不稳定时期,此时恒星的发光强度会不稳定。恒星外层的离子化氢与氦原子,会吸收恒星内部所发出的能量,恒星外层因而膨胀变大,使得发光强度变大,在膨胀的过程中,常又超越了“平衡半径”。当外层物质放出所储存的能量后,重力胜过辐射压,恒星外层向内“跌”,此时表面积变小,所以光度也变小。当收缩冲过了头,使得恒星外层又重新吸收大量的能量,开始下一波的膨胀与收缩。

对这一类的恒星,它们的外层像是作简谐运动的弹簧,而它们的光度的变化也具有周期性。上述的模型,可用来解释变星的周期与光度的关系(周光曲线)。

因为,从质量与发光强度的关系看,质量越大的星球,它的发光强度越大。另外,质量越大的星球,它的外层越大,可吸收的能量越多,因此周期会较长。所以周期较长的变星,它的发光强度越大。可以间接地揭示出恒星的演化进程。

另外,造父变星是测量宇宙的距离的重要尺标之一,在标定了变星的种类后,由周光曲线可以推得变星的光度,进而可以找出恒星的绝对星等,如再测得变星的视星等,即可定出变星的距离。

2. 星团的观测

在同一星团中,全部的恒星都是由同一大云气团塌缩而成,因此具有以下的性质:

(1) 可假设星团中恒星的年龄都相同;

(2) 星团中的恒星与地球的距离差不多一样;

(3) 恒星的化学组成都一样。

我们前面提到,星团可以分为开放星团(open cluster,也称疏散星团)与球状星团(globular cluster)两大类。开放星团通常较年轻,含有数十个到数千个恒星,恒星的分布很松散,例如昴宿星团、英仙座双星团、NGC2264、M67……;球状星团通常较古老,含有数十万至数百万颗恒星,恒星很紧密地分布在球状区域内。在球状星团的中心,恒星间的距离少于 1 光年,例如 M13、M15、NGC104……

因为不同质量的恒星有不同的演化速度,因此对星团作观测,即可看到同一星团中的恒星,因质量的差异而在不同的演化阶段。

星团的观测,对恒星演化理论的测试与修正起到关键性的作用。比较不同年龄星团的演化程度,更可以看出恒星演化的必然性。而由一个星团,残留在主序带的恒星种类,尤其是观测折离点(turn-off point)发生的位置,可以推断星团的年龄。

8.3.5 恒星的死亡

恒星演化理论告诉我们,恒星的死亡有几种形式,行星状星云、超新星爆炸、白矮星、中子星、黑洞等。

1. 行星状星云(planetary nebula)

一颗后主星序时期的恒星,经过氦闪、碳闪将外层气体抛出,将形成行星状星云,例如天琴座环状星云(图 8.16(a))、猫眼星云、沙漏星云、哑铃星云。

其云气膨胀的速度为 $10 \sim 20$ km/s,由光谱分析其组成元素有 H,He,N,O,

C,Ne,S,Ar,Cl,Fe。在此过程中恒星会损失大约 10% 的质量,中心会留下一颗温度极高(25000~100000K)的核心天体,而最后慢慢地冷却变成白矮星。以大型望远镜观测的结果显示,在距离地球 1000AU~1PC 处大约有 1500 个行星状星云。

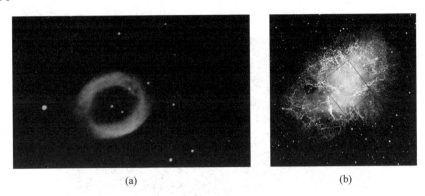

(a)   (b)

图   8.16

(a) 天琴座环状星云;(b) 蟹状星云

2. 超新星爆炸

质量大约 3 倍太阳质量的恒星,在恒星演化的后期,在死亡之前会发生一次大爆炸。

其主要是由一个约 500 千米的铁核,在千分之几秒之内的重力塌缩所造成的。由于在重力塌缩之后,核子最后必须形成简并(degenerate)核心,但是核子是属于不合群粒子,不可能有不同的核子会占据相同的状态。所以急速塌缩所产生的巨大能量,无法完全转换为简并核心使用,而这部分的"能量阻塞"将产生很强的能量震波(shock wave),造成超新星爆炸。

超新星依照它们的光谱特色,可以分成 I 型与 II 型超新星,两者的光度曲线不相同。I 型超新星的光谱里氢谱线很弱,而 II 型超新星的光谱里显示其氢含量很高。I 型超新星最亮可达 -19 绝对星等,光度相当于 3×10^{35} W,或是 $10^{10} L_{sun}$,光度与一个星系相当。

II 型超新星的绝对亮度比 I 型超新星暗一到两个星等。I 型超新星的最大光度很相近,天文学家常假设 I 型超新星的光度皆相同(1 standard candle),并用它们来作为星系距离的指针。

以超新星的成因来说,I 型超新星被认为是起源于双星系统。双星系统演化中的白矮星,经内吸积盘(accretion disk)吸收伴星的氢气至白矮星表面,当这些气体累积得足够多(从理论计算需 1000~1000000 年),也足够热到产生氢核融合时,就会产生超新星的突发爆炸(图8.17)。

Ⅱ型超新星的成因还值得研究,可能是单星的爆炸。最著名的超新星爆炸的现象要属蟹状星云了,它是宋朝年间(公元1054年)发生的一次超新星爆炸的遗迹(图8.16(b))。

SN1987A是开普勒之后300多年,唯一一颗肉眼可见的超新星爆炸事件。

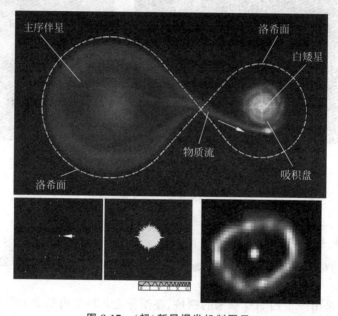

图8.17 (超)新星爆发机制图示

3. 白矮星

白矮星的密度约为$3 \times 10^6 \, g/cm^3$,大约相当于将一个太阳放入一个半径5000千米(约为地球半径的3/4)的球体内。此时重力塌缩,被离子气体(氦核+自由电子)的简并压力所制止,无法再进一步增温而触发氦融合反应。此后,白矮星将渐渐地冷却成黑矮星。

4. 中子星

中子星的密度约为$3 \times 10^{14} \, g/cm^3$,相当于把太阳放进一个半径约为15千米的球体内。在超新星爆炸的过程中,恒星所损失的角动量不多,当星球收缩后,自转速度大幅提升(与花样滑冰选手将手脚紧贴身体的状况相似),典型的自转周期为1/100秒。具有很强的磁场,约10^{12}高斯(Gauss),约是地球磁场强度的一兆倍。此时,中子的简并压力支撑着重力压。恒星理论学家相信,中子星的内部结构大概可分为三层：

  (1) 最表面是一层重核子所构成的球壳，约为 1 千米，硬度约为钢的百万倍。

  (2) 中间一层约 8 千米球层是液态中子及具超导性质的质子与电子。

  (3) 核心可能是由很重的基本粒子所构成的。

  中子星是 1967 Bell 与 Hewish 在分析射电望远镜观测资料时，发现星空中有非常规则而具有周期性的无线电波脉冲信号，当时还造成极大的轰动。最著名的是蟹状星云中的中子星，周期约为 0.033 秒。它发出的射电信号就像夜空中的灯塔一样，以 0.033 秒的间隔时间扫过地球。由此派生出关于中子星的灯塔理论[①]。

  中子星的转速会越来越慢，但是会在某一瞬间，突然有少许的加速，然后再继续变慢。其原因可能来自于中子星的高速旋转会将中子星的外壳扯成扁椭球状，但是当中子星变慢时，外壳会突然压缩成球状。当此外壳突然从扁平变成球状，转动惯量减少，由角动量守恒可知转速会突然加快一些。

  在双星系统中，中子星会吸积伴星物质，产生喷流和 X 射线，也称为**微秒波源**。微秒波源是发现于 20 世纪 80 年代中期的另类中子星，典型的自转周期在数微秒，具有如此短自转周期的中子星，已濒临分解(breakup)的边缘。在银河系已知的 100 个微秒波源中，有 40 个位于球状星团之内。球状星团的年龄在百亿年之上，故可能有"注能"的机制，以维持耗能如此巨大的中子星，保持如此短的周期。

5. 黑洞

  如果把太阳压缩，直到能放入一个半径为 3 千米的球体内(其密度大于 10^{16} g/cm^3)时，这个 3 千米的球面称为事件界面(event horizon)，如果在这界面上发射一束光，它只会掉入事件界面之内，而无法逃离事件界面(图 8.18)。

  此界面是一个单向膜，对所有物质只准进不准出。因此，在此事件界面之内的区域，我们称为黑洞。而对于一个质量为 M 的黑洞，其事件界面(也就是黑洞半径)为 $2GM/c^2$，又称史瓦兹半径(Schwarzschild radius)。黑洞中心有一奇点(singularity)，在这一点上的潮汐力无穷大，任何物质都将被扯碎掉，无法维持任何形体。

  宇宙中，可能有以下四种形式的黑洞存在：

史瓦兹黑洞——一种不带电又不自转的黑洞。

Reisser-Nordstrom 黑洞——一种带电但不自转的黑洞。

---

  ① 灯塔理论(lighthouse theory)：由于中子星的磁轴与自转轴并不一致，因此在转动时在南北极会有极强的磁通量改变造成感应电动势，此一感应电动势会对离子加速造成辐射，也因此磁南北极会有极强的辐射射出。这些辐射随着中子星自转，犹如灯塔一般，有规律地射向深邃的太空。

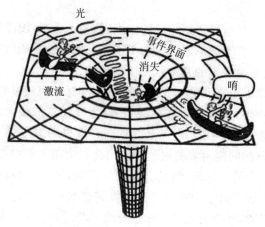

图 8.18 越过黑洞视界面，就像乘独木舟到达
瀑布边缘，再怎么划桨都无济于事

克尔（Kerr）黑洞——一种自转但不带电的黑洞。

克尔-纽曼（Kerr-Newman）黑洞——一种既带电又自转的黑洞。

黑洞遵循著名的黑洞无毛定律（No Hair theorem）。即我们从黑洞外部的重力场与电磁场的观测，只能测出黑洞的三个特征参数，即是质量、电荷及角动量。

因为双星系统中若存在有吸积盘，吸积盘会因摩擦发热产生高温而辐射出 X 光。若经由轨道分析此一 X 光源的质量大于三个太阳质量，那么此一 X 光源中很可能包含有黑洞。例如：天鹅座 X-1，质量下限为 $3.4M_{sun}$，已证实为黑洞，更多的候选还在证实中。

天文小知识

1. 黑洞细说

黑洞是根据理论天体物理和宇宙学理论，借助于爱因斯坦的相对论而预言存在于宇宙中的一种天体（区域）。有关黑洞的描述、模型的确立和在宇宙中寻找黑洞，都很神秘。简单来说，黑洞是一个质量相当大、密度相当高的天体，它是在恒星的核能耗完后发生引力塌缩而形成的结果。根据牛顿力学理论，黑洞产生的引力大到甚至连光都无法逃逸，所以我们把这样的天体称之为"黑洞"。由于光线无法"逃逸"，所以黑洞不会发光，不能用光学天文望远镜看到，但天文学家可通过观察黑洞周围物质被吸引时的情况，找到了黑洞的位置，发现和研究它。对于一般的天文爱好者而言，认识和了解黑洞可以帮助我们认识宇宙的物质多样性，满足我们的好奇心,同时也可以激发我们探索未知世界的热情。

1) 什么是黑洞

"黑洞"可以说是 20 世纪最具有神奇色彩的科学术语之一,其"形象"还多少带有点恐怖色彩,谈到"黑洞"的字眼就使人联想到它犹如一头猛兽,具有强大的势力范围,周围物体一旦进入其势力范围之内都会被吞噬掉。黑洞最初仅仅是一种理论推理演绎的数学模型,但是随着科学的发展,在宇宙中逐步得到了证实,人们逐渐认识到了黑洞的存在。

法国科学家拉普拉斯,早在 1796 年根据"星球表面逃逸速度"的概念说过这样一段话:"天空中存在着黑暗的天体,像恒星那样大,或许也像恒星那样多。一个具有与地球同样的密度而直径为太阳 250 倍的明亮星球,它发射的光将被它自身的引力拉住而不能被我们接收。正是由于这个道理,宇宙中最明亮的天体很可能却是看不见的。"

比拉普拉斯更早提出类似概念的是英国科学家约翰·米切尔(John Mitchell),他在一篇于 1783 年的英国皇家学会会议上宣读并随后发表在《哲学学报》的论文中写道:"如果一个星球的密度与太阳相同而半径为太阳的 500 倍,那么一个从很高处朝该星球下落的物体到达星球表面时的速度将超过光速。所以,假定光也像其他物体一样被与惯性力成正比的力所吸导,所有从这个星球发射的光将被星球自身的引力拉回来。"

所以现在一般的文献都认为经典的"黑洞"概念源于 1783 年,是按照牛顿力学定理推导出的一种极限模型。由牛顿理论可知:物体脱离地球引力作用的第二宇宙速度 $v = \sqrt{\dfrac{2GM}{R^2}}$。由此公式可知道,当 $\dfrac{M}{R}$ 足够大时,可导致 v 接近光的传播速度 c,任何物体都不能逃逸,连光也不可能逃逸。

但是,在那个时代,没有任何人会相信有什么天体的质量会如此大而体积却又如此小。这种设想中的星体密度是水的 10^{16} 倍!几乎无法想象(当时的任何物理理论和试验都无法预测或是证实)。因而黑洞的构想在被提出后不久,就被淹没在科学文献的故纸堆中。

直到 20 世纪初,爱因斯坦的广义相对论预言,一定质量的天体,将对周围的空间产生影响而使它们"弯曲"。弯曲的空间会迫使其附近的光线发生偏转,例如太阳就会使经过其边缘的遥远星体的光线发生 1.75 弧秒的偏转。由于太阳的光太强,人们无法观看太阳附近的情景。1919 年,一个英国日全食考察队终于观测到太阳附近的引力偏转现象,爱因斯坦也因此成了家喻户晓的明星。

爱因斯坦创立广义相对论之后第二年(1916 年),德国天文学家卡尔·史瓦西(Karl Schwarzs,1873—1916)通过计算得到了爱因斯坦引力场方程的一个真空解，这个解表明，如果将大量物质集中于空间一点，其周围会产生奇异的现象，即在质点周围存在一个界面——"视界"，一旦进入这个界面（图 8.19），即使光也无法逃脱。这种"不可思议的天体"被美国物理学家约翰·惠勒（John Wheeler）命名为"黑洞"。

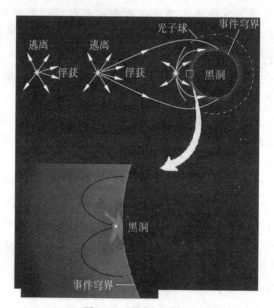

图 8.19　黑洞示意图

史瓦西从"爱因斯坦引力方程"求得了类似拉普拉斯预言的结果，即一个天体的半径如果小于"史瓦西半径"，那么光线也无法逃脱它的引力。这个史瓦西半径的范围可以按照下式计算：$r \leqslant \dfrac{2GM}{c^2}$。其中，$M$ 为天体质量，c 为光速。如果通过适当选取质量、长度和时间的单位，可以使 G 和 c 都等于 1，那么上式还可以简化为 $r = 2M$。

史瓦西半径正是按照牛顿引力计算表面逃逸速度达到光速的星体尺度。上述关于引力源的半径小于史瓦西半径时会产生奇异黑洞的说法，在很长一段时间内都曾经被认为是广义相对论的一个缺陷，于是黑洞研究的进展被阻碍了。直到 20世纪 50 年代，理论家们才对史瓦西半径上的奇异性的解释获得共识。史瓦西自己也并不知道，正是他为米切尔和拉普拉斯那已被遗忘的关于黑洞的猜测打开了正确的理论通道。

按照引力场理论，当保持太阳的质量不变，而将其压缩成半径 3 千米的球体时，它将变成一个黑洞；要想让地球也成为一个黑洞，就必须把它的半径压缩到不到 1 厘米! 这从人们日常的经验来看,是不可想象的。然而,这种威力无比的"压缩机"在自然界的确存在,这就是天体的"自身引力"。

天体一般存在"自身的向内引力"和"向外的辐射压力"。如果压力大于引力,天体就膨胀;引力大于压力,天体就收缩(塌缩);如果二力相等,天体就处于平衡状态。对恒星而言,若其原来的质量大于 8 个太阳质量,则其引力塌缩的结局最终就形成黑洞。自然界中不但存在形成黑洞的巨大压力,而且任何大质量的天体最终都逃脱不了这种塌缩的结局。

史瓦西根据广义相对论预言的黑洞,其大小恰与米切尔和拉普拉斯猜想的基本一致。但是,严格说来,这两个理论在黑洞大小上的一致只是表面上的。按照牛顿理论,即使逃逸速度远大于 $3 \times 10^5 \mathrm{km/s}$,光仍然可以从星球表面射出到一定高度,然后再返回(正如我们总能把一只球从地面往上抛出而后才落下)。而在广义相对论里来讲逃逸速度就是不正确的了,因为光根本不可能离开黑洞表面。黑洞的表面就像一只由光线织成的网,光线贴着表面环绕运行,但绝不能逃出来,如果黑洞在自转,则捕获光的那个面与黑洞自身的表面是不相同的。借助于逃逸速度来描述黑洞,虽然有一定的历史价值和启发作用,但却是过于简单了。

1939 年,奥本海默(Oppenheimer,1904—1967,原子弹之父)研究了中子星的特性后指出,如果中子星的质量超过 3.2 倍的太阳质量,中子就无法与自身引力相抗衡,从而发生中子塌陷。这时没有任何力量能够抵挡住引力的作用,经过引力作用后的星核会形成一个奇异点,即没有体积只有大质量的高密度的点(奇点)。

奥本海默的理论预言主要建立在以下 3 个要点上:

(1) 自然界没有任何力能够支撑 3 倍以上太阳质量的"冷"物质,即已经停止热核反应的物质的引力塌缩。

(2) 许多已观测到的热恒星的质量远远超过 3 倍以上的太阳质量。

(3) 大质量恒星消耗其核燃料并经历引力塌缩的时间尺度是几百万年,所以这样的过程已经在具有 100 亿年以上高龄的银河系里发生了。

就像拉普拉斯推测的那样,这样的超中子星不会向外发光。它被描述成一个无限深的洞,任何落在它上面的物体都会被它吞没而不可能再出来,即使是光也不能逃出来。

2) 黑洞是怎样形成的

要了解黑洞是如何形成的,我们先对恒星生命过程作一个简单的回顾。

从本章的内容我们知道,通常的恒星是靠万有引力的吸引效应将物质聚集在一起的。同时恒星内部的热核反应所产生的大量热能造成粒子的剧烈运动而形成排斥效应,当这两种效应达到稳定平衡时,恒星将会是稳定的。但是,由于热核反应能量逐渐消耗,以致耗尽,恒星就会冷却下来,万有引力的作用会大于排斥效应的作用而使恒星发生塌缩。原子的壳层将被压碎,形成原子核在电子海洋中的漂浮状态。这时电子之间的斥力与恒星自身引力相比处于劣势地位,恒星将发生塌缩,体积减小,导致塌缩的密度是非常大的。

一般认为,不同质量的恒星,演化到核能耗尽而开始塌缩后,依据其质量的大小,演变的最终结果也不相同。依其质量由小到大会形成白矮星、中子星和黑洞。

(1) 白矮星的形成

由于恒星热反应停止以后,辐射压力减小,使恒星发生收缩,在收缩过程中,核内高温使物质发生电离。星体内部充满电子,由于电子服从泡利不相容原理(每个转态下只能存在一个电子)。物质粒子靠得十分接近时不能具有完全相同的状态。即两个相同的自旋为 1/2 的粒子不可能同时具有相同的位置与速度,这将导致粒子在吸引、接近的过程中产生很强的斥力平衡,按照相对论理论,粒子之间的相对速度不能超过光速。由泡利不相容原理产生的斥力就有上限。经过计算这种斥力上限为 1.4 个太阳质量,称为钱德拉塞卡极限。当恒星质量小于 1.4 倍的太阳质量时,电子简并压可以完全抗衡引力,阻止恒星进一步塌缩,从而形成白矮星。

(2) 中子星的形成

根据万有引力公式 $F_{引力} = G \dfrac{Mm}{R^2}$ 可知,一颗恒星的质量越大,引力就越强,对于质量不太大的恒星而言,塌缩的速度还不算快,若恒星质量大于 1.4 个太阳质量,则电子之间的简并压就不能抗拒引力塌缩,导致星体密度继续增加,当温度足够高时,高能光子把原子核分裂成质子和中子,质子又与电子结合成中子,使得星体内部存在大量中子。中子也服从泡利不相容原理,出现附加压强,称为中子简并压。经过计算这种斥力上限为 2~3 个太阳质量,称为奥本海默极限。当恒星的质量大于钱德拉塞卡极限而小于奥本海默极限时,形成中子星。

(3) 黑洞的形成

如果恒星的质量超过奥本海默极限,则没有任何力量能够抵制住强大的引力,星体将塌缩到自身的引力半径之内,从而形成黑洞。

从超新星爆发的角度来看,星体塌缩是一种非常剧烈的过程,爆炸崩掉恒星的外壳,同时产生指向星体中心的巨大压力,使星体的中心形成黑洞。

除去恒星塌缩以外,形成黑洞还有其他途径。例如,在星系的中心聚集着亿万颗太阳和星际物质,在演化过程中很可能发生物质收缩和恒星之间的碰撞,从而形成巨大质量的星系级黑洞。

3) 黑洞的种类和构成

黑洞根据其质量的大小,可以分为超大质量型、恒星型和微型三类。

（1）超大质量型黑洞

超大质量型黑洞是所有黑洞中最大的,其质量一般是太阳质量的百万倍以上。所有大星系的中心,包括银河系在内,都存在一个超大质量黑洞。它们的形成可能是由于高密度星团的塌缩所致,也可能是由恒星型黑洞质量不断吸积周围物质以及相互间的碰撞、并合而形成的。

（2）恒星型黑洞

恒星型黑洞是质量超过太阳 20 倍的恒星在生命末期形成的。当一颗恒星衰老时,它的热核反应已经耗尽了中心的燃料,在外壳的重压之下,核心开始塌缩,直到最后形成黑洞。每个星系估计有几百万个这样的黑洞。恒星型黑洞还分为:史瓦西黑洞、RN 黑洞、克尔黑洞和一般稳态黑洞四种。

（3）微型黑洞

这种黑洞大小跟原子差不多,但质量却相当于一座山。理论预言,微(迷你)型黑洞可能在宇宙的早期产生,发生宇宙大爆炸时,由于高压将一些物质压缩进一个小的体积导致的。曾有人提出,欧洲的大型强子对撞机的质子与质子相撞时,可能会产生微(迷你)型黑洞,这曾经引起了人们的恐慌。但是后来的详细计算表明,这种对撞的能量远远不足以产生黑洞。退一步说,即便产生,它们也会在瞬间蒸发,不会对地球产生任何影响。

4）黑洞的奇异性

黑洞之所以不但被天文学家,也被广大的天文爱好者甚至是一般的人所重视,很大程度上取决于它存在许多的奇异特性。

（1）黑洞的力学特征

从力学角度来说,黑洞的定义可以是这样的:它是一个时空区域,其中引力场是十分强大的,以至于任何物质都不能逃逸出去,它具有非常大的物质密度,它的体积由史瓦西半径来确定。

表 8.7 列举了各种物体的一些引力参数,可以看到,黑洞与其他物体是怎样的不同。由于黑洞中心是一个奇点,其密度远比表里所列举物体的密度大得多,几乎无法用数字描述,它的视界就是史瓦西半径所确定的界面。

表 8.7　黑洞与其他物体的区别

物体	质量/kg	尺度(半径 R)	史瓦西半径 R_g	引力参数/(R_g/R)
原子	10^{-26}	10^{-10} m	10^{53} m	10^{-47}
人体	10^2	1 m	10^{-25} m	10^{-25}
地球	10^{25}	10^7 m	10^{-2} m	10^{-9}

物体	质量/kg	尺度(半径R)	史瓦西半径R_g	引力参数/(R_g/R)
太阳	10^{36}	10^9 m	10^3 m	10^{-6}
中子星	10^{36}	10^4 m	10^3 m	10^{-1}
宇宙	10^{59}	10^{10}光年	10^{10}光年	1

黑洞也能产生潮汐引力,其大小取决于黑洞物质的密度,密度越低黑洞外部时空弯曲越小。黑洞另一个特征,是在它的视界面上引力为零。用经典观点来说,就是在视界上,离心力与引力抵消。

(2) 黑洞的电磁学特征

塌缩成黑洞之前的恒星一般都具有磁场,形成黑洞之后从星际介质中吞噬带电粒子(电子,质子),所以黑洞应当具有电磁性质。但是黑洞带电总量是受到限制的,超过这个限度,黑洞的视界就被向外排斥的强大的电子斥力摧毁。带电限度与它的质量成正比。

由于引力的存在,时空不再是我们多少年以来的那种概念,空间变得弯曲了,时间也不再是绝对的了,而是变得有弹性,甚至会发生冻结。特别是在高密度集中的区域,空间弯曲更为明显。科学家发现,一个遥远的星体发出光线,在通过很长的距离传到我们的地球时,我们同时可以看到几个像,这就是因为光线在传播的过程中,受到沿途其他星体(质量)的引力作用,使光线产生了偏折的原因。

(3) 黑洞无毛定理

按照黑洞的研究理论,黑洞是一个单项膜。无论什么样的物质,只能进入黑洞而不能出去。塌缩的结果都是一样。原子内的电子被质子俘获变成了相同的中子。所有进入视界的物质只能改变黑洞的质量。最终的黑洞只需要质量、角动量、电荷这三个参量完全确定其时空结构。这一结论称为黑洞"无毛定理"。它是由惠勒最先提出,经霍金等人证明。其定理的意义告诉人们,黑洞与引力塌缩前的物质种类无关,也与物体的形状无关。引力塌缩丢失了几乎全部信息。任何有关黑洞形成之前的大量复杂信息都不可能在黑洞形成之后知道,我们能够得到的只是最终黑洞的质量、旋转速度、电荷量。

(4) 黑洞面积不减定理

黑洞的边界称为"视界",它是恰不能从黑洞逃逸的光线在时间-空间的轨迹形成的。由史瓦西黑洞视界半径:$r_g = 2m = \dfrac{2Gm}{c^2}$,其视界面为 $A = 4\pi m^2 = \dfrac{16\pi G^2 m^2}{c^4}$,即面积与其质量平方成正比。在经典黑洞理论范围内,任何物质(包括光子)都不能逃离黑洞,黑洞的质量增大,其面积不会减少,显然这符合视界面积不减定理。

(5) 黑洞的热力学性质

由面积不减定理可得 $\delta A = 0$,A 为黑洞面积。这和热力学第二定律(自然界的熵只能增加,不能减少)相似。

以色列物理学家贝肯斯坦(Beckenstein)和斯马尔(Smal)又各自得出了关于黑洞的一个重要公式,研究了无毛定理以后,我们知道由总质量 M、总角动量 J、总电荷量 Q 可以完全确定一个黑洞,A、V、Ω 分别表示黑洞的表面积、转动角速度、表面静电势,K 为表面重力。

$$\delta M = \frac{K}{8\pi}\delta A + \Omega\delta J + V\delta Q$$

此公式与热力学第一定律的数学表达式 $\delta U = Tds + \Omega\delta J + V\delta Q$ 很相似,式中 U、T、S 分别表示热力学系统的内能、温度、熵,而黑洞的表面重力 K 非常像温度。通过人们的研究:即稳态黑洞表面重力 K 为常数,这和热力学第零定律的表述(处于热平衡的系统具有相同的温度 T)十分相似。

另外一个性质:不能通过有限次操作使 K 降为 0,这和热力学第三定律(不能通过有限次操作使温度 T 降为 0)相类似。

以上对比可知,黑洞的热力学性质和热力学定律很相似。

(6) 黑洞的奇性定理

在 20 世纪 60 年代,牛津大学教授彭罗斯和剑桥大学教授霍金用整体微分几何得出了几个奇性定理,说明偏离球对称的、质量超过中子星上限的星体塌缩最终结果必然出现奇点。由宇宙监督假设理论,在自然界不存在没有视界的裸露奇点,有奇点必然有视界,就存在黑洞,则质量超过中子星上限任何星体(不论是否严格对称),其最后归宿都成为黑洞。

奇性定理证明了:真实的时间一定有开始,或者一定有结束,或者既有开始又有结束。

(7) 黑洞的霍金辐射和黑洞的寿命

我们都知道真空是量子场系统的能量最低状态。由于真空涨落,真空中不断有各种各样虚的正负粒子对产生,但是不允许有实的负能态存在,正负粒子对产生后很快消失,观测不到。但是,由于黑洞的单向膜不同于一般真空,在那里允许存在对于无穷远处观测者的负能态。然而,在视界外部仅靠视界的地方,如果产生涨落,就有可能通过量子力学中的隧道效应穿过边界进入洞内,而正粒子跑到无穷远处,负粒子进入黑洞,顺时针运动落向奇点。于是粒子从黑洞逃逸出来,这就是著名的霍金辐射。

黑洞的霍金辐射,说明其能量随着波长分布等同于 1900 年普朗克的黑体辐射公式。因而,黑洞是具有一定温度的黑体。研究表明,当黑洞温度比周围温度低时,黑洞向外辐射小于从外界吸收的质量,黑洞的质量就会增加;当黑洞温度比周围温度高时,黑洞就会逐渐蒸发以致爆炸而最后消失,经典理论面积不再成立。由此可知,黑洞的质量越大,其寿命越长。

5) 对黑洞的探测

对黑洞的探测一直是神秘而强烈吸引大众眼球的。它既是一个理论问题,也是一个实践观测的问题;既是天文学的研究范畴,也是理论物理甚至技术科学的研究领域;也可以说,既是一个科学话题,同时也是一个社会学的大众话题。总之,它时刻吸引着人们的注意力。

(1) 霍金的照明实验设想

霍金设想,如果我们用一束强光照射黑洞,那么凡是到达黑洞视界(表面)的光线全部被黑洞吸收,而离黑洞较远的光线(图 8.20 中的 A 以上和 B 以下的光线)在黑洞的引力作用下发生偏折而转弯,这些转弯的光线中,就能够达到在与照射光方向垂直方位的观察者眼中,虽然只有很少的两束光 A 和 B。这时,我们看到的是两个光点,A 光被黑洞的引力偏转了 90°,其光点在我们的左侧,距离黑洞的中心是史瓦西半径的 2.96 倍,即 $2.96r$(r 是史瓦西半径);B 光偏转了 270°的光线,其光点在右侧,距离为 $2.61r$。

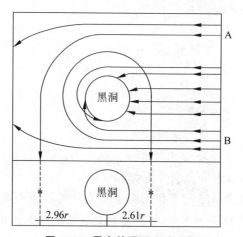

图 8.20　霍金的照明实验设想

霍金的设想,理论上为我们找到了观测黑洞的方法。但要在宇宙里找到方位合适、强度足够的照明光线是不容易的,而且观察者是运动的。

(2) 利用开普勒的行星运动三定律

若星系中存在"巨大黑洞",那么它周围的物质也像绕太阳旋转的行星一样,遵循"开普勒行星运动三定律"。哈勃太空望远镜就在 NGC4261、室女座 M84 星系、室女座 M87 星系等星系中发现了高速旋转的气体。

根据开普勒定律,气体的旋转速度应与其围绕天体的质量的平方根成正比,与旋转半径的平方根成反比。如果能确定旋转速度和半径,就能求出这个天体的质量。NGC4261 的旋转半径为 300 光年以内,质量约为太阳的 20 亿倍;M84 星系的旋转半径为 30 光年以内,质量约为太阳的 3 亿倍。计算结果让人吃惊! 10 亿倍太阳质量的黑洞的半径大约只有 10 天文单位。

（3）微透镜探测技术

按广义相对论,大质量星体会引起周围恒星光线的弯曲。这种作用类似于光学中透镜的作用,光线弯曲的程度与大质量星体的质量相关。当我们观察到某颗恒星的影像变亮时,极有可能是有大质量的星体在它附近运动对它产生了影响。这种用其他方法观测不到的大质量星体极有可能就是黑洞。美国科学家利用哈勃望远镜和"微透镜探测技术"已经在银河系发现了孤立黑洞。

（4）利用射线观测黑洞

由于黑洞巨大的引力作用,会从周围空间吸收物质（气体）,当气体掉进黑洞时,温度会升得极高。在下落的过程中发出辐射,释放出大量 α 射线,通过观察这些 α 射线,也可以确认黑洞的存在。科学家探测了银河系中心附近的一个特殊射电源——半人马座 A 就是一个大型黑洞,它的质量约为太阳的 260 万倍,离地球约为 26 万光年。美国加利福尼亚大学洛杉矶分校的科学家在《自然》杂志上报告说,他们找到了表明半人马座 A 射电源是黑洞的证据。就是利用设在夏威夷火山上,口径为 10 米的凯克望远镜,对该射电源附近的 3 颗恒星进行了历时 4 年的观测得到的。证明银河系中心附近存在一个大型黑洞。

6）黑洞研究的意义

黑洞最初作为一种纯数学理论模型,在没有任何实验依据的情况下却在理论上发展到了几乎神乎其神的地步,这在科学史上是极为少见的。黑洞对物理学家具有如此神奇的吸引力,这不仅仅是因为其与宇宙起源和未来发展有着密切的关系,而且还因为它是关系到物理学基本理论未来发展的重要问题。

自然界从来就没有永恒的事物,黑洞也是如此。从恒星塌缩成黑洞,到最终以大爆炸的方式消亡再产生新物质,黑洞在不断地演化着。按照黑洞理论,黑洞消亡时产生大爆炸的剧烈程度与自然界的基本粒子数目有关。如果我们能够观测到黑洞的爆炸,即使是间接地通过爆炸产生的高能 γ 射线,也将对基本粒子物理学产生最直接的影响。

黑洞以大爆炸的方式消亡,这使人们再次联想到了宇宙的大爆炸理论。研究黑洞的消亡,发生爆炸时如何产生粒子与研究宇宙大爆炸最初如何产生粒子,似乎有着异曲同工之处。这意味着研究黑洞的演化与研究宇宙的演化存在着一种必然的联系。

7)黑洞可能的利用

(1)黑洞望远镜

根据爱因斯坦的广义相对论,一个恒星或星系发出的光,经过另一个引力强大的天体时,光线会发生弯曲。如果从两个天体很远的地方看去,在中间那个天体的周围,有日全食一样的光环,或形成后面那个天体的两个,甚至四个影像。这是由于中间那个引力强大的天体起着透镜的作用造成的,所以叫"引力透镜效应"。由于是爱因斯坦所预言的,所以上述引力透镜效应又被称为"爱因斯坦环"或"爱因斯坦十字"。又由于它像海洋和沙漠上的"海市蜃楼"幻景一样,所以又叫"万有引力幻景"或"宇宙蜃景"。哈勃空间望远镜曾经拍摄到80亿光年以外的一个类星体的四个影像。

我们知道,透镜效应是一种放大效应。天体的引力越强,经过它的光线弯曲就越大。黑洞是引力最强的天体,自然有最大的引力效应。所以科学家们设想利用黑洞的透镜效应,建造威力强大的黑洞望远镜来探测宇宙。利用黑洞做望远镜的透镜还有一个优点,那就是黑洞不发光,可使观测目标的图像不受干扰而显得更清晰。

黑洞望远镜有着非常大的应用价值。如利用黑洞望远镜可以清查宇宙中的星系数目。类星体与我们的距离在140亿光年以上。尽管它的中心发出最强烈的光芒,但由于距离太遥远,到达地球后就变得非常暗淡,使得对它们的探测变得十分困难。由于黑洞望远镜可以极大地增强它们的光度,从而可以一一对它们进行清点。

利用黑洞透镜效应,还可以估算宇宙的大小。因为黑洞在宇宙中的分布是大致均匀的,黑洞的数目与宇宙的尺度成平方比地增加。黑洞越多,出现黑洞引力透镜效应的概率就增大。根据黑洞透镜引力效应出现的概率,就可以推算出宇宙的大小。

推算出宇宙的大小,进而可以推算出宇宙的年龄。因为宇宙的大小和年龄是紧密相关的,是一件事物的两个方面。根据宇宙大爆炸理论,宇宙是在大爆炸中一路膨胀而来。根据目前河外星系远离我们而去的光谱红移,可以测出宇宙的膨胀速度。这样,根据宇宙的大小,就可以很容易地推算出宇宙的年龄。

(2)黑洞发电机

我们知道,发电机是由定子和转子组成的,导电的转子在有磁性的定子中旋转,即导体切割磁感线,就可产生电流。法国天体物理学家 T.达摩(Damour)设想,在一个带电旋转黑洞周围设置一个磁场,由于黑洞的旋转,就可以发出强大的电流。当然,由于黑洞能量被提取,黑洞的旋转速度将逐渐减慢。

另外一些科学家还设想利用黑洞的引力来发电。保尔·戴维斯(Paul Davies)在《宇宙的最后三分钟》一书中设想了一个理想实验,将一个重物用固定的滑轮装置悬挂在黑洞上方,系重物的绳索的另一端缠绕在发电机的转子上,重物受黑洞引力的作用沿径向逐渐落入黑洞,带动转子旋转发电。重物越靠近黑洞,受到的引力就越强,下落速度就越快,动能增加。由于能量和质量等价,因而重物的质量增强,受到的引力增加,下落的速度进一步增加,对发电机所做的功递增。根据爱因斯坦的能量公式

$$E = mc^2$$

理论上重物的全部质量都转化为能量。计算表明,一个质量为一千克的重物,可以获得约 100 亿千瓦小时的电功率,这比 100 克物质核聚变的能量大 100 倍以上。当然,由于重物不可能准确地沿径向落入黑洞,还有滑轮摩擦耗损能量等因素,实际上的电功率要比这小一些。

除此之外,黑洞还有许多可以利用的地方。如黑洞激光,建设黑洞城市,用黑洞来替补太阳等。但它们幻想的成分多于实际,我们还是把它们留到科幻题材中更为合适。(做一个关于黑洞的 PPT,你打算给你的小伙伴们讲些什么?)

2. 元素的形成

恒星在主序带时期,与后主序带阶段,都会进行比氢更重的元素的合成。所合成的"重元素",会经由后主序带时的氦闪、碳闪行星状星云、新星爆炸或超新星爆炸等过程,把重元素散播到星际之间。与星际物质混合的重元素,成为下一代恒星诞生的部分原料,如浴火凤凰般地再生。地球上比氢重的元素,都是已死亡的恒星的遗产,所以地球上,有生命或无生命的万物都是天上的星宿下凡。

在天文学中,比氦重的元素都称之为"重元素",有时甚至称为"金属"。重元素的形成过程与条件见表 8.8。

表 8.8　恒星内的核融合反应

核燃料	核反应产物	最低点燃温度/K	主序星质量/(M_{sun})	融合持续时间
氢(H)	氦(He)	2×10^7	0.1	7×10^6 a
氦(He)	碳(C)、氧(O)	1.2×10^8	0.1	0.5×10^6 a
碳(C)	氖(Ne)、钠(Na)、镁(Mg)、氧(O)	6×10^8	4	600 a
氖(Ne)	氧(O)、镁(Mg)	1.2×10^9	~8	1 a
氧(O)	硅(Si)、硫(S)、磷(P)	1.5×10^9	~8	0.5 a
硅(Si)	铁(Fe)、镍(Ni)	2.7×10^9	~8	1 d

注:表中 M_{sun}:太阳质量;a:年;d:天。

图 8.21 则反映了恒星内部不同元素参与热核聚变的条件和过程,并显示了恒星内部的"圈层结构"。

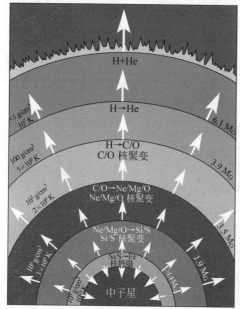
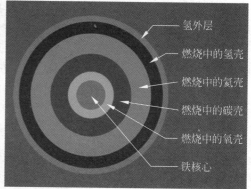

图 8.21　恒星内部发生的核聚变反应和恒星的"圈层结构"

一般元素指比铁轻的化学元素,在后主序时期的恒星,经由氦原子核俘获、中子俘获与质子俘获,产生比硅-28 轻的元素。也就是说,比硅-28 轻的元素在热核反应中产生。

氦原子核俘获是较常发生的反应,所以原子序数为 4 的整数倍的元素丰存度也较高(图 8.22)。

对核心温度 2.7×10^9 K,高到可以产生硅融合的恒星,经氦原子核俘获产生的重元素,有一部分会高热而自行分解或称光分解(photodisintegration)成较轻元素的原子核。而在氦原子核俘获与光分解的过程中,产生了一系列比硅重的元素,直至产生铁为止。

因为比铁重的元素,在进行核融合成更重的元素时会吸收能量,而不是放出能量。因此一般相信,比铁重的元素,只有在超新星爆炸的过程中,经由中子俘获产生。

大质量恒星在演化的最末期,由于铁核心崩溃而发生超新星爆炸。爆炸的历程通常不到一秒就已经结束,所以在爆炸的过程中,所合成比铁重的元素相对来说丰存度也较小,故又通称为稀有元素。

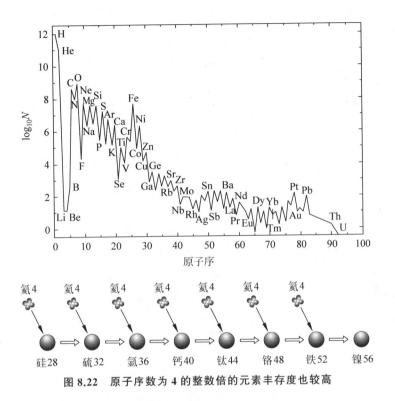

图 8.22　原子序数为 4 的整数倍的元素丰存度也较高

3. 脉冲星的发现

1968 年 2 月,英国《自然》杂志刊载了一条激动人心的消息,以至于全世界的报纸都报道说,英国剑桥大学的天文学家接收到了来自宇宙空间的无线电信号。有些传媒还指出,这些信号来自另一个文明世界。一时间,"小绿人"(人们根据科幻小说给外星人起的别号)成为最热门的话题,很多人以为人类苦苦等待的外星智慧生命终于出现了。

很可惜,这种有规律的无线电信号并非"小绿人"在试图与我们沟通。它的确是天文学家正在等待的某种东西,但与外星人无关,而是来自一种物理学家早在 30 年前就预言其存在的天体——中子星。中子星密度极其巨大,自转极其迅速,由于发出有规律的射电辐射,在刚刚被发现、尚未确认其实质时,它被称为"脉冲星"。

脉冲星具有许多独特的性质:

(1) 自转特别快,已发现的脉冲星周期都在 0.002~4.3 秒间,而且非常稳定;

(2) 密度特别大,1 立方厘米可达 1 亿吨以上;

(3) 温度特别高,表面温度可达 1000 万摄氏度,相当于太阳中心温度的 2/3,

而其中心温度竟高达60亿摄氏度;

(4) 压力特别高,中心压力可达10000亿亿亿个大气压;

(5) 辐射特别强,是太阳的百万倍;

(6) 磁场特别强,距离脉冲星数十万千米处信用卡就会消磁。

脉冲星虽然是一个星体,但是它却是世界上最准的"钟"。它的时间准确度是原子钟的500倍,5000年不会有时间变化!

1) 深空传来的信号

20世纪60年代,天文学家发现,一些遥远天体发出的射电波,似乎存在着一种随时间快速起伏的现象,看上去就像射电波在"闪烁"。为了研究这种闪烁,英国剑桥大学的天文学家A.休伊什领导建造了一台新型射电望远镜,它是一个由2048面天线组成的阵列,占地12000平方米。1967年7月,这个阵列开始工作,昼夜不停地探测天区中的射电波,并把观测结果记录在纸带上。

当时,休伊什指导的一位博士研究生J.贝尔,负责查看这些纸带并写出汇报。观测开始后一个多月,贝尔就发现纸带上的记录曲线有时会出现某种异象,它既不像一个闪烁的射电源,也不像人为的无线电干扰,显然来自地球之外。1967年11月底,贝尔对这种特殊信号进行了仔细观察。她发现,这种信号由一系列脉冲组成,而且相邻脉冲的时间间隔相等,为1.337秒,非常有规律。

贝尔把这件事向休伊什报告,后者大感兴趣,立即认为这种信号只能是人为现象,有可能是来自地球之外的另一文明世界。在当时情况下,此种判断看上去颇有道理。这不免使休伊什师徒二人有些慌乱:如果真是外星智慧生命发来的信号,那这一发现就太重大了! 如何向世界公布这一消息,须得十分慎重。

休伊什领导的研究小组对此事进行了仔细讨论,暂时未得出结果,贝尔继续去研究观测纸带。她意外地发现,在与第一个信号源完全不同的天区,也有类似信号传来,同样是脉冲波的形式,相邻时间间隔为1.2秒。有了这个新发现,休伊什和贝尔就不敢相信自己先前的判断了:茫茫宇宙中相隔很远的地方,居然会有两批"小绿人"选用完全相同的方式、同样奇怪的频率来与地球这样一颗微不足道的行星进行通信联系,这种可能性实在太小。再说,脉冲信号保持严格相等的时间间隔,作为联络信号,未免太单调了一些。

不久,贝尔又发现了两个类似的信号源。这表明,这种信号更有可能是来自某种天体,而非外星人的联络信号。因此,休伊什摒弃了原先的观点,提出这种天体可能是一种脉动着的恒星在不断地膨胀、收缩或变形,每一次脉动都对应着一次能量爆发。根据他的说法,这种天体被称为"脉冲星"——后来人们才知道这个名字并不确切,不过也就这么叫下去了。

休伊斯和贝尔在《自然》杂志上公布此发现时态度较为谨慎,不过文章中也提到他们原先猜想这种信号来自外星人。于是,巴不得有爆炸性消息的媒体抓住这一点大加炒作,不免又让爱幻想的公众空欢喜一场。

2) 急促地眨眼

在此之前,天文学家曾发现过一些光度有规律变化的脉动恒星,它们被称为变星。有些超短周期变星的光变周期不足 1 小时,甚至更短。其中 1934 年在武仙座新星兼双星中发现的一颗白矮星,其亮度以 70 秒为周期有规律地变强变弱。因此,休伊什认为脉冲星是光变周期更短的变星,不无道理。休伊什宣布发现脉冲星之后,其他天文学家也热心地参与寻找更多脉冲星的行列。到 1998 年,天文学家已经在银河系里发现了 1000 颗脉冲星。据估计,银河系里可能有约 100 万颗脉冲星。当然,没有理由认为河外星系里没有脉冲星,可能是因为太远了,其射电信号极其微弱,因此探测不到。对多颗脉冲星的研究表明,其"脉动"周期都非常短,最长的也不过几秒,最短的甚至只有几百分之一秒。而且,对脉冲精细结构进行分析发现,脉冲信号结构极其精细而复杂,在万分之几秒的时间里就可能有较大变化。

根据一个脉冲内部强度变化的快慢,我们可以对产生该脉冲的天体大小进行某种推断。由于来自天体不同部位的光线到达地面观测者的时间有差异,因此我们能观测到的脉冲信号比原来的信号模糊,脉动时间比实际时间要长。如果来自某天体的射电信号强度在万分之一秒内有显著变化,我们就可以断定,该天体的尺寸不可能比光线在这段时间内走过的路程更大,否则变化的信号就会因时间拖长而变得模糊。

由于所有脉冲星的脉冲信号结构都精细到能在万分之几秒内发生显著变化,那么脉冲星的尺度至多不能超过几百千米。与我们以往所知的天体相比,它实在是太小了。恒星中的"小矮子"白矮星的直径有几万千米,连地球这样一颗行星的直径也有 13000 千米,只有小行星大小的脉冲星,绝不可能是普通的脉动恒星。事实上,把脉冲结构进行更精细的分析就可发现,其强度变化最快可以达到百万分之一秒以下,相应天体直径最多只有 250 米。即使跟小行星相比,它也小得有些过分。

3) 千年前的来客

脉冲星存在于何处?天文学家很快就确定,它是我们银河系内的天体。而且把发现的多颗脉冲星绘成星图,便可发现脉冲星密集的方向,也就是在我们望去银河系中恒星密集的方向。脉冲星就在群星之中。也就是说,某些脉冲星发出射电信号要经过成千上万年的长途跋涉才能到达地球。如果相距如此遥远还能被我们探测到,那这些脉冲星一定是强得惊人的射电辐射源,而其能量来自直径也许只有 250 米的微小范围! 在发现第一颗脉冲星并测得它在天球上的位置后,人们马上用光学望远镜搜寻它,结果在指定范围内只找到一颗完全正常的恒星,显然与脉冲来源毫无关系。脉冲星到底在哪里?

中国古代天文学家记录过一颗著名的超新星,即 1054 年金牛座的"客星"。蟹状星云就是那颗超新星爆发后的余迹。1968 年,天文学家在蟹状星云的方向发现了周期为 0.03 秒的脉冲星信号。这位千年前的来客是否与脉冲星有关? 这片星云里的某些天体是否有一颗就是脉冲星? 除了射电波,脉冲星是否也发出可见光辐射,只是用以往的手段看不出其光变,使它看上去像普通的恒星?

1968 年 11 月,两位年轻的美国天文工作者 W.科克(Cork)和 M.迪斯尼(Disney)向亚利桑那州斯蒂沃德天文台的 90 厘米反射式望远镜申请了 3 个观测夜。他们缺乏天文观测经验,进行这次观测的目的只是熟悉一下望远镜。在确定观测对象时,由于看到美国《科学》杂志上关于蟹状星云脉冲星的报道,他们便决定用分配到的观测时间来观测蟹状星云脉冲星的可见光辐射。另一位研究人员 D.泰勒(Taylor)带来了一套能记录可见光脉冲的电子仪器,参与他们的搜索。1969 年 1 月,观测正式开始,他们发现的确有一颗星正准确地以蟹状星云脉冲星的周期发射可见光脉冲。第一颗光学脉冲星,便这样偶然地被发现了。

4) 光芒暗淡

至此,可以确定脉冲星与超新星爆发存在某种联系:在恒星发生超新星爆发后,恒星的残余部分就发出脉冲星信号。随后,船帆座可见光脉冲星的发现,再次确认了这种观点。船帆座也存在由超新星爆发产生的星云,不过爆发的年代看来要比蟹状星云超新星早得多,因为它抛出的气体状物质在天上看来已不是小小一点,而是布满了一片广阔空间范围的许多纤维状气体丝(就像彩色插页第 11 页我们向读者展示的图片那样)。人们探测到船帆座方向传来的脉冲星信号,并确认其周期为 0.09 秒,随后就在可见光范围里搜索它。全世界大批天文学家,动用了当时最强大的望远镜,寻找与该脉冲星对应的恒星,经历了 8 年才告成功。1977 年,《自然》杂志编辑部收到的成功证实船帆脉冲星为某一恒星的投稿,是由 12 位作者签名的。从此一点,就可想象这场搜索工作是何等艰巨。

此后,寻找其他可见光脉冲星的努力一无所获,这让人们觉得,恒星发生超新星爆发,产生了脉冲星。开始时,它们"脉动"得比蟹状星云脉冲星还要快,且既发出射电脉冲,也发出可见光脉冲。随着岁月流逝,脉冲节律不断变慢。大约在爆发后 1000 年,脉冲周期变到和蟹状星云脉冲星那样,再过许多年,就变成和船帆脉冲星那样。随着脉冲周期变长,其可见光也变得愈来愈暗。后来,它的周期增加到 1 秒以至更长,可见光脉冲早已消失,但射电辐射还能探测到。因此,只有这两个周期极短的脉冲星才能在可见光范围内看见,它们属于最年轻的一批脉冲星,超新星的爆云残烟还历历在目。而那些古老的脉冲星早就失去了其可见光辐射,根本就看不见了。

可是,脉冲星究竟是什么?一颗恒星在巨大的爆发中结束其生命后,剩下的东西是什么?按照推算,产生脉冲星辐射的空间范围一定是非常小的。在这么小的空间里产生如此强烈、快速的辐射,而且脉冲重复得如此精确,到底是一种什么机制?脉冲星真的像休伊什最初为它命名时所认为的,是一种胀缩得很快的恒星,即脉动变星吗?如果是这样,它们的密度一定非常巨大,因为只有这样,其振荡周期才能很短。我们知道,典型的变星如造父变星的周期是几天,脉动最快的变星周期也有数十秒。而最慢的脉冲星周期也只有 4、5 秒,有的甚至能在百分之几秒内振荡。不要说普通的变星,当时人们已知的密度最大的恒星——白矮星,也做不到这一点。是否还存在密度更大的恒星,使得密度已经是每立方厘米好几吨的白矮星,与之相比也是小巫见大巫?

5)惊人的猜想

让我们暂且把眼前的疑问丢开,将目光投向 20 世纪 30 年代。当时在美国工作的两位科学家,德国人 W.巴德(Bard)和瑞士人 F.兹威基(Zwicky)提出,在一定条件下,白矮星的亚原子粒子可能会全部变成中子,并紧密结合在一起,挤压到一个非常小的空间里。这种完全由中子构成的恒星,尺寸不超过十几千米,却仍保留着整个恒星的质量,密度极为巨大,达到每立方厘米几十亿吨。

1939 年,美国物理学家 J.奥本海默和 G.沃尔科夫(Volkov)在美国《物理评论通讯》杂志上发表论文,详细探讨了中子星的特性,指出这种恒星具有极高的表面温度,释放出大量的 X 射线。

从中子星模型中我们可以看到,如果太阳变成一颗中子星,其直径将不超过 30 千米。你可以把它看作一个巨大的原子核,原子量高达 1056。一汤匙的中子星物质,质量差不多等于一座大山。如果你让一小块这种物质从手中掉落(除此之外也没有别的选择),它会像石头从空中落下那样轻而易举地穿过地球,在地球上钻出一个洞,从美国的地面上冒出来,把那边正在思考同一问题的人吓一跳。然后它会升到空中停留片刻,又钻回到地球另一边,如此反复来回,给地球穿上成千上万个孔,直到它与地球之间的摩擦力迫使它停止运动。迄今还没有大块的中子物质来这样折腾地球,真是幸运得很。

在白矮星脉动不足以解释脉冲星时,人们想到,脉冲星是不是脉动的中子星呢?计算表明,如果让中子星不断膨胀收缩地脉动起来,确有可能释放出有规律的脉冲信号,但频率应当比脉冲星快得多。所以,中子星的振荡,也不是解决脉冲星身份问题的答案。

20 世纪 60 年代末,发现脉冲星的新闻已传遍世界,各种学术刊物充斥着从各种角度用脉动假说解释脉冲星的论文。这时,美国天文学家汤米·戈尔德(Tommy Gerd)提出,既然理论和实际中的各种天体都无法以脉冲星的周期脉动,我们应当放弃脉动想法,从另一角度寻求脉冲信号的来源。

天上最有规律的周期过程,其实并非恒星不断胀缩或变形的脉动,而是天体的转动。太阳每 27 天自转一周,有的恒星转得比这快得多。可以设问,脉冲星这样有规律的周期,是否也与某种自转过程有关?如果这样,产生脉冲的天体大约要在 1 秒内转动 1 周,蟹状星云脉冲星 1 秒要自转 30 周。

对于普通的恒星,自转速度是有限的,转得太快的话,它就会被离心力撕裂。只有那些表面重力非常巨大——也就是密度很大的恒星才能绕本身的轴急速自转。白矮星 1 秒大概可以转 1 周,如果让它以蟹状星云脉冲星的速度去自转,也是吃不消的,离心力早就把它扯碎了。只有密度更大的恒星,才能这样快地自转。那么,中子星是否能做到这一点呢?

完全可能。计算表明,中子星的重力足够大,足以在几分之一、几十分之一秒内自转一周,哪怕还要比这快得多也行。因此,天文界人士公认,戈达德把脉冲星解释为自转的中子星,是较为合理的说法。这一理论的提出,不仅基本解决了脉冲星的身份问题,也证实巴德等人预言的一种全新的、由超密态物质构成的恒星的存在。这是 20 世纪天体物理学的一项重大成就。

6) 遥远的灯塔

虽然我们已经找到了一种至少能解释脉冲星规律性时间变化的作用过程,但我们仍不明白,其中的射电辐射究竟是怎样产生的。因为我们接收到的信号不是普通波形,而是尖锐的脉冲辐射,在一个周期的绝大部分时间里呈现空缺,随之又在极短的时间里集中了巨大的能量。只能这样设想,中子星的辐射不是均匀发射,而是沿某特定方向发出的,自转使它像探照灯光束一样的辐射,按一定时间间隔一次又一次地扫到我们这里,就像灯塔发出的旋转的光柱扫到一条船上。

中子星可能类似于我们地球,具有磁场,而且磁场强度远比地球强得多。假设其磁轴与自转轴不一致(这是完全可能的,地球就是这样),中子星在自转时,带动其磁场一起转,不妨这样设想:在自转的磁化中子星表面,中子转化成电子和质子,表面的强电场足以将这些带电粒子抛离中子星。其中运动最快的是电子,它们沿弯曲的磁力线飞向空中,发射出巨大能量足以使蟹状星云在诞生后千余载仍靠着这些电子在发光。

因此,中子星释放的能量并不均匀,而是高度集中在电子的飞行方向,即磁轴所在方向的两个锥状空间——相当于灯塔的光柱——之中。磁轴转动时,远方的观测者就只能在碰巧被两锥之一扫到时才能接收到辐射,在他看起来,中子星的辐射就是一闪一闪的,呈很有规律的周期性。

7) 突发的震颤

我们已经知道,脉冲星有非常准确的周期。但由于脉冲星放出的可见光和射电辐射就来自中子星的自转能,如此强大的能量释放,会使中子星的自转逐渐放慢下来,从而使脉冲星周期缓慢变长。

人们对蟹状星云脉冲星的周期进行了仔细研究,结果发现,果然如预言的那样,其自转速度正在减慢,周期每天增加十亿分之三十六点四十八秒。在其他脉冲星中也发现了这种现象。这从另一方面证实,脉冲星是自转中子星的说法是合理的。

有时候脉冲星会突然稍微加快自转周期,然后又恢复减慢的趋势。1968 年以来,天文学家在蟹状星云脉冲星和船帆脉冲星中,都发现了这种现象。周期为0.08920930095 秒的船帆脉冲星,在 1969 年 2 月 24 日至 3 月 3 日,周期突然缩短了 0.000000134 秒,类似的情况此后还发生过几次。蟹状星云脉冲星也发生过这种现象。

核物理学家认为,中子星自转加快,是由突如其来的"星震"造成的。中子星表面已形成硬壳,在中子星的冷却过程中,这硬壳有时会碎裂。此时如果中子星再稍微收缩,其自转速度就会突然加快。地球上的地震——地壳的较大震动——也会影响地球的自转周期,中子星上可能也存在着类似现象。

还有观点认为,这是由于中子星向外抛射大量等离子体,或者外部物质与中子星相撞。另一种说法是,中子星内部存在一种超流中子,它们在靠近星核附近比外部转动得更快,这些中子流向外部区域时,就会使自转突然加快。相对而言,目前星震说较占优势。

8）疑云未散

除自转周期变快之外,关于脉冲星还有许多问题未解决。

1974 年,科学家发现了一颗特别的脉冲星,其周期为 59 毫秒,自转速度相当快。最要紧的是,它的脉冲时间显然不等,而呈相互挤紧又分开的周期性变化,这种变化每天约重复三周。比较合理的解释是,这颗中子星正绕另一天体运转,不过人们一直未发现作为运转中心的这个天体。这也并不奇怪,因为脉冲星的轨道太窄小,给那个未知天体留下的地盘实在太小了。它不可能是一颗普通恒星,或许是一颗白矮星或另一颗中子星。

此后,人们又在一些双星系统中发现了脉冲星,其中有些脉冲星的伴侣可能是太阳一样的普通恒星。看来它很好地经受住了形成脉冲星的超新星爆发,没有一同毁灭。

随着伽马射线天文学的发展,人们又发现,有一批脉冲星在发射伽马射线脉冲。由于伽马射线具有巨大的能量,看起来似乎脉冲星发出的辐射中,伽马射线是主流,而吸引人们注意脉冲星的射电辐射只是微不足道的支流,就像炸弹的巨响只是爆炸事件无关紧要的枝节一样。对于伽马射线的来源,我们尚不了解。

目前,脉冲星还有另一方面令天文学家不安。根据已发现的脉冲星估计,我们银河系中现在处于活跃阶段的脉冲星可能多达 100 万颗。问题是,根据银河系中超新星爆发的频率来看,似乎远不足以产生这么多脉冲星。这是否意味着脉冲星还会以别的方式形成? 或许它们中有一些并非形成于恒星死亡时的爆炸,而是由某种相对和平的方式诞生的。

1982 年 11 月,一个激动人心的新闻传遍了天文学界:5 位天文学家用阿雷西博射电望远镜发现了一颗新的脉冲星,它打破了一向由蟹状星云脉冲保持的自转最快纪录,每秒自转快达 642 周。这颗星可能比大多数脉冲星都小,直径大约不会超过 5 千米,而质量可能是太阳的 2 倍或 3 倍。此外,其引力场也必定非常强,使它转得这么急居然还没有溃散。即使是中子星,好像也不容易做到这一点。

这颗脉冲星另一个令人困惑的地方是,它的飞速自转必定会消耗巨大的能量,使其周期逐渐减缓,然而观测到的其周期减缓速度比理论值要小得多。此后又发现了第二颗这样的快脉冲星,科学家正忙于探究它们存在的原因。

多年以后,一位不愿透露姓名的射电天文学家告诉贝尔说,在休伊什和贝尔发现第一颗脉冲星之前,他曾观测到猎户星座中有一个脉冲星(该处正是我们现在所知的一颗脉冲星的方位)。当时,他的自动记录仪指针以等间距的节奏颤动着,于是他做了一个也许是一生中最愚蠢的动作:脚踩仪器,于是颤动消失。随之消失的,大概还有一笔诺贝尔奖金。

1974 年,休伊什因为发现脉冲星而获得诺贝尔物理学奖。虽然他起的"脉冲星"这个名字完全名不符实,但一直沿用了下来。贝尔榜上无名,此后科学界一直有人为她打抱不平。联想起在熟悉望远镜时发现第一颗可见光脉冲星的三位年轻人,我们不禁要想,命运中重大的得与失,颇多偶然。

第 **9** 章　星系 银河系

夏季晴朗的夜空里,肉眼中的银河就像是一条用牛奶滴铺成的路(银河系, milky way),界限模糊,横跨于星座之间而高高悬挂在天空。"河"的两边住着我们熟悉的"牛郎"和"织女"(图 9.1),他们每年农历七月初七跨过 16 光年的距离去"约会"。这便是中国的"情人节"。

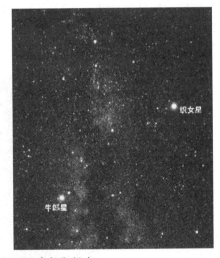

织女星

牛郎星

图 9.1　银河"划开"了牛郎和织女

我们身处银河系之中,能够看到的是一条横贯夜空的银河。这是一条朦胧的光带,绵延天空一整周,平均宽度约为 20°。银河是由许多遥远的恒星组成的,表明了银河系的恒星在这一带非常密集。在银河中还可以看到许多暗带,说明在银河里有大量的星际介质和暗星云存在。(据说,现在大约有 80%的城市,在一小时车程之内,都已经看不到银河了。你的居住地怎样?去试试看并画出银河来。)

9.1　银河系

银河系,天文学上也称之为"本星系"。意味着太阳和我们生存的地球身处其中。在星系的大家族中无论从质量、大小等方面来看,都属于中等。是一个典型的漩涡星系（也有学者认为银河系属于棒漩星系）。人类认识银河系实际上经历了一个从哲学到科学的典型过程。

9.1.1　银河系的研究历史

1610年意大利天文学家伽利略用望远镜仔细地观测了天空，首先发现银河（当时被认为是由云气组成）由无数个恒星组成。

1750年英国教士怀特认为太阳是无数呈球壳状分布的恒星中的一颗。

1755年德国人康德提出了银河系是无数"宇宙岛"（Island-Universes）之一，是一个由恒星组成的旋转的扁平盘。

1785年英国天文学家W.赫歇尔第一个对太阳附近的天空进行了巡天观测，对不同方向的恒星进行计数，计算不同方向恒星的数密度，得到了第一幅银河系的整体图（图9.2）。测得银河系直径约6400光年，厚度为1300光年。结论是银河系是扁平状的，太阳在中心附近。

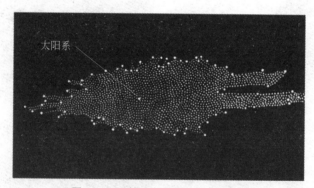

图9.2　W.赫歇尔的银河系整体图

1922年荷兰天文学家开普顿（Kapteyn）首次利用照相底片进行了太阳附近不同方向恒星的计数（图9.3），用统计视差的方法计算了恒星的距离，估计出银河系直径约50000光年，厚度为10000光年。

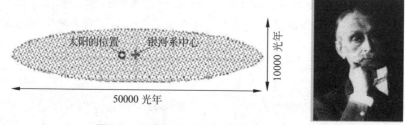

图9.3　开普顿统计出的银河系及开普顿像

结论一样：银河系是扁平状的，太阳在中心附近。

美国天文学家沙普利，1920 年研究了银河系中球状星团的空间分布情况（图 9.4），统计表明太阳指向银河系中心的方向上的球状星团数量，明显多于银河系边缘的方向。说明太阳系（地球）并不是在银河系的中心，彻底推翻了地心说。

 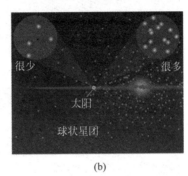

图 9.4　银河系中球状星团的空间分布情况

（a）太阳在中心；（b）太阳不在中心

沙普利的银河系模型：

① 球状星团是银河系的子系统，围绕银河系中心球对称分布；

② 太阳（系）不在银河系中心，太阳到银心的距离为 16 千秒差距，约 5 万光年；

③ 银河系是扁平的，直径 100 千秒差距，约 30 万光年。

9.1.2　银河系的基本情况

1. 银河系的结构和位置(图 9.5)

银河系基本尺度如下：

核球半径大约 1 万光年，银盘半径大约 5 万光年，银晕半径大约 16 万光年，太阳离银心大约 2.5 万光年。

我们身在银河系的盘面，而银河（天河）就是我们往银河中心方向所看到的景象。银河系中心基本上是位于人马座方向（图 9.6）。那里恒星密布，看上去到处是"雾气弥漫"，实际上那里密布着成千上万的星云和小星系。古代玛雅人就曾经把人马座称为"星星的仓库"。

银河系属于漩涡星系，有 5 大旋臂：英仙臂、船底臂、南十字臂、矩尺臂和我们太阳系所处的猎户臂（图 9.7），太阳距银河系中心约 2.5 万光年，以 220km/s 的速度绕银河系中心旋转。太阳运行的方向，也称为太阳向点，指出了太阳在银河系内游历的路径，基本上是朝向织女星，靠近武仙座的方向，偏离银河中心大约 86°。

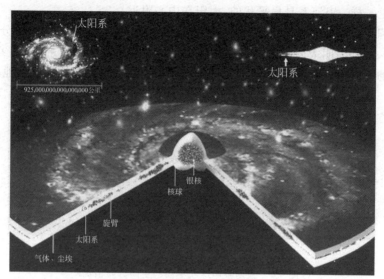

图 9.5　银河系结构示意图

图 9.6　银河系中心位于人马座附近

太阳环绕银河的轨道大致是椭圆形的，但会受到旋臂与质量分布不均匀的扰动而有些变动，我们目前在接近银心点（太阳最接近银河中心的点）1/8 轨道的位置上。

2. 银河系的基本构成

银河系主要由银核、银盘、银晕和旋臂组成。

（1）银核（nuclear balge）

银核包含相当多年轻的热星，核心部分的恒星相当拥挤，造成星际尘埃的增温产生，有很强的红外线辐射。核心部分恒星间的距离约 800AU，星系中恒星之间

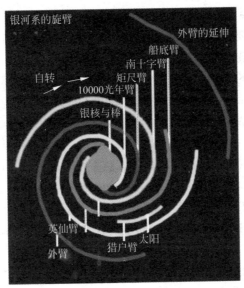

图 9.7 太阳在猎户臂上

的平均距离约 5 光年。观测证据显示,银河系中心有一个大质量的黑洞。

(2) 银盘(disk)

银盘主要由漩涡臂、星协和疏散星团构成。包含有银河系中绝大部分的星际尘埃与气体,还有游离的气体等。星协(Association)中约有 10～100 颗恒星一起移动,其中有许多是 O,B 型亮星,为不稳定的小星团,最后这些星都将彼此分开。开放星团(open cluster)主要是年轻的星,有 100～1000 个恒星,稳定地聚在一起。

(3) 银晕(halo)

银晕包含着较冷、低发光强度属于低主序星的恒星,主要包含非常稳定的球状星团(10000～1000000 个恒星),这些球状星团的年龄与银河系同寿,如 Tucana 47。

(4) 旋臂(spiral arm)

旋臂由中心延展至银盘边缘,包含了无数年青的恒星。有趣的是,根据力学定律,这些旋臂是不稳定的,由于外围恒星比近核心恒星走得慢(较差自转),最终会使旋臂结构毁灭。旋臂为什么仍能存在呢?最广为天文学界所接受的说法是**密度波理论**。这个理论认为虽然恒星会以不同速度移动,但星际物质的密度会产生波动,在密度最高的波阵面会催生出新的恒星,这解释了为何通常在旋臂会找到新生恒星,而在其他地方只有古老恒星的原因。

3. 银河系的主要成分

在银河系内主要包含三类物质:恒星及恒星集团、星际介质、暗物质。

(1)恒星及恒星集团

恒星是银河系的主要成分之一。恒星除以单星、双星和聚星的形式存在外,还包括**球状星团**(Globular Cluster)和**疏散星团**(Open Cluster)的结构。球状星团由 $10^5 \sim 10^7$ 颗恒星组成,结构紧凑,球对称分布。疏散星团由 $10^2 \sim 10^3$ 颗恒星组成,结构松散,不规则分布。

所有的恒星都在绕银心作较差运动。只是在不同旋臂上的恒星绕银心的转动速度略有差别。比如,人马臂每秒200km、猎户臂每秒250km、英仙臂每秒240km。

根据光谱型的不同,银河系中的恒星可分为星族Ⅰ和星族Ⅱ。星族Ⅰ多分布在银盘上,呈圆形轨道运动,恒星年轻,金属含量高。星族Ⅱ则分布在银晕里,随机运动,轨道偏心率大,年老,金属含量低。

星团的空间分布也很有特点。球状星团分布在银晕中,相对银心对称,由年老的恒星组成;疏散星团分布在银盘上,相对银面对称,由年轻的恒星组成。

(2)星际介质

恒星之间并不是空的,而是存在着星际介质。其中99%都是气体,其他还有尘埃、磁场、荷电粒子等。

气体中90%是H,其他主要是He。气体的形态有冷气体和热气体两种。冷气体有原子氢或是分子态的氢;热电离气体(一般在年轻恒星周围)是恒星的发源地。

原子态的氢占了很大的比重,一般温度为100K左右,密度一般为每立方厘米 $10 \sim 100$ 原子。图9.8显示了不同电磁波段下拍摄的银河系,可以对银河系的物质组成和结构作详尽的研究。

分子氢多以分子云的形态出现。实际上分子云中包含有 H_2、CO、NH_3、CH、OH、CS等100多种分子以及大量的尘埃。

分子云常会聚成巨分子云(giant molecular cloud,GMC)。质量达到 $10^6 M_{sun}$,直径可达150光年。银河系内有几千个GMC。这些区域是恒星形成的地方。

恒星演化到红巨星时,在它的冷的外壳会形成尘埃,然后随红巨星星风扩散到星际介质中。

尘埃的影响主要有两种。一是消光(extinction)作用,使星光变暗(效果与波长成反比);二是红化(reddening)作用。当尘埃尺度与观测波长相当时,短波被散射,看上去星光会较红,称为红化效应。想想看早晚的太阳为什么是红的?

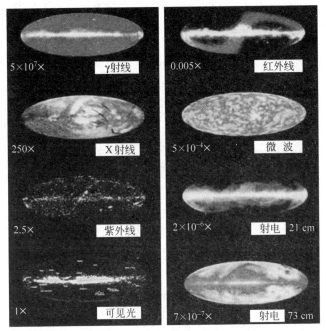

图 9.8　不同电磁波段(频率)的银河系

（3）暗物质

暗物质一般认为由热暗物质和冷暗物质组成。

热暗物质：组成暗物质的粒子质量很小，速度很大，接近光速，如中微子。

冷暗物质：粒子质量很大，速度较慢。

它们影响着银河系的自转速度。在第 10 章宇宙学一章中也会讨论暗物质。但是由于无法观测到暗物质，所以对暗物质的组成、性质、种类和数量都不是很确定。目前更多的只是靠间接观测证据的推测。

4. 银河系的自转和质量

1887 年，P.O.斯特鲁维首次利用自行数据研究了银河系自转。20 世纪 20 年代，经 B.林德布拉德、J.H.奥尔特等人的研究，最终确定银河系存在自转。

研究银河系自转最初只能利用光学观测资料。但是，光学观测有很大的局限性，只能提供离太阳不超过 3～4 千秒差距范围内的资料。目前射电方法已成为研究银河系自转的主要手段。对于太阳轨道以内的区域，主要依靠观测中性氢 21 厘米谱线；对于太阳轨道以外的区域，主要依靠观测 H Ⅱ 区和 CO 分子云的谱线。

银河系自转的方式既不同于刚体旋转，又不同于开普勒旋转，是一种较差旋转。银河系自转线速度 $v(R)$ 从银河系中心到边缘的分布呈双峰状(图 9.9(b))。

当到银心的距离 R 很小时，$v(R) \propto R$，接近于刚体旋转；当 R 很大时，$v(R) \propto R^{-1/2}$，接近于开普勒旋转。在太阳处，银河系自转的角速度为每年 $0''0053$，线速度为 220km/s，自转周期约 2.5×10^8 年。

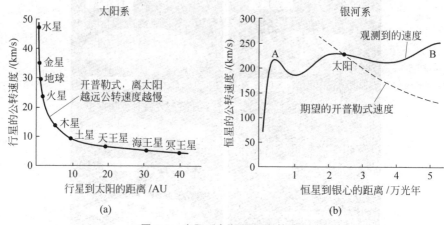

图 9.9　太阳系与银河系自转曲线

　　银河系的自转规律受物质分布或引力场分布支配。若物质高度集中在中央，则像太阳系行星那样遵循开普勒定律；如果呈球形均匀分布，则服从刚体转动规律。实际上，观测得出银河系的 $v(R)$ 后，在圆轨道的假设下，可计算在各个 R 处单位质量的物质所受的向心力。向心力取决于半径 R 的轨道以内所有物质的引力总和，在物质对称分布的情形下，轨道以外物质的引力互相抵消，不起作用。于是，根据向心力随 R 的变化便能分析物质的分布，求得银河系的质量。在 20 世纪 60 年代建立的银河系模型中，自转速度在太阳附近达到极大后，向外单调下降，趋于开普勒运动，推算出的银河系质量为 $1.8 \times 10^{11} M_{sun}$。银河系约有 2000 亿颗恒星，占总质量的 90%，而星际气体和尘埃物质约占 10%。

　　近代的观测表明，从太阳轨道向外，自转速度反而在增加（图 9.9(b) 中实线），表明银河系的物质分布在比以前设想的大得多的区域里，在太阳轨道以外存在着大量的物质。但银晕内可见的天体并不多，从其引力影响推断银河系外部还存在"不可见物质"（或"暗物质"），其质量可达可见物质的量级，甚至达 10 倍或更多。因此，银河系的总质量可超过 $1.8 \times 10^{12} M_{sun}$。银河系的总光度约 $2.5 \times 10^{10} L_{sun}$。（对银河系的结构和物质组成做一个相对应的总结，最好是作一些图表，把它们形象化的表示。）

9.1.3　银河系的起源与演化

　　与人类考古学一样，利用化石来追溯人类的生命史。天文学家是利用银河系的化石——银晕上的球状星团,来探讨银河系的起源。球状星团绕银核运转,其轨道为椭圆状。

本银河系上的恒星大概可分为两大族群。

族群Ⅰ:金属含量丰富,主要是分布在银盘上。年龄从1亿～100亿年都有,如太阳,基本上是年轻的恒星,归类于疏散星团。

族群Ⅱ:金属含量稀少,主要是分布在银晕上。年龄大于或等于100亿年,如球状星团,M型、K型星。

了解在银晕与银盘上恒星金属含量的差异,可解答银河系起源的问题。我们知道核子的合成(nucleosynthesis)是在星球内部的核融合中,将氢融合成氦、碳、氧、镍、铁等元素;比铁重的元素如金、银、碘,是在超新星爆炸中产生的。

所以,族群Ⅱ是银河系早期(古生代)的产物,而族群Ⅰ是银河系近代(新生代)的产物,也就是在超新星爆炸之后的产物。

由此产生出银河系的形成理论。

假设本银河系是在100亿～150亿年前,从一团含有约75%的氢与约25%的氦和少许的金属的星际气团中,受重力塌缩而形成的。当塌缩之后,密度增高,可使部分较高密度的云气,产生金属含量稀少的球状星团,此时这些星团以球状对称的方式分布在银晕上。密度较低的气体会因重力塌缩产生漩涡。

银盘中的气体会因旋转与重力塌缩产生漩涡,如水槽中的漩涡。漩涡使云气聚集成为密度较高的云气,进而产生恒星。我们看到银河系中有漩涡臂。

9.2 河外星系

河外星系,简称为星系,是位于银河系之外的,由几十至几千亿颗恒星及气体和尘埃物质组成的天体系统,也是宇宙结构学研究中最小的"天文单元"。

在天文学的历史中,河外星系的"观测"和河外星系的"发现"是完全不同的两个概念。对它们的理解,不但创立了"河外星系天文学",更重要的是将人类的"视野"扩展了无限的量级……

9.2.1 星系——宇宙结构的基本单元

河外星系在1920年以后才被天文学家确认。在此之前天文学家虽然已经对它们进行了大量的观测,但"看"上去犹如一团模糊的云的它们一直被人们认为是银河系中的"星云"。比如,1781年法国天文学家梅西耶发表了包含110个星云的梅西耶表,但其中有40个实际上是属于与银河系同"级别"的星系。1800年 W.赫歇尔发表了包含2500个天体的星表。1864年 W.赫歇尔的儿子 J.赫歇尔发表了一个星团和星云总表,后来演变为包含 10000 个以上星系的新的总表(NGC)。(现在星团或星系的名字都用 M 或 NGC 来表示,如 M31、NGC224。)

但 1750 年英国教士怀特就提出银河只是一个普通的恒星系统。1755 年德国人康德认为观测到的许多"星云"的扁平形态是由于旋转引起的。它们是与银河系类似的"宇宙岛"。1920 年美国天文学家沙普利通过观测球状星团的分布确定了银河系的大小和太阳离银河系中心的距离,并在 1920 年引发了天文界历史上最著名的大辩论——沙普利-柯林斯大辩论。大辩论主题是关于宇宙的距离尺度。大辩论的焦点是:观测到的漩涡星云有多远? 这些星云是恒星系统,还是气体云? 漩涡星云在天球上的分布为什么有隐带(Zone-of-Avoidance 在星系中由星际尘埃或暗星云等造成的可见光的吸收带)? 为什么星云的谱线出现红移?

沙普利的观点是:漩涡星云是银河系中的气体云。银河系是整个宇宙,银河系对漩涡星云施加了一种未知的排斥力从而产生了隐带分布和星云退行现象。

柯林斯的观点是:宇宙由无数类似漩涡星云的星系构成。银河系是其中之一。有些漩涡星云中会出现隐带,银河系也有隐带,如果漩涡星云是河外天体,漩涡星云就有隐带。

这些我们现在看来很简单的问题,在当时的美国甚至是世界天文学界引起了很大的关注和争论。直到 1924 年哈勃发现了"仙女座大星云"(M31,图 9.10)是河外天体才为这场大辩论做了事实的裁决。1923 年,哈勃在美国威尔逊山天文台用当时最大的 2.5 米口径的反射望远镜拍摄了仙女座大星云的照片,照片上该星云外围的恒星已可被清晰地分辨出来,在这些恒星中他确认出当中第一颗造父变星(其后一年内共发现了 12 颗)。翌年,他又在仙女座大星云中确认出更多的造父变星,并在三角座星云(M33)和人马座星云(NGC6822)中发现了另一些造父变星。接着,他利用勒维特、沙普利等人所确定的周光关系定出

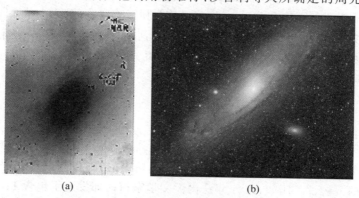

(a)　　　　　　　　　(b)

图 9.10　仙女座大星云

(a) 1924 年哈勃拍摄;(b) 近年的拍摄

了这三个星云的造父（变星）视差，计算出仙女座星云距离地球约 90 万光年，而本银河系的直径只有约 10 万光年，因此证明了仙女座星云是河外星系，其他两个星云也远在银河系之外。

9.2.2 星系的分类和分布特征

哈勃开辟了河外星系和大宇宙的研究，被誉为"星系天文学之父"。1926 年，哈勃根据星系的形状等特征，系统地提出星系分类法，这种方法一直沿用至今。他把星系分为三大类：椭圆星系、漩涡星系和不规则星系。漩涡星系又可分为正常漩涡星系和棒旋星系。除此之外，也还有其他分类。对星系分类，是研究星系物理特征和演化规律的重要依据。

哈勃分类法（按形态）分类如下（图 9.11）：

椭圆星系（Ellipticals）：圆形或椭圆形，亮度平滑分布；

漩涡星系（Spirals）：中央核球＋平坦的盘，有漩涡结构；

棒旋星系（Barred-Spirals）：中央核球＋棒＋平坦的盘，有漩涡结构；

不规则星系（Irregulars）：几何形状不规则。

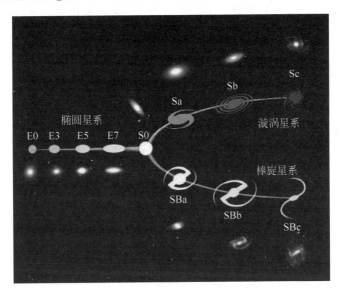

图 9.11 河外星系的哈勃分类法

哈勃分类的符号表示法如下：

椭圆星系：En，$n=10(a-b)/a$，a 为半长径；b 为半短径。$n=0,1,2,3,4,5,6,7$，代表椭圆的扁平程度；

漩涡星系：Sa,Sb,Sc(无棒)；

棒旋星系：SBa,SBb,SBc(有棒)；

不规则星系：IrrⅠ,IrrⅡ。

椭圆星系，质量 $10^6\sim10^{13}M_{sun}$，直径 1～150kpc(1kpc≈3.26l.y)。其中恒星的运动比较随机，轨道偏心率较大，没有(或少量)气体，没有新的恒星形成也就是没有年轻恒星，只有年老的恒星，没有旋臂结构。典型的椭圆星系如 NGC3115、NGC4406 等。

漩涡星系，质量 $10^9\sim10^{11}M_{sun}$，直径 6～30kpc。气体和恒星运动比较规则(整体)，结构中有大量的冷气体和尘埃存在，有旋臂结构，恒星形成仍然发生，尤其是在旋臂中。典型的漩涡星系如银河系、M31 仙女座大星云等。

不规则星系，质量 $10^8\sim10^{10}M_{sun}$，直径 2～9kpc。形状非常没有规律，气体和尘埃多少不定，有恒星形成发生，也有恒星爆发，同时具有年老和年轻的恒星。典型的不规则星系如大麦哲伦星云和小麦哲伦星云。

目前我们观测到的星系有 1000 多亿个，估计宇宙中星系的数字超过 2 万亿。星系在天空上的分布从宇宙大尺度来看基本上是均匀的。即使在银道面方向上由于气体和尘埃的影响在光学波段上产生的隐带中也在射电波段发现了星系。最多的星系是不规则星系，其次是漩涡星系和椭圆星系。

星系的个体空间分布是不平滑的。从两维分布和距离来看，星系有成团的倾向(万有引力的作用)。绝大部分星系(至少 85% 以上)都是出现在星系团中。结构比较松散，成员数目比较少的称为**星系群**。组成没有规则。如本超星系群(the-Local-Group，见图 9.12 和表 9.1)，是银河系所在的星系团，大约由 40 个星系组成，是一个松散系统，星系间距离大于星系尺度。最亮的三个是漩涡星系：银河系，M31(仙女大星云)，M33。其他的都是不规则星系和椭圆星系(M32)。

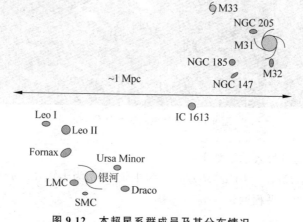

图 9.12　本超星系群成员及其分布情况

表 9.1　本超星系群成员特征表

星系名称	距离/(10^6 光年)	质量/($10^9 M_{sun}$)	所在星座及星系类型
银河系	—	1000	SBbc
M31 仙女座大星云	2.9	1500	仙女座,Sb
M33 三角座星系	3.0,M31 的卫星星系	25	三角座,Sc
LMC 大麦哲伦星云	0.17,银河系的卫星星系	20	剑鱼座,Irr/SB(s)m
SMC 小麦哲伦星云	0.21,银河系的卫星星系	6	杜鹃座,SB(s)m pec
M32	M31 的伴星系	30	仙女座,E2
IC1613 双鱼座矮星系	2.51,M33 卫星星系		双鱼座,Irr
M110（NGC 205）	2.9,M31 的卫星星系	36	仙女座,E6p
NGC 185	M31 的卫星星系		仙后座,dE3
NGC147（DDO 3）			仙后座,dE5
狮子座Ⅰ（LeoⅠ）	8.2,银河系的卫星星系		狮子座,dE3
狮子座 Ⅱ（LeoⅡ）	7.01,银河系的卫星星系		狮子座,dE0
天炉座矮星系（Fornax）	银河系的卫星星系		天炉座,dSph/E2
小熊座矮星系（Ursa Minor）	银河系的卫星星系		小熊座,dE4
天龙座矮星系（Draco）	银河系的卫星星系		天龙座,dE0

星系数目很多,结构比较紧凑,形状和组成有规则的称为**星系团**,如 Coma、Virgo 星系团。它们都由几千个星系组成(图 9.13)。

(a)　　　　　　　　　　　　(b)

图　9.13

（a）室女座星系团；（b）后发座星系团

超星系团（superclusters）由若干个星系团聚在一起形成的更高一级的天体系统，又称二级星系团。通常，一个超星系团只包含几个星系团。超星系团的存在说明宇宙空间的物质分布至少在 100 百万秒差距的尺度上是不均匀的。20 世纪 80 年代后，天文学家发现宇宙空间中有直径达 100 百万秒差距的星系很少的区域，称为巨洞。超星系团同巨洞交织在一起，构成了宇宙大尺度结构的基本图像。本星系群所在的超星系团称为本超星系团。较近的超星系团有武仙超星系团、北冕超星系团、巨蛇-室女超星系团等。

9.2.3　星系的测量

星系的测量主要是指对星系的距离、大小、质量、光谱型等的测量。

1. 星系光谱的测定

星系的光谱观测一般分为整体和个体两种。星系整体光谱观测是把星系作为一个天体，测量它的总光谱。一般测量星核区，获得总体运动，研究核球的光谱。星系个体光谱观测属于高分辨率观测，测量星系不同部位的光谱。研究星系的内部运动，通过确定星系中恒星的不同星族成分，研究星系中恒星的形成历史。

通过星系光谱的观测和分析，可以确定星系的距离（多普勒效应，哈勃定律）；确定星系的化学成分，运动学性质，星系中的金属含量，反映星系中的恒星形成和演化，推算星系的年龄等。

2. 星系距离的测定

不同距离上的天体，天文学中测定距离的方法也不同。一般来讲太阳附近的恒星多采用三角视差的方法；银河系内的天体也可用三角视差方法，以及利用天琴 RR 变星的周光关系；近邻星系则是用天琴 RR 变星和造父变星周光关系的方法，更远距离天体则用 Ia 型超新星光变和哈勃定律。

目前确定最远天体距离的方法就是哈勃定律。1929 年，哈勃发现河外星系的视向退行速度 v（由红移算出）与距离 D 成正比，即距离越远，视向速度越大。这个速度-距离关系称为哈勃定律，也叫哈勃效应。它的形式是

$$v = H \cdot D$$

式中，H 称为哈勃常数。哈勃定律中的速度和距离不是直接可以观测的量。真正来自观测、没有参考任何假设的量是红移-视星等关系；在此基础上再加上一系列假设，才可以得到速度-视星等关系和速度-距离关系。哈勃定律是对正常星系而言的，对于类星体或其他特殊星系并不完全适用。哈勃定律通常被用作推算距离的工具。例如，当发现最大红移为 0.75 的星系时，就认为已观测到宇宙中距我们达 90 亿光年的深处；目前所说的类星体的距离也是由哈勃定律算出的。这种判断

的准确性不高。

哈勃定律反映了宇宙的膨胀。由宇宙膨胀引起的谱线红移叫宇宙学红移,如果宇宙膨胀是均匀的,那么可以确定宇宙的年龄 $t = D/v = 1/H$,以及宇宙的距离 $D = v/H$。而且星系的退行表明它们在过去必定靠得很近,那么它们的起点到底是什么? 宇宙是从哪里开始膨胀的? 哈勃定律对大爆炸宇宙学(Big-Bang)是一个有力的支持。

3. 星系质量的测定

星系的质量是星系的重要基本参量,它对构成星系总光度各类型恒星的分布也是一个制约,星系质量分布也影响星系的类型。方法一般有:

(1) 由星系的旋转曲线确定质量(对扁平型的轴对称星系)。

(2) 双星系质量(利用测定双星的方法估计双星系的质量)。

(3) 维里质量(利用维里定律(Virial theorem)求出星系团的质量)。

常见星系的质量如下:

漩涡星系:$10^9 \sim 10^{11} M_{sun}$;

大型椭圆星系:$10^{11} \sim 10^{12} M_{sun}$;

不规则星系:$10^8 \sim 10^{10} M_{sun}$;

矮椭圆星系(dwarf ellipticals)与小型不规则星系:$10^6 \sim 10^7 M_{sun}$。

9.2.4 星系的演化

我们现在所看见的星系是如何形成的? 它们是超巨型结构的碎片吗? 或是由小型结构体缓慢聚集而成? 1996 年 9 月 4 日哈勃太空望远镜研究群宣布,在距离我们 110 亿光年的地方发现 18 个星团,每个星团约由数十亿颗恒星组成。这些星团的大小在 2000 光年左右,大约是本银河系的 1/50,而它们分布在 2 亿光年的区域内。由于它们之间的距离相当近,受重力牵引的作用,它们可能会相互合并,并形成现在我们所见的星系。所以根据此观测证据,星系可能是由小结构体聚集而成。星系的演化由星系的碰撞与相互吞食所主控。其概念为:

(1) 小星系的运动会带走星系之间的星际物质云气;

(2) 椭圆星系可能是小星系碰撞后黏在一起的产物;

(3) 漩涡星系可能是由好几个星系的交互作用、吞食、掠夺其他星系的星球与云气而形成的;

(4) 星系的来源是来自于早期宇宙的不均匀性。

星系的碰撞对星系演化有很大的影响。宇宙中两个星系之间的平均距离(600 千秒差距)约为星系的直径(30 千秒差距)的 20 倍,远小于恒星之间的相同尺度,所以星系的碰撞应该相当频繁。观测证据显示,仙女座大星云具有双核心,M51(图 9.
14(a))、NGC3923、车轮星系(Cartwheel Galaxy)、天线星系(the Antennae)、老鼠
星系(the Mice,图 9.14(b))等也都存在"碰撞"合并的痕迹。

　　　　　　　　(a)　　　　　　　　　　　　　　　　(b)

图 9.14　具有双核结构的 M51 星系和老鼠星系

　　相比较而言恒星的碰撞是非常少的,因为恒星间的距离比恒星的直径约大
10^7 倍。两个星系的碰撞,其中的恒星并不直接碰撞,而是由重力的相互作用扭曲
了星系的形状以及尘埃与气体的分布。例如 M51 可以是两个小星系相互碰撞,而
形成漩涡臂,进而触发年轻恒星的形成。当两星系的碰撞进行很缓慢时,这两个星
系将互相吞食而黏成一体,例如 M31。

　　有迹象显示本银河系曾经吞食其他小的星系,而且正开始要吞食大、小麦哲伦
星云。

9.3　活动星系

　　类星体(quasi stellar object,或者 quasar)的发现是 20 世纪 60 年代天文学上最令
人兴奋的大事之一,与脉冲星、微波背景辐射和星际有机分子一道并称为 20 世纪 60
年代天文学"四大发现"。类星体除去它的红移量特别大之外,让人更加惊奇的是它
有不可思议的能量发射。天文学家把它和其他类似天体归纳为活动星系。

9.3.1　活动星系的定义及分类

　　一般来讲我们把具有活动星系核(active galactic nuclei,AGN)的星系和其他
活动星系称为**活动星系**,又称激扰星系。活动星系包括类星体、塞佛特星系、射电
星系、蝎虎座 BL 型天体、马卡良星系、致密星系、星爆星系等。

活动星系的最主要的特点是：星系中心区域有一个极小又极亮的核，称为活动星系核；有强的非热连续谱；光谱中有宽的发射线。有的活动星系有快速光变，时标为几小时至几年。有的活动星系有明显的爆发现象，如喷流。活动星系的特点大多数是与活动星系核联系在一起的。有些活动星系，如类星体、蝎虎座 BL 型天体，辐射的绝大部分来自星系核，其他部分的辐射几乎观测不到。活动星系的数量约为正常星系总数的 1%，其寿命约为 10^8 年。活动星系的研究是星系天文学甚至整个天体物理中最活跃的领域之一。

为了更好地理解这类天体的物理本质，天文学家对活动星系进行了分类，分类是以观测现象为基础的。

1. Seyfert 星系

Seyfert 星系属异常的漩涡星系，1943 年由美国天文学家 Seyfert 发现，它的特征是：

（1）有一个小而亮的恒星状的核，大多数没有完整的旋臂，而有明显的喷射物。

（2）核的光谱显示有很宽而且是高激发、高电离的气体发射线和 OⅢ、OⅡ、NeⅢ 等禁线，这是在正常星系的光谱中看不到的。

（3）有较强的光度和很蓝的连续谱，连续谱有时标为几个月的变化，然而发射线却经常不变。这表明星系中心有一个很小的区域产生非热连续谱，外面有一个很大的产生发射谱线的区域。观测到这些发射谱线很宽，这说明由于受到中心源的激发和电离，同时受中心源的辐射压，外围气体以每秒几千千米的高速向外运动。

（4）观测到辐射有强偏振，这说明中心区域发出高能电子和质子，同时中心区存在比较强的磁场，从而发出同步辐射（此外还有逆康普顿散射）。

2. BL-Lac 天体（蝎虎座 BL 天体）

1929 年发现蝎虎座 BL 是一个暗弱的、变光不规则的天体，只有连续谱，谱线几乎观测不到。短时间曝光类似于恒星的像，长时间曝光后便显出非恒星的特征，有延伸结构，周边显毛绒状。如果把它的中心核的光挡住，则周边毛绒状部分的光谱与椭圆星系十分类似，这说明 BL-Lac 天体应当是椭圆星系，但是它有一个亮中心核。总的特点是：

（1）射电、红外和光学辐射都有快速变化，时标为几天到几个月；

（2）红外亮度特别高；

（3）连续谱高涨，吸收线和发射线或者没有，或者很弱；

（4）偏振度大，可达 35%。

3. 射电星系

与射电源相互证认的星系称为射电星系。射电星系的源谱大致为同步加速谱。射电星系中约 3/4 呈现双源结构：一般是两个分立的射电源,中心是光学天体,典型的例子是天鹅座 A(Cyg A)。两个射电外瓣(子源)中心光学源也是由两个子源组成,其中间是一个射电致密核。每个射电瓣热斑都是具有磁场的高能电子云,射电辐射的总能量估计为 10^{61} erg(尔格),相当于 10^{10} 颗超新星爆发释放的能量。有些射电双源的两个子源之间还发现有超光速的横向(垂直于视线方向)分离速度,例如 3C273。除双源型外,还有致密型(约占 15%)。它具有 $0''.001$ 或更小的精细结构,与光学体位置重合。

4. IRAS 星系与星爆星系

IRAS 是 1983 年发射的红外卫星,观测到许多红外光度很强的星系,天文学家把这一类星系称为 IRAS 星系。第一批 IRAS 星系有 2500 个,最大红移达 0.4。极亮的 IRAS 星系其红外光度可达 $10^{12} L_{sun}$。观测发现红外光度越大,IRAS 星系的空间密度也就越大,如当 $L_{IRAS} \geq 2 \times 10^{11} L_{sun}$ 时,红外亮的星系成为局部宇宙的主要成分,其空间密度大于具有相应光学光度的正常星系。当 $L_{IRAS} \geq 10^{12} L_{sun}$ 时,红外亮的星系之空间密度就大于类星体的空间密度。

星爆星系的特点是其中有一个巨大的恒星爆发区,尺度为千秒差距量级,红外光度显著地高于光学光度。这也是 IRAS 卫星发现的,基本上属于漩涡星系,并正在经历迅速的恒星形成阶段。其恒星形成的速率远高于正常星系中恒星的形成率,而且主要是大质量的星形成。这就引起如下有待进一步探讨的问题:

(1) 为什么会有如此多的大质量星同时形成?

(2) 星爆星系与 AGN、IRAS 星系的关系?

5. 类星体(QSO)

这是 20 世纪 60 年代初发现的一类新型天体,它在照相底片上具有类似恒星的像,光谱有巨大红移,以致一开始不知道这些光谱对应于地球上的什么元素。比如 1960 年最早发现射电源 3C48 的光学对应体是一个视星等为 16 的恒星状天体,但光谱中的发射线非常奇怪,无法用地球上的元素加以证认。1963 年发现射电源 3C273 的光学对应体是一颗 13 等的蓝星,但其光谱谱线也无从辨认。1963 年,旅美荷兰天文学家史密特拍摄了这颗恒星状天体的光谱,发现其中有 4 条谱线相互之间的关系很像是氢元素光谱中的 4 条谱线。这一发现启发了马修斯等人,他们重新研究了 3C48 的光谱,证实那些"莫名其妙"的谱线原来也都是由熟悉的元素产生的,只是这一天体具有 0.367 的红移量。分析判定它们不是银河系内的恒星,而是河外天体。因而,所有当时已发现的类星体的谱线之谜便被解开。

9.3.2 活动星系的能源机制

AGN 内部运行的机制是什么?假如把"效率"规定为,运行过程中对于给定输入总燃料能获得多少能量输出,则最有效的过程之一便是核聚变。这就是普通恒星的能源,把相当于燃料质量的能量包括在能量之内时,聚变过程的效率为0.7%。恒星核燃料的这部分质量最后全都转化为能量。效率虽小但全部质量所提供的能量总量却非常巨大,这就是为什么科学家耗费巨资试图模仿恒星聚变来建立发电站的理由。然而,在天体物理领域另有其效率至少还要大 20 倍的过程,不过用来在地球上建立发电站产生能量却很不实际。让我们从中子星开始举例说明。

中子星是从大质量恒星死亡时超新星爆发中形成的一种十分"浓缩"的天体。这种遗留下来的非常紧密的恒星核,它的典型质量比太阳略大,挤压在只有 30 千米直径的体积中。这意味着中子星的密度非同寻常,整个星同原子核的密度一样。现在考虑一颗中子星与一颗普通恒星在相互的轨道上运动。假如轨道充分小,则普通恒星的外层大气将被中子星的强大引力吸引过去。中子星的强大引力是由中子星的很大质量集中到很小体积后造成的。捕获到的气体收集在吸积盘中。吸积盘就形成在与中子星自转轴垂直的平面中。随着气体物质向致密的中子星旋落,不断地得到能量;正像下落的球在落向地球时,速度不断增大获得动能一样。两种情况下都从引力获取能量。因为中子星周围引力极强,所以下落的气体原子能取得巨大动量。动量转化为热能,使吸积盘具有极热的内边缘。从这种双星系统发出的 X 射线就是从吸积盘的内缘处发出的。这个过程的效率大得惊人,释放的总能量约相当于下落气体质量的 20%。

这就是活动星系核中所需要的那种效率。哈勃空间望远镜的观测提供了证实材料。AGN 似乎隐藏着超大质量黑洞,它的能量就是来源于黑洞的万有引力吸引过程。换句话说,AGN 的中心地域很像是中子星吸积的放大版本,这里代替中子星的是巨型黑洞,巨型黑洞聚集庞大的吸积盘,通过这个十分有效的机制产生辐射。天文学家认为 AGN 的中心存在着巨大的黑洞——不仅只有 5 个或 10 个太阳质量,而是 100 万个太阳质量,或许更大。

如果双星系统内形成一颗中子星,它距另一颗星可能非常近,通常它的引力能把那颗星外围区域的物质吸引过来。这些物质在流向中子星的过程中被加热,形成包含着强电磁场的热吸积盘,这里的电磁场能对宇宙射线粒子加速。这种系统的例证如天鹅星座 X3。

M87 是远在 5000 万光年处的室女座星系团中心附近的一个巨型椭圆星系。

它是室女座中最亮的射电星系,被定名为室女座 A(VirgoA)。天文学家知道这个
天体是双射电源。在可见光波段显示,它从核心射出的一个喷流结构远达 5000 光
年。这个暗弱的蓝色图像恰似史密特观测到的从 3C-273 发出的喷流的微型翻版。
3C-273 的喷流据估计长达 16 万光年。早期对 M87 的光学观测,还显示它有另一
个与类星体共同之处。其中恒星极度向星系中心群集,使该天体具有极其明亮
的核。

　　直到 1994 年,当已修复的哈勃空间望远镜深入地凝视到 M87 中心时,对这个
结构更细致的观察才得以实现。H.福特和 R.哈姆斯是进行这项观测工作的两位
天文学家,他们面对着看到的清晰图景大为吃惊。发现有个盘状炽热气体漩涡环
绕着核心旋转。就星系整体的椭圆特性来看,在其中心近旁发现这样的漩涡结构,
确实有些令人惊奇。哈勃望远镜所具有的卓越的分辨率,使福特和哈姆斯对漩涡
内缘作分光测量成为可能。他们的目标是利用多普勒效应揭示打旋的气体和尘埃
的速度。这里的气体显示极高的温度,约 10000K,吸积盘所发出的光,一侧红移,
另一侧蓝移。这正好是天文学家所预期的结果,旋转中的吸积盘从倾斜的角度看
来,一侧正在离去,另一侧正在靠近(图 9.15)。

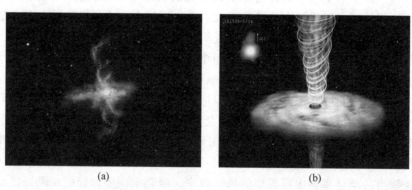

(a)　　　　　　　　　　　　　　　　(b)

图　9.15

(a) 太空中的 AGN;(b) AGN 喷流、吸积盘模型

　　这里惊人的速度量级使福特和哈姆斯激动,速度竟高达 200 万千米每小时,或
55 千米每秒。这就是存在黑洞的证据。打旋气体速度所提供的结果并不是漩涡
中心所含质量的直接测量,而是运用自 17 世纪开普勒时期就知道的定律推算出质
量的方法取得的。通过观测所取得的结论是,24 亿个太阳的质量集中在比太阳系
大不了许多的空间里。这样的证据使我们对中心天体的本性,并没有留下什么疑
惑。照福特的话说,"假如不是黑洞,我不知道它还是什么。大质量黑洞实际上是
对所见到的 M87 的保守解释。假如它不是黑洞,那一定是用我们当今天体物理学
理论更难理解的事物。"这次观测所获结果绝非侥幸所得,同一个研究组于 1995 年

12 月,在活动星系 NGC4261 的核心又找到了另一个超大质量黑洞。这个星系也位于室女座,距我们却在 1 亿光年的两倍距离之外。(M87 超大质量黑洞的"光学照片"已经于 2019 年 4 月 10 日公布,您有什么想法吗?)

看来这超大质量黑洞未必是预言指出的那种作为大质量恒星寿命终结时产生的黑洞。实际上这里产生超大质量黑洞所需的条件还远达不到。广义相对论早就指出,产生黑洞所要求的物质密度(为了重力强大到足以阻止光的逃离)与黑洞质量的平方成反比。所以,当物质密度达到 1000 亿亿 kg/m³(原子核密度的 20 倍)就能产生太阳那样大的质量的黑洞。产生 10 亿个太阳质量的黑洞只要求密度达到 10kg/m³,这才是水的密度的百分之一!

所以活动星系核的最佳模型是,巨大质量黑洞围绕着一个向内汇集物质的旋转着的吸积盘。吸引来的物质可能是来自星际环境的气体和尘埃,也可能来自整个的恒星。吸积盘中的物质在向内旋进的过程中运动得越来越快。在摩擦把动能转化成热能的过程中物质变得更热。对吸积盘内边缘处的气体所施加的力非常大。除了向外的热流压力和十分强大的辐射压力之外,还有一个非常强大的离心力作用在急速自转的物质上。因为有了这许多因素,黑洞不会吞进所有的物质。事实上,对某些物质来说,阻力最小的路径既不是向内进入黑洞,也不是向外待在吸积盘平面中,而是这些物质以接近光速的巨大速度,在垂直于吸积盘的两个相反方向上,以喷流的方式射出。

我们从类星体和活动星系中看到的,就是这种发出大量射电辐射的相对论性喷流。天文学家们认为,除了高速粒子,喷流也发射快速运动磁场。这些场和粒子结合,经由同步加速器过程,产生射电发射。高能带电粒子(主要是电子)在环绕磁力线作螺旋运动中失去能量,主要转化成无线电波。由于喷流速度极高,而且保持着紧紧的束缚状态,所以能从星系核一直延伸到几千光年。喷流中缠搅在一起的磁场结构随着核心喷射出越来越多物质而不停地变化。另一方面,似乎沿喷流在很远处都可以形成半永久性节点,或形成磁场聚集。激波也从剧烈活动的核心不断地沿喷流运动。天文学家认为,当激波在磁场中碰到节点时,波前携带的高能粒子与磁场节点相互作用就产生出非常强大的同步加速器辐射。我们在双射电源中就见到从喷流的瓣中发出这种辐射。

一位名叫 P.巴特的荷兰天体物理学家,在统一不同种类的活动星系机制后提出一个人们乐于接受的理论。巴特认为,类星体与活动星系都需要有超大质量黑洞和吸积盘提供特种能源。他提出,类星体与其他各种活动星系实际上都是同一类型天体。把它们分成不同种类只不过由于观看它们的视角不同。按照标准理论,中心黑洞吸积着大质量旋转盘和向外射出一对高能喷流。如果该天体在天空的方位处在我们差不多从边缘方向看见吸积盘的情况下,就会对两个喷流中的节点占有很好的视角。天文学家就把这个天体分在双射电源类。如果碰巧喷流指向接近我们的方向，我们就完全看见另一种不同的情景。这时从喷流发出的总量极大的辐射，直冲向我们，特别显著的明亮和恒星状特性就显出类星体的模样。

活动星系和大质量黑洞或许就是使最高能宇宙射线获得能量被加速的最初地点。这些天体几乎是唯一能把质子加速到超过50焦耳能量的天体。这样巨大的能量要比束缚在地球上的粒子加速器给予质子的能量大1亿倍。最高能宇宙射线一经产生，就洞穿星际空间。唯一的障碍是微波背景辐射的光子。同大爆炸的这些纤弱遗迹碰撞，虽然剥夺掉宇宙射线的一些能量，但是却为我们提供了某些有关宇宙射线起源的宝贵线索。

9.3.3　类星体——最亮的活动星系

类星体是类似恒星而并非恒星的天体，也称为"类星射电源"。通过光学观测可以在照相底片上形成类似恒星的点状像，在它们的光谱中，发射线也有很大红移，但不发出射电波，称之为"蓝星体"。蓝星体与类星射电源统称为"类星体"。根据它们在照相底片上呈现出类似恒星的点光源像，天文学家推算其尺度大小不到1光年，或只及银河系大小的万分之一，甚至更小。

类星体的显著特点是具有很大的红移，即它以飞快的速度在远离我们而去。类星体距离我们很遥远，大约在几十亿光年以外，甚至更远，但看上去光学亮度却不弱，可见光区的辐射功率是普通星系的成百上千倍，而射电辐射功率竟比普通星系大上100万倍，实在是令人难以置信。

1. 类星体的主要特征

（1）具有类似恒星的像，说明它们的角直径<1″。极少数有微弱的星云状包层（3C48），还有些有喷流结构（3C273等）。

（2）光谱中有强而宽的发射线，包括禁线，最常出现的是 H、O、C、Mg，而 He 线非常弱或没有。同时，发射线很宽，说明产生发射线的气体云内有大规模的、猛烈的湍动，速度可达 1000～1500km/s。

（3）紫外辐射强，因而颜色显得发蓝，光学波段连续光谱的能量分布呈幂律谱形式，$I_\nu \propto \nu^{-\alpha}$（$\alpha \geqslant 0$），光学辐射是偏振的，具有非热辐射形式。

（4）类星射电源发出强烈的非热射电辐射，射电结构多呈双源型，少数呈复杂结构，还有少数是致密的单源，角直径≤0.001″。致密源的位置通常都与光学源重合，射电辐射的频谱指数平均为 0.75，一般 $\alpha > 0.4$ 的称陡谱，$\alpha < 0.4$ 的称平谱。陡谱射电源多数是双源，平谱多数是致密单源，它在厘米波段的辐射特别强。

（5）光学、连续射电谱一般都有非周期光变，变幅为 0.1～3 星等，时标一般为几个月到几年,也有短至几天的。因而,可估计出类星体发光区域很小,比星系小得多。但发射线无光变。同时发现,所有的双源两个子源间距离越大,光学光度与射电光度均下降,说明两个子源间距是表征射电源演化的重要参量。

(6) 发射线有很大红移,至今为止最大红移为 $z=5.8$。大多数类星体的红移 $z>1$,但星系的红移一般为 $z<1$。如果类星体光谱中有吸收线,则 $z_{吸收} \leqslant z_{发射}$。有些类星体有好几组吸收线,分别对应于不同的红移,称为多重红移。一般认为,类星体吸收线是类星体与观测者之间的星际气体或中间暗星系晕所产生。

2. 类星体红移问题

如果把红移 z 解释为多普勒红移,则退行速度与红移之间的关系为

$$z = \frac{\Delta \lambda}{\lambda} \left(\frac{c+v}{c-v} - 1 \right)^{1/2}$$

其中,v 是视向速度。

对于 $z=1 \Rightarrow v=0.6c$,当 $z=3.5 \Rightarrow v=0.9c$,如果多普勒红移是宇宙学的,即由于宇宙膨胀使星系退行,则红移与距离的关系是 $cz=H_0 r$。观测表明类星体的视星等与红移之间存在良好的相关性,这支持类星体的红移是宇宙学的。

3. 类星体能源问题

如果类星体红移是宇宙学红移,则类星体应十分遥远,既然它们还可能被观测到,这说明它们的光度非常大。

银河系光度 $\sim 10^{44}$ erg/s;Seyfert $\sim 10^{45}$ erg/s;QSOs $\sim 10^{47}$ erg/s。

故类星体是迄今为止观测到的辐射功率最大的天体。类星体的寿命估计为 10^6 年,因此总辐射能量将高达 10^{62} erg。普遍认为,高能电子来源于 QSO 的中心区域,但从光变估计 QSO 的光学辐射区域的尺度很小(几光日到几光年),即 $10^{15} \sim 10^{17}$ cm,高能电子源的产生区域一定更小,因此两个问题很突出:

① 为什么这么小的面积能发出这样大的能量?
② 高能电子产生的机制是什么?

比较能够接受的理论是黑洞吸积盘模型,也可解释喷流。

天文小知识

1. 银河系的卫星星系——大、小麦哲伦星云

南半球最著名的天体,除了艳丽如玫瑰的钥匙孔星云、闪耀的南十字星座外,就属大、小麦哲伦星云了。这两个天体在地球上北纬 10°以北的地区是看不见的,它们是"本银河系"的卫星星系,和仙女座大星系旁边的 M32 与 NGC205 一样是大

星系身旁的小星系。

10世纪的阿拉伯人与15世纪的葡萄牙人早就发现了大麦云和小麦云,但直到1521年葡萄牙航海家麦哲伦在其环球航行中,才对它们做了精确的描述,后来便以麦哲伦命名,简称大麦云(LMC)与小麦云(SMC)。LMC距离地球16万光年,SMC距离地球19万光年。

有游客到澳洲时,还曾经将LMC与SMC误认为是天上的两朵"云",怎么风吹不走?一时传为笑谈。SMC旁的NGC104星是另一个观赏的好目标,LMC旁的蜘蛛星云更不容错过。

大麦哲伦星云距离太阳系约16万光年,跨越了剑鱼座和山案座,占天区面积7°×8°,相当于200多个满月视面积。小麦哲伦星云距离太阳系约19万光年,位于杜鹃座内,视面积4°×2°,距离大麦哲伦星云约20°。

大小麦哲伦星系都属于不规则星系,由于它们距离较近,所以它们之间有一定的物理联系。实际上,它们之间形成了像双星系统中的双子星一样的"双重星系",射电望远镜的观测表明,二者被共同包围在一个氢云之内,进一步观测表明,两者之间还通过一条"物质桥"互相交换物质(图9.16)。(一直都在谈论宇宙中的星系合并,似乎宇宙的法则也是"弱肉强食"。从科学的角度谈谈你的看法,对宇宙、天体的形成有什么影响吗?)

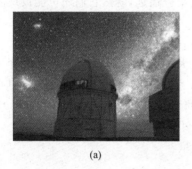
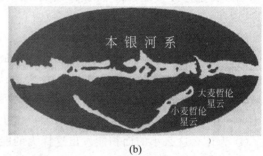

(a)　　　　　　　　　　　　　　(b)

图　9.16

(a) 天空中的银河系和大、小麦哲伦星云;(b) 三者已经处于同一氢云团中

2. 蟹状星云

蟹状星云(图9.17)的名称是英国天文爱好者罗斯命名的。星云星团总表列为NGC1952,梅西耶星团星云表中列第一,代号M1。M1是最著名的超新星残骸,就是在我国宋朝年间(1054年)记录的一次超新星爆炸的遗迹。这颗位于金牛座的超新星爆发当时估计其星等达到了−6等,相当于半弦月的亮度,它的实际光度比

太阳高 5 亿倍,白天也能看到。(去查找一下有关这次超新星爆发的历史资料,详细对照一下中国和其他国家之间观测资料的情况,并对当时的现象(天象)加以描述。)

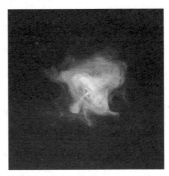

图 9.17　蟹状星云的光学和 X 波段图像

它的遗迹星云至今的辐射也比太阳大,射电观测发现它的辐射强度和波长之间的关系不能用黑体辐射定律解释。要发射这样强的射电辐射,它的温度要在 50 万 K 以上,对一个扩散的星云来说,这是不可能的,苏联天文学家什克洛夫斯基 1953 年提出,蟹状星云的辐射不是由于温度升高产生的,而是由"同步加速辐射"的机制造成的。这个解释已得到证实。

1968 年首先在射电波段发现蟹状星云中央的脉冲星(NP0532),该发现获得了 1974 年的"诺贝尔物理学奖"。它是 1982 年前发现的周期最短的脉冲星,只有 0.033 秒,随后发现它还是光学、X 射线、γ 射线和红外波段的脉冲星。能够在所有电磁波段上观察到脉冲现象的只有它和另一颗很难观测的脉冲星。它的目视星等为 17,距离约 6300 光年。这颗高速自旋的脉冲星证明了 20 世纪 30 年代对中子星的预言,肯定了一种恒星演化理论:超新星爆发时,气体外壳被抛射出去,形成超新星遗迹,就像蟹状星云,而恒星核心却迅速塌缩,由恒星质量决定它的归宿是颗白矮星或是中子星或是黑洞。中子星内部没有热核反应,但它的能量却又大得惊人,比太阳大几十万倍,这样大的能量消耗,靠的是自转速度的变慢,即动能的减少来补偿,这样才能符合能量守恒定律。第一个被观测到的自转周期变长的中子星,恰好是 M1 中的中子星。

3. 猎户座大星云

猎户座大星云(M42,NGC 1976)是一个位于猎户座的弥漫星云,距地球(1344±20)光年,是最接近我们的一个恒星形成区。

猎户座大星云中央有一个被称为四合星(trapezium)的年轻疏散星团。四合星由四颗排列成四边形的年轻恒星组成,因此得名。天文学家已直接观测到四合星附近的原行星盘(protoplanetary disk)、棕矮星、星云中气体激烈且混乱的运动,并观察到其周围大量出现的光子化恒星。M42 已经是研究恒星诞生的首选目标之一。

猎户座大星云本身为猎户座分子云复合体(orion molecular cloud complex)的一部分。该复合体成员还包括巴纳德环(Barnard's loop)、IC 434(马头星云)、M78 和附近的一些反射星云。恒星在整个猎户座星云中形成,据估算几千年后最少会有 600 颗新的恒星在这里诞生。

虽然它为肉眼所见,但在望远镜出现之前并没有它的文献记录(估计被认为是银河系内的气体云)。可是,该星云中最明亮的一些恒星还是被早期的天文学家当作一颗 5 等星而记录下来,如托勒密、第谷·布拉赫和约翰·巴耶(John Baye)。猎户座大星云首先被法国律师佩雷斯克(Peiresc)在 1610 年以望远镜发现。

对于天文爱好者而言,M42 是一个相当值得一看的深空天体:只要一架小望远镜或双筒望远镜就可以观赏了。在没有光害影响的地区,猎户座大星云是肉眼可见的。我们可以轻易地在猎户座腰带的下面找到它。视力很好的人看到的猎户座大星云呈模糊状,通过望远镜或双筒望远镜会看得更明显。如果天气良好,透过普通双筒望远镜看猎户座大星云,图像就会呈现出为一头展翅飞翔的火鸟(图 9.18),故也有"火鸟星云"的称号。(相信你也很想去尝试一下。)

图 9.18　猎户座大星云中的马头状暗星云

第 **10** 章　宇宙学

天文学是一门整体的科学,我们从地球到太阳(系)到恒星世界再到银河系、星系,"看到"了宇宙世界的"内涵"。现在,该到我们从整体的角度去认识天文学,认识宇宙了。在人类认识宇宙的过程中,天文学的发展一直伴随着人们世界观的发展而不断进步。或者说随着天文学的发展,人类的"眼界"也随之得到了成百上千倍的拓展。

人类最早地、定量地认识宇宙,源于托勒密的"地心说"。许多说法认为哥白尼的"日心说"把人类带进了真正的科学认识宇宙的轨道。但是,从某种角度来讲,"地心说"和"日心说"都认为地球包括金、木、水、火、土和太阳、月亮,这差不多就是整个宇宙了;前面我们看到 W.赫歇耳等带我们认识到了银河系;这之后人类对宇宙的认识停顿了很长时间。直到哈勃发现"仙女座大星云"才把人们的视野带出了银河系,拓展到河外星系;勒梅特、伽莫夫的"大爆炸宇宙学"让我们开始真正地去认识宇宙。爱因斯坦的相对论已经把现代宇宙学发展为一门严谨的、飞速发展的热门学科。

托勒密、哥白尼、哈勃、勒梅特、伽莫夫、爱因斯坦⋯⋯我们能说他们仅仅是"科学家"吗? 他们带我们走进了宇宙⋯⋯

10.1　世世代代说宇宙

宇宙有多大? 宇宙的年龄有多大?

宇宙有无边界? 边界外面是什么? (可以有限无界?)

宇宙是如何从无到有?

世界末日什么样?

是否存在地外文明?

这些问题大家或多或少会想到过。可以说,从人类看到夜晚的星空开始,就有了宇宙学,也就是人们关于整个世界的朴素的哲学思考。(试着去回答上面的 5 个问题。)

10.1.1 人类关于宇宙思想的启蒙

四千多年前两河流域的巴比伦人已经可以通过观测星空预言日月行星在天上的运动,甚至掩食。这是人类认识天空的开始?

古代希腊的先哲们首先建立模型来描述天体的运动轨迹。

古埃及人认为星星是分布在天神的身上,而此天神弓着身体伏在大地上(图 10.1)。

图 10.1   古埃及人认为星星是分布在天神的身上,而此天神弓着身体伏在大地上

古代中国人有大量对天象的记录。有着"天圆地方""盘古开天"的宇宙思维等。

托勒密的地心说。虽然被教会利用为是上帝创造人类的工具,但托勒密是第一个将有关宇宙的朴素的哲学思考上升为科学模型的人。

哥白尼的日心说创立于 16 世纪。

到 17 世纪,随着天文望远镜的发明,伽利略终于认识到地心说的错误——他发现了木星的卫星系统,从而解决了地球和各大行星可以绕着太阳转的问题(木星的卫星可以绕着木星转,难道各大行星不能绕着太阳转吗?用你的望远镜,双筒的就可以,去证实一下。)

开普勒三大定律发现行星运动轨道是椭圆。大行星绕着太阳转都遵循着各自的规律,太阳系是一个和谐的力学体系。

牛顿的平方反比引力定律的发现,可以用来解析行星的椭圆运动,开创了天体力学——人类开始用科学规律来描述宇宙的存在和运动。牛顿也是第一个用科学的方法来研究宇宙的人。

河外星系的发现表明太阳系也不是宇宙中心,银河系、本超星系团也不是。现代宇宙学理论告诉我们:宇宙没有绝对的中心!

实际上,人类对宇宙的认识可以说是由来已久。

18 世纪人们发现模糊的延展天体——星云。英国教士怀特和德国哲学先驱康德就分别提出"岛宇宙"假设：说明天空中的星云也是像银河系一样的恒星系统。

19 世纪，天文学家、数学家贝塞尔用三角视差方法测出离太阳最近的恒星（半人马座的比邻星）的距离约为 25 万亿千米（2.5×10^{13} km），而日地距离仅为 1.5×10^8 km，连离我们最近的恒星——比邻星也远在太阳系之外。而银河系有上千亿的恒星。

1920 年 4 月美国科学院沙普利与柯蒂斯两位天文学家的大争论，焦点就是：星云是河外天体还是河内天体，是不是星系？几年之后，这次争论的结论由一次科学史上伟大的发现而盖棺定论。美国天文学家哈勃测定仙女座大星云 M31 的距离，发现它远在银河系之外。哈勃的研究开创了河外星系天文学，也将人类对宇宙的讨论提高到了科学的境界。

10.1.2 宇宙学体系的演化

宇宙学是天文学的一个分支学科。宇宙学研究宇宙的起源和演化、时空特性以及宇宙物质结构的形成演化等。它把宇宙作为一个整体来研究，在宇宙学研究中最小的研究对象是星系。

现代宇宙学的开端可以说是哈勃定律的发现。宇宙在膨胀，在变化，否定了人们一直认为的平静的宇宙。

现代宇宙学的奠基人之一爱因斯坦早期给出了有关宇宙学的爱因斯坦场方程，但它是基于静态宇宙思想的。爱因斯坦为了宇宙保持静态，提出了一个宇宙学常数项以抵消宇宙物质间的引力，而他自己一开始就认为这是一个错误。其实这是个美丽的错误：现在，宇宙学常数已经被证明是存在的，而且非常重要（与暗物质和暗能量的存在有关）。

宇宙学的研究任务包括下列几个方面。

宇宙的起源问题；宇宙的物质组成、宇宙的原初元素丰度（最早形成的物质元素所占宇宙物质的比例）；宇宙大尺度结构的起源、形成与演化；宇宙中物质的运动：星系、星系团的运动；星系在宇宙背景下的形成与演化；宇宙学模型：宇宙时空的平坦性（ω_0）、宇宙膨胀的速率（q_0）、可视宇宙的大小与年龄（H_0）、宇宙的物质密度（W_m）和重子比例（f_b）等。

现代宇宙学是建立在观测宇宙（观测所及的宇宙部分）和宇宙学原理（cosmological principle）的基础之上的。

只有基于宇宙学原理，爱因斯坦场方程才能具体化地建立模型并求解。

宇宙学原理的基本观点是：

(1) 宇宙物质在大尺度上是均匀的。至今没有发现尺度超过 200Mpc 的个体结构,约 100 万个星系在 30°天空范围和 20 亿光年距离范围内的分布是均匀的(图 10.2)。

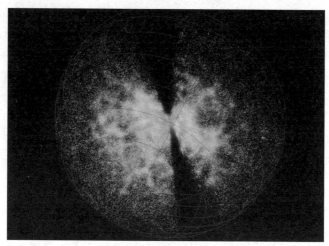

图 10.2　宇宙学原理

(2) 宇宙是各向同性的。宇宙没有中心。

宇宙是均匀的,那它是不是静止而有限的呢? 这就是历史上有名的有关宇宙结构和起源的"静态宇宙和奥伯斯佯谬(Olbers' Paradox)"问题(图 10.3)。德国医生、业余天文爱好者奥伯斯,在 1826 年提出了一个十分有趣的问题,那就是:"夜间天空为什么是黑的?"他列举的理由是:如果宇宙是无限的,那么天空将均匀地布满恒星。这样的话,恒星的分布是均匀的,那么任意视线方向上都会有一颗恒星,夜空应该是亮的。他的基本观点是:宇宙是永恒、稳定而有限的。

图 10.3　奥伯斯佯谬

实际上,宇宙物质的存在会产生引力、物质坍缩、会造成局部的不稳定。具体来说,宇宙在空间和质量上是无限大的,宇宙在膨胀。膨胀的宇宙是基本均匀的,任意视线方向上都可能存在一颗恒星。但是,每颗恒星的生命周期不同,不同时期存在的恒星只在有限的时间内产生辐射;而且宇宙在膨胀,星系都在远离我们而去,发出的光子发生红移现象,使光的到达产生时间上的差异;另外,宇宙的年龄有限,遥远恒星的光子尚未到达地球;而我们只可能观测到宇宙视界内天体的辐射等原因,造成了恒星发光的"不均匀性",从而天空是黑的。

1917 年俄国物理学家弗瑞德曼用爱因斯坦方程导出了膨胀宇宙的解。

随后,比利时天文学家勒梅特提出了"大爆炸"宇宙学模型。

20 世纪 40 年代,伽莫夫等人提出原初核合成理论,解释了轻元素 H、He、Li 的宇宙丰度。

1965 年,美国科学家彭齐亚斯、威尔逊发现了宇宙微波背景辐射,很快被解释为宇宙大爆炸的遗迹。形成了现代宇宙学的一个基本发展脉络。现代宇宙学是一门有具体模型、可以计算、可以预言,并可与观测事实比较的科学。它建立在广义相对论的基础之上,并运用了几乎所有的现代物理知识。它关心宇宙是如何开始、如何演变,又将如何结局。空间是否弯曲或平直?是否存在时空奇点?宇宙的大小,结构的形成与演化等。

10.2 宇宙学模型

宇宙学模型是研究宇宙学的基本框架,最早的宇宙学模型是牛顿的无限宇宙模型。

1. 牛顿的无限宇宙模型

牛顿建立了包括万有引力在内的完整的力学体系。在牛顿力学体系中,当物质分布在有限空间内时是不可能稳定的。因为物质在万有引力作用下将聚集于空间的中心,形成一个巨大的物质球,而宇宙在引力作用下坍缩时是不能保持静止的。因此,牛顿提出宇宙必须是无限的,没有空间边界。宇宙空间是三维立方格子式的、符合欧几里得几何的无限空间,即在上下、前后、左右等各个维度上都可以一直延伸到无限远。

牛顿的宇宙空间中,均匀地分布着无限多的天体,相互以万有引力联系。这不仅是牛顿的无限宇宙图景,也为大多数人所接受。但它是不正确的,而且牛顿的无限宇宙模型与牛顿的万有引力定律是相互矛盾的!

这一方面体现在我们前面提到的奥伯斯佯谬(想想为什么)。另一个例子就是诺曼-西里格佯谬(又称为引力佯谬)。1985 年西里格指出,当我们考虑宇宙中全部物质对空间中任一质点的引力作用时,假如认为宇宙是无限的,其中天体均匀分布在整个宇宙中,那么在空间每一点上都会受到无限大引力的撕拉,这显然不符合我们生活的宇宙中仅受有限引力作用的事实。

这样看来,牛顿无限宇宙模型的困难主要在于无限宇宙与万有引力的冲突上。要解决这个困难,要么修改宇宙无限的观念,要么修改万有引力定律,或者两者都要修改。现代宇宙学正是在对这两方面的不断"修改"中而成熟起来的。

2. 爱因斯坦的静态宇宙模型

1916 年爱因斯坦在刚刚建立广义相对论不久,就转向宇宙学的研究。这是因为宇宙是可以充分发挥广义相对论作用的唯一的强引力场系统。1917 年他发表了第一篇宇宙学论文,题目是《根据广义相对论对宇宙学所作的考查》,在这篇论文中,爱因斯坦从分析牛顿无限宇宙的内在矛盾及不自洽出发,提出了一个有限无边(界)的静态宇宙模型。

为什么研究宇宙学问题只能运用广义相对论而牛顿引力理论会不适用呢?因为宇宙存在着许多大质量的天体,它们的引力巨大。而牛顿引力理论只讨论与距离平方反比的弱引力问题。广义相对论是全新的引力理论,在弱引力场中牛顿引力理论可以作为广义相对论的近似,对宇宙系统就只能用广义相对论来讨论问题了。

爱因斯坦根据广义相对论,提出的宇宙模型既不是无限无边的,又不是有限有边的,而是有限无边的,这好像很难理解!什么样的空间是有限无边或有限无界的?

广义相对论告诉我们,不能先验地假定宇宙空间一定是三维的欧几里得空间,宇宙空间的结构或几何性质决定于宇宙空间的物质运动与分布。根据对宇宙天体分布的分析,可以假定宇宙空间是非欧几里得的弯曲空间,一个弯曲的三维空间完全可能是既有限又无边界的。为了帮助理解,我们将有限无边的三维空间与二维球面来做类比。普通球面是二维曲面,也叫二维的弯曲空间。我们容易理解二维球面的弯曲性,因为处在现实的三维空间中,很容易直观地看出二维曲面的弯曲性质。也就是说,要表现二维曲面的弯曲特性,习惯上总是放在三维欧几里得空间中去。数学上一个二维球面,可以用三维欧几里得空间中的球面方程表示:

$$x^2 + y^2 + z^2 = R^2$$

这里的二维球面可以看作有限无边的二维空间的代表。有限指它的面积有限,等于 $4\pi R^2$;无边指球面没有边界,在球面上行走总也遇不到边沿,或者又回到原处。它也是一个弯曲空间,弯曲就是它的性质偏离平直空间的欧几里得几何。例如,在球面上两点之间最短的连线当然不可能是直线(注意不能离开球面画线);在球面上画一个圆,圆周长跟半径的比不再等于 2π,而必定小于 2π(注意这个圆的半径也是一段曲线)。

爱因斯坦宇宙模型是一个有限无边的三维弯曲空间,数学上可把这样一个宇宙空间表达为三维超球。在四维欧几里得空间里,三维超球方程为

$$X_1^2 + X_2^2 + X_3^2 + X_4^2 = R^2$$

这样一个三维超球,它的体积是有限的,总体积是 $2\pi^2 R^3$。这个三维空间没有边界,在三维超球中无论沿什么方向走,都遇不到边界,只可能回到原地。总之,根据广义相对论宇宙中物质的分布和结构决定了空间的取向。

爱因斯坦相对论宇宙模型,能很自然地消除牛顿无限宇宙中产生的"佯谬"现象。

1917 年爱因斯坦把广义相对论的场方程应用于宇宙的结构,给出了描述宇宙状态的方程:

$$R_{\mu\nu} - \frac{1}{2} g_{\mu\nu} R - \Lambda g_{\mu\nu} = \frac{8\pi G}{c^4} T_{\mu\nu}$$

其中,R 为与时间有关的宇宙标度因子;Λ 为宇宙学常数;$T_{\mu\nu}$ 为宇宙介质的能量动量张量。

爱因斯坦发现如果没有宇宙学常数项,方程的解是不稳定的,表明宇宙在膨胀或收缩。但是他认为宇宙应该是静态、稳定的,所以要引入宇宙学常数,起斥力作用。

3. 弗瑞德曼膨胀宇宙模型

1922 年和 1927 年苏联数学物理学家弗瑞德曼和比利时天文学家勒梅特分别独立地找到了爱因斯坦场方程的动态解。动态解表明:宇宙是均匀膨胀或者均匀收缩的。他们同时证明了爱因斯坦场方程的静态解是不稳定的,微小的扰动就足以破坏它的静态要求,并过渡到膨胀运动状态或收缩运动状态。

根据弗瑞德曼膨胀宇宙模型,宇宙物质在空间大尺度上的分布是均匀的和各向同性的。很显然,局部宇宙空间的物质分布并不是均匀的(否则就不能汇聚形成天体)。观测结果表明:天体是逐级成团的,如行星、恒星(行星系)、星系、星系团、超星系团。这些天体系统的尺度是逐级增大的,星系的尺度从几千光年到几十万光年,星系团的尺度从几十万光年到几百万光年,超星系团的尺度可达上亿光年。在这些天体尺度的系统内,物质分布是不均匀的(组成天体的物质相当稠密,天体之间的空间物质又极其稀薄)。但与所讨论的宇宙大尺度空间(约 200 亿光年)相比,这仍然是属于小尺度的特征。据天文观测,在大于 1 亿光年的空间范围内,物

质的空间分布的确是均匀的,且是各向同性的。例如,无论我们在宇宙中的哪一点向任何一个方向看去,在一定角度范围内,亮于某一星等的星系数目总是大致相同的。又如,对宇宙中射电源进行计数,获知它们的分布也是均匀的、各向同性的。

弗瑞德曼膨胀宇宙模型,基于宇宙大尺度结构的物质均匀分布和各向同性这一事实,给出三种不同的宇宙演化途径。第一种情况称为开放宇宙,星系之间的退离运动非常之快以致引力无法阻止它继续进行,即宇宙一直膨胀下去(图 10.4 中曲线 A)。而在第二种情况被称为平坦宇宙,星系之间的退离速度正好达到避免坍缩的临界值,宇宙不断膨胀,但膨胀速度逐渐趋于零(图 10.4 中曲线 B)。在被称为封闭宇宙或者叫做振荡宇宙的第三种情况中,星系以非常缓慢的速度互相退离,它们之间的引力不断作用,将使这种互相退离运动最后终止,继而开始互相接近。即宇宙膨胀至最大尺度后便开始坍缩(图 10.4 中曲线 C)。

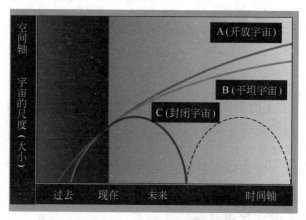

图 10.4 宇宙的演化进程

至于实际宇宙究竟对应于哪一种演化途径,完全取决于宇宙中的物质平均密度。因为在弗瑞德曼模型中,任何一个典型星系的运动就像从地球表面向上抛一块石头。如果石头的抛出速度足够快,或者地球的质量足够小(这两种说法在物理上是等价的),石头的速度虽然随着时间逐渐变慢,然而最后石头却会跑到无限远的地方。这相当于宇宙物质平均密度小于某一临界密度的情形(开放宇宙)。如果石头没有足够的抛出速度,或者地球质量足够大,它将在到达一个最大高度后再跌回到地面上。这相当于宇宙物质平均密度大于临界值的情形(封闭宇宙)。从这个类比中,我们也可以理解为什么找不到爱因斯坦场方程的静态宇宙解,当我们看到一块石头从地面抛起或者跌落向地面时不会觉得奇怪,但是我们不可能期望看到它永远悬在空中静止不动。(说说看,我们所在的到底是一个怎样的宇宙?)

原则上,我们可以通过现在的宇宙膨胀速度以及宇宙中的平均物质密度,来确定我们的实际宇宙究竟对应于哪一种演化途径。从观测的结果来看。我们现在能够直接观测到的宇宙物质质量还不足以阻止宇宙的膨胀,然而我们现在已有足够的证据确信宇宙中存在着大量的不可视物质。这些不可视物质是否能够阻止目前的宇宙膨胀,正是科学界极为关注的问题。科学家们相信宇宙 90% 的质量都是由不可视物质贡献的。

无论对于哪一种宇宙演化途径,弗瑞德曼模型都面临着这样一个问题,由于宇宙膨胀,必定遇到时间的起点(边界)问题,或称之为膨胀是什么时间开始的。有关宇宙膨胀的哈勃常数的测定使我们有可能确定宇宙膨胀的时间尺度,现有的数据表明:膨胀必定是在 100 亿年到 200 亿年前的某一时刻开始的。

另外,基于宇宙大尺度结构的均匀性和各向同性的观测事实,宇宙学原理认为:由于在任何时刻从空间的任一点和任一方向所看到的宇宙图景处处相同,所以物理规律是到处都适用的。而时间这一基本物理量总是和物质运动图像联系在一起的。因此,这就意味宇宙各处有一个共同的时间标度。

对宇宙中的各种天体的年龄普查使我们更加确信这一点。天文观测发现,一些较老的球状星团年龄差不多都在 90 亿年到 150 亿年之间;根据放射性同位素方法考证,太阳系中某些重元素是在 50 亿年到 100 亿年前形成的,而且迄今观测到的所有天体的年龄都小于 200 亿年。这一事实表明:我们的宇宙年龄不是无限的。

所有这些都强烈地暗示:宇宙各处可能有着共同的起源,即宇宙存在着一个时间上的开端。这与历史上各种神学创世思想本质区别在于,我们所讨论的弗瑞德曼宇宙模型,其宇宙开端是由其动力学原因所决定的。

4. Λ -冷暗物质模型

Λ-CDM 模型是所谓 Λ-冷暗物质(cold dark matter,CDM)模型的简称。它在大爆炸宇宙学中经常被称作索引模型,这是因为它尝试解释了对宇宙微波背景辐射、宇宙大尺度结构以及宇宙加速膨胀的超新星观测。它是当前能够对这些现象提供融洽合理解释的最简单模型。

Λ 意为宇宙学常数,是解释当前宇宙观测到的加速膨胀的暗能量项。宇宙学常数经常用 Ω_Λ 表示,含义是当前宇宙中暗能量在一个平坦(直)时空的宇宙模型中所占的比例。现在认为这个数值约为 0.74,即宇宙中有 74% 左右的能量是暗能量的形式。

冷暗物质是暗物质模型中的一种,它认为在宇宙早期辐射与物质的能量分布相当时暗物质的速度是非相对论性的(远小于光速),因此暗物质是冷的;同时它们是非重子构成的;不会发生碰撞(指暗物质的粒子不会与其他物质粒子发生引力以外的基本相互作用)或能量损耗(指暗物质不会以光子的形式辐射能量)的。冷暗物质占了当前宇宙能量密度的 22%。剩余的 4% 的能量构成了宇宙中所有的由重子(以及光子等规范玻色子)构成的物质:行星、恒星以及气体云等。

模型假设了具有接近尺度不变的能量谱的太初微扰,以及一个空间曲率为零的宇宙。它同时假设了宇宙没有可观测的拓扑,从而宇宙实际要比可观测的粒子视界大很多。这些都是宇宙暴胀理论的预言。

模型采用了弗瑞德曼—勒梅特—罗伯逊—沃尔克度规、弗瑞德曼方程和宇宙的状态方程来描述从暴胀时期之后至今以及未来的宇宙。

在宇宙学中,这些是能够构建一个自洽的物理宇宙模型的最简单的假设。而 Λ-CDM 模型终归只是一个模型,宇宙学家们预计在对相关的基础物理了解更多之后,这些简单的假设都有可能被证明并不完全准确。具体而言,暴胀理论预言宇宙的空间曲率在 $10^{-5} \sim 10^{-4}$ 的量级。另外也很难相信暗物质的温度是绝对零度。Λ-CDM 模型也并没有在基础物理层面上解释暗物质、暗能量以及具有接近尺度不变的能量谱的太初微扰的起源。从这个意义上说,它仅仅是一个有用的参数化形式。

模型含有如下六个基本参数。

哈勃常数——决定宇宙的膨胀速率,以及宇宙闭合所需的临界密度 ρ_0。

重子的密度、暗物质的密度和暗能量的密度,它们都归一到临界密度,即如 $\Omega_b = \rho_b / \rho_0$。由于模型假设空间是平直的,三者的密度之和等于临界密度,从而暗能量的密度并不是一个独立参数。

光深度——决定宇宙再电离的红移。

密度涨落的信息由太初微扰的涨落振幅(源自宇宙暴胀)和能谱指数共同决定,其中能谱指数 n_s 表征涨落如何随尺度变化($n_s = 1$ 表示尺度不变的能谱)。

模型中包含的误差分析显示,实际的真实值有 68% 的置信概率落到测量结果的上下限之间。误差并不是高斯分布的,它们是通过威尔金森微波各向异性探测器的数据进行蒙特卡罗-马尔可夫链方法进行误差分析得出的,其中也使用了斯隆数字巡天和 Ia 型超新星的观测数据(见表 10.1)。

表 10.1 Λ-CDM 参数表

参数	数　值	描　述
基本参数		
H_0	$73.2^{+3.1}_{-3.2}\ \text{km} \cdot \text{s}^{-1} \cdot \text{Mpc}^{-1}$	哈勃常数
Ω_b	$0.0444^{+0.0042}_{-0.0035}$	重子密度
Ω_m	$0.266^{+0.025}_{-0.040}$	总物质密度(重子＋暗物质)
τ	$0.079^{+0.029}_{-0.032}$	宇宙再电离所需的光深度

续表

参数	数　　值	描　　述
A_s	$0.813^{+0.042}_{-0.052}$	尺度涨落振幅
n_s	$0.948^{+0.015}_{-0.018}$	尺度能谱指数
导出参数		
ρ_0	$0.94^{+0.06}_{-0.09}\times10^{-26}\,\mathrm{kg/m^3}$	临界密度
Ω_Λ	$0.732^{+0.040}_{-0.025}$	暗能量密度
z_{ion}	$10.5^{+2.6}_{-2.9}$	再电离红移
σ_8	$0.772^{+0.036}_{-0.048}$	星系涨落指数
t_0	$13.73^{+0.13}_{-0.17}\times10^9\,\mathrm{a}$	宇宙的年龄

10.3　大爆炸宇宙学

科学发展本身就是对未知世界的不断探索。现代宇宙学的发展经历了一个极有趣味的历程，从神学和玄学独占的"宇宙创生"，到由科学的宇宙观以及近代科学的严谨理论所取代。宇宙学就是要回答与宇宙起源直接相关的问题——宇宙是如何开始的。

10.3.1　大爆炸宇宙理论

20 世纪 40 年代，伽莫夫把勒梅特用物理原因来说明宇宙创生的思想向前推进了一大步，他把物理粒子及化学元素的形成同宇宙初始的膨胀联系起来，使宇宙的起源问题有可能运用核物理理论来加以释明，从而把宇宙的起源变成为一个具体的物理学问题。

1927 年勒梅特提出"原初原子"爆炸作为解释宇宙膨胀的物理原因。为了说明宇宙膨胀，勒梅特假定宇宙起源于原初的一次猛烈爆炸。这样，勒梅特就把原属形而上学的宇宙创生问题变成一个物理学的问题，并且说明了星系并不是由于什么神秘的力量在推动它们远离，而是由于过去的某种物理爆炸被抛开的。但在 20 世纪 20 年代，这一思想一方面没有被重视，另一方面也缺少足够的物理证明，从而遭到冷落。但正是这一质朴的物理思想成为大爆炸宇宙学(图 10.5 和图 10.6)理论的直接渊源。

依照传统的观点，宇宙的年龄是无限的，即它一直是这样存在着的。而宇宙中

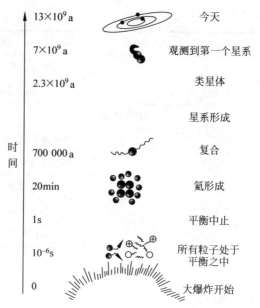

图 10.5　大爆炸宇宙学所描述的宇宙演化的几个主要阶段

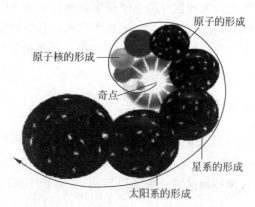

图 10.6　宇宙大爆炸的简单示意图

的化学元素则被认为主要是在恒星内部不断地被"锻造"形成,基于这种认识,化学元素的丰度曲线是从轻元素到重元素。但通过对宇宙中的化学元素普查发现,许多摩尔质量差异很大的重元素,数量却几乎相同。例如 1 摩尔铅的质量是 1 摩尔铷的 2 倍,但宇宙中却具有同样数量的铅和铷。另外,观测发现,宇宙中存在最多的元素是氢和氦,而且在各类年龄大不相同的天体上,氦的丰度差不多相等,约占全部元素的 30%。自然界存在着大量的氢是可以理解的,因为氢原子核就是质子。至于氦,它是由两个质子和两个中子组成的,只有当温度在 10^7 K,即 1000 万 K

以上,并且在伴有高压条件下,才有可能将四个氢原子核聚合起来,形成一个氦原子核,同时释放出大量能量。这就是通常所说的热核聚变反应。在太阳和其他恒星内部,目前所进行的就是这类热核反应。但是,如果仅仅按这种方式来生产氦,宇宙天体中就不可能有今天观测到的这么多,而且在不同年龄的天体中氦的含量应该大不相同。伽莫夫确信今天所观测到的宇宙中化学元素的相对丰度值必定是由宇宙创生的历史所注定的,因为,通过对宇宙中化学元素的相对丰度的了解,必定有助于我们弄清宇宙创生的物理过程。伽莫夫和阿尔弗,从一篇研究论文中知道,各种原子的中子俘获截面随元素在周期表中的位置不同而变化,而这条变化曲线反过来看便同宇宙中的化学元素丰度曲线极为类似。这一有益启示促使他们马上意识到中子俘获理论可能有助于对化学元素丰度的理解。大爆炸宇宙学的第一篇研究论文(1948 年发表)就是在这一思想引导下完成的。他们的结论是,宇宙中现在的化学元素的丰度曲线是宇宙最初形成时的一次巨大爆炸的结果。

按照伽莫夫这个大爆炸理论,宇宙在开始时全部由中子组成,然后中子按照放射性衰变过程自发地转化为一个质子、一个电子和一个反中微子。宇宙由于大爆炸而膨胀,同时温度降低,当温度降到一定程度,重元素按中子俘获的快慢顺序由中子和质子生成。为了说明轻元素丰度的现代观测值,他们认为必须假设早期宇宙的光子与核粒子比值的数量级为十亿左右。根据对现在宇宙中的核粒子密度估计,他们预言早期炽热宇宙会给我们留下一个微波背景辐射遗迹,温度是 5K!

另外一些研究者后来发现,伽莫夫的计算并不是都正确,因为宇宙开始时中子和质子可能各占一半而不纯是中子。而且,中子转变为质子(或者质子转变为中子)主要是由于和电子、正电子、中微子或反中微子相碰撞产生而不是由于中子的放射性衰变。1953 年,阿尔弗、赫尔曼和福林一起对伽莫夫大爆炸宇宙模型做出修正,并且对原来关于中子-质子平衡移动理论进行订正,从而第一次对宇宙早期历史进行了透彻的物理分析。从科学的逻辑发展观点来看,只要根据氢和氦两种元素在宇宙中大量存在的观测事实,就完全可以推断核合成必然在宇宙中中子比例下降到 $10\%\sim$ 15% 时发生。中子的这个比例应该在宇宙温度达到 10 亿 K 左右开始出现。根据核合成的这一温度要求,可以粗略地估计出温度为 10^9K 时宇宙中的核粒子密度,而在这一温度下的光子密度则可以直接从黑体辐射的性质得出。于是我们就可以知道当时的光子与核粒子的比值。这一比值在以后是一直不变的,因此现在仍然保持相同的数值。这样,根据现在核粒子密度的观测值便可以估计到现在的光子密度值,从而可以预料宇宙中存在着温度为 $1\sim10$K 范围内的微波背景辐射。

如果科学的历史就像宇宙本身历史那样直接简单,那么早在 20 世纪 40 年代最迟不超过 50 年代,这一预言肯定会促使射电天文学者积极地去搜寻这个背景辐射的存在。然而当时人们对于这样一个重要的预言似乎并不在意,甚至包括作出这一预言的学者们也都没有认真地考虑过。因此也就根本谈不上着手去寻找它。的确在发现宇宙微波背景辐射之前,天体物理学界并不普遍知道,在大爆炸宇宙模型里,根据氢和氦含量的要求,存在一个可能实际观测到的微波背景辐射。天体物理学界没有普遍注意到这一预言也许是不足为怪的,因为在科学史上一两篇淹没在科学文献海洋中的论文而不被注意是常有的事。但令人迷惑不解的是此后 10 年中再也没有人按照这个思路继续前进,虽然所有的理论材料和观测手段都已完全具备。一直到 1964 年,大爆炸宇宙模型的核合成计算才由泽尔道维奇在苏联、霍伊尔和泰勒在英国、皮伯斯在美国分别独立地进行。

如果我们原原本本按照质能关系,将宇宙从奇点中显露出来的时刻定义为时间起点,大爆炸标准模型就能讲出从这一创造时刻之后 0.0001 秒以来发生的全部故事。在那一刻,宇宙的温度是 10^{12} K (1 万亿 K),密度是核物质的密度,为 10^{14} g/cm^3 (图 10.7)。

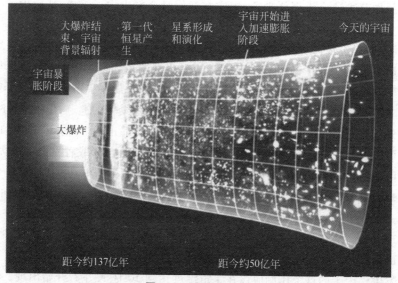

图 10.7 宇宙大爆炸

在这些条件下,"背景"辐射的光子带有极大的能量,得以按照质能关系 $E = mc^2$ 与粒子互换。于是光子创造粒子和反粒子对,比如电子-正电子对、质子-反质子对和中子-反中子对,而这些粒子对又能够在不断的能量交换中相互湮灭而生成高能光子。火球中还有很多中微子。由于基本相互作用运转中的细微不对称性,粒子的产量比反粒子的产量稍微多点儿——每 10 亿个反粒子有大约 10 亿零 1 个粒子与之相配。当宇宙冷却到光子不再具备制造质子和中子的能量时,所有成对的粒子都将湮灭,而那十亿分之一的粒子留存下来,成了稳定的物质。(仔细观察

图 10.7，说说你对宇宙的产生、宇宙大爆炸的感受。）

时间起点之后 0.01 秒、温度降至 10^{11}K（1000 亿 K）时，只有较轻的电子-正电子对仍在蹦蹦跳跳与辐射相互作用，质子和中子则逃过了灾难。那时，中子和质子的数量相等，但随着时间的推移，与高能电子和正电子的相互作用，使天平稳步朝有利于质子的一边倾斜。时间起点之后 0.1 秒时，温度降到 3×10^{10}K（300 亿 K），中子数与质子数的比降低到 38∶62。

时间起点之后约 1/3 秒时，中微子除（可能的）引力影响外停止和普通物质相互作用而"解耦"。当宇宙冷却到 10^{10}（100 亿）K，即时间起点之后 1.1 秒时，它的密度降低到仅仅为水密度的 38 万倍，中微子已经解耦，天平进一步朝质子倾斜，中子与质子之比变为 24∶76。

宇宙冷却到 30 亿 K，时间起点之后 13.8 秒时，开始形成由一个质子和一个中子组成的氘核，但它们很快被其他粒子碰撞而分裂。现在，只有 17％ 的核子是中子。

时间起点后 3 分零 2 秒时，宇宙冷却到了 10 亿 K，仅比今天的太阳中心热 70 倍。中子占的比例降至 14％，但它们避免了完全退出舞台的命运而幸存下来，因为温度终于下降到了能让氘和氦形成，且不致被其他粒子碰撞而分裂的程度。

正是在时间起点后第 4 分钟这个值得纪念的时期，发生了伽莫夫及其同事在 1940 年概略描述、霍伊尔及其他人在 1960 年细致研究的那些过程，将幸存的中子锁闭在氦核内。那时，转变成氦的核子总质量是中子质量的 4 倍，因为每个氦核含两个质子和两个中子。到时间起点之后 4 分钟时，这个过程完成了刚刚不到 25％的核物质转变成了氦，其余的则是独身的质子——氢核。

时间起点之后略晚于半小时的时候，宇宙中的全部正电子已经几乎全部同电子湮灭了，产生了严格意义上的背景辐射——不过还是有与质子数相等的十亿分之一的电子保存下来。这时温度降到了 3 亿 K，密度只有水密度的 10％，但宇宙仍然太热，不能形成稳定的原子；每当一个核抓到一个电子，电子就会被背景辐射的高能光子打跑。

电子和光子之间的这种相互作用持续了 30 万年，直到宇宙冷却到 6000K（大约是太阳表面的温度），光子疲弱到再也无力将电子打跑。这时（实际上还包括随后的 50 万年间），背景辐射得以解耦，与物质不再有明显的相互作用。大爆炸到此结束，宇宙也膨胀得比较平缓，并在膨胀时冷却。由于引力试图将宇宙往回拉到一起，它的膨胀也越来越慢。

所有这一切都能在广义相对论——经过检验的可靠的关于引力和时空的理论——和我们关于核相互作用的知识——同样是经过检验和可靠的——框架内得到很好的理解。大爆炸标准模型是一门坚实、可靠、值得尊敬的科学，但它也留下了一些尚未得出答案的问题。

在时间起点之后100万年前后开始,恒星和星系得以形成,并在恒星内部把氢和氦加工成重元素,而终于产生了太阳、地球和我们人类。

10.3.2 大爆炸宇宙的观测证据

大爆炸理论告诉我们宇宙起源于150亿年前的一次猛烈爆炸。

宇宙的爆炸是空间的膨胀,物质则随空间膨胀,宇宙是没有中心的;随着宇宙膨胀,温度的降低,构成物质的原初元素（D、H、He、Li）相继形成。由于物质的形成,引力的作用,宇宙的膨胀要逐渐减慢。随着越来越多的观测证据,大爆炸理论逐渐被人们所接受。

而星系红移,宇宙微波背景辐射和宇宙年龄的测定,无疑成为大爆炸理论有力的观测证据。

1. 星系红移和哈勃定律

哈勃发现了河外星系的退行现象,并通过观测得到了哈勃定律

$$v = Hr$$

哈勃定律反映了宇宙的膨胀。由宇宙膨胀引起的星系的谱线红移叫宇宙学红移;宇宙的距离 $D = v/H_0 = cz/H_0$（其中 D 为宇宙的距离、v 为星系的退行速度、H_0 为哈勃常数）;如果宇宙膨胀是均匀的,那么可以确定宇宙的年龄 $t = D/v = 1/H_0$。

星系的退行表明它们在过去必定靠得很近,那么它们的起点到底是什么? 宇宙是从哪里开始膨胀的? 这支持大爆炸宇宙学。

哈勃定律的解释:宇宙在均匀膨胀,但并不意味观测者是宇宙中心,宇宙没有中心。

2. 宇宙微波背景辐射

1964年彭齐亚斯和威尔逊用天线测量天空无线电噪声时发现在扣除大气吸收和天线本身噪声后,有一个温度为3.5K的微波噪声非常显著。经过1年的观测,排除了这一噪声来自天线、地球、太阳系等的可能,认为它是弥漫在天空中的一种辐射,即背景辐射。是各向同性的。实际上,这就是天文学家们准备寻找的宇宙大爆炸"残骸"——宇宙微波背景辐射。1978年两人由于宇宙微波背景辐射的发现获诺贝尔物理学奖。

1989年宇宙背景探测器（COBE）在0.5毫米至10厘米之间对宇宙背景辐射进行了探测,发现辐射高度各向同性。背景辐射可以用温度为2.74K的黑体谱很好地拟合。说明现代宇宙来自于某时刻的物质扩散,支持大爆炸宇宙学。

通过宇宙背景探测器（COBE）的观测，我们发现宇宙微波背景辐射存在偶极不对称的现象。现在知道这种宇宙微波背景辐射的偶极不对称是由于太阳系的空间运动引起的（图 10.8）。利用太阳运动多普勒效应对微波背景辐射的影响可以测定太阳系的运动。太阳运动方向和反方向有 0.1% 的温度变化。由此得出的结论是：太阳系群以 370km/s 的速度向狮子座方向运动。

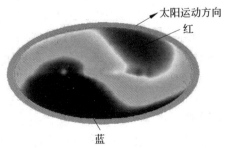

太阳运动方向
红
蓝

图 10.8　太阳运动方向和反方向有 0.1% 的温度变化

扣除背景辐射的偶极不对称和银河系尘埃辐射的影响，微波背景辐射表现出十万分之几的温度变化。这种细微的温度变化表明在宇宙演化早期存在微小的不均匀性，正是这种不均匀性导致了以后宇宙结构的形成和星系的形成（图 10.9）。

红　　　蓝

未经修正的观测，红色(向)位移和蓝色(向)位移，显示地球在宇宙中的运动（与图10.8红蓝色刚好相反，图10.8中显示的是太阳在宇宙中的运动）。

将地球运动除去后，剩下的就是银河系(主要是尘埃的作用)的微波辐射。

消除银河系的微波辐射，就是微波宇宙背景辐射了。微波背景辐射表现出十万分之几的温度变化。这种细微的温度变化表明在宇宙演化早期存在微小的不均匀性，正是这种不均匀性导致了以后宇宙结构的形成和星系的形成。

图 10.9　宇宙的微波背景辐射

3. 宇宙年龄的测定

Λ-CDM 模型认为宇宙是从一个非常均一、炽热且高密度的太初态演化而来，至今已经过约 137 亿年的时间。Λ-CDM 模型在理论上已经被认为是一个相当有用的模型，并且它得到了像威尔金森微波各向异性探测器(WMAP)这样的高精度天文学观测结果的有力支持。但与之相反，对于宇宙的太初态的起源问题，相关理论还都处于理论猜测阶段。此间的主流理论——暴胀模型——Ekpyrotic 模型，则认为我们所处的大爆炸宇宙有可能是一个更大的并且具有非常不同的物理定律的宇宙的一部分，这个更大的宇宙的历史则有可能追溯至比 137 亿年前更久远的年代。

如果将 Λ-CDM 模型中的宇宙追溯到最早的能够被理解的状态，则在宇宙的极早期(10^{-43} 秒之前)它的状态被称为大爆炸奇点。一般认为奇点本身不具有任何物理意义，因此虽然它本身不代表任何一个可被测量的时间，但引入这个概念能够方便地界定所谓"自大爆炸开始后"的时间。举例而言，所谓"大爆炸 10^{-6} 秒之后"是宇宙学上一个有意义的年代划分。虽然说这个年代用所谓"137 亿年减去 10^{-6} 秒之前"表达起来可能会更有意义，但由于"137 亿年"的不准确性，这种表达方式是行不通的。

总体而言，虽然宇宙可能会有一个更长的历史，但现在的宇宙学家们仍然习惯用 Λ-CDM 模型中宇宙的膨胀时间，亦即大爆炸后的宇宙来表述宇宙的年龄。

宇宙显然需要具有至少和其所包含的最古老的东西一样长的年龄，因此很多观测能够给出宇宙年龄的下限，例如对最冷的白矮星的温度测量，以及对红矮星离开赫罗图上主序星位置的测量。

测定宇宙年龄的问题与测量宇宙学参数的问题密切相关，能够包含这一问题解答的即是 Λ-CDM 模型，它认为宇宙包含有通常的重子物质、冷暗物质、辐射(包括光子和中微子)以及一个宇宙学常数(暗能量)。其中每一种物质所占的比例由 Ω_m(重子＋暗物质)、Ω_r(辐射)、Ω_Λ(宇宙学常数)分别表示。完整的 Λ-CDM 模型包含有一系列其他参数，但对于测定宇宙年龄的问题而言，这三个参数以及哈勃常数 H_0 是最重要的参数。

如果能够精确测量这些参数，则能够进一步通过弗瑞德曼方程确定宇宙的年龄，方程描述了宇宙中物质的组成成分如何影响宇宙度规的宇宙标度因子 $a(t)$ 的变化。将这一方程倒过来，我们能够得到单位宇宙标度因子变化引起的单位时间变化率，进一步对整个方程积分就能得到宇宙的年龄。宇宙的年龄 t_0 由下式给出：

$$t_0 = \frac{1}{H} F(\Omega_r, \Omega_m, \Omega_\Lambda, \cdots)$$

其中,函数 F 取决于宇宙中不同组成成分在总能量中所占的比例。可以看到在公式中制约宇宙年龄的重要参数是哈勃常数,因此对宇宙年龄的最粗略估计能通过哈勃常数的倒数得到:

$$\frac{1}{H_0} = \left(\frac{H_0}{72\text{km}/(\text{s}\cdot\text{Mpc})}\right)^{-1} \times 13.6\text{Gyr}$$

若要得到更精确的年龄测量值,需要计算函数 F 的值,而这在当前只能通过数值方法得到,图 10.10 中表示了在不同物质-宇宙常数比例下的 F 值。可以看到根据在左上角方形中表示的威尔金森微波各向异性探测器的当前结果(0.266,0.732),$F = 0.996$ 近似为 1;而如果平直宇宙中不存在宇宙常数项,由右下角的星号表示的 F 值为 0.667,从而在给定哈勃常数的情形下这样的宇宙要更年轻。这张图假定了宇宙中辐射所占比例是常数(粗略等价于认为微波背景辐射的温度是常数),而宇宙中曲率所占比例 Ω_k 则由其他三个密度参数给定。

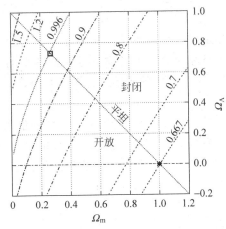

图 10.10　宇宙年龄的修正因子 F 值的确定

对于上面描述的参数,威尔金森微波各向异性探测器对微波背景辐射的测量能够很好地确定物质比例 Ω_m 和曲率比例 Ω_k,但不能直接测量宇宙学常数 Ω_Λ,部分原因是宇宙学常数在低频红移中才显示重要影响。而当前对哈勃常数的最精确测量来自于 Ⅰa 型超新星。

在其他参数给定的前提下,宇宙学常数能够使宇宙的年龄更古老。这在宇宙学中的意义相当重要,因为在宇宙学常数被广泛接受之前,在大爆炸理论以及宇宙中仅有物质这一假设下,大爆炸模型难以解释为什么银河系中的球状星团测定的年龄要远比宇宙年龄更古老。引入宇宙学常数能够使宇宙的年龄变得更合理,并能解释很多仅有物质的宇宙模型所不能解释的问题(图 10.11)。

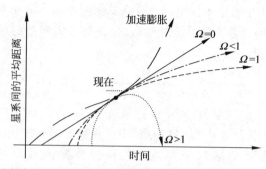

图 10.11 宇宙的年龄可以通过对哈勃常数以及所含成分的密度参数的测量决定

威尔金森微波各向异性探测器计划中所估计的宇宙年龄为

$$(1.373 \pm 0.012) \times 10^{10} \text{年}$$

也就是说宇宙的年龄约为 137 亿 3000 万年,不确定度为 1 亿 2000 万年。不过,这个测定年龄的前提依据是威尔金森微波各向异性探测器所基于的宇宙模型是正确的,而根据其他模型测定的宇宙年龄可能会很不相同。若假定宇宙存在有相对论性粒子构成的背景辐射,威尔金森微波各向异性探测器中的约束条件的误差范围则有可能会扩大 10 倍。(关于宇宙的年龄是一个极具争议的问题,请搜集资料,给出你自己的看法。)

测量通过判断微波背景辐射能谱中的第一个声学峰值的位置来确定退耦表面的大小(在表面复合时宇宙的大小),光到达这一表面的时间(取决于宇宙的时空几何结构)能够给出一个可靠的宇宙年龄值。在假设所用模型的正确性的前提下,观测中的剩余误差上限在 1% 左右。这个宇宙年龄值是最常被天文学家们引用的值。

🔍 天文小知识

1. 宇宙是"轮回"的吗?

大多数科学家都接受这样一个事实,即太阳系是在 46 亿年前由尘埃和气体云经过一个自然过程后形成的,而且也许在 150 亿年以前宇宙形成后这些云就已经存在了。在宇宙的开端,在时空诞生后的最初 30 万年里,宇宙是不透明的。随着质子和电子互相结合成原子,辐射就可以自由地通过了,于是就形成了一个可观测的宇宙。

但是如果我们回到大爆炸的时候,并假设宇宙的所有物质和能量都集中在一个相当稠密的小球中。这个小球非常热,它发生爆炸形成了宇宙,那么这个小球是从哪里来的呢？它是怎么形成的呢？我们一定要假设在这一阶段里有超自然创造吗？

不一定，科学家们在 1920 年推出了一门叫量子力学的学科，是一个非常成功的理论，它恰当地解释了其他理论无法解释的现象，而且还可以预测新现象，和实际发生的完全相同。

1980 年，美国物理学家阿兰•古斯开始用量子力学研究有关大爆炸起源的问题。我们可以假想在大爆炸发生以前，宇宙是一个巨大的发光的海，里面什么都不存在。很明显这种描述是不准确的，这些不存在包含着能量，所以它不是真空，因为按定义真空里应该什么都没有。前宇宙含有能量，但它的所有组成部分和真空的成分相似，所以它被叫做假真空。

在这个假真空里，一个微小的质点存在于有能量的地方，它是通过无规律变化的无目的的力量形成的。

事实上，我们可以把这个发光的假真空想象成一个泡沫状的泡泡团，它可以在这儿或在那儿产生一小片存在物，就像海浪产生的泡沫一样。这些存在物中有的很快就消失了，回归到假真空；而有的正相反，变得很大或者经过大爆炸形成像宇宙那样的物体。我们就住在这样一个成功存在下来的泡泡里。

但是这个模型有很多问题，科学家们一直在弥补和解决它们。如果他们解决了这些问题，我们会不会有一个更好的观点来解释宇宙从何而来呢？

当然，如果古斯理论的一部分是正确的，我们可以简单地往回走一步，问假真空的能量最初是从哪里来的。这个我们说不出来，但这并不能帮助我们证实超自然物质的存在，因为我们还可以再往回走一步问超自然物质是从哪里来的。这个问题的答案令人震惊，即"它不来自任何地方，它总是这样存在的"。这是很难想象的，也许我们得说假真空中的能量也是从来都这样存在的。

大爆炸宇宙论认为，150 亿～200 亿年前，可观测宇宙中的任意两点都曾无限地贴近，此时的物质密度为无限大。这个初始时刻叫做"奇点"，在此时间及其以前的情况，现代物理学皆鞭长莫及。今天的宇宙诞生于初始时刻的一次"大爆炸"，在此之前，空间和时间都不存在(图 10.12)。在宇宙诞生的时刻，所有的四种力：引力、电磁力、强相互作用力和弱相互作用力交织在一起。在 10^{-43} 秒时，引力最先分离出来，在难以想象的高温高压下突然作用于粒子之间。在 10^{-36} 秒时，强相互作用力与电弱作用力分离，依次产生各具特性的基本粒子——夸克和轻子。在 10^{-10} 秒，弱相互作用力与电磁力分离，反应条件变缓至目前人造大型粒子加速器可模拟的环境。大爆炸后的最初 3 分钟内出现的一些核反应，合成宇宙中几乎所有的氦。早期极其炽热致密的宇宙由于膨胀而不断冷却，由于引力的不稳定性使物质坍缩凝聚成星系团和星系。星系中的物质进一步坍缩形成恒星，而恒星中的热核聚变又产生了碳、氧、硅、铁之类的重元素。超新星爆发把恒星中的重元素散发在太空，这些气云坍缩形成的第二代恒星所含的重元素，丰度就会高于第一代恒星……

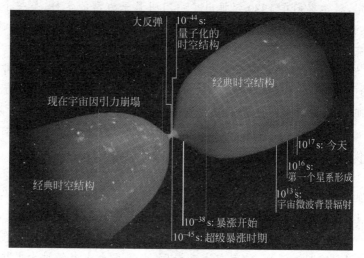

图 10.12　宇宙可能是"轮回"的

　　2003年哈勃太空望远镜和"钱德拉"X射线望远镜就已经观测到了大爆炸宇宙的"婴儿潮"阶段，其表现是星系规模持续扩张，恒星快速孕育诞生。根据天文学界比较普遍的看法，宇宙起源于距今约137亿年前的"大爆炸"。"哈勃"望远镜等的观测结果显示，在"大爆炸"后的10亿～15亿年间，伴随着星系规模的扩张，恒星诞生的速率增长了约3倍。随后，恒星继续以较高的速率诞生，这段"生育高峰"期一直持续到距今约70亿年前。在宇宙年龄达到现有年龄约一半时，星系演化"婴儿潮"时期进入尾声，恒星诞生速率锐减90%左右。

　　除"哈勃"望远镜辨别出星系演化的"婴儿潮"时期外，"钱德拉"望远镜在观测中也得出了有关宇宙早期的X射线图像。天文学家们将这一图像与"哈勃"的观测结果进行比较后发现，有7个神秘的X射线源在"哈勃"拍摄的星系光学观测图像上找不到对应物。据推测，这7个神秘天体可能是目前已探测到的最遥远的黑洞，与宇宙早期的演化密切相关。

　　相对于宇宙的诞生、"婴儿期"等，现在以及宇宙今后的演化图景会是怎样的呢？

　　美国密歇根大学的天文学家亚当斯和劳林二人推测宇宙的寿命约为10^{200}年。这比从宇宙大爆炸到现今的宇宙年龄(为150亿～200亿年)约大10^{190}倍。为了表达方便，对于如此之大的天文数字，他们创造了一种"宇宙年代"表达法，即将10^N年定义为N个宇宙年(即10^{100}＝100宇宙年)，显然，与认为的宇宙年龄——200宇宙年相比,现今的宇宙还是宇宙的幼年期。二人认为宇宙从开始产生到最后毁灭将经历四个阶段,即繁星期、衰落期、黑洞期和黑暗期。他们的研究建立在宇宙大爆炸理论的基础之上,同时使用了计算机模拟技术,并融合了最新的天文学成果。

(1) 繁星期

宇宙大爆炸至今已有约 200 亿年的历史。时至今日,宇宙目前正处于繁星期中期。在这个时期,恒星和星系保持较高的能量,夜空中呈现一片繁星闪烁的景象。天文学家认为,太阳是一个已经 46 亿岁的黄矮星。再过数十亿年以后,当它的能量逐渐消耗完的时候,它将先衰变为红巨星(体积膨胀到目前火星的轨道),然后进一步缩小变成白矮星,这时候的太阳只有地球一般大小。整个过程中它散发出的巨大热量,将使地球上的一切生命无法存在,那时人类将不得不在宇宙中另寻栖身之地。有一种叫做红矮星的恒星不会衰变成红巨星,但它们的燃料也只能维持 10 万亿年。当红矮星最后也开始逐渐黯淡下去的时候,宇宙就开始进入衰落期。

(2) 衰落期

亚当斯等人认为,宇宙的衰落期将从距今 1000 亿年以后开始。在这个时期,宇宙中到处都是失去燃料的星体残骸,它们包括白矮星、褐矮星、中子星和黑洞。这个时期的一个特点是,原来巨大的恒星坍塌到相对较小的空间之内,可能只有原来恒星的核心部分那么大。由于这些物质无法再利用氢为原料进行核聚变,因此它们完全失去了光辉。

在衰落期,星系开始逐渐解体。衰变的星体相互碰撞,一些将从此漫游于广阔原星际空间;一些便滑向星系的中心部分;一些星体残骸将被黑洞吞噬;而两颗褐矮星也有可能相撞形成新星。这时宇宙中的文明将不得不适应衰落期的现实。研究人员通过计算发现,衰落期的白矮星将吸收宇宙中游离的"弱相互作用质量微粒",这一过程将给黯淡的宇宙增添一丝热量。

(3) 黑洞期

黑洞期是宇宙的可怕期。专家们认为,到距今大约 38 个宇宙年(即 10^{38} 年)以后,恒星的残骸开始解体,这时宇宙的演变将慢慢进入黑洞期。衰落期终结时光子开始丧失(光子存在于每一个电子之中),光子的丧失将导致白矮星和中子星的解体,使宇宙中绝大部分质量转化为能量,同时标志着衰落期的结束。随着光子从电子中逃逸出来,一切以碳为基础的生命将不能在宇宙中继续生存。

由于黑洞具有极大的引力,它能将一切靠近它的物质吸引到其中而成为它的一部分。但根据量子力学理论,黑洞的周围部分也会损失一些能量。这些微小的损失在经典物理学中几乎可以忽略不计,但经过亿万年的过程,能量的散失也会使黑洞最终逃脱不了解体的结局。

(4) 黑暗期

黑暗期是指整个宇宙处于一片黑暗。亚当斯等人认为,当宇宙中最后一个黑洞也烟消云散之后,整个宇宙将陷入一片黑暗,所有的星星早已燃烧殆尽,一切有机生命形式都归于沉寂,黑暗之中仅存的是由一些基本粒子构成的薄云。一片由正电子、负电子、光子和中微子组成的云雾散布在无边无际的时空当中。在大约100个宇宙年(10^{100}年)之后,光的波长将变得相当长,亮度也变得相当暗,那时的宇宙将成为一个当今人们无法了解的世界。这幅由亚当斯和劳林描绘的图画,也许是目前人们能得到的关于宇宙终结的最具体的描述。

为了使您能够更简洁地理解宇宙大爆炸的过程,给出下面的简表(表10.2)。

表 10.2 宇宙大爆炸大事年纪

宇 宙 时	时 代	事 件	时 间
0 秒	奇点	大爆炸	200 亿年前
1 秒	轻子时期	电子-正电子对湮灭	200 亿年前
1 分	辐射时代	氢和氦的核合成	200 亿年前
1 周		辐射热化	200 亿年前
1 万年	物质时期	宇宙变成物质为主	200 亿年前
10 亿~20 亿年		星系开始形成	180 亿~190 亿年前
41 亿年		第一代恒星形成	159 亿年前
152 亿年		我们的太阳系的母星际云形成	48 亿年前
154 亿年		太阳系行星形成	46 亿年前
161 亿年	太古代	最老的地球岩石形成	39 亿年前
170 亿年		地球上的微生物形成	30 亿年前
180 亿年	元古代	地球上富氧大气发展	20 亿年前
190 亿年	古生代	地球上宏观生命形成	10 亿年前
198 亿年		地球上爬行动物出现	2 亿年前
198.5 亿年	新生代	地球上出现恐龙	1.5 亿年前
200 亿年		地球上出现人类	200 万年前

2. 广义相对论的七大预言

爱因斯坦这个瑞士伯尔尼专利局的小职员,1905 年是他神奇的开始。在解决了惯性系(牛顿力学体系)的问题之后,他要把相对性原理拓展到更普适的非惯性系中,彻底颠覆人们的"宇宙观"。1907 年,爱因斯坦的长篇文章《关于相对性原理和由此得出的结论》,第一次抛出了"等效原理",广义相对论的画卷徐徐展开。然而,这项工作十分艰巨,直到 1915 年 11 月。爱因斯坦先后向普鲁士科学院提交了四篇论文,提出了天书一般的引力场方程,至此,困扰多年的问题基本都解决了,广义相对论诞生了。1916 年,爱因斯坦完成了长篇论文《广义相对论的基础》,文中,爱因斯坦正式将此前适用于惯性系的相对论称为狭义相对论,将"在一切惯性系(静止状态和匀速直线运动状态)中物理规律同样成立"的原理称为狭义相对性原理,继而阐述了"通吃"的广义相对性原理:物理规律无论在哪种运动方式的参照系都成立(包括静止、匀速直线运动、加速运动、圆周运动等惯性系和非惯性系)。

爱因斯坦的广义相对论认为,只要有非零质量的物质存在,空间和时间就会发生弯曲,形成一个向外无限延伸的"场",物体包括光就在这弯曲的时空中沿短程线运动,其效果表现为引力。所以人们把相对论描述的弯曲的时空称为引力场,其实在广义相对论看来,"引力"这个东西是不存在的,它只是一种效果力,与所谓离心力类似。如果说狭义相对论颠覆了牛顿的绝对时空观,那么广义相对论几乎把万有引力给一脚踹下去了。倒不是说爱因斯坦否定了牛顿,而是完成了经典物理的一次华丽的升级,只是如此彻底以至于经典物理变得面目全非了。

广义相对论提出后毫无悬念地遇到了推广的困难,因为对于我们这种生活在低速运动和弱引力场的地球人来说,它太难懂了,太离奇了。但是逐渐地,人们在宇宙这个广袤的实验室中寻找到了答案,发现了相对论实在是太神奇、太精彩了。这是因为根据广义相对论所做的七大预言,都一一兑现了!

(1) 光线弯曲

几乎所有人在中学里都学过光是直线传播的,但爱因斯坦告诉你这是不对的。光只不过是沿着时空传播,然而只要有质量,就会有时空弯曲,光线就不是直的而是弯的。质量越大,弯曲越大,光线的偏转角度越大。太阳附近存在时空弯曲,背景恒星的光传递到地球的途中如果途径太阳附近就会发生偏转。爱因斯坦预测光线偏转角度是 1.75″,而牛顿万有引力计算的偏转角度为 0.87″。要拍摄到太阳附近的恒星,必须等待日全食的时候才可以。机会终于来了,1919 年 5 月 29 日有一次条件极好的日全食,英国爱丁顿领导的考察队分赴非洲几内亚湾的普林西比和南美洲巴西的索布拉进行观测,结果两个地方三套设备观测到的结果分别是 1.61″±0.30″、1.98″±0.12″ 和 1.55″±0.34″,与广义相对论的预测完全吻合。这是对广义相对论的最早证实。70 多年以后"哈勃"望远镜升空,拍摄到许多被称为"引力透镜"的现象(图 10.13),使得现如今"引力弯曲",几乎是路人皆知了。

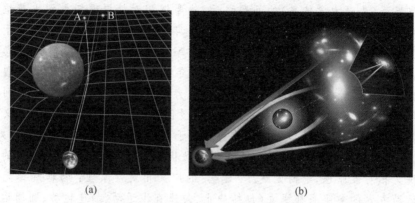

图 10.13　(a) 大质量的天体会让我们"看到"光源在 B 点,而不是实际的 A 点;(b)"引力透镜"也是光线弯曲的结果

(2) 水星近日点进动

一直以来,人们观察到水星的轨道总是在发生漂移,其近日点在沿着轨道发生 $5600.73''$/百年的"进动"现象。而根据牛顿万有引力计算,这个值为 $5557.62''$/百年,相差 $43.11''$/百年。虽然这是一个极小的误差,但是天体运动是严谨的,存在的误差不能视而不见。很多科学家纷纷猜测在水星轨道内侧更靠近太阳的地方还存在着一颗行星影响着水星轨道,甚至已经有人把它起名为"火神星"。不过始终未能找到这颗行星。1916 年,爱因斯坦在论文中宣称用广义相对论计算得到这个偏差为 $42.98''$/百年,几乎完美地解释了水星近日点进动现象。爱因斯坦本人说,当他计算出这个结果时,简直兴奋得睡不着觉,这是他本人最为得意的成果。

(3) 引力钟慢

同样还是时空弯曲的结果。前文讲到的都是空间上的影响,不论光还是水星都是在太阳附近弯曲的时空中运动。既然被弯曲的是时空,自然要讲时间的变化。广义相对论中具有基石意义的等效原理认为:无限小的体积中均匀的引力场等同于加速运动的参照系。而在引力场中引力势较低的位置,也就是过去我们所学的离天体中心越近,引力越大,那么时间进程越慢,物体的尺度也越小。讲通俗一点,拿地球举例,站在地面上的人相比于国际空间站的宇航员感受到的引力更大,引力势更低(这是比较容易理解的),那么地面上的人所经历的时间相比于宇航员走得更慢,长此以往将比他们更年轻! 这项验证实验很早就做过。1971 年做过一次非常精确的测量,哈菲尔和基丁把 4 台铯原子钟(目前最精确的钟)分别放在民航客机上,在 1 万米高空沿赤道环行一周。一架飞机自西向东飞,一架飞机自东向西飞,然后与地面事先校准过的原子钟做比较。同时考虑狭义相对论效应和广义相对论效应,东向西的理论值是飞机上的钟比地面钟快(275 ± 21)纳秒,实验测量结果为快(273±7)纳秒；西向东的理论值是飞机上的钟比地面钟慢(40±23)纳秒，实验测量结果为慢(59±10)纳秒。其中广义相对论效应(即引力效应)理论为东向西快(179±18)纳秒，西向东快(144±14)纳秒，都是飞行时钟快于地面时钟。但需要注意的是，由于飞机向东航行是与地球自转方向相同，所以相对地面静止的钟速度更快，导致狭义相对论效应(即运动学效应)更为显著，才使得总效应为飞行时钟慢于地面时钟。

此外，1964 年夏皮罗提出一项验证实验，利用雷达发射一束电磁波脉冲，经其他行星反射回地球再被接收。当来回的路径远离太阳，太阳的影响可忽略不计；当来回路径经过太阳近旁，太阳引力场造成传播时间会加长，此称为雷达回波延迟或叫"夏皮罗时延效应"。天文学家后来通过金星做了雷达反射实验，完全符合相对论的描述。2003 年天文学家利用卡西尼号土星探测器，重复了这项实验，测量精度在 0.002% 范围内观测与理论一致，这是迄今为止精度最高的广义相对论实验验证。

(4) 引力红移

从大质量天体发出的光(电磁辐射)，由于处于强引力场中，其光振动周期要比同一种元素在地球上发出光的振动周期长，由此引起光谱线向红光波段偏移的现象。只有在引力场特别强的情况下，引力造成的红移量才能被检测出来。20 世纪 60 年代，庞德、雷布卡和斯奈德在哈佛大学的杰弗逊物理实验室(Jefferson Physical Laboratory)采用穆斯堡尔效应的实验方法，定量地验证了引力红移。他们在距离地面 22.6 米的高度，放置了一个伽马射线辐射源，并在地面设置了探测器。他们将辐射源上下轻轻地晃动，同时记录探测器测得的信号的强度，通过这种办法测量由引力势的微小差别所造成的谱线频率的移动。他们的实验方法十分巧妙，用狭义相对论和等效原理就能解释。结果表明实验值与理论值完全符合。2010 年来自美国和德国的三位物理学家马勒、彼得斯和朱棣文通过物质波干涉实验，将引力红移效应的实验精度提高了 10000 倍，从而更准确地验证了爱因斯坦广义相对论。

(5) 黑洞

黑洞的质量极其巨大，而体积却十分微小，密度异乎寻常的大。所以，它所产生的引力场极为强劲，以至于任何物质和辐射在进入到黑洞的一个事件视界(临界点)内，便再无法逃脱，甚至传播速度最快的光(电磁波)也无法逃逸。如果太阳要变成黑洞就要求其所有质量必须汇聚到半径仅 3 千米的空间内，而地球质量的黑洞半径只有区区 0.89 厘米。1964 年，美籍天文学家里吉雅科尼意外地发现了天空中出现神秘的 X 射线源，方向位于银河系的中心附近。1971 年美国"自由号"人造卫星发现该 X 射线源的位置是一颗超巨星，本身并不能发射所观测到的 X 射线，它事实上被一个看不见的约 10 倍太阳质量的物体牵引着,这被认为是人类发现的第一个黑洞。虽然黑洞不可见,但是它对周围天体运动的影响是显著的。现在,黑洞已经被人们普遍接受了,天文学家甚至可以用光学望远镜直接看到一些黑洞吸积盘的光。我们已经能够借助于射电望远镜对其进行详尽的研究。

(6)引力拖曳效应

一个旋转的物体特别是大质量物体还会使空间产生另外的拖曳扭曲,就好像在水里转动一个球,顺着球旋转的方向会形成小小的波纹和漩涡。地球的这一效应,将使在空间运行的陀螺仪的自转轴发生 41/1000 弧秒的偏转,这个角度大概相当于从华盛顿观看一个放在洛杉矶的硬币产生的张角。2004 年 4 月 20 日,美国航天局"引力探测-B"(GP-B)卫星从范登堡空军基地升空,以前所未有的精度观测"测地线效应",从而寻找"惯性系拖曳"效应的迹象。卫星在轨飞行了 17 个月,随后研究人员对测量数据进行了 5 年的分析。2011 年 5 月美国航天局发布消息称,GP-B 卫星已经证实了广义相对论的这项预测。

(7)引力波

爱因斯坦在发表了广义相对论后,又进一步阐述了引力场的概念。牛顿的万有引力定律显示出引力是"超距"的,比如太阳如果突然消失,那么地球就会瞬间脱离自己的轨道,这似乎是正确的。但爱因斯坦提出"引力"需要在时空中传递,需要时间,质量的变化引起引力场变化,引力会以光速向外传递,就像水波一样,这就是"引力波"的由来。不过爱因斯坦知道引力波很微弱,像太阳这样的恒星是不能引起剧烈扰动的,连他自己都认为可能永远都探测不到。1974 年,美国物理学家泰勒和赫尔斯利用射电望远镜,发现了由两颗中子星组成的双星系统 PSR1913+16,并利用其中一颗脉冲星,精准地测出两个致密星体绕质心公转的半长径以每年 3.5 米的速率减小,3 亿年后两星将合并,系统总能量周期每年减小 76.5 微秒,减小的部分应当就是释放出的引力波。泰勒和赫尔斯因为首次间接探测引力波而荣获 1993 年诺贝尔物理学奖。

2017 年引力波被发现!被誉为爱因斯坦光环的最后一块拼板。

三位来自美国的引力波研究专家韦斯、索恩以及巴里什荣膺 2017 年诺贝尔物理学奖的殊荣,以表彰"他们对激光干涉引力波天文台(LIGO)和观测引力波所做出的决定性贡献"。2015 年 9 月 14 日第一次探测到了引力波,它来自一个 36 倍太阳质量的黑洞与一个 29 倍太阳质量的黑洞的碰撞。这两个黑洞碰撞后并合为一个 62 倍太阳质量的黑洞,失去的 3 倍太阳质量以引力波的形式释放出来,被 LIGO 捕捉到。

随后,2015 年 12 月 26 日、2017 年 1 月 4 日、2017 年 8 月 14 日,LIGO 又先后三次探测到黑洞并合产生的引力波,其中最后一次是位于美国华盛顿和路易斯安娜的 LIGO 引力波天文台,以及位于意大利的室女座引力波天文台,首次共同探测到引力波。

3. 人造地球卫星是怎样上天的

人造地球卫星和载人飞船是航天技术发展的成果。据不完全统计,世界上有60多个国家参与了空间活动,飞行过的和正在飞行的各种空间飞行器超过6000颗。要使卫星上天,需要一系列的保障条件,这是一个极其复杂的大系统工程,主要包括3个方面。

(1)产生动力的系统——运载火箭

卫星必须靠一种动力装置把它送上天并使它达到一定的速度,在满足一定的条件后才能围绕地球飞行,目前这种动力装置就是火箭。火箭的主要任务就是起到"运"和"载"的作用,因此也被称为"运载火箭"或者"运载工具"。

火箭根据使用的燃料分为液体火箭和固体火箭。目前一般采用液体火箭或者是固、液混合的火箭系统,而且是多级运载火箭。火箭不需要大气中的氧气进行助燃,在它的每一级内都有两个携带燃料的大储箱。在储箱内分别装有氧化剂和燃烧剂,利用这两种物质的混合燃烧,产生高温、高速的气体,从发动机的喷管中喷出后产生与火箭的喷流方向相反的推力。这个推力使火箭带着卫星离开发射台,一边升高一边加速。当火箭的第一级工作结束关闭发动机后,自动与第二级分离并且被抛掉。这时火箭的第二级马上工作,继续升高加速。就这样一级一级地工作,高度越来越高,速度越来越快,最后达到预定的高度和速度时,火箭全部和卫星分离,卫星开始自己的航程(图10.14)。

图 10.14　火箭发射升空

火箭的构造是很复杂的,除了燃料、发动机外,还有控制火箭飞行、使火箭按照程序转弯的控制系统,以及监测火箭飞行的测控系统等。

(2) 卫星地面发射场

卫星地面发射场是发射卫星的专用场地。在发射场地内有复杂和完备的发射系统、测试厂房、各种仪器设备、燃料储存库和加注系统、气象观测系统、发射台和发射塔架、各种光学和无线电的跟踪测轨系统及用于对火箭卫星的飞行情况进行跟踪、轨道测量、接收信号、发送指令等功能的各种雷达和发射指挥控制中心,该中心对全过程的工作进行指挥调度,作出各种决策。

整个发射场一般分为两部分:一部分称为技术区,另一部分称为发射区。要发射的卫星、火箭首先被运到发射场的技术区,在技术区内完成对火箭和卫星的装配、测试和其他性能的检查。检查合格的火箭卫星再运到发射区,把火箭竖立在发射台上,再把卫星吊装对接在火箭上,然后进行联合测试。测试合格后火箭再加注燃料,一切准备就绪后实施发射任务。

火箭和卫星连在一起后竖立在发射台上,火箭竖立在巨大的发射台上,发射台的旁边有近百米高的发射塔架,围绕着它周身上下有多层可以合拢的工作平台,当工作平台合拢时,把火箭层层环抱起来,形成多层工作平台,供工作人员进行检查操作,发射前,平台自动转到背后。

在远离发射台的飞行控制指挥中心,火箭和卫星的每一个数据都传送到这里。操作者按照指挥员的命令进行一步步的检查测试。显示屏幕把整个火箭映射在上面,每一步的工作状态都历历在目,火箭起飞的飞行状况和飞行轨迹也清晰地显示出来。

目前,我国有西昌、酒泉、太原和文昌等几个卫星发射中心。

(3) 星罗棋布的测控网

当火箭飞离了发射台,携带卫星开始在空中运行时,要使它们一直处于受控制的状态。这就好像是放风筝一样,火箭、卫星的飞行也是如此,有一条无形的"线"一直牵着它们,分布在全国各地的地面测控系统,就好像风筝线,一直在跟踪和控制着卫星。

又因为卫星在空中不停地围绕地球飞行,它每时每刻处于不同的地点上空,因此地面的测控站不能只设在一点,而是在全国各地,甚至在海上和其他国家都可能布站,即尽量做到大范围和全天候的跟踪测量,这就组成了一个星罗棋布的测控网。

测控站要完成的任务是很多的。一方面当火箭、卫星在天上运行的时候,首先要知道它们是不是按照事先设计的飞行轨道在飞行。如果有误差至少要知道目前的实际轨道是什么样子,这就是轨道跟踪和测量。根据这些数据就可以推算它们在每一个时刻会飞到什么地方,这就是轨道预报。

卫星测控的另一个任务就是遥测。当卫星在天上飞行时,不但要跟踪它,了解它的位置,还需要知道它工作的情况是否正常等,以便采取相应的措施。火箭和卫星上有许多描述它们工作情况的信息,称为遥测信号。这些信号通过无线电波发射到地面,由地面雷达接收站接收后变换成可进行分析的信息。它很像医生用仪器对病人进行检查,通过取得的数据来确定病情一样。不过,卫星是通过遥远的空间用无线电波进行星地的联系。对于载人的飞船,除了传输仪器设备的工作信息外,还要传送宇航员的工作情况和生理参数等。

航天测控系统由两部分组成,一部分装在火箭和卫星上;另一部分在地面上,也就是地面的测控系统。地面的测控系统主要由测控指挥中心和分布在各地的地面测控站组成。测控站又分为陆基站、海基站和空基站,在这些地面测控站中,配备有各种光学设备、无线电雷达设备、信息接收及发送和处理设备以及大型电子计算机等。各地面台站接收的卫星信息被送到测控中心,进行处理和决策。

(4) 太空飞行的主角——航天器

每个航天器的发射都是为了完成人们赋予它的特定使命。可以看出,在航天系统中,发射场是完成卫星的总装、测试和发射任务的勤务保证;运载火箭是把卫星送入太空并使它具有围绕地球飞行的速度的动力源泉;地面测控网是为了对卫星进行跟踪、监测和控制,它保证了天地之间的联系。一切工作都是围绕航天器进行的,为它能够上天创造一切条件。

这里所说的航天器是一个总称,它包括了人造地球卫星、宇宙飞船、空间站等。卫星直接为人类服务,它的种类包括通信卫星、气象卫星、侦察卫星、导航卫星、测地卫星、地球资源卫星、截击卫星等。(航天器和卫星的种类很多,尤其是我国即将完备建设的"空间站",多了解一些这方面的信息,做个小型的讲座。)

第**11**章 简明天文学史

可以推想,人类有文字记载的那一天写的第一个有意义的符号一定与天文学有关。早上睁开眼睛看到的是太阳,操劳一天的人们躺在星空下面入睡。最清晰的客观图像每天如此,记录下来就产生了人类最古老的科学——天文学。

哪个民族没有天文学的神话? 哪个国家没有天文学的历史?

11.1 古代天文学

1. 古埃及天文学

埃及的观天工作最初是由僧侣们担任的,他们观测太阳、月亮和星星的运动,从很古老的时代起就知道预报日月食的方法。从公元前27—前22世纪,埃及人不仅认识了北极星和围绕北极星旋转而永不落入地平线的拱极星,还熟悉了白羊、猎户、天蝎等星座,并根据星座的出没来确定历法,最著名的例子是关于全天最亮星天狼星的出没。

埃及人发现,若天狼星于日出前不久在东方地平线上开始出现,即所谓的"偕日升",再过两个月,尼罗河就泛滥了。尼罗河是古埃及人的命根子,它定期泛滥,但能带来农耕迫切需要的水和肥沃的淤泥。每年的6月,尼罗河洪水泛滥,使埃及人产生了"季节"的概念。河水泛滥时期叫洪水季,此外还有冬季和夏季。与季节相联系的,在不同的季节,出现在东方天空的星辰也是不一样的。久而久之,古埃及人就发现了星辰更替与季节变化的对应关系,观察和研究之后,把原先一年360日,改正为一年365日。这就是现今阳历的来源。

古埃及人还运用精确的天文知识,在沙漠上筑起硕大无朋的金字塔。耐人寻味的是,金字塔的四面都正确地指向东南西北(图11.1)。在没有罗盘的四五千年前,方位能够定得这样准确,无疑是使用了天文测量的方法。也许是利用当时的北极星——天龙座 α 星来定向的吧!

2. 古印度人的时空观

古印度人观察太阳的运动,以太阳的视运动为依据,把一年定为360天,又以月亮的圆缺变化为依据,把一个月定为30天,以此编制历法。实际上,月亮运行一

图 11.1　埃及大金字塔的天文指向

周不足 30 天,所以有的月份不足 30 天,印度人称为消失一个日期,大约一年要消失 5 个日期,但习惯上仍然称一年为 360 天。将一年分为春、热、雨、秋、寒、冬六个季节,还有一种分法是将一年分为冬、夏、雨三季。对于空间,古印度人有奇异的看法,他们认为在人类居住的世界之上,还有其他空间,这种时空观很是壮观。(古代印度文明,起到了一个为中华文明"承前启后"的作用。比如,有些人就认为,我国的天空分区——二十八星宿来源于印度,搜集资料,给出你的看法。)

3. 发明星座的迦勒底人

世界古代文明的另一个摇篮就是幼发拉底河和底格里斯河流域。两河流域地区相当于现在的伊拉克,希腊文为"美索不达米亚",其意思是两河之间的地方。远在公元前 3000 年前,迦勒底人就从东部山岳地带来到两河流域,并建立了国家。

迦勒底人把星星称为"天上的羊",把行星称为"随年的羊",天上的"羊群"是随季节而变化的。长期的星象观察,使迦勒底人知道"日食每 18 年重复出现一次",对于月亮和行星,迦勒底人也有很多正确的发现,但是对人类最重要的贡献还是创造了星座的划分。他们把天上显著的亮星,用想象的虚线连接起来,描绘成各种动物和人的形象,用相应的名称称呼它们。这就是现今星座的由来。白羊、金牛、双子、巨蟹、狮子、室女、天秤、天蝎、人马、摩羯、宝瓶、双鱼这 12 个星座,是世界上最初诞生的星座。美索不达米亚的文化被认为是西方文化的源泉,它的天文学被认为是西方天文学的鼻祖,因此,迦勒底人的星象天文学一向为人们所重视。

4. 古希腊的天文学

欧洲人称古代希腊文化为"古典文化"。古代希腊天文学是当时历史条件下的产物,它总结了许多世代以来天象观测的结果,概括了古代人们对天体运动的认识,并力图建立一个统一的宇宙模型去解释天体的复杂运动,这种尝试在人类进步史上,是有一定积极意义的。

泰勒斯(公元前 640—前 560)是第一个希腊著名自然哲学家,到美索不达米亚学到了天文学。他推测地球是一个球体,认为构成宇宙的基本物质是水,据说,他曾经预言了公元前 585 年所发生的一次日食。

把泰勒斯的宇宙观延伸并发扬光大的是他的门生阿那克西曼德(公元前 611—前 547 年)。他认为天空是围绕着北极星旋转的,因此天空可见的穹隆是一个完整的球体的一半,扁平圆盘状的大地就处在这个球体的中心,在大地的周围环绕着空气天、恒星天、月亮天、行星天和太阳天。阿那克西曼德是有史以来第一个认为宇宙不是平面形或者半球形,而是球形的人。

数学家毕达哥拉斯(公元前 560—前 490),认为数本身、数与数之间的关系构成宇宙的基础。他主张地圆说,并且是人类科技史上第一个主张"太阳、月亮、行星遵循着和恒星不同的路径运行"的人。

另一位伟大的学者德谟克利特(公元前 460—前 370)提出了原子学说,认为万物都是由原子组成的,原子是不可分割的最小微粒,太阳、月亮、地球以及一切天体,都是由于原子涡动而产生的。这是朴素的天体演化的思想。他还推测出太阳远比地球庞大,月亮本身并不发光,靠反射的太阳光才显得明亮,银河是由众多恒星集合而成的。

希腊天文学家托勒密(图 11.2(b))出版他的著作《天文学大成》,提出完整的"地心说"。在整个中世纪这本书被人们奉为天文学的经典。他指出,日、月、五大行星都在绕地球的偏心圆轨道运转,并且各有其轨道层次。

(a)

(b)

图　11.2

(a) 古希腊的天文学;(b) 伟大的天文学家托勒密

11.2　中世纪天文学

11.2.1　哥白尼的日心学说

　　在西方,古代天文学家倾注了很大力量,研究行星在星空背景中的运动。他们测量行星的位置和分析行星运动的规律,终于导致了中世纪哥白尼日心学说的创立(图 11.3)。

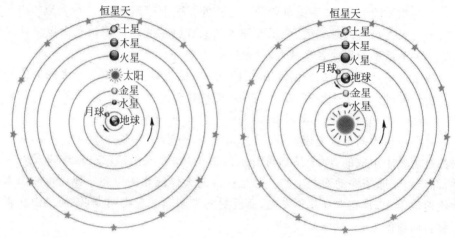

图 11.3　地心说和日心说

　　日心学说的发展到 17 世纪达到了高峰。牛顿把力学概念应用于行星运动的研究,发现和验证了万有引力定律和力学定律,并创立了天体力学。天体力学的诞生,使天文学从单纯研究天体的几何关系,进入研究天体之间相互作用的阶段。也就是说,从单纯研究天体运动的状况,进入研究这些运动的原因。中世纪天文学在欧洲以意想不到的力量重新兴起,并以神奇的速度发展起来。这得益于远洋航海业的发展。为了加速资本积累,东方的财富和黄金,对他们具有极大的诱惑力,寻找新航路就成了非常紧迫的问题,这就促成了三次著名的冒险远航的实现,即 1492 年意大利人哥伦布向西横渡大西洋发现加勒比海诸岛(西印度群岛);1497 年葡萄牙人达·伽玛绕过非洲南端的好望角,到达印度西南海岸;1519 年西班牙人麦哲伦横渡太平洋,到达菲律宾群岛。

　　西行可以东达,哥伦布、麦哲伦等人的航行,成功地证实了我们脚下踩着的大地是一个球体。这是人类史上也是地球史和天文学史上的一件大事。欧洲通往东方新航线的开辟,美洲新大陆的发现以及环球航行的成功,为欧洲资本主义国家开辟了新的活动市场,并给自然科学的发展开拓了广阔的道路。特别是远洋航海事业的发展,航海家们需要根据天体运动的方向和高度来确定船舶的位置和校正航向。这就要求天文学改进观测方法,从而大大地推动了天文学的发展。在这样的时代背景下,哥白尼的太阳中心说就应运而生了。(财富的积累需要知识和努力,航海业的发展促进了天文学的发展,使人们真实地认识到地球是一个圆球。可是21世纪的今天,还是有些人认为地球是平的,你怎样看待这样的现象?)

1510—1514年哥白尼在撰写的一份手稿中,完整地表达了他的日心学说:太阳是宇宙的中心,地球绕自转轴自转,并同五大行星一起绕太阳公转;只有月球绕地球运转,用这一学说,能很容易地解释天体各种运动现象。

他确信自己的体系是对天体运动的真实描述。但他知道日心说与基督教义格格不入,因而迟迟不能下决心出版自己的著作。直到1543年他弥留之际,在朋友的劝说下,不朽名著《天体运行论》才终于问世。哥白尼的日心说不但以简单完美的形式吸引了天文学家的注意,更由于他冲破了中世纪的神学教条,彻底改变了人类的宇宙观而引起了一场伟大的"哥白尼革命"。这场革命使希腊科学垮台了,并使人类在一条崭新的、更富有丰硕成果的道路上迈进。

《天体运行论》是人类思想史上划时代的作品,它可以与牛顿的《自然哲学的数学原理》、达尔文的《物种起源》相提并论。为了阐明地球围绕太阳运动,哥白尼花了大量篇幅,根据天文学和物理学上的理论,详细地讨论了地球是运动的,并驳斥了"地静说"的错误观念。哥白尼在书中确立了他的"太阳中心说"的宇宙体系,即太阳居于宇宙的中心静止不动,而包括地球在内的行星都绕着太阳转动。离太阳最近的是水星,其次是金星、地球、火星、木星和土星。恒星则在离太阳很远的一个球面上静止不动。为了表现地球的轨道,哥白尼用了中心与太阳不对应的偏心圆。书中哥白尼叙述了月球运动的理论以及计算日食和月食的方法。

哥白尼的日心宇宙体系既然是时代的产物,它就不能不受到时代的限制。反对神学的不彻底性,同时表现在哥白尼的某些观点上,他的体系是存在缺陷的。哥白尼所指的宇宙是局限在一个小的范围内的。具体来说,他的宇宙结构就是今天我们所熟知的太阳系,即以太阳为中心的天体系统。宇宙既然有它的中心,就必须有它的边界,哥白尼虽然否定了托勒密的"九重天",但他却保留了一层恒星天,尽管他回避了宇宙是否有限这个问题,但实际上他是相信恒星天球是宇宙的"外壳",他仍然相信天体只能按照所谓完美的圆形轨道运动,所以哥白尼的宇宙体系,仍然包含着不动的中心天体。但是作为近代自然科学的奠基人,哥白尼的历史功绩是伟大的。他确认地球不是宇宙的中心,而是行星之一,从而掀起了一场天文学上根本性的革命,是人类探求客观真理道路上的里程碑。

11.2.2 近代力学宇宙体系的确立

哥白尼《天体运行论》发表近150年之后,1687年出版了牛顿阐述万有引力理论的巨著——《自然哲学的数学原理》。

在这150年中奇迹相继在欧洲天文学界发生,欧洲人急速地倒向哥白尼的地动学说。首先是丹麦天文学家第谷·布拉赫所做的非常精密的天文观测,在没有望远镜的年代,达到了肉眼观测的最高水平。第二个奇迹是德国天文学家开普勒根据第谷遗留的大批资料,于1609年提出了行星运动的第一、第二定律,10年后又提出了行星运动第三定律,而这正是牛顿推导万有引力定律的出发点。第三个奇迹是意大利物理学家伽利略于1609年发明天文望远镜,从而揭开了天文观测的新纪元。牛顿将哥白尼、第谷、开普勒、伽利略和其他学者在天文学和动力学上的发现汇集起来,加上在数学和力学上的创见,概括成经典力学体系,运用他的运动定律和万有引力定律解释极其广泛的自然现象,从天体运行、潮汐涨落到物体落地,做出统一解释,成为科学史上最伟大的成就之一。

希腊思想家很早就提出宇宙究竟有多大的问题。空间是不是向各方伸展没有止境呢?是否被某种界限所包围?那么界限之外又是什么呢?除了我们的宇宙还有别的宇宙吗?在我国古代很早也展开过讨论。

首先提出宇宙不能只有一个中心,将太阳和其所属的恒星从宇宙中心的优越位置推开的人是意大利的布鲁诺,他把太阳看作是宇宙里无数类似体系中的一个,因此遭到教会的迫害。布鲁诺一接触到哥白尼的《天体运行论》便摒弃宗教思想,只承认科学真理。他在《论无限、宇宙及世界》中,提出了宇宙无限的思想,他认为宇宙是统一的、物质的、无限的和永恒的。在太阳系以外还有无数的天体世界。人类所看到的只是无限宇宙中极为渺小的一部分,地球只不过是无限宇宙中一粒小小的尘埃。布鲁诺指出,千千万万颗恒星都是像太阳那样巨大而炽热的星辰,这些星辰都以巨大的速度向四面八方疾驰不息,它们的周围也有许多像我们地球这样的行星,行星周围又有许多卫星。生命不仅在我们的地球上有,也可能存在于那些人们看不到的遥远的行星上……(关于布鲁诺,我们从小就知道他是捍卫"日心说"、捍卫科学的"斗士"。可是,现在也有一些资料表明,他是一个"邪教"的首领,信奉宇宙无限而太阳是万能的,太阳是宇宙的中心。他宣传"日心说"只是为了宣传他的教派理念的需要。哪个是正确的?你来判断一下。)

最终使旧天文学基础发生动摇、天文学得以抬头,促使哥白尼理论确立的是丹麦天文学家第谷·布拉赫。作为一位观测者,第谷比哥白尼的贡献更大,他虽然并不相信哥白尼的理论,可是他对于这一理论的最终胜利却做出了重大贡献。

1572年第谷发现了一个超新星,并认为它应该是恒星之类的星辰,把观测结果写成了《关于新星》的论文,使恒星一直被认为是永恒不变天体的观点发生了动摇。鉴于他的声望和观测才能,国王拨巨款、第谷亲自指导在海滨小岛修建一座天文台(图 11.4(a))。精密的天文观测是他的优势,他创制了新的观天仪器,对旧仪器也做了不少改进。他编制了一部恒星表,相当准确,至今仍然有使用价值。

第谷的另一成就是对彗星的观测。当时被认可的观点是彗星是一个来无影去无踪的怪物,出没和运行无规律,因此不可能是天体,只是大气中的现象。第谷通过对 1577 年出现的大彗星的观测,首次打破了传统的观点,他发现彗星的运行轨道远在月球运行轨道之外,并且可以穿越行星天层而不会有任何阻碍(图 11.4(b))。

(a)   (b)

图   11.4

(a) 第谷的私人天文台;(b) 1577 年他发现的大彗星

第谷对天文学最值得称道的贡献是他对行星运动的长期观测,积累了大量极为丰富的观测资料。在临终前夕他毫无保留地交给了他的继承人开普勒,从而成了开普勒发现行星运动定律的“原材料”和建造科学大厦的基石。

第谷遗留下来的数据资料中,火星的资料是最丰富的,而哥白尼的理论在火星轨道上的偏离最大,所以开普勒的第一项工作是重新整理火星的运动数据。开始,开普勒用正圆编制火星的运行表,发现火星老是出轨。他便将正圆改为偏心圆。在进行了无数次的试验后,却跟第谷的数据不符,产生了 $8'$ 的误差。正是这个不容忽视的 $8'$ 使开普勒走上了天文学改革的道路。他敏感地意识到火星的轨道并不是一个圆周。他想象太阳射出的力线像从车轮的中心部发出的,当太阳自转的时候,这些力线就推动了行星。距离太阳远的行星,受到的力就弱,因而运动也就缓慢。从而想到火星的轨道应当是椭圆,他进一步研究其他几颗行星的运行轨道,发现也是椭圆,于是他归纳出行星运动的第一定律,即所有行星绕太阳运转的轨道是椭圆,其大小不一,太阳位于这些椭圆的一个焦点上。

接着开普勒又推断出第二定律:向量半径(行星与太阳的连线)在相等的时间里扫过的面积相等,由此得出了行星绕太阳运动是不等速的,离太阳近时速度快,离太阳远时速度慢的结论。这一定律进一步推翻了唯心主义的宇宙和谐理论,指出了自然界的真正的客观属性。由前人的测量误差"引起了天文学的全新革新"。他继续探讨行星的公转周期与行星到太阳的距离之间的关系,经过长达 10 年繁重的复杂计算和许多次失败之后,终于发现了行星运动的第三定律,即行星公转周期的平方与行星和太阳的平均距离的立方成正比。这一定律将太阳系变成了一个统一的物理体系。

哥白尼学说认为天体绕太阳运转的轨道是圆形的,且是匀速运动的。开普勒第一和第二定律恰好纠正了哥白尼的上述观点的错误,使哥白尼的日心说得到了发展,使"日心说"更接近于真理,开普勒还指出,行星与太阳之间存在着相互的作用力,其作用力的大小与二者之间的距离长短成反比。开普勒不仅为哥白尼日心说找到了数量关系,更找到了物理上的依存关系,使天文学假说更符合自然界本身。在科学与神权的斗争中,开普勒坚定地站在了科学的一边,用艰苦的劳动和伟大的发现来挑战传统观念,推动了唯物主义世界观的发展,使人类科学向前跨进了一大步。

旧教力学原理认为运动需要一个持续的推动力,如果没有一个永恒的力的作用,偌大一个地球怎么会风驰电掣般运动呢? 第一个起来推翻原有的力学理论的是伽利略,他指出单凭直觉的推理是靠不住的,而且常常会导致错误的结论。伽利略用实验的方法,考察了运动的实质,澄清了哥白尼的理论,扫清了力学上的障碍。

伽利略在力学上的一项发现叫做惯性定律,他的这一发现,在天体运动问题上具有重大意义,人们终于明白,原来需要外力的不是运动本身,而是运动的改变。物体既然具有惯性,天体的运动自然就不神秘了,行星系一旦能够运动,就无需外力来维持,就可以持续永恒地运动了。

扫清了力学上的障碍,伽利略又从另外两方面大大推进了哥白尼学说的发展,其中之一就是创立了望远镜天文学。1609 年伽利略用他的望远镜观察月亮,打破了几千年人们认为的月亮是皎洁无瑕的观念,发现了那上面竟有苍苍的大山和广阔的平原,还有无数像火山口那样的环形山,月球上的地形与地球结构几乎毫无两样。1610 年伽利略测得木星和其周围的卫星,他所看到的木星体系,就像是太阳系的一个缩影,他由此断定,地球也必然是这样带着自己的卫星——月亮绕着太阳运行。后人们为纪念这一发现,将伽利略发现的 4 颗卫星,取名为伽利略卫星。

同年他又把望远镜指向金星,惊奇地发现,在地球上观测金星,它与月亮一样,也是有规律地发生位相变化。伽利略借助望远镜发现了许多新的天象,"哥伦布发现了新大陆,而伽利略发现了新宇宙"。但是伽利略宇宙研究的观点得不到教会的支持,他被判终身监禁,只得"不以任何方式、言语或著作,去支持、维护或宣传地动的邪说"。但地球仍在转动,他倒下的时候,已经将哥白尼的学说推到了最终胜利的阶段。

苹果落地现象使牛顿考虑到地心引力是否可以到达月球,使月球在轨道上运行,他重新研究开普勒的行星运动定律,得出引力随距离变化的规律,并计算出地球施加到月球上的引力就是使月球在其轨道上运行的力量。太阳同样也在行星上施加同样性质的力,使行星在各自的轨道上运行,开普勒凭经验认识到行星的运行轨道是椭圆的,牛顿根据他的引力定律,用数学的方法,推出了同样的结果。

经过多年研究,牛顿终于将苹果落地的力、维持月球在其轨道上运动的力和一切天体相互吸引的力,都统统归结为一种力,而且还证明这种力产生于物质所共有的一种性质,因而使宇宙中各质点间相互吸引,引力的大小与两质点的质量和其之间的距离有一个确定的关系,这个关系叫做万有引力,即万物彼此之间相互吸引,引力的大小与物质的质量成正比,与它们之间的距离的平方成反比。

与牛顿同时代的伟大天文学家哈雷(1656—1742),根据引力定律,计算了1682 年大彗星的轨道,这颗彗星被命名为哈雷彗星,他还预言 1759 年这颗大彗星将再次出现,后来真的如哈雷所预言而出现了,这为牛顿定律的真实性和天体力学方法的可靠性,提供了毋庸置疑的证据。19 世纪 40 年代英国天文学家亚当斯和法国天文学家勒威耶又计算出海王星的存在,至此可以说牛顿力学得到了确定无疑的证明。

从哥白尼到牛顿的 150 年,人类对于宇宙的认识彻底改变了,新的理论和观测无不证明:地球不是宇宙的中心,太阳并不围绕地球旋转;天体不是匀速在圆形轨道上运行,而是在比较复杂的曲线轨道上运行;难以测定的彗星,实际上是遵循着一定的轨道在围绕太阳运行,它们的再度出现可以按照天体力学的一般定律加以预测;太阳也不是一成不变的,其表面有变化着的黑点;星辰在天穹或隐或现,星的光亮有周期性变化。这众多的天文学发现加上同期物理学领域的许多发现,人类认识自然的知识比 2000 年前"希腊人的奇迹"大大丰富了。宇宙真正体系的发现无情地摧毁了地心说,占星术自 16 世纪以来就日落西山,近代力学宇宙观确立起来了。

11.3　18—19 世纪的天文学

11.3.1　18 世纪经典天文学的蓬勃发展

18 世纪是经典天文学蓬勃发展的时代。所谓经典天文学是指天体测量学和天体力学。天体测量学主要是研究和测量天体的位置和运动的，它是天文学中最先发展起来的一个分支，可以说，早期天文学的内容就是天体测量学。天体力学是研究天体运动和形状的科学，它是在天体测量学的基础上发展起来的。开普勒提出的行星运动三定律，为天体力学的建立创造了条件。牛顿提出的万有引力定律则奠定了天体力学的基础。

18世纪，天体测量学和天体力学密切配合，相辅相成，依靠观测太阳、月球和行星的大量资料和天体力学的研究方法，总结出太阳系天体的运动和力学关系的理论。18世纪天文学的主流是为了制定历法和航海的需要而进行的精密的子午线观测、月球运动的观测和日地距离的测定等，所以天体测量学占主导地位。但在18世纪末，天体力学取得了与天体测量学并肩的地位。

这个时期天文学的另一特点，是国立天文台的设立。为了航海的需要，法国首先于1671年设立了巴黎天文台，英国也不甘落后，于1675年设立了格林尼治皇家天文台。后来俄国的普尔科沃天文台、美国的华盛顿海军天文台也相继建成。

1. 哈雷与彗星

在航海天文学上发挥最大作用的是英国格林尼治天文台，它的第二任台长是哈雷。哈雷与牛顿一见如故，致力于彗星轨道的研究，应用万有引力定律，把所有能找到充分观测资料的彗星轨道一一推算出来。他发现1531年、1607年和1682年3次观测的彗星轨道十分相似，而且预言这颗彗星将在1758年和1759年再次归来，它果然如期而来。但哈雷已于1742年去世，为了纪念他的功绩，人们把这颗彗星命名为"哈雷彗星"。

1716年哈雷曾经建议观测1761年和1769年金星凌日来测定太阳的距离。但到实测之时哈雷却不能亲身观测了，但哈雷的建议还是实现了，而且成为观测太阳距离的一个好办法。1718年哈雷还发现了一个重要现象——恒星自行。哈雷得出结论，恒星并不是固定的，而是有它们自己的"自行"。自古以来人们总认为恒星是固定在天球上的，哈雷终于彻底打破了这个"恒星天球"。他的这一发现，在恒星天文学上开辟了广阔的园地。月亮的运行长期加速现象是哈雷的又一重要发现。

2. 布拉得雷与光行差和章动

布拉得雷是格林尼治天文台的第三任台长，作为一位伟大的天文学家，他不仅测定了许多恒星的方位，而且还做出了两项重要发现——光行差和章动。

有一次，他航行在泰晤士河上，发现桅杆顶的旗帜并不简单地顺风飘扬，而是按船与风的相对运动而变换方向。布拉得雷想到，这种情况与人撑伞在雨中行走时的情形一样，如果将雨伞垂直地撑在头上方，雨点就会滴在人身上，如果将伞稍稍向前倾斜，人就不至于淋雨了，而且人走得越快，雨伞就必须向前倾斜得越厉害。

天文学上的情况与此极为相似。光从某颗恒星沿某个方向以某个速度落到地球上,同时地球以另一个速度绕太阳运转。望远镜就像雨伞一样,必须朝地球前进的方向略微倾斜,才能使光线笔直地落到透镜上。布拉得雷把这种倾斜角度称为"光行差"。布拉得雷的第二大发现是地球的章动。当他进一步观测并修正光行差之后,发现天体与天极的距离仍有细微的变化。天球各处恒星的变化分布规律使他想到,这可能是由于月球对地球赤道隆起部分的吸引而使地轴产生摆动造成的,他把这种效应称为"章动"。

3. 测量地球

因天体距离测量的需要,人们迫切想知道地球的大小。18 世纪以来,人们又努力去探讨地球的扁平形状问题。牛顿曾从理论上推测,地球的形状是两极较扁,而赤道部分突出。牛顿的看法遭到了法国学者的反对,经测量,巴黎天文台认为地球是木瓜形的。争论从 17 世纪末开始,一直延续了半个世纪之久。为了测量准确,法国派遣远征队,到秘鲁和北极圈实地测量,用测量数据证明牛顿的理论是正确的。根据万有引力,还测量了地球的质量。

4. 测量太阳的视差

地球到太阳的距离通常用太阳的地心视差来表示。地心视差指的是地球半径对天体的张角。知道了这个角,又知道了地球半径,地球到某一天体的距离就容易求出。但困难的是太阳距离地球很远,直接测量地心视差误差很大,于是天文学家转而去求行星的视差。哈雷早就提出利用金星凌日来测太阳视差的办法。1761 年和 1769 年天文学家做了充分的准备,组织了不少远征队到世界各地去,求得太阳视差为 $8''8$,被世界承认,直到 1967 年国际天文界都采用这个数据。

5. 天体力学的发展与代表人物的贡献

18 世纪欧洲的数学人才辈出,由于航海事业的发展,需要更精确的月球与大行星的位置表,数学家致力于天体运动的研究,创立了分析力学,这是天体力学的基础。

欧拉(Leonhard Euler,1707—1783)是著名的数学家,对天文也有高深的研究,他第一个完整地创立了月球运动的理论。欧拉一改前人在天文学研究中只运用几何学的倾向,把高等数学这个崭新的工具运用到天体研究中,从而研究出一种新理论,这一理论不仅可以解决在海面上观测月球位置来确定经度,而且在研究天体摄动的方法上也有重大进步。

克勒罗(Alexis Claude Clairaut,1713—1765)在 1743 年发表的经典著作《地球外形的理论》,阐明了地球的自转和地球的各部分间的引力对地球形状产生的影响,并推出了各纬度的地心引力公式,从而弥补了牛顿理论的不足。他的另一贡献是精确地计算出了1758年哈雷彗星归来的日期。他指出,受土星的影响,将使哈雷彗星过近日点的日期延迟到1759年。

达朗贝尔(Alembert,1717—1783),法国数学家和物理学家,主要成就是对岁差、章动和三体问题的研究,发表关于月球运行理论和行星运行理论的论文。

拉格朗日(Lagrange,1736—1813),意大利数学家,在天文学上的最大成就,是创立了大行星运动的理论。他的学术见解都表述在其巨著《解析力学》中,系统地阐述了他对太阳系稳定问题的计算,证明由观测所得的行星运动的各种误差,确实是由行星间相互摄动所引起的长振动造成的,这些摄动绝不会使太阳系不稳定而终于瓦解,它们完全表现周期性的变化,所以在长时期内,太阳系是绝对稳定的,从而打消了18世纪初期人们对太阳系瓦解的担心。他还详细推导了月球的长期加速运动并创立了公式。

拉普拉斯(P.S.Laplace,1749—1827),法国著名数学家和天文学家。其杰作《天体力学》集各家之大成,为18世纪牛顿学派的总汇,书中第一次提出"天体力学"的学科名称,是经典天体力学的代表作,他因此博得了"法国的牛顿"的美誉。他的另一部杰作是1796年出版的《宇宙体系论》。他一举解决了月球的长期加速度和大行星摄动这两大难题,使牛顿力学达到完美的程度。他还独立提出了太阳系的星云起源理论。

18世纪已经具备了产生太阳系演化理论的条件。第一,由于日心说的确立,对于太阳系的结构有了正确的概念;第二,确定了太阳系行星、卫星的数量,明确了它们的公转、自转方向基本上都是自西向东,轨道基本在一个平面上,近于圆形,就是说人们对行星和卫星运动的共同规律性已经有了比较全面的认识;第三,牛顿力学得到了充分的发展,为研究天体的运动提供了理论依据;第四,18世纪的天文学家已经观测到了云雾状天体——星云,由此,第一个科学的太阳系起源理论——星云说就诞生了。

6. 康德与星云

德国哲学家康德(Immanuel Kant,1724—1804)于1755年在《自然通史和天体论》一书中指出,太阳系是由一团星云演变而来的(图11.5)。这团星云是由大小不等的固体微粒组成的,"天体在吸引力最强的地方开始形成",引力使微粒相互接近,大微粒吸引小微粒形成较大的团块,团块越来越大,引力最强的中心部分吸引物质最多,首先形成太阳。外面微粒的运动在太阳吸引下向中心体下落时与其他微粒碰撞而改变方向,绕太阳作圆周运动,这些绕太阳运转的微粒逐渐形成几个引力中心,最后凝聚成绕太阳运转的行星。卫星形成的过程与行星相似。

拉普拉斯认为,形成太阳系的云是一团巨大的、炽热的、转动着的气体,大致呈

图　　11.5

（a）康德；（b）三叶星云

现球状。由于冷却，星云逐渐收缩，从而使转动速度加快，在中心引力和离心力的
共同作用下，星云逐渐变为扁平的盘状。在星云收缩过程中，每当引力和离心力相
等时，就有一部分物质留下来形成一个绕中心旋转的环，以后又不断形成好几个
环。最后，星云的中心部分形成了太阳，各个环便形成了不同的行星。比较大的行
星在凝聚过程中又分出了一些气体物质环，形成了卫星系统。（结合康德和拉普拉
斯的星云说叙述一下现今的太阳系星云假说理论。）

康德和拉普拉斯的星云说大同小异，只是后者从数学、力学的理论上加以论
证，所以称之为康德-拉普拉斯星云说。这一理论虽然只是初步勾画了太阳系起源
的轮廓，而且其中有些内容不尽合理，但它的历史功绩十分重大，对于欧洲 18 世纪
唯心的宇宙观是个重大打击。所以说康德-拉普拉斯星云说是"从哥白尼以来天文
学取得的最大进步"。

7．W.赫歇耳与恒星天文学

18 世纪以前天文学家的研究对象，都不出太阳系，到 W.赫歇耳发现天王星，
大大扩大了太阳系的范围。至此，恒星、双星、变星、星团、星云、银河系等，无不属
于天文学家观察和探索的对象，所以天文学发展到 W.赫歇耳时代，才真正进入了
恒星天文学时代。

W.赫歇耳是天文学史上的一位巨人。1781 年他发现天王星。以前人们一直
以为土星是太阳系的边界，天王星的发现使人们所认识的太阳系直径增大了 1 倍。
在太阳系内，W.赫歇耳还发现了土星的两颗卫星和天王星的两颗卫星，但他的最
大发现还是在恒星天文学方面。1783 年赫歇耳发现了太阳的自行，这比哥白尼理
论又前进了一大步，根据赫歇耳的发现，人们很自然就会得出结论：太阳也不是宇

宙的中心,也许宇宙根本就没有中心。赫歇耳系统观测双星,经常观测一些双星的相对位置,他发现多数双星不是表面上的"光学双星",而是真正的"物理双星",它们之间的相互引力使它们有物理的联系,也就是说,它们是一颗星绕另一颗星在运动。这一重要发现,说明牛顿的万有引力定律真的是"万有"的,它不仅适用于太阳系,而且适用于遥远的恒星系。

赫歇耳的另一大功绩是对星云、星团的研究,他堪称是探测星云的鼻祖。他最大的贡献,是对银河系结构的研究。他是第一个确定太阳所在的恒星系统——银河系的形状、大小和星数的人。赫歇耳确定了我们置身于其中的这个庞大恒星系统的外貌,他确认银河系结构的工作,使人类对宇宙的认识从太阳系扩展到了银河系,不愧为近代天文学的鼻祖。

11.3.2　19世纪的太阳系开拓

从18世纪到19世纪上半叶是近代天文学大发展的时期,这一时期建立了完整的大行星、地球和彗星运动理论,发现了一些新的行星、行星的卫星和小行星,并且把观察的视野从太阳系扩展到了银河系的其他恒星系。19世纪下半叶,天文学家将当时物理学中的一些新的理论和方法引入到天体研究中,创立了天体物理学,从此开始了现代天文学阶段。

1846年海王星的发现使天体力学获得了空前的荣誉。但是,人类对天体的本质却是惊人的无知。对此,天体力学是无能为力的。就在19世纪中叶,伴随着物理学的发展,天体物理学逐渐萌芽。在当时,它还只是简单地测量天体的亮度和分析天体的光谱。天体物理学的诞生,是现代天文学的起点。与此同时,天体测量学也达到了一个新阶段。

19世纪中叶,分光学、光度学和照相术广泛应用于天体的观测以后,对天体的结构、化学组成、物理状态的研究,形成了一个完整的科学体系,这在当时人们称之为"新天文学"的天体物理学正式诞生了。19世纪后期天体力学的研究对象从大行星扩展到太阳系内大量的小天体,研究方法也从分析方法发展到定性方法和数值方法。

在这个时期天文物理学的最大贡献,体现在天体物理学中诸如太阳物理学等多个分支学科的创立。

1. 太阳物理学

天体物理学的最初成就表现在太阳物理上。天文学家一直想知道贯穿太阳光谱的那些暗线的由来和本质。科学家们解决了暗线的问题,是太阳连续光谱被太阳大气里面的蒸气所吸收而造成的暗线(图11.6),根据太阳光谱中的暗线位置,就可以确定太阳大气的化学成分。这意味着望远镜观测发生了一次革命,在这以前,人们只能根据天体的总光亮推导它的亮度、位置和运动,此时人们第一次可以分析天体的光,并由此获得很多信息,首先是它的化学成分。

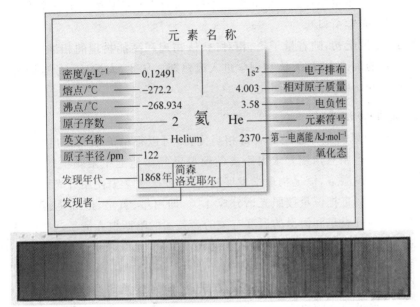

元 素 名 称		
密度/g·L⁻¹ ——0.12491	1s² —— 电子排布	
熔点/℃ ——−272.2	4.003 —— 相对原子质量	
沸点/℃ ——−268.934	3.58 —— 电负性	

密度/g·L⁻¹ ——0.12491　　　　　1s² ——电子排布
熔点/℃ ——−272.2　　　　　　4.003 ——相对原子质量
沸点/℃ ——−268.934　　　　　3.58 ——电负性
原子序数　　　2 氦　He ——元素符号
英文名称 ——Helium　　2370—第一电离能/kJ·mol⁻¹
原子半径/pm—122　　　　　　——氧化态
发现年代 ——1868年　简森洛克耶尔
发现者

图 11.6　在太阳(大气)光谱中发现了许多的暗线并确认出化学元素氦

科学家们很快辨认出了太阳光谱中很多谱线,宣布太阳里有许多地球上常见的元素,如钠、铁、钙、镍等,证明地球上存在的元素,天上也存在。从此太阳光谱的研究有了很大的发展。还发现了落日光谱的暗带,是由于地球中大气气体吸收造成的,研究太阳的各部分光谱,发现黑子的光谱中有比光球更强的吸收线,这表明黑子区域的温度低于光球的温度。

科学家们公布了太阳光谱里 1000 条谱线的波长和详尽的光谱图,记载了太阳光谱里从紫外区到红色区 140000 条谱线的确切波长和太阳的强度,这些成果至今仍然是研究太阳光谱的基础。德国物理学家基尔霍夫(1824—1887)在 1861 年出版的名著《太阳光谱论》中证明太阳大气是高温的,因为那里的金属是气体状态的。同时证明光球的温度更高,因为那里发射的光谱以吸收的状态出现。所以太阳的温度是外层低,越向里层越高。太阳黑子是温度较低的区域。1865 年法国天文学家法伊(1814—1902)发表了太阳的新理论,他认为,整个太阳是一团气体,通过对流的方式由里向外散热。法伊的理论在研究太阳的道路上向前迈进了一大步,开辟了近代太阳理论研究的途径。

17 世纪以前,人类只能凭借肉眼直接观测各类天体。1609 年伽利略把望远镜指向天空,开创了天文学的新时代。利用望远镜进行观测的头几年所取得的成果,比人类用肉眼观测几千年的成果还要多。此后,天文学家纷纷用天文望远镜武装自己,大口径高质量望远镜相继问世。不过,这时人类还只能观测整个电磁波谱的可见光部分(光学窗口)。

到了 20 世纪初,随着量子论、相对论、核物理和高能物理的相继创立,天文学也获得了新的理论工具,天体物理学进入成熟期。从此,人类又在原来研究天体本质的基础上开始研究天体的演化。

2. 恒星物理学

19 世纪恒星测量学已经发展得相当完善,可以很精确地测定出恒星的方位,到 19 世纪末,运用三角视差求出距离的恒星已经多达七十余颗。19 世纪中叶在太阳物理学的刺激下,恒星物理学发展起来,促使天文学家使用分光镜研究恒星。

意大利的赛奇把恒星按照光谱分成 4 类,即白星、黄星、橙红星、深红星,赛奇认识到这样的分类是和恒星的温度有关的。英国的哈斯根弄清了这些恒星的化学组成,指出亮星具有和太阳相同的化学组成,它们的光线来自下层炽热物,穿过外层具有吸收能力的大气层而向外辐射。

19 世纪后期光谱研究以更精细的方式,将恒星按光谱型分组,从而使天文学家们产生了恒星演化的想法,这一想法在 20 世纪结出了丰硕的成果。

3. 星云物理学

星空当中各式各样的云雾状天体,统称为星云。星云可分为河内星云和河外星云两大类,银河带里的星云称为河内星云,"云"由气体和尘埃物质构成,属于银河系的成员。河外星云是位于银河带以外的星云,是与银河系规模不相上下的恒星系统,是星系。现代人将星云用几句话就概括了,但人类认清其本质却经历了漫长的过程,直到 19 世纪后期这个问题还未最后解决。

最早天文学家知道的星云是仙女座大星云和猎户座大星云,是用肉眼观察到的,17 世纪以后人们认识到的星云数目日趋增多,到 18 世纪中期,已经记载到近 50 个。

最初人们认为星云是天上的孔穴,后又认为星云是大得惊人的单个天体,逐渐人们认识到,"它们不是如此巨大的单个恒星,而是由许多星构成的系统",这种想法更为自然,也最容易理解。

W.赫歇尔在观察银河系内的星云和一些由恒星际空间的弥漫物质构成的星云时,他承认有些星云在本质上是"不可分的","它们是我们完全不知道的一种发光的流体",并且"出了银河系,现今的一切都模糊了"。显然用目测的方法是不能弄清星云本质的。经过对星云光谱的观测,星云应该分为截然不同的两种类型:一类是具有明线光谱的气体星云,另一类是具有连续光谱的由无数恒星构成的星云。当照相术运用到星云观测中后,证明星云是一大片薄薄的尘埃云,恒星就在其中。

11.4 20 世纪的天文学

20 世纪天文学的发展,主要体现在天体物理学的全方位开展、射电天文学的兴起和空间天文学的起步这三大方面。

11.4.1 20 世纪"全面铺开"的天体物理学

20 世纪天体物理学的"全面铺开"体现在:理论上,恒星演化理论和大爆炸宇宙学模型两大基本理论的建立;观测上,脉冲星、微波背景辐射、类星体和星际分子的四大发现;还有中微子天文学、X 射线天文学、γ 射线暴研究等天文学新领域的开拓。(延续这些天文学的伟大成果,总结一下,从新千年至今,天文学的发展和取得的新成果。)

1. 广义相对论只能由天文观测来证实

20 世纪最伟大的科学家是爱因斯坦,这是无可争议的。当爱因斯坦于 1905 年提出狭义相对论时,没有遇到任何阻力。当时的物理实验的矛盾,只能用狭义相对论去解释。但是,当 1916 年广义相对论问世时,却被认为是"不可思议的"。此时正值第一次世界大战,身处德国的爱因斯坦的学说未能传播开来。直到战后,英国天文学家爱丁顿才亲自率队去西非洲普林西比岛观测 1919 年 5 月 29 日的日全食,测量星光在经过太阳附近是否真的会弯曲。而这种测量方法正是爱因斯坦本人建议的。测量结果,偏转度为 $1.61''$,与爱因斯坦的预言相当一致。这在当时引起了全世界的轰动,广义相对论从此被证实。

验证广义相对论的主要手段还有水星近日点的反常进动(每百年 $43''$)和引力红移效应,加上光线弯曲现象,被称为广义相对论的三大验证。三大验证都是由天文观测所证实的。事实上,广义相对论的效应都只能反映在宇宙中,地球上是无法验证的。

基于广义相对论的现代宇宙学发展迅速,到 20 世纪末形成的标准宇宙模型已被广泛接受。

2. 宇宙的膨胀和哈勃定律

如果问及谁是 20 世纪最伟大的天文学家,美国天文学家哈勃将是无可争议的人选。

1920 年美国科学院举行了"宇宙的尺度"辩论会,辩论的焦点是银河系的大小和是否存在河外星系。辩论双方以无结论而告终。直到 1924 年年底,哈勃向美国天文学年会提交了一篇书面报告,才将这一公案了断。他在仙女座大星云中发现了造父变星,由此确认仙女座大星云是处在银河系之外的另一个星系。

哈勃的主要贡献是确立了哈勃定律 $v = H \cdot D$。哈勃定律表明宇宙中任何一个星系远离我们的速度 v 与它的距离 D 成正比。也就是说,宇宙在不停地膨胀着。

3. 热大爆炸宇宙模型

哈勃定律的发现引起了物理学家们的兴趣,他们显得比天文学家更关心宇宙的形成。宇宙有可能起始于一个"原初原子",经过蜕变分裂和膨胀形成了目前的宇宙。勒梅特的这一朴素的想法被伽莫夫加以发展。伽莫夫的学生阿尔法于 1947 年开始具体计算元素的合成过程,作为他的博士论文。当 1948 年文章发表于《物理学评论》时,伽莫夫又加上了他的老朋友贝特的名字,使文章的作者名字成为 α-β-γ。

α-β-γ 理论认为,宇宙初期是一团炽热而稠密的中子气,随着宇宙的膨胀,温度下降,中子衰变为质子和电子,再通过不断地俘获剩余的中子,从而逐步形成重核。

大爆炸理论出现之后被认为是纸上谈兵,仅仅有哈勃定律还不足以令人信服。1965 年发现的宇宙微波背景辐射可谓是对大爆炸理论的强有力支持。

观测和理论的一致性,形成了被广泛接受的"标准宇宙模型"。标准宇宙模型主张宇宙起源于一次热大爆炸。除去上述的重要证据外,宇宙中的氦丰度也是有力的支持。目前观测到的宇宙中氦的含量达到 25%,只有借助大爆炸后宇宙核合成过程才能形成这么多的氦。

4. 四大发现

科学界的最高奖赏是诺贝尔奖。在 20 世纪最著名的各项重大发现中,以 60 年代的"四大发现"最为令人瞩目。

1)类星体

类星体的发现应追溯到第二次世界大战,战争促进了英国雷达技术的发展,"战后",一批为军事服务的科学家转而从事射电天文研究,使英国的射电天文学在相当长的一段时间内一直处于领先地位。1950 年,剑桥大学发表了第一个射电源表(简称 1C),它包括 50 个射电源。1955 年发表了 2C,其中包含 1936 个射电源,可惜由于技术上的原因,这些源大部分都是伪源。1959 年,经过重新鉴定,发表了3C。3C 共包含 471 个源,这些源中实际上已经包含了类星体,当天文学家们试图用光学望远镜去辨认这些射电源对应的天体究竟是什么时,类星体的发现已成了必然。

1960 年,美国帕洛玛山天文台的桑德奇首先在三角座找到了 3C 48(3C 射电源表的第 48 号源)的光学对应体。它看上去就像一颗普通的恒星,但光谱具有宽发射线,且有光变。1962 年,哈扎德利用月掩星的机会在澳大利亚 Parkes 64 米射电望远镜上准确测量了 3C 273 的位置,发现它是一个双源。中间是一个 13 等星的蓝星体,具有发射线。1963 年,哈扎德的同事史密特用帕洛玛山的 5 米望远镜进一步观测 3C 273,准确地测出其发射线的位置。他思索这些发射线究竟是什么,最终清楚它们就是氢巴尔末线和电离氧的谱线,只不过向红端的方向位移了许多。至此,类星体宣告发现。

2) 脉冲星

1932 年,英国卡文迪什实验室宣布发现了中子。苏联著名理论物理学家朗道,当时大胆地提出一个设想,认为有可能存在主要是由中子组成的物质,如由中子组成的星体——中子星。

1967 年,寻找中子星的工作经历了 30 多年的曲折、徘徊之后,在一项通过太阳风研究星际闪烁的观测中,意外地取得了突破。英国剑桥大学专门设计了一架射电望远镜用于研究太阳风的闪烁。但在投入使用后仅一个月,便发现了一个奇怪的闪烁源。它远离太阳风的区域,夜里仍不停止。其发出的信号非常有规律,每隔 1.337 秒跳动一次。经过几个星期的观测,又接连发现了三个类似的天体。1968 年 2 月,英国《自然》杂志公布了这一结果,取名脉冲星(pulsar)。

脉冲星的脉冲周期是星体的自转周期。只有朗道预言的中子星,才能在这样的自转速度下不至于瓦解。原来,脉冲星就是快速自转着的中子星。

在讨论脉冲星时,必然会提到在蟹状星云内发现的脉冲星 PSRO531-21。这是一颗具有光学脉冲的年轻脉冲星,周期只有 0.0333 秒。早在公元 1054 年(宋朝至和元年)一颗称为天关客星的超新星爆发,形成了今日的这颗脉冲星和周围的蟹状星云。

脉冲星研究的新的突破是脉冲双星的发现。1974 年,泰勒和胡尔斯首次发现脉冲双星 PSR1913+16。这是一个天赐的检验爱因斯坦广义相对论的双星系统,它的互转周期为 7.75 小时,通过对其周期变率的测定,刚好等于引力辐射损失的能量。

3) 星际分子

在一个星系中,除去恒星以外,还存在着大量的星际介质,它们是由尘埃和气体组成的。其中的星际分子更令人感兴趣,因为它和生命的起源息息相关。从 1937 年起,证认出星际间存在着 CH,CN 和 CH^+。但当时普遍认为,星际分子的存在很困难,即使形成,也会被恒星的紫外辐射瓦解。苏联天文学家史克洛夫斯基和美国科学家汤斯曾预言多种星际分子和它们的谱线波长。但由于星际分子的谱线都落在射电波段,且集中在毫米波,因此,直到20世纪50年代后期,当射电天文发展起来以后,它们才首次被发现。

氢是宇宙中最丰富的元素,但分子氢的发现却推迟到1970年,通过卫星的紫外观测予以证实。实际上,氢分子在宇宙中的数量并不比氢原子少,其总量大体相当。氢分子往往集中在稠密的气体云中,而氢原子则均匀地分布。

现已经发现的星际分子达到100种以上。在这些星际分子中,有一类特别引起科学家们的兴趣,这便是星际有机分子。有机分子的起源和宇宙中生命的起源有着密切的联系。有人曾创建了地面上的实验室,去模拟宇宙中星际分子的形成过程。

星际分子的研究对于了解天体的起源和演化过程有着特殊的意义。它一方面告诉我们,一团冷的致密气体如何凝聚成恒星,同时又告诉我们,恒星死亡后又如何将这些气体送回到宇宙中。

4)宇宙背景辐射

α-β-γ理论除了讨论宇宙的热大爆炸起源之外,还预言了存在着5K左右的宇宙背景辐射。从1964年开始,苏联著名天体物理学家泽尔多维奇以及皮普斯、霍伊尔和泰勒等人对宇宙的核合成理论进行了更深入地计算,澄清了α-β-γ理论中的一些问题,认为有可能存在着残余的宇宙背景辐射。

正当人们议而不决的时候,工作在美国贝尔实验室的两位工程师彭齐亚斯和威尔逊无意中做出了惊人的发现。他们从事微波通信工作,使用一架20英尺(约7米)口径的喇叭形反射天线与回声号人造卫星进行通信联系。使用的通信波长是微波波长为7.35厘米。天线的地面噪声为300K,当对准天空测量时,其噪声水平应该达到0.3K,也就是说可以忽略不计,但是当他们对准银河平面测量时,却惊人地发现存在着6.7K的剩余辐射,而且这种辐射与方向无关。经过一年的反复测量,扣除大气吸收以及天线自身的影响,他们确认,仍然存着3.5K的来自宇宙的辐射。

宇宙背景辐射最成功的观测是1989年11月18日发射的COBE卫星,即宇宙背景辐射探测器(Cosmic Background Explorer,COBE)。COBE卫星带有以下3台探测仪器:

远红外绝对分光光度计(Far Infrared Absolute Spectrophotometer,FIRAS)的主要目的是进行光度测量,得到的最后结果是:$T_0 = 2.735 + 0.06K$ 与黑体的偏离在峰值亮度小于1%。

差分微波辐射计(Differential Microwave Radiometers,DMR),测量大角度范

围的背景辐射的差异,取得不均匀性结果为:

$$\Delta T/T_0 < 8 \times 10^{-5} \quad \text{偶极性不均匀}$$
$$\Delta T/T_0 < 3 \times 10^{-5} \quad \text{四极性不均匀}$$

漫红外背景实验仪(Diffuse Infrared Background Experiment,DIRBE),主要是探测红外波段的背景辐射。

COBE 的所有测量结果表明:存在着完全均匀的各向同性宇宙背景辐射,辐射谱是标准的黑体谱。

5. 四大疑难问题

天体物理学总是在不断地提出各种疑难问题,其中黑洞、中微子、引力波和宇宙学常数 Λ 可能是 20 世纪最具有挑战性的。

1) 黑洞

法国数学家和天文学家拉普拉斯于 1796 年提出了宇宙中可能存在着巨大质量的恒星,由于其引力太强而无法看到它发出的星光。在拉普拉斯之前 10 年,英国的一位牧师和天文爱好者米歇尔便已经准确地给出了黑洞的模型。如果一个恒星比太阳大 500 倍,其物质密度和太阳相同,则它表面的引力便可以阻止光的辐射。

黑洞的确切概念源自于广义相对论。1916 年广义相对论问世以后,史瓦西当即给出了场方程的第一个解——史瓦西解。由史瓦西度规给出的质量为 M 的天体的史瓦西半径为

$$R_S = \frac{2GM}{c^2}$$

其中,G 为万有引力常数,c 为光速。举例来说,太阳变为黑洞的 $R_S = 3000\text{m}$。

黑洞这个名称是约翰·惠勒于 1967 年 12 月 29 日在一次讲课中使用的。长期以来,黑洞的研究都停留在纸面上。天文学家能否找到真实的黑洞,是所有黑洞理论是否成立的关键。

首先是在双星系统中发现黑洞。当一个子星的气体被另一个黑洞子星吸积,便会发出强 X 射线辐射。因此,在 X 射线双星系统中,一个子星的质量超过中子星的质量上限——3 个太阳质量,且光学不可见,这个子星便可能是黑洞。最典型的是天鹅座 X-1,其黑洞的质量为 10~15 个太阳质量,伴星为 O 型超巨星。再如大麦哲伦云 X-1 和 X-3,也是典型的具有黑洞 X 射线的双星系统。

星系的质量 M 可以通过星系的旋转曲线获得,星系的光度可以测得。由此得出质光比 M/L。在一些星系中心区域 10~100 光年,其质光比超过太阳质光比 M_{sun}/L_{sun} 达 100 倍以上。这样的星系核心区很可能存在着黑洞。例如,M87 在大约 60 光年的中心核区,质光比高达 500。根据哈勃空间望远镜(HST)的观测,其

周围电离气体盘围绕的中心质量应该在 $2.4 \times 10^9 M_{sun}$,是一个典型的超大质量黑洞。再如 NGC4258,中心核区 0.6 光年内聚集着 $4 \times 10^7 M_{sun}$,我们自己的银河系,中心也是一个黑洞。

活动星系核(AGN)的核心直径一般都小于几个光年,而质量都达到 $10^8 M_{sun}$。从 AGN 的产能机制也只能认为中心必须存在着黑洞。日本 ASCA(Advanced Satellite for Cosmology and Astrophysics)观测一些 Seyfert 星系的电离铁的 X 射线(K 线),得到其谱线宽度对应的热气体运动速度达到 1/3 光速。这只能是接近黑洞视界的运动速度。

2) 中微子

中微子是在研究弱相互作用中发现的。当一个中子转变为一个质子和一个电子时,其能量并不守恒,必须还存在一种粒子,它没有质量也没有电荷,仅捞走一份能量。于是物理学家泡利提出,存在着一种实验室中无法检测到的粒子。在罗马举行的一次学术讨论上,费米解释了泡利的粒子应该是一种"微型的中子"。从此,使用意大利语中微子来命名。

在恒星内部的两种主要热核反应过程,即质子-质子反应和碳氮氧循环,都要伴随大量中微子的产生。太阳应该不停地释放大量的中微子,但由于中微子的穿透本领很强,地球都难以阻挡,因此难以测量。直到 20 世纪 50 年代以后,美国的戴维斯等人把大量的四氯化碳液体放置在一个废矿井中,被中微子长期照射后会产生氩(Ar)的同位素

$$\nu + 37Cl \longrightarrow e^- + 37Ar$$

其中,ν 是被探测的中微子,利用氩的 34 天的半衰期产生的 2.8keV X 射线进行沉淀。

理论计算表明,由太阳产生的中微子流量应该在 $6 \times 10^{10} \, cm^{-2} s^{-1}$ 或简称 6 个中微子单位。而实际测量结果却只有 2 个多一些,不足 1/2。这就是著名的太阳系中微子丢失之谜,现今已经明了,是中微子在传输途中性质发生了改变,以至于有一部分不能用此方法检测。

中微子的另一个惊人之举发生在 20 世纪 80 年代初,世界上一些物理实验宣布中微子的静止质量可能不为零。苏联的一个实验室甚至给出了电中微子的下限为 $E_{\nu} = 30eV$,由此得出其质量下限为

$$m_{\nu} = \frac{E_{\nu}}{c^2} = 5.3 \times 10^{-32} g$$

宇宙中的中微子除恒星内部的核反应不断形成外,还有大量的中微子是来自宇宙形成的早期,此后,中微子便遗留在宇宙中,有时也称为"遗留物"。宇宙中单一类型中微子的数密度为

$$N_\nu = 100/cm^3$$

中微子静止质量的测定依然在研究中。

3）引力波

脉冲双星的周期变率，虽然证实了引力辐射的存在，但是引力辐射的物理性质远没有解决。根据广义相对论，引力辐射应该通过引力波来传播，理论上引力波应该是不可见的，以光速传播。其穿透本领极强，甚至对于地球都应该是透明的。引力相互作用是 4 种相互作用中最弱的，一个质子和一个电子的引力相互作用只有电相互作用的 10^{-40}。

能否从地面上直接深测到引力波？显然地球本身不可能发出可供探测的引力波。只有大质量天体及其剧烈活动，如超新星爆发、中子星自转、黑洞吸积等才有可能产生强烈的引力波。根据理论猜测，引力波的波长不应该超过 $100\,Hz$，而表征其强度的张力只有 10^{-22} 量级。根据这些要求，1960 年美国马里兰大学的韦伯设计了一组巨大的铝棒天线，其共振频率在 $1000\,Hz$ 以下，首先对准银河系的中心进行探测。韦伯认为，他的仪器应该能探测到相当于 500 个太阳的引力波辐射。根据几组探测器的同时性，韦伯宣布探测到了来自宇宙的引力波，但是韦伯的结果并没有得到公认，原因是在他之后的所有类似的探测都得不出肯定的结果。

为了提高探测的灵敏度，必须将探测器置于超低温状态（接近绝对零度），与周围环境彻底隔离，探测天线重量在几吨以上。这类探测器中的典型代表是 20 世纪 90 年代的 LIGWO（Laser Interferometer Gravitational Wave Observatory），即激光干涉引力波天文台。它利用激光在探测器中的多次反射，极大地提高了探测的灵敏度。2017 年引力波终于被发现了，并获得诺贝尔物理学奖。

4）宇宙中的“神秘”物质

我们的宇宙正处在动力学的演化过程中，目前的状态是在膨胀。演化的趋向则取决于宇宙中的平均物质密度。通常用一个临界密度 ρ_c 来表示

$$\rho_c = 3H_0^2/8\pi G$$

式中，H_0 为哈勃常数，G 为万有引力常数，如果取 $H_0 = 100$ 千米/（秒/百万秒差距），则 $\rho_c = 10^{-29}\,g/cm^3$。

当宇宙中的物质密度 $\rho_0 \leqslant \rho_c$ 时，宇宙将无限制地继续膨胀下去；当 $\rho_0 > \rho_c$ 时，宇宙在膨胀一段时间之后，会重新收缩到一点。因此，实际测量宇宙中所有物质密度，是观测宇宙学的极重要任务之一。

测量宇宙中的物质数量是十分复杂和困难的。宇宙中存在着天体和天体之间的物质，有可视的物质和不可视的物质，有属于核子的物质和非核子物质。将所有的测量数据和估算数据加在一起，ρ_0 远小于 ρ_c。如果用密度常数 Ω_0 表示，则

$$\Omega_0 = \rho_0/\rho_c = 0.1 - 0.4$$

正当天文学家们忙于精确地测量宇宙当中的物质密度时,一个新的矛盾出现了。空间望远镜给出的哈勃常数值偏高,由此得出的宇宙年龄居然小于天体的年龄。为了弥补这一矛盾,天文学家们只好搬出几乎被人遗忘的宇宙学常数。

宇宙学常数或宇宙学因子 Λ 是爱因斯坦在其场方程中加入的一个常数。当初的目的是使场方程达到平衡,这时的爱因斯坦方程可以写为

$$G_{\mu\nu} + \Lambda g_{\mu\nu} = K T_{\mu\nu}$$

其中,$G_{\mu\nu}$ 为爱因斯坦张量;$T_{\mu\nu}$ 为能量动量张量;$g_{\mu\nu}$ 为度规张量;K 为一个常数。爱因斯坦本人给出了一个 $\Lambda \neq 0$ 的稳定态的宇宙解,即我们的宇宙不随时间演化。Λ 的物理意义是什么,连爱因斯坦本人都不清楚,在之后的很长一段时间里,Λ 只是理论物理学家手中的数学符号。爱因斯坦本人也对 Λ 的存在表示怀疑,他甚至公开宣布,引入 Λ 项是他一生中犯的最大的一个错误。

单从场方程的角度,Λ 表示的是真空中的某种排斥效应。但是,纯真空的排斥效应是不存在的。因此,在经典物理学范畴内很难设想它的物理意义。哈勃常数的数值偏高,只有通过增加宇宙中的物质密度去弥补,然而,宇宙中现存的物质密度又不够。只能搬出 Λ 来"冒充"宇宙中的某种物质。由 Λ 给出的密度常数可以类似地写为

$$\Omega_{\Lambda} = \Lambda c^2 / 3 H_0^2$$

而宇宙中的物质密度常数便可以增加为

$$\Omega_{宇宙} = \Omega_0 + \Omega_{\Lambda}$$

这样一来,不管哈勃常数值有多大,只要补充上足够的 Ω_{Λ} 便可以解决宇宙年龄的矛盾。它在方程式中起到了减缓宇宙膨胀速率的作用,也就是增加了宇宙膨胀到现在的年龄。如果把它构造成类似的物质密度,则

$$\rho_{\Lambda} = \Lambda c^2 / (8\pi G) = -P_{\Lambda}/c^2$$

只能设想它是来自真空的能量密度,表现为物质的形式。而 P_{Λ} 相当于真空中的压力,也就是某种排斥力。从量子力学的角度,也许可以把真空中的能量视为基态,令基态的能量不为零。

能否从观测的角度进一步验证 Λ 的存在呢? 到目前为止,虽然做了很多努力,但仍然停留在间接验证和理论探讨上。例如,有 Λ 的冷暗物质宇宙演化模型(Λ-CDM)被认为是与星系的形成与演化过程符合得更好。

11.4.2　射电天文学简史

射电天文学是通过观测天体的无线电波来研究天文现象的一门学科。由于地球大气的阻拦,从天体来的无线电波只有波长在 1 毫米到 30 米左右的才能到达地面,绝大部分的射电天文研究都是在这个波段内进行的。

射电天文学以无线电接收技术为观测手段,观测的对象遍及所有天体:从近处的太阳系天体到银河系中的各种对象,直到极其遥远的银河系以外的目标。射电天文波段的无线电技术,到 20 世纪 40 年代才真正开始发展。

20 世纪 60 年代中的四大天文发现:类星体、脉冲星、星际分子和微波背景辐射,都是利用射电天文手段获得的。由于无线电波可以穿过光波通不过的尘雾,射电天文观测就能够深入到以往凭光学方法看不到的地方。银河系空间星际尘埃遮蔽的广阔世界,就是在射电天文诞生以后,才第一次为人们所认识。

射电天文学的历史始于 1931—1932 年。美国无线电工程师央斯基(Karl Guthe Jansky,1905—1950)在研究长途电信干扰时偶然发现存在来自银心方向的宇宙无线电波。1940 年,雷伯在美国用自制的直径 9.45 米、频率 162 兆赫的抛物面型射电望远镜证实了央斯基的发现,并测到了太阳以及其他一些天体发出的无线电波。

第二次世界大战中,英国的军用雷达接收到太阳发出的强烈无线电辐射,表明超高频雷达设备适合于接收太阳和其他天体的无线电波。战后一些雷达科技人员,把雷达技术应用于天文观测,揭开了射电天文学发展的序幕。

到了 20 世纪 70 年代,雷伯首创的那种抛物面型射电望远镜的“后代”,已经发展成现代的大型技术设备。其中名列前茅的如德国埃费尔斯贝格的射电望远镜,直径达 100 米,可以工作到短厘米波段。

对于研究射电天体来说,测到它的无线电波只是一个最基本的要求。我们还可以应用颇为简单的原理,制造出射电频谱仪和射电偏振计,用以测量天体的射电频谱和偏振。研究射电天体的进一步的要求是精测它的位置和描绘它的图像。

一般来说,只有把射电天体的位置测准到几角秒,才能够较好地在光学照片上认出它所对应的天体,从而深入了解它的性质。为此,就必须把射电望远镜造得很大,比如,大到好几千米。这必然会带来机械制造上很大的困难。因此,人们曾认为射电天文在测位和成像上难以与光学天文相比。20 世纪 50 年代以后,射电望远镜的发展,特别是射电干涉仪(由两面射电望远镜放在一定距离上组成的系统)的发展,使测量射电天体位置的精度稳步提高。

20 世纪 50 年代到 60 年代前期,在英国剑桥,利用许多具射电干涉仪构成了“综合孔径”系统,并且用这种系统首次有效地描绘了天体的精细射电图像。到 20 世纪 70 年代后期,工作在短厘米波段的综合孔径系统所取得的天体射电图像细节精度已达 2″,可与地面上的光学望远镜拍摄的照片媲美。

射电干涉仪的应用,还导致了 20 世纪 60 年代末甚长基线干涉仪的发明。这种干涉仪的两面射电望远镜之间距离长达几千千米,乃至上万千米。用它测量射电天体的位置,可达到千分之几角秒的精度。20 世纪 70 年代中,在美国完成了多具甚长基线干涉仪的组合观测。

应用射电天文手段观测到的天体，往往与天文世界中能量的爆发有关：规模最"小"的如太阳上的局部爆发、一些特殊恒星的爆发，较大的如晚期恒星的爆炸，更大的如星系核的爆发等，都有强烈的射电反应。而在宇宙中能量爆发最剧烈的天体，包括射电星系和类星体，每秒钟发出的无线电能量估计可达太阳全部辐射的一千亿倍乃至百万亿倍以上。

这类天体有的包含成双的射电源，有的伸展到周围很远的空间。有些处在核心位置的射电双源，以视超光速的速度相背飞离。这些发现显然对于研究星系的演化具有重大的意义。高能量的河外射电天体，即使处在非常遥远的地方，也可以用现代的射电望远镜观测到。这使得射电天文学探索到的宇宙空间达到过去难以企及的深处。

光谱学在现代天文学中的决定性作用，促使人们寻求无线电波段的天文谱线。20世纪50年代初期，根据理论计算，测到了银河系空间中性氢21厘米谱线。后来，利用这条谱线进行探测，大大增加了我们对于银河系结构（特别是旋臂结构）和一些河外星系结构的知识。氢谱线以外的许多射电天文谱线是最初没有料到的，1963年测到了星际羟基的微波谱线，20世纪60年代末又陆续发现了氨、水和甲醛等星际分子射电谱线。

在20世纪70年代，主要依靠毫米波（以及短厘米波）射电天文手段发现的星际分子迅速增加到五十多种，所测到的分子结构愈加复杂，有的链长超过10个原子。这些分子大部分集中在星云中。它们的分布，有的反映了银河系的大尺度结构，有的则与恒星的起源有关。研究这些星际分子，对于探索宇宙空间条件下的化学反应将有深刻影响。

11.4.3　空间科学在20世纪"起飞"

自古以来，人类就向往着宇宙空间。在漫长的岁月里，先辈学者倾注了很大的精力去观测和研究发生在地球周围空间（近地空间）、太阳系空间及更遥远的宇宙空间的自然现象。如早期对地磁、天体运行、极光、彗尾、太阳黑子、太阳耀斑和超新星爆发的观察等，对陨石进行化学分析，对宇宙物质的某些化学组成的光谱测定等，这些研究积累了人类认识宇宙的宝贵知识。

人类迈入20世纪，短波无线电远程通信试验成功，电离层的发现，宇宙线的观测，磁暴和电离层暴27天重现性与太阳自转有关的发现，以及等离子体振荡的发现等，也促进了理论研究的发展，如S.查普曼和费拉罗提出了磁穴和环电流的概念，阿普尔顿和哈特里建立了磁离子理论，朗缪尔提出了等离子体的概念，H.阿尔文预言阿尔文波的存在等。在实验方面，用探空火箭拍摄了太阳的整个光谱，探测了电离层和高层大气结构；光谱分析广泛地用于测定太阳和行星大气的化学组成，据此维尔特提出了类木行星由大量氢所组成;对地外生物和地外文明也开始了探索。这些都为空间科学的形成奠定了基础。

20 世纪 50 年代以后,在大量地面台站、气球和火箭观测及长期理论研究的基础上,迫切要求各相关学科之间密切配合,要求全球性的协同观测以及发展新的探测手段。1956 年,在国际地球物理年大会上,美国和苏联宣布将要发射人造地球卫星,以增强对地球物理学的研究。1957 年,苏联首次发射了人造地球卫星,这标志着人类进入了空间时代。从此,许多国家和团体发射了大量的空间飞行器并进行了广泛的多学科的研究,促使空间科学迅速发展。人们对近地空间环境进行了大量的普查,发现了地球辐射带、环电流,证实了太阳风、磁层的存在,发现了行星际磁场的扇形结构和冕洞等;月球探测器和"阿波罗"飞船载人登月,对月球进行了探测和综合性研究;行星际探测器系列对行星进行了探测,并由对内行星发展到对外行星的探测;天文观测卫星系列对太阳、银河辐射源、河外源,在红外、紫外、X 射线和 γ 射线波段进行了探测。空间生命科学也相应地迅速发展起来。例如研究人在空间长期生存的一系列问题,包括在失重、超重、高能辐射、节律改变等条件下人体的适应能力等;空间生物学、医学和生保系统的研究也取得了很大的进展;关于地外生命也在进一步探索。

在 20 世纪 70 年代后期,空间科学的发展进入了更高阶段。主要表现为:对重大科学课题的研究更有针对性,并能制订周密的探测与研究计划,同时加强了理论研究;在开展广泛的国际合作下,进行了全球性的协同探测与研究。

人们通过接收宇宙天体的电磁辐射来研究它们的物理状态和过程。这种电磁辐射波长在 $10^8 \sim 10^{-12}$ 厘米范围内,但在地面上,仅能从可见光和射电两个大气窗口来观测天体,从而发展成为天文学的光学天文学和射电天文学两个分支。空间技术的发展,开拓了红外天文学、紫外天文学、X 射线天文学和 γ 射线天文学等崭新的领域。

由于大气的湍流运动,使光波经过时产生起伏,造成光学望远镜的频谱分辨率和角分辨率降低。将高分辨率的光学望远镜安装在空间实验室里,能显著地提高它的分辨本领。

高能天体和激烈活动的天体现象,产生着 X 射线和 γ 射线,这包括温度达数千万度至数亿度的热辐射和在强烈爆发过程中产生的相对论性带电粒子所发出的非热辐射,例如超新星爆发及其遗迹产生的辐射;当一致密星(中子星或黑洞)与一伴星形成双星时,致密星对伴星的吸积而产生的辐射。γ 射线天文学直接与核过程、高能粒子和高能物理现象相联系。

有些宇宙天体的辐射主要在红外波段内,如原恒星、红巨星、恒星际的气体云和尘埃等。活动星系和类星体既有很强的 X 射线、紫外线辐射,也有很强的红外线辐射。在恒星际空间发现很多种无机和有机分子,它们的谐振频率在波长较短的微波段内,2.7K的宇宙背景辐射主要在毫米波、亚毫米波波段内。为了进行这些探测,也要利用空间飞行器。

空间天文学的诞生,使天文学又出现了一次大的飞跃,其所研究的星空迥异于地面光学和射电天文观测,可以说,现代天文学的成就,很多都与空间天文学的发展有关。它改变了对宇宙的传统观念,以及对高能天体物理过程、恒星和恒星系的早期和晚期演化、星际物质等的了解,加深了对宇宙的认识。

研究天文学的发展历史,我们感到了社会进步,工业和技术的发展对天文学所起到的巨大的推动作用。展望未来的天文学。我们设想,可能会从以下的十个方面展开或需要深入研究:

(1) 宇宙的起源和演化过程;

(2) 宇宙中的暗物质、反物质和"神秘"物质;

(3) 星系的形成;

(4) 活动星系核的物理本质;

(5) γ暴的起源;

(6) 恒星的物理结构和核反应过程;

(7) 宇宙引力场的实验验证;

(8) 元素的合成和生命的起源;

(9) 探索新的物理规律;

(10) 开拓人类的生存空间,与"外星人"建立友好联系。

 天文小知识

1. 人类搜索太阳系的进程

人类的天职是勇于探索。

——哥白尼(波兰天文学家)

众所周知,太阳系里原来有九大行星,现在只剩下八颗了,它们都有规律地绕着太阳旋转。你也可能不知道人类曾经认为只有五大行星(不包括地球),也曾经为追求第十大行星而努力过。早在伽利略第一个用望远镜指向星空后近一个世纪当中,人类对太阳系的认识与久远的古代一样,只是肉眼便能看见的水星、金星、火星、木星、土星。随着人类的追求和探索,虽说在太阳系中第七大行星——天王星的发现是意外收获或偶然,但这一发现却反映了事物发展的客观规律和必然趋势,更重要的是人类探索宇宙的必然结果。

(1) 有趣的天王星

英国天文学家 W.赫歇尔(1738—1822),出生于德国的汉诺威,最初是一个音乐家。17 岁时来到英国,担任宫廷歌会的双簧管吹奏者。他一方面以音乐维持生活,另一方面刻苦学习数学和物理。1774 年在他 36 岁的时候,制造成功一台反射望远镜。他一生中制造了 400 多台望远镜,口径最大的有 125 厘米。

1781 年 3 月 13 日,赫歇尔用自己制造的口径为 16 厘米、焦距为 213 厘米的反射望远镜,对夜空进行巡天观测。当他把望远镜指向双子座时,发现有一颗不熟悉的星星,这引起了他的怀疑。第二天晚上,他又继续观测。原来这颗星还在移动,肯定不是一颗恒星。尽管这颗星没有朦胧的彗发,也没有彗尾,但他以《关于一颗彗星的探讨》为题提出报告。经过一段时间的观测和计算之后,这颗被看作是"彗星"的新天体,实际上是一颗在土星轨道外面的大行星。一下子太阳系的范围被扩大了整整一倍之多,天王星离太阳约 28 亿 8 千多千米,而土星离太阳约 14 亿千米。

天王星的发现使赫歇尔闻名于世,并被英国国王任命为皇家天文学家。

天王星被发现以后,立即成为天文学家重要观测对象,都想目睹这颗大行星的真面目。在人们的观测和计算中,发现天王星理论计算位置与实际观测位置总有误差。法国天文学家布瓦尔受法国经度局的委托,计算了 3 颗最大和最远的行星,木星、土星和天王星的位置。

对于木星和土星,计算结果与实际观测十分相符,唯独对于当时所知最远的天王星的结果总是不能令人满意。与 1821 年计算结果相隔不到 10 年,1830 年就发现计算的位置与观测的结果,差异达 20″。到了 1845 年,这个误差值便超过 2′,即在 15 年间扩大了 6 倍!这么大的误差对于天文学家是无法容忍的,而且这个误差随着时间在增大。人们由此得出结论,在计算天王星的位置时,一定还有某个未知因素没有考虑进去。

这个因素是什么呢?一种比较被人们容易接受的想法是:在土星的轨道外面找到了天王星,为什么不能设想在天王星轨道外面还存在着一颗尚未露面的大行星呢?也许正是它对天王星的吸引力在影响着天王星的运行呢。但这颗星是怎样的未知大行星呢?离天王星有多远,质量有多大,运行的轨道又如何?等等。问题难就难在一时无法在广阔的宇宙中寻找,只有通过古怪的天王星的运动来推测这颗未知行星的运行轨道。

(2) 从笔尖上发现的行星——海王星

1841 年 7 月,英国剑桥大学 22 岁的大学生 J.C.亚当斯(1819—1892)在阅读格林尼治天文台台长艾里的报告后,就着手对这颗"天"外行星轨道和距离进行反复思考和计算。在 1843 年年末,才 24 岁的亚当斯就计算出这个未知大行星的初步结果。到 1845 年,26 岁的亚当斯就研究推算出该假设行星的轨道、质量和当时的位置。10 月 21 日他把计算的结果寄给了英国格林尼治天文台台长艾里,请求他用天文台的大型望远镜来观测这颗行星。不料,这位台长没有认真地对待青年天文学家的计算结果,不假思索地把亚当斯的计算结果束之高阁。

到了 1946 年 6 月,他收到了勒威耶发表的论文副本时,他才发现勒威耶的结果几乎与亚当斯的结果完全一致。

法国天文学家 U.勒威耶(1811—1877)比亚当斯年长 8 岁,于 1846 年 8 月 31 日写出了一份标题为《论使天王星运行失常的那颗行星,它的质量、轨道和现在所处的位置结论性意见》的报告。

柏林天文台年轻的天文学家伽勒根据勒威耶计算出来的新行星的位置,把望远镜指向了黄经 326 度宝瓶星座的一个天区,只用了 30 分钟就发现了一颗在星图上没有标出的 8 等星,为人类探索"天"外行星中找到了第八颗新的行星——海王星。后来通过天文学家们观测都证实了这颗行星的存在。太阳系第八颗大行星——海王星的发现是天文史上的杰出事件,恩格斯对海王星的发现予以很高的评价,他在《路德维希·费尔巴哈和德国古典哲学的终结》一书中写道:"哥白尼的太阳系学说有 300 年之久,一直是一种假说,这种假说尽管有 99%,99.9%,99.99% 的可靠性,但毕竟是一种假说;而当勒威耶从这个太阳系学说所提供的数据,不仅推算出这个行星在太空中的位置,当后来伽勒确实发现了这个行星的时候,哥白尼的学说就被证实了。"

海王星的发现,在当时,英法两国为此发现的荣誉归属问题展开了争论,但亚当斯和勒威耶两人则处之泰然,该荣誉应当由亚当斯和勒威耶两人共享。

海王星的发现,也为天文学家们留下了一些需要考虑和探索的问题。

——从 1781 年天王星被发现,到 1846 年海王星被发现,相隔 65 年。海王星的大小和质量与天王星不相上下,天王星运行轨道中那些偏差,通过计算与观测,海王星的影响并不能完全解释天王星运行中的偏差,这又该怎么来解释呢?

——天王星位置偏差的问题还没有得到完全解决,天文学家又发现,海王星的理论计算与其实际位置,也像当年天王星那样出现了偏差。它又是怎么回事呢?是否还应该像当初寻找"天"外行星那样,再寻"海"外行星呢?通过天文学家们研究确认,在海王星的外侧,肯定至少存在一颗够大的行星,是它在影响着天王星和海王星的运行。

(3)朦胧的世界——冥王星

19 世纪后期,寻找"海"外行星的喧闹声逐步沸沸扬扬起来,可是宇宙的探索并不是一件容易的事。

1894 年,美国天文学家珀西瓦尔·洛威尔在亚利桑那州费拉格斯塔夫附近,兴建了一座私人天文台——洛威尔天文台,海拔 2210 米。此后,他就在那里潜心研究和搜索"海外行星"。洛威尔用一架口径 12.7 厘米的折射望远镜拍摄天空照片,记录了成千上万颗暗星的位置。洛威尔为寻找这颗被他称为"行星×"的行星,花费了大量的物力和精力,于 1916 年 11 月 12 日因寻找这颗行星疲劳过度而告别人世。临终前,他还坚信自己 1909 年 5 月对"行星×"作出的预言,这个天体星等暗于 13 等,也许用于搜索的望远镜太小了。

13 年后,1929 年 1 月克莱德·威廉·汤博继承了洛威尔的事业。汤博生于1906 年,从小酷爱天文学,并自制一架望远镜,从事天文观测。他到洛威尔天文台后,就开始对"行星×"进行搜索。当时的台长维斯托·M.斯莱弗还专门建造了一架 33 厘米的反射式天体照相仪。经过汤博的日夜辛苦细致的工作,终于在 1930年 1 月 23 日和 29 日夜晚拍摄到双子座 δ 星附近的天区有一颗未知的新行星,真是大海捞针呀!

斯莱弗台长立即对该天体作进一步的观测证实,到 1930 年 3 月 13 日,终于正式宣布发现了一颗海外行星。1930 年 5 月 1 日,斯莱费台长决定采纳由英国剑桥一位 11 岁的女学生维尼夏·伯尼的建议,命名为普鲁托(PLUTO)——罗马神话中冥神的名字(她觉得这很适合于一颗如此幽暗的行星)。在汉语里,行星普鲁托的名字译为"冥王星"。

虽然现在我们已经证实"冥王星"不属于太阳系的大行星行列,但是,科学家的探索精神始终应该是值得我们记住的。而且,人类对大自然的认识始终是一个不断进步的过程。比如,"冥王星"的发现到被剔除,反映了人类技术水平的进步,天文观测水平的提高。而下面要提到的"第十颗大行星"的预言和寻找以及被证实不可能存在的过程,则反映了人类认识大自然规律的不断进步!

(4) 第 10 颗行星隐匿之谜

人类根据已掌握的科学技术,发现了太阳系的九大行星(算上冥王星),一些科学家通过计算认为,太阳系应该还有第 10 大行星。

根据当时的情况(2005 年之前),太阳系有太阳和九大行星,它们是水星、金星、地球、火星、木星和土星、天王星、海王星和冥王星。这就是我们通常所说的"太阳系大家庭"的成员了。

我们在第 6 章的天文小知识中介绍过波德定律,冥王星的波德参数为 77.2天文单位,而实际测得却是 39.53 个天文单位,这种状况又如何解释呢? 这就是一个谜了。正因为无法解释冥王星的运动,天文学家不得不再次假设比冥王星更遥远的外侧,可能还有第 10 颗行星存在,不过在它被发现之前,这只能是一个谜。

1977 年，帕罗玛天文台的考瓦耳宣称发现一颗低速移动、光度为 18 等级的新天体，而且确定在天王星内侧。但到底是否是 8 世纪德国天文家波德所说的那一颗，有待于继续验证。

随后几年，天文学家又发现，有一个物体在扰乱天王星和海王星的轨道。与其说天王星和海王星有一条环绕太阳运行的平稳轨道，倒不如说它们有自己的摄动轨道。许多年来，一些天文学家认为这种摄动来源于它们的远邻冥王星的吸引。这种吸引主要取决于冥王星的质量和冥王星与它们之间的距离。物体质量越大，对其他物体的吸引力也越大，然而当物体之间距离增加，那么，吸引力则减弱。科学家们知道冥王星和海王星、天王星之间的距离，但没人知道冥王星的质量是多少，如果冥王星的质量约等于或超过地球的质量，那么科学家就可以推算出，冥王星的吸引力将发挥在邻近的两颗大行星上。

然而，1978 年 6 月 22 日，美国海军天文台的克里斯蒂在一张冥王星的底片上发现它的边缘有一个小小的突起，再查看以往的底片，同样有这种现象，并且位置有规律地变化着。克里斯蒂认为这是冥王星的卫星，于是为其取名"卡戎"。经过进一步的研究，克里斯蒂发现，这颗取名"卡戎"的卫星 6.39 天围绕冥王星转一周，它的轨道距离冥王星 17000 千米。由此算出冥王星的直径为 2200 千米，是太阳系中最小的行星。

这一发现，后来导出一个必须正视的结论，冥王星不像天文学家推想的那样重，其质量加上它的卫星"卡戎"的质量或许仅有地球质量的 1/400。它的引力不足以扰乱天王星、海王星的轨道。既然如此，那么，是什么物体在干扰天王星和海王星的轨道呢？

答案是可能还有第 10 大行星存在（现在已经明白存在一个包含冥王星在内的，有 10 万颗小天体的柯伊伯小行星带）。据推测它存在的形态有以下三种可能性。

第一种可能：这颗行星的大小、质量约与海王星或天王星相同，是在离海王星约 8 亿千米处围绕太阳运行，虽然距离较远，然而这样一颗远距离的行星却能够引起海王星和天王星的摄动。假如第 10 大行星还要远些，就得同木星一样大。

第二种可能：是一种暗淡的约有太阳大小的星体在活动，这个星体在距离冥王星的轨道约 80 亿千米的地方，换言之，是地球到太阳距离的 800 倍以上，天文学家认为，许多星体在远处都有"暗淡的伙伴"。

第三种可能：是有一种约是太阳质量 10 倍的物体，由于自身的奥秘，潜在 160 亿千米的黑暗之中，环绕太阳系旋转，它很黑，看不见。这也许就是"黑洞"。黑洞引力之强足以使海王星和天王星摄动。

在一段时期，美国海军天文台的天文学家曾经利用大型电子计算机开展对太阳系"第 10 大行星"的寻觅工作。他们首先估算了"第 10 大行星"可能的质量和距太阳的大致距离,然后把有关天文资料输入电子计算机进行计算,确定一系列便于进行观测的空间区域,最后用天文望远镜对计算出的区域进行搜寻。此外,新西兰的布莱克泊奇天文台也在积极地进行寻找工作。天文学家认为,这颗未知行星有地球 3~5 倍大,绕太阳一周大约需要 1000 年,它与太阳的距离约是冥王星与太阳距离的 5 倍。

然而也有否定派的观点,英国谢菲尔德大学的戴维·休斯教授提出了不存在第 10 大行星的理由。他认为:首先,凝聚成行星的原始星云,没有扩散到比冥王星轨道更远的地方;其次,即使星云扩散到冥王星外更远的地方,太阳系也没有足够的能力在如此遥远的距离处把原始星云凝聚成行星。

当然,现在我们也可以说太阳系的第 10 颗大行星终于被"发现"了。因为,借助于人类的宇航技术,现在"先驱者 10 号"和"先驱者 11 号"已经飞出了太阳系;借助于天体力学的发展和更加先进的计算机技术,已经可以从许多方面证明,太阳系的第 10 颗大行星没有存在的可能性。这基本上基于以下的理由:①相对论理论证明,水星之内不会有大行星存在;②天体演化理论,尤其是恒星形成及演化理论的完善,告诉我们凝聚成行星的原始星云,没有扩散到比冥王星轨道更远的地方;③天体力学的计算和人类的探测器已经探明了太阳系的边界所在。

2. 太空旅游

我们可能会像宇航员那样遨游太空吗?太空旅游目前有怎样的进展?

太空旅游(图 11.7)是基于人们遨游太空的理想,到太空去旅游,给人提供一种前所未有的体验,最新奇和最为刺激人的是可以观赏太空旖旎的风光,同时还可以享受失重的感觉。太空旅游项目始于 2001 年 4 月 30 日。第一位太空游客为美国商人丹尼斯·蒂托,第二位太空游客为南非富翁马克·沙特尔沃思,第三位太空游客为美国人格雷戈里·奥尔森。太空旅游的发展趋势表明,未来的太空旅游将呈大众化、项目多样化、多行业(公司)竞争并不断完善安全法规四大趋势。

(1) 太空旅游的四种途径

从广义上来说,常被提及的太空旅游至少有 4 种途径(图 11.8):飞机的抛物线飞行(如伊尔-76)、接近太空的高空飞行(如米格-31)、亚轨道飞行(如宇宙飞船一号)和轨道飞行(如国际空间站)。

① 体验抛物线飞行

抛物线飞行并非真正意义上的太空旅游,它只能让游客体验约半分钟的太空失重感觉,宇航员在训练时为了体验失重,通常也是采用这种方法。游客如果乘坐俄罗斯宇航员训练用的"伊尔-76"等飞机作抛物线飞行,费用约为 5000 美元。

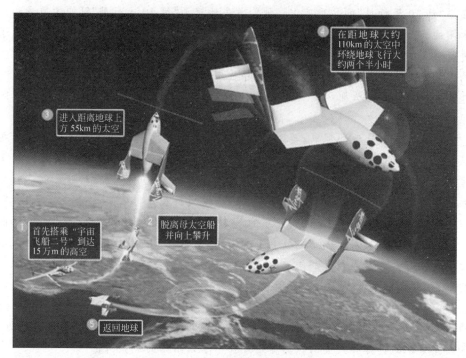

在距地球大约110km的太空中环绕地球飞行大约两个半小时

进入距离地球上方55km的太空

首先搭乘"宇宙飞船二号"到达15万m的高空

脱离母太空船并向上攀升

返回地球

图11.7　太空旅游的基本框架图

② 体验高空飞行

接近太空的高空飞行也非货真价实的太空旅游，但它能让游客体验身处极高空才有的感觉。当游客飞到距地面18千米的高空时，便可看到脚下地球的地形曲线和头顶黑暗的天空，体会到一种无边无际的空旷感。用来实施这种旅游的飞机有类似俄罗斯的"米格-25"和"米格-31"高性能战斗机。这些飞机能飞到24千米以上的高度，乘坐它们旅游的费用约为1万美元。

③ 体验亚轨道飞行

亚轨道飞行能产生几分钟的失重，美国私营载人飞船"宇宙飞船一号"和俄罗斯的"C-XXI"旅游飞船就是从事这种飞行的典型，它们在火箭发动机熄火和再入大气层期间能产生几分钟的失重。这种飞行的价格约为10万美元。

④ 体验轨道飞行

美国人奥尔森等人体验的就是真正意义上的太空旅游——轨道飞行。实现轨道旅游的工具目前主要是国际空间站，可供游客到达空间站的"客车"主要是俄罗斯"联盟"飞船和美国航天器。乘坐它们旅游的每张票价约为2000万美元。

除了以上提到的4种相对成形的"太空游"形式，尚待开发的太空之旅新项目

（a）　　　　　　　　　　　　（b）

图　11.8

（a）太空旅游的四种途径；

（b）从上到下：太空行走、用于太空旅游的私人飞机以及将要开发的太空旅游基地

还有：

① 太空旅馆

设想一下悬浮在距地 400 千米高空的度假酒店吧。俄航天部门正由官方和企业共同设计微型"太空旅馆"的计划。也有美国工程师提出，可用轻型充气材料建一个长期绕地飞行的舱体，其"房费"将比空间站之旅略微便宜。

② 太空电梯

专家们还在探索用纳米材料制造"太空电梯"。"太空电梯"吊索的一端固定在陆地或海面的平台上，另一端紧抓住距地约 3.6 万千米、与地球同步飞行的航天器。这种研究的最终目标是让人和货物在太阳能驱动的"太空电梯"中升降上万千米,而每公斤负载的运送成本据估计仅需10美元。"太空电梯"的设想如能实现,太空旅游、航天客货运输将迎来全新的发展机遇。

③准太空旅游

目前太空旅游的轨道飞行,单价在2000万美元以上。为此,国际上一些机构和企业将目光投向了各种便宜的"准太空旅游"。"准太空旅游"主要包括飞机的抛物线飞行、接近太空的高空飞行和亚轨道飞行。为了保持在太空旅游领域的优势,美国"太空冒险"公司还宣布了"月球旅游"计划。按照这个计划,游客将首先前往国际空间站,在站内停留一周之后再乘坐"联盟"飞船前往月球,在离月球160千米的轨道上空近距离欣赏"月景"。美国"太空冒险"公司雄心勃勃的下一代旅游项目是太空行走。

(2)太空旅游期待"平民化"

发展太空旅游业,不仅仅只是让普通平民体验太空生活,它还有着重要意义,例如可以利用太空旅游的收益继续发展航天事业,保证昂贵的资金来源不仅限于政府资助,加快人类航天技术的发展。也可以让普通平民,特别是有较强经济实力的个人,让他们更加了解航天事业的重要性和优越性,使他们尽力参与其中。由于太空旅行是针对平民的,所以更符合今后人类踏入宇宙的要求,在太空旅行中,专家可以利用这个机会研究人类移民太空所遇到的困难和麻烦。所以,太空旅行不只是少数人的奢侈消费,它对于人类的航天事业有着非常重大和深远的意义。

尽管无论经营者还是消费者,都对太空旅游的前景抱有很高的期望值,但太空真要成为人们下个旅游目的地,还必须要迈过几个坎。目前的太空旅游只能是"富人的俱乐部",因此,降低费用是扩大太空旅游市场的关键。太空飞行的安全风险依然无法忽视,针对太空旅游的高风险性,美国联邦航空局已出台了第一部针对太空旅游业务的条例,该条例暂时没有强制要求太空旅游公司保证旅客人身安全,理由是太空旅游尚处于起步阶段。在太空旅游的过程中,游客的身体必须要能经受得起火箭起飞时的巨大噪声、振动、过载等种种考验,同时,还必须能够耐受强辐射、长时间失重等状况。提高运载工具的舒适性,也是开拓太空旅游的重要因素。

(3)太空旅游要多少钱

天价,成了阻碍太空游"平民化"的最大障碍。2001年,世界上唯一一个提供太空轨道观光飞行的政府机构——俄罗斯联邦航天署将美国富商丹尼斯·蒂托送上太空,让后者成为人类首位太空游客。然而,蒂托为了这次太空飞行花费了2000万美元。

美国亚特兰大太空工程公司总裁及首席执行官约翰·奥兹(John Oz)指出,太空旅游市场如果要达到一定的规模,每次价格必须降到5万到10万美元之间,才能让大众接受。最先打破这一障碍的,要数英国亿万富豪理查德·布莱森

(Richard Bryson)创立的维珍银河公司,他们推出的太空游票价为 20 万美元。

20 万美元,是维珍银河公司对首批 500 名太空游客给出的指导价。这 20 万美元,能让游客得到怎样的太空体验呢?(太空旅游是我们每一个地球人的幻想,计算一下,大概多少费用你能够接受?设想一下,你什么时候能够翱翔太空,领略地球的风采。)

维珍银河公司用于运载太空游客的飞船叫"太空船 2 号",载客 6 人。游客将首先在位于美国加州莫哈韦沙漠的莫哈韦航天发射场接受训练,然后乘坐一艘样式独特的航天器遨游太空。当这艘航天器升到 15 千米的高空后,母船"白色骑士 2 号"将发射载有旅行者的载人飞船"太空船 2 号","太空船 2 号"随后升高到 110 千米高空,并将其机翼折叠起来环绕地球航行。旅行者将可在次轨道下感受约 6 分钟的失重状态,并在黑暗的宇宙上空鸟瞰地球。维珍银河公司总裁乔治·怀特赛兹(Huaitesaizi)还大胆畅想,将来维珍银河公司将提供时长一小时的太空游。

虽然维珍银河公司还没有公布首次太空游的具体时间,但这一时间已不遥远。

3. 如果有太空生命他们会是什么样子?

宇宙如此之大,物种如此复杂、繁多,茫茫宇宙中应该绝不是只有人类这一个智慧物种。所以,存在除我们之外的太空生命是肯定的,不过,目前我们还没有发现他们。但是,这里有一个很有趣的话题,就是如果有太空生命,他们会是什么样子?

这个话题就感觉有点棘手了。关键是全无头绪、无从谈起。所以,只能是纠合各方言论,来一个各抒己见。

(1)各种推测

推测当然是要有依据啦!依据什么?照猫画虎、依葫芦画瓢,无非如此。不过,我们也不应该忽视了人类那无边的想象力。最可靠的我们相信应该是"科学的"推测。专家根据宇宙环境和生物学线索,对外星人是什么样子的"容貌"做出推测——水母、臭虫、像人类一样、非碳基、深海和高空的极端生物等。

水母 根据地球上的生命如何从海洋中起源的理论推断:外星生物与外星大气的交互方式类似于我们海洋中生物体与水交互作用的方式。外星人可能是海洋型动物,它们借助光脉冲进行彼此交流,它们的身体能在阳光下变大,并借助金属表面吸收光线。它们通过晶状体观察周围环境,使用橙色底部进行伪装,浮力袋则能维持它们的深度。

臭虫 选中臭虫是由于它们是地球上最难以毁灭的生物之一,它们能够在各种极端的条件下存活。专家相信具有强壮外壳的外星人会像臭虫一样能够在宇宙的复杂环境中生存。

像人类一样　专家认为外星人与人类不仅外表和生物学一样,弱点也非常相似,比如说贪婪、暴力而且倾向于开发他人的资源。依据达尔文的进化论可以预见,当你拥有生物圈而且发生进化时,那么共同的变化就会出现,智力也是如此。

非碳基生命　根据我们对于地球上生命的了解,我们完全可以理解为什么许多科学家都认同外星人与人类相似的观点。虽然地球上发现的大多数生物都是由碳、氢、氮、氧、磷和硫等元素组成,但是科学家们发现多细胞生物不需要氧气。这很明显会改变我们对于生命和生命存在方式的一些看法。目前的科学假设认为,非碳基生命能够活于宇宙(主流观点是硅基生命形式),如果这个理论得到证实,那么有可能外星人与地球上的任何生命都不相同。

极端生物　英国的一位天体生物学家,列举了来自与地球不同星球的几种可能的外星人形态。比如说,来自水世界的生物可能会像我们海洋中的生物体一样进化,而一颗强重力星球可能生活着更庞大而且更强大的飞行生物,它们利用浓密的大气飞行。

号称迄今为止全球规模最大、最具吸引力的"外星生命探索展",2009年夏天来到了我国的上海。展出了诸如海蜘蛛、尖牙、绿树针垫等能在地球上极端环境中生存的生物。它们具有的抗辐射球菌能使它们在比人致死量高3000倍的辐射环境下生存,尽管辐射会破坏DNA,但它们有DNA最关键段的备份和快速修复的本领。一种不知名的细菌能以休眠的方式,在没有水和氧气的太空中存活6个月以上;高温红藻甚至能在热火山的强酸环境中繁盛起来。

(2) 专家怎么说

霍金在提出了"人类千万不要和外星生物接触"的警告后,继而向世人展示了他想象中的外太空生物的具体形态。他设想了5种不同星球的外星生物。

类地星球上的生物吃草的嘴像吸尘器　在霍金的宇宙中,火星等类地行星上生活着两只脚的食草动物。它们能利用吸尘器般的巨型嘴巴从岩石的缝隙中吸食食物(图11.9(a))。类地行星上还存在类似蜥蜴的食肉动物,双方偶尔爆发猎食大战。

气态星球吃闪电的水母　土星和木星属于充满氢气和氦气的气态行星。霍金认为,气态星球上可能存在水母状的巨型浮游生物,它们像吹胀的小型飞船那样漂在气体中,以吸收闪电的能量为生(图11.9(b))。

液态星球海洋生物似墨鱼会发光　木卫二"欧罗巴"等液态星球上则可能有类似墨鱼的海洋生物存活在冰层下的深海温水区,它们身体能发出冷光。

极寒星球长毛兽活在−150℃　霍金相信,即使在平均温度到达液氮(比−150℃还低温)水平的星球上也有可能存活生命体。霍金想象中的耐寒生物不仅拥有许多只脚,它们的全身还长满厚毛以抵御强风和严寒。

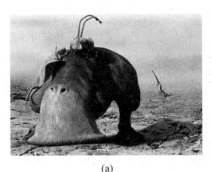
(a)

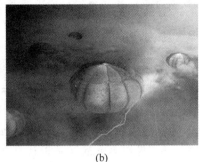
(b)

图 11.9　霍金想象的外星人

宇宙中外星"游牧民族"漫游星际　霍金还相信宇宙间还存在着漂浮的生命体,成群结队地游离在星球与星球之间,属于外星生物的"游牧民族"。它们可能用犹如行星般大的"收集器"吸收各个星球的辐射能,进而获得穿越时空的巨大能量。

如果说霍金是自然科学界鼎鼎大名的人物,那么在科幻小说界具有同等地位的就是阿莫西夫啦!毕竟是小说家,他的设想更具体、更形象。

依据物质存在基础

从宇宙可能的物质环境分析,外星人可以是以氟化硅酮为介质的氟化硅酮生物;以硫为介质的氟化硫生物;以水为介质的核酸/蛋白质(以氧为基础的)生物;以氨为介质的核酸/蛋白质(以氮为基础的)生物;以甲烷或氢为介质的类脂化合物生物。

外星人可能的基本形态

人型:与人大小一样,非常像人类,有金色的长发和蓝色的眼睛(只考虑欧美人种吗?);中高型:约五尺高,灰色或褐色的皮肤,杏仁型眼睛,细瘦的四肢;小灰型:大约四尺高,灰色的皮肤,大而圆的杏仁眼,细瘦的四肢;蜥蜴型:像爬虫类,身上有鳞片,有绿的眼睛与黄色的瞳孔;螳螂型:外形如昆虫,有绿色及灰色(图 11.10)。

(a)

(b)

图 11.10　阿莫西夫的"作品"中有长着一对杏仁眼的美人,也有威武的螳螂人

有更多的专家是从他们的专业角度设想外星人。

美国生物力学专家迈克尔,试图预测外星人是如何行走、飞翔和游水的。他在观察动物运动的基本规律的基础上提出:你分析运动的最小公分母,鲎这样的东西爬上海滩产卵,翼龙则在天上飞翔,我们与这些动物所分享的特征之一,就是杠杆式的骨架。杠杆成功的布局,如将四肢与坚硬骨骼连接起来,一次又一次表现在化石记录中。迈克尔期盼在别的世界里也能看到它们(类似的杠杆布局)。那可能是由我们骨骼那样的羟磷灰石所构成,也可能是动物的甲壳素所构成或者是碳纳米管构成,一旦规则容易到了足以让自然选择成为偶尔发现,就会一而再、再而三地演化。在这个星球上,独立演化在不同时期至少有6次。有充分理由相信,它们普遍适用于任何星球的任何生态系统。连接肢体的躯干动作如杠杆,这是对外星人很恰当的基本解剖。

美国天体物理学家丽贝卡提出了适合生命居住星球的形成模型理论。根据这一理论,生命存在的可能性是由天体系统中巨型气体的轨道半径和小行星的密度所决定。在研究太阳系的基础之上,深入分析了星球形成的步骤。发现小行星带将木星和火星与地球分隔开。同时,就像很多天体体系一样,巨型气体处在离它所包裹的星体很近的地方。天体物理学家们称,小行星带与巨型气体在天体系统中的位置不但绝非偶然,而且与生命的形成密切相关。他们认为,存在着一种最理想的巨型气体轨道半径值,当巨型气体处于那个位置时,气体所包裹着的星体就有可能出现生命。完全可以依据这个理论去设想外星人。

(3) 好莱坞的外星人

好莱坞的编剧和导演们应该比常人更具备想象力吧,就让我们来领略一下他们的杰作!

《黑衣人3》——充满复古味道的20世纪60年代外星生物。红色的鲤鱼精、长胡须的龙王、肉坨状的胖头鱼,还有傻乎乎的青蛙君均以萌物的状态出现,这不是《西游记》中的各色妖精吗?或者是港台片中清朝僵尸的造型。

《E.T. 外星人》——彻底颠覆外星人审美的大头娃娃。在E.T.之前,我们认为外星人是那样的,E.T.出现后,我们才知道原来外星人是这样的。E.T.这个萌点十足的大头娃娃,虽然有点儿不好看,但是也算集中了人类审美情趣的卖萌点的精华,至此彻底扭转了外星生物都是贼眉鼠眼的老印象。

《星球大战》——九百多岁的神奇小老头儿。近代科幻片教父级别的作品,开创了一个视觉与想象结合的里程碑。先知哲人般的尤达大师,告诉我们一个道理:人不可貌相!

《飞碟征空》——不披张皮就跑出来乱晃的大脑袋。这应该是影史上最令人坐立不安的外星人造型吧,透着股浓浓的邪恶气质,说白了就是"一看就知道不是好人"。电影里面的外星人实在丑得让人印象深刻,触目惊心!影片最大的看点大概就是人类被一群瞪着金鱼眼、露出淋巴和内脏的丑八怪反复折磨。这些外星人外露的大眼眶,密密麻麻看不懂是血管还是淋巴的腺体。

《世界之战》——集合恶趣味之极的畸形物种。《世界之战》在国外的观影网站上被评为 20 世纪最好的灾难片。外星人残忍屠杀人类,用活人的鲜血来浇灌他们的植物,最可怕的是这样畸形的外星人是触须系的,他们一般都会用触角吸干人类身体的血液精华。

《怪形》——外星变种的黏液异形总动员。冰层中冻僵的生物,它可以变成任何碰触过的物体,也能变成人类来杀死人类。影片中的镜头毫无保留地把怪形的身体各处细节裸露给观众看,胃酸想不上涌都难。它们面容模糊、黏液满天飞,你可以说它是外星人,也可以说它是生化变种的怪物,反正它很丑。

《变形金刚》——酷到底的变形汽车人。这种铁皮机器人拥有最多的粉丝群,他们具备高超仿生变形功能,可以射出温度极低的液氮子弹和温度很高的铅弹,还装备有声呐、雷达、无线电波探测器。车厢则是它们的超大武器库,还可以变形为飞行装甲,可以在路面行驶又可以在天上飞,更可以从容应对宇宙间所有的生存问题。

《阿凡达》——潘多拉星华丽丽的蓝色小人儿。不要以为只有蓝精灵才是通体蓝色,壮阔的潘多拉星球上也住着一个蓝色族群。《阿凡达》在研究了大量生物学和环境生态理论的基础上,创造出了这种类似于猫科动物进化而来的新物种。流线形与通透华丽的蓝色身体,展示出了融野性与生物灵性为一体的魅力。

(4)"最具权威"的人怎么说

外星人的话题属于未来。未来属于孩子们,孩子们将作为地球的主人和天外来客进行第一次"亲密接触"。我们当然要听听这些孩子们关于外星人会说什么了。

"和人类没有多大区别。我想问他们的科技发达到了什么样子。"——美国加州硅谷圣何塞市 14 岁华裔男孩马歇尔·程。

"长脑袋,圆鼓鼓的大眼睛。见到外星人,会有点害怕,我撒腿就跑。"——俄罗斯喀山市 13 岁男孩伊戈尔。

"我觉得外星人应该和我们长得差不多。如果见到外星人我会问他'嘿,你是怎么到地球上来的?'"——阿根廷马德普拉塔 10 岁女孩葆拉·奥斯曼。

"我觉得外星人很可爱。绿色的脸,两只眼睛,没有头发,身体很小头很大。如果见到外星人,我要说'把我带到月球去'。我要一个人跟外星人玩游戏机,不让妈妈看到。"——韩国首尔 12 岁男孩金泰亨。

"外星人戴外星帽,穿外星服,还有外星鞋。我不喜欢外星人。"——中国河南济源 6 岁女孩翟莹莹。

"有头，一只胳膊，一条腿。我会请他吃冰激凌。"——匈牙利布达佩斯 5 岁男孩米克劳齐克·阿尔明。

"我看了不少这方面的书和电影，外星人长什么样子都有可能。我想和外星人交个朋友，让他带我去他们的星球看看。"——中国黑龙江哈尔滨 13 岁男孩韩振宇。

"外星人应该长得非常高大，也很聪明。我会向外星人介绍人类的事情，并说服他与我们和平共处。"——罗马尼亚科瓦斯纳县 13 岁男孩斯特凡·内格雷亚。

"谁也不知道外星人长什么样子，应该是个异类。如果外星人问我地球是什么样子，我会告诉他，地球上有大树、陆地，但主要是海洋。现在人们不够重视环保，地球的资源快枯竭了。"——中国北京 10 岁男孩薛惠中。

"外星人可能是圆形或三角形的。我可能会先惊慌失措，等缓过神来，会打招呼说：'嗨，你好！'"——拉脱维亚里加 15 岁女孩维克托莉娅。

（关于外星生命，外星人，你怎么看？见到他们的第一句话，你会说什么？）

第**12**章　中国古代天文学

中国是世界上天文学起步最早、发展最快的国家之一,天文学也是我国古代最发达的四门自然科学之一,其他三门是农学、医学和数学。在世界天文学发展史上,中国古代天文学的成就主要体现在文献记载、观测仪器制造和天文学人物三个方面。

12.1　中国古代天文学的辉煌成就

我国古代天文学从原始社会就开始萌芽了。公元前 24 世纪的帝尧时代,就设立了专职的天文官,专门从事"观象授时"。早在仰韶文化时期,人们就描绘了光芒四射的太阳形象,进而对太阳上的变化也屡有记载,描绘出太阳边缘有大小如同弹丸、成倾斜形状的太阳黑子。

公元 16 世纪前,天文学在欧洲的发展一直很缓慢,在从 2 世纪到 16 世纪的1000 多年中,更是几乎处于停滞状态。在此期间,我国天文学得到了稳步的发展,取得了辉煌的成就。

我国最早的天象观察,可以追溯到好几千年以前。无论是对太阳、月亮、行星、彗星、新星、恒星以及日食和月食、太阳黑子、日珥、流星雨等罕见天象,都有着悠久而丰富的记载,观察仔细、记录精确、描述详尽,其水平之高,达到今人惊讶的程度。这些记载至今仍具有很高的科学价值。在我国河南安阳出土的殷墟甲骨文中,已有丰富的天文现象的记载(图 12.1)。这表明远在公元前 14 世纪时,我们祖先的天文学已很发达。举世公认,我国有世界上最早最完整的天象记载。我国是欧洲文艺复兴以前天文现象最精确的观测者和记录的最好保存者。

我国古代在创制天文仪器方面,也作出了杰出的贡献,创造性地设计和制造了许多种精巧的观察和测量仪器。我国最古老、最简单的天文仪器是土圭,也叫圭表。它是用来度量日影长短的,它最初是从什么时候开始有的,已无从考证。

西汉的落下闳改制了浑仪,这种我国古代测量天体位置的主要仪器,几乎历代都有改进。东汉的张衡创制了世界上第一架利用水力作为动力的浑象。元代的郭守敬创制和改进了十多种天文仪器,如简仪、高表、仰仪等。

世界天文史学界公认,我国对哈雷彗星观测记录久远、详尽。公元前 240 年的彗星记载,被认为是世界上最早的哈雷彗星记录。从那时起到 1986 年,哈雷彗星共回

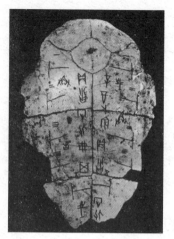

图 12.1　出土的甲骨文干支表图片

归了 30 次,我国都有记录。实际上,我国还有更早的哈雷彗星记录。已故著名天文学家张钰哲在晚年考证了《淮南子·兵略训》中"武王伐纣,东面而迎岁,……彗星出而授殷人其柄"这段文字,认为当时出现的这颗彗星也是哈雷彗星。他计算了近4000 年哈雷彗星的轨道,并从其他相互印证的史料中肯定了武王伐纣的确切年代应为公元前 1056 年,这样又把我国哈雷彗星的最早记录的年代往前推了 800 多年。

　　1973 年,我国考古工作者在湖南长沙马王堆汉墓内发现了一幅精致的彗星图(图 12.2),图上除彗星之外,还绘有云、气、月掩星和恒星。天文史学家对这幅古图做了考释研究后,称之为《天文气象杂占》,认为这是迄今发现的世界上最古老的彗星图。早在 2000 多年前的先秦时期,我们的祖先就已经对各种形态的彗星进行了认真的观测,不仅画出了三尾彗、四尾彗,还似乎窥视到今天用大望远镜也很难见到的彗核,这足以说明中国古代的天象观测是何等的精细入微。

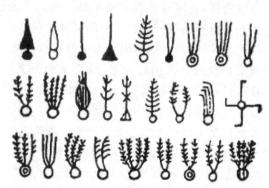

图 12.2　长沙马王堆汉墓出土的彗星图案

　　古人观察日月星辰的位置及其变化,主要目的是通过观察这类天象,掌握它们的规律性,用来确定四季,编制历法,为生产和生活服务。我国古代历法不仅包括节气的推算、每月的日数的分配、月和闰月的安排等,还包括许多天文学的内容,如日月食发生时刻和可见情况的计算和预报,五大行星(金、木、水、火、土)位置的推算和预报等。一方面说明我国古代对天文学和天文现象的重视,同时,这类天文现象也是用来验证历法准确性的重要手段之一。测定回归年的长度是历法的基础。我国古代历法特别重视冬至这个节气,准确测定连续两次冬至的时刻,它们之间的时间间隔,就是一个回归年。

　　根据观测结果,我国古代上百次地改进了历法。对郭守敬于公元 1280 年编订的《授时历》来说,通过三年多的两百次测量,经过计算,采用 365.2425 日作为一个回归年的长度。这个数值与现今世界上通用的公历值相同,而在六七百年前,郭守敬能够测算得那么精密,实在是很了不起,比欧洲的格里高列历早了 300 年。

　　我国的祖先还生活在茹毛饮血的时代时,就已经懂得按照大自然安排的“作息时间表”,“日出而作,日落而息”。太阳周而复始地东升西落运动,使人类形成了最基本的时间概念——日。大约在商代,古人已经有了黎明、清晨、中午、午后、下午、黄昏和夜晚这种粗略划分一天的时间概念。计时仪器漏壶发明后,人们通常采用将一天的时间划分为一百刻的做法:夏至前后,“昼长六十刻,夜短四十刻”;冬至前后,“昼短四十刻,夜长六十刻”;春分、秋分前后,则昼夜各五十刻。尽管白天、黑夜的长短不一样,但昼夜的总长是不变的,都是每天一百刻。

　　包括天文学在内的现代自然科学的极大发展,最早是从欧洲的文艺复兴时期开始的。文艺复兴时期大致从 14 世纪到 16 世纪,大体相当于我国明初到万历年间。我国天文史学家认为,这 200 年间,我国天文学的主要进展至少可以列举以下几项:翻译阿拉伯和欧洲的天文学事记;从公元 1405—1432 年的 20 多年间,郑和率领舰队几次出国,船只在远洋航行中利用“牵星术”定向定位,为发展航海天文学作出了贡献;对一些特殊天象作了比较仔细的观察,譬如,1572 年的“阁道客星”和 1604 年的“尾分客星”,这是两颗难得的超新星。

　　我国古代观测天象的台址名称很多,如灵台、瞻星台、司天台、观星台和观象台等。现今保存最完好的是河南登封观星台和北京古观象台。(找个时间,约上同伴去两个古观象台,或者是其中的一个看看。写一份具有天文学专业水平的“攻略”。)

　　我国还有不少太阳黑子记录,如公元前约 140 年成书的《淮南子》中说:“日中有踆乌”。公元前 165 年的一次记载中说:“日中有王字”。战国时期的一次记录描述为“日中有立人之像”。更早的观察和记录,可以上溯到甲骨文字中有关太阳黑子的记载,离现在已有 3000 多年。从公元前 28 年到明代末年的 1600 多年当中,我国共有 100 多次翔实可靠的太阳黑子记录,这些记录不仅有确切日期,而且对黑子的形状、大小、位置乃至分裂、变化等,也都有很详细和认真的描述。这是我国和世界人民一份十分宝贵的科学遗产,对研究太阳物理和太阳的活动规律,以及地球上的气候变迁等,是极为珍贵的历史资料,有着重要的参考价值。

我国古代对著名的流星雨,如天琴座、英仙座、狮子座等流星雨,各有好多次记录,天琴座流星雨至少就有 10 次,英仙座至少有 12 次。狮子座流星雨由于 1833 年的盛大"表演"而特别出名。从公元 902—1833 年,我国以及欧洲和阿拉伯等国家,总共记录了 13 次狮子座流星雨的出现,其中我国占 7 次,最早的一次是在公元 931 年 10 月 21 日,是世界上的第二次纪事。从公元前 7 世纪算起,我国古代至少有 180 次以上的这类流星雨纪事。

12.2 中国古代天文仪器

中国古代的天文仪器具有系列化、大型化、做工精细的特点。许多方面都是走在世界前列的。基本包括了观测仪器、计时仪器和天图天象演示等三大类。

1. 圭表

圭表(图 12.3(a))是一种既简单又重要的观测仪器,它由垂直的表(一般高 8 尺,1 尺 $= \frac{1}{3}$ 米)和水平的圭组成。圭表的主要功能是测定冬至日所在,并进而确定回归年长度。此外,通过观测表影的变化可确定方向和节气。很早以前,人们发现房屋、树木等在太阳光照射下会投出影子,这些影子的变化有一定的规律。于是便在平地上直立一根竿子或石柱来观察影子的变化,这根立竿或立柱就叫做"表";用一把尺子测量表影的长度和方向,则可知道时辰。后来,发现正午时的表影总是投向正北方向,就把石板制成的尺子平铺在地面上,与立表垂直,尺子的一头连着表基,另一头则伸向正北方向,这把用石板制成的尺子叫"圭"。正午时表影投在石板上,古人就能直接读出表影的长度值。经过长期观测,古人不仅了解到一天中表影在正午最短,而且得出:一年内夏至日的正午,烈日高照,表影最短;冬至日的正午,煦阳斜射,表影则最长。于是,古人就以正午时的表影长度来确定节气和一年的长度。譬如,连续两次测得表影的最长值,这两次最长值相隔的天数,就是一年的时间长度。难怪我国古人早就知道一年等于 365 天多的数值。

2. 日晷

日晷(图 12.3(b))又称"日规",是我国古代利用日影测得时刻的一种计时仪器。通常由铜制的指针和石制的圆盘组成。铜制的指针叫做"晷针",垂直地穿过圆盘中心,起着圭表中立竿的作用,因此,晷针又叫"表",石制的圆盘叫做"晷面",

(a)

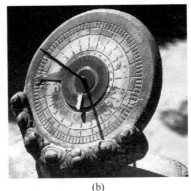
(b)

图   12.3

（a）圭表；（b）日晷

安放在石台上，呈南高北低，使晷面平行于赤道面，这样，晷针的上端正好指向北天极，下端正好指向南天极。

在晷面的正反两面刻划出 12 个大格，每个大格代表两个小时，称之为一个"时辰"。当太阳光照在日晷上时，晷针的影子就会投向晷面，太阳由东向西移动，投向晷面的晷针影子也慢慢地由西向东移动。于是，移动着的晷针影子好像是现代钟表的指针，晷面则是钟表的表面，以此来显示时刻。（想想看，顺时针的概念、规定是怎样来的？和什么有关？）

由于从春分到秋分期间，太阳总是在天赤道的北侧运行，因此，晷针的影子投向晷面上方；从秋分到春分期间，太阳在天赤道的南侧运行，因此，晷针的影子投向晷面的下方。所以在观察日晷时，首先要了解两个不同时期晷针的投影位置。

3. 漏刻

漏刻是古代的一种计时仪器，不仅古代中国用，而且古埃及、古巴比伦等文明古国都使用过。漏是指计时用的漏壶，刻是指划分一天的时间单位，它通过漏壶的浮箭来计量一昼夜的时刻。

最初，人们发现陶器中的水会从裂缝中一滴一滴地漏出来，于是专门制造出一种留有小孔的漏壶，把水注入漏壶内，水便从壶孔中流出来，另外再用一个容器收集漏下来的水，在这个容器内有一根刻有标记的箭杆，相当于现代钟表上显示时刻的钟面，用一个竹片或木块托着箭杆浮在水面上，容器盖的中心开一个小孔，箭杆从盖孔中穿出，这个容器叫做"箭壶"。随着箭壶内收集的水逐渐增多，木块托着箭杆也慢慢地往上浮，古人从盖孔处看箭杆上的标记，就能知道具体的时刻。

漏刻的计时方法可分为两类：泄水型和受水型。漏刻是一种独立的计时系

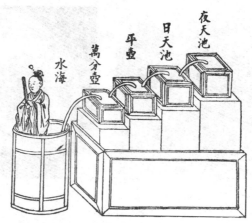

图 12.4　中国古代的四级漏刻

统，只借助水的运动。后来古人发现漏壶内的水多时，流水较快，水少时流水就慢，显然会影响计量时间的精度。于是在漏壶上再加一只漏壶，水从下面漏壶流出去的同时，上面漏壶的水即源源不断地补充给下面的漏壶，使下面漏壶内的水均匀地流入箭壶，从而取得比较精确的时刻。

　　现存于北京故宫博物院的铜壶漏刻(图 12.4)是公元 1745 年制造的，最上面漏壶的水从雕刻精致的龙口流出，依次流向下壶，箭壶盖上有个铜人仿佛抱着箭杆，箭杆上刻有 96 格，每格为 15 分钟，人们根据铜人手握箭杆处的标志来报告时间。

4. 浑仪

　　浑仪(图 12.5(a))是我国古代的一种天文观测仪器。在古代，"浑"字含有圆球的意义。古人认为天是圆的，形状像蛋壳，出现在天上的星星是镶嵌在蛋壳上的弹

(a)

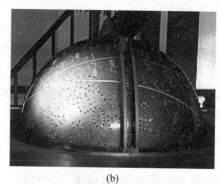

(b)

图　12.5

(a) 浑仪；(b) 天体仪

丸,地球则是蛋黄,人们在这个蛋黄上测量日月星辰的位置。因此,把这种观测天体位置的仪器叫做"浑仪"。

最初,浑仪的结构很简单,只有三个圆环和一根金属轴。最外面的那个圆环固定在正南北方向上,叫做"子午环";中间固定着的圆环平行于地球赤道面,叫做"赤道环";最里面的圆环可以绕金属轴旋转,叫做"赤经环";赤经环与金属轴相交于两点,一点指向北天极,另一点指向南天极。在赤经环面上装着一根望筒,可以绕赤经环中心转动,用望筒对准某颗星星,然后,根据赤道环和赤经环上的刻度来确定该星在天空中的位置。

后来,古人为了便于观测太阳、行星和月球等天体,在浑仪内又添置了几个圆环,也就是说环内再套环,使浑仪成为多种用途的天文观测仪器。

5. 天体仪

天体仪(图 12.5(b))古称"浑象",是我国古代一种用于演示天象的仪器。我国古人很早就会制造这种仪器,它可以用来直观、形象地了解日、月、星辰的相互位置和运动规律,可以说天体仪是现代天球仪的直接祖先。

北京古观象台上安置的天体仪,是我国现存最早的天体仪,制作于清康熙年间,重 3850 公斤。天体仪的主要组成部分是一个空心铜球,球面上刻有纵横交错的网格,用于量度天体的具体位置;球面上凸出的小圆点代表天上的亮星,它们严格地按照亮星之间的相互位置标刻。

6. 水运仪象台

水运仪象台(图 12.6)是宋代苏颂、韩公廉等人设计制造的一座大型天文仪器,它把观测天象的浑仪、演示天象的浑象和报时装置巧妙地结合在一起,是我国古代一项卓越的创造。水运仪象台高约 12 米,宽约 7 米,呈下宽上窄的正方台形,全部

图 12.6 水运仪象台

为木结构建筑。

全台分为三部分，最上层是一个可以开闭屋顶的木屋，里面放置一架铜制浑仪，用来观测天象；中间部分是一间密室，放置浑象，可以随时演示天象；最为有趣的是下面的报时装置，在台的南面可以看到五层木阁，每一层木阁里都有报时的小木人，他们各司其职，根据不同的时刻，轮流出来报时。英国著名科技史专家李约瑟曾说，它的一套动力装置"可能是欧洲中世纪天文钟的直接祖先"。

12.3　中国古代天文人物

中国古代天文人物的贡献，也多体现在历法、天文仪器制作等领域。

1. 甘德、石申

甘德，战国时楚国人。生卒年不详，大约生活于公元前 4 世纪中期。先秦时期著名的天文学家，是世界上最古老星表的编制者和木卫二的最早发现者。他著有《天文星占》八卷、《岁星经》等。

石申，战国时代魏国天文学、占星学家，著有《天文》八卷、《浑天图》等。石申曾系统地观察了金、木、水、火、土五大行星的运行，发现其出没的规律，记录名字，测定 121 颗恒星方位，数据被后世天文学家所用。

后人把这两人的著作结合起来，称为《甘石星经》，是现存世界上最早的天文学著作。书里记录了 800 颗恒星的名字，其中 121 颗恒星的位置已被测定，是世界最早的恒星表。书里还记录了木、火、土、金、水等五大行星的运行情况，并指出了它们出没的规律。《甘石星经》在宋代失传，今天只能从唐代《开元占经》里见到它的片段摘录。它比希腊天文学家伊巴谷测编的欧洲第一个恒星表早 200 年。

2. 落下闳

落下闳（公元前 140—前 87），中国西汉时期天文学家，以历算和天文学的杰出成就著称于世，为我国最早的历算学家。汉武帝元封年间为了改革历法，征聘天文学家，他与人合作创制新历法，被汉武帝采用，称《太初历》，共施行 189 年，是中国历史上有文字可考的第一部历法。《太初历》采用的岁首和科学的置闰法，我国的阴历一直沿用至今。落下闳是浑天说的创始人之一，经他改进的赤道式浑天仪，在中国用了 2000 年。在天文学史上首次准确推算出 135 月的日、月食周期，即 11 年应发生 23 次日食。根据这个周期，人类可以对日、月食进行预报，并可校正阴历。

3. 张衡

张衡（78—139），我国东汉时期伟大的科学家、文学家、发明家和政治家。他发明的地动仪（图 12.7）可谓是家喻户晓。在天文学方面，他发明创造了"浑天仪"

图 12.7　张衡和地动仪

(117 年),是世界上第一台用水力推动的大型观察星象的天文仪器,著有《浑天仪图注》和《灵宪》等书,画出了完备的星象图,提出了"月光生于日之所照"的科学论断。

《灵宪》是张衡积多年的实践与理论研究写成的一部天文巨著,也是世界天文史上的不朽名作。该书全面阐述了天地的生成、宇宙的演化、天地的结构、日月星辰的本质及其运动等诸多重大课题,将我国古代的天文学水平提升到了一个前所未有的新阶段,使我国当时的天文学研究居世界领先水平,并对后世产生了深远的影响。

4. 祖冲之

祖冲之(429—500),南朝天文学家,除了研究数学外,他还非常注重天文学的研究。他发现前代的历法不够精确,采用历法推算出来的天象有时与实际天象不符。于是,祖冲之博览古历,在汲取前代历法精华的基础上,根据自己长期观测天象的结果,于 33 岁时创制了《大明历》。在《大明历》中,祖冲之首次引入了岁差,还采用了 391 年设置 144 个闰月的精密的新闰周。这些做法,都是对前代历法的重大改革。他在《大明历》中所采用的一个回归年的天数,跟现代科学测定的天数只相差 50 多秒;采用的一个交点月的天数,跟现代科学测定的天数相差不到 1 秒;在制历过程中,他发明了用圭表测量冬至前后正午时日影长度以定冬至时刻的方法,这个方法为后世长期采用。

5. 张遂(一行)

张遂(一行)(683—727),唐朝高僧,著名的天文学家。主要成就是主持编制《大衍历》,在制造天文仪器、观测天象和主持天文大地测量等方面均有重要的贡献。纠正了我国古天文算学著作——《周髀算经》关于子午线"王畿千里,影差一寸"的错误计算公式,对人们正确认识地球作出了重大贡献。他设计制造了黄道游仪、浑仪、复矩等天文测量仪器。

6. 沈括

沈括(1031—1095)是北宋时期一位多才多艺的科学家,他不仅精通地理,而且对天文、数学、医学、农业等学科也颇有研究。30 多岁时,他在参加编校昭文馆书籍的工作中,开始学习和研究天文学。他注重实际观测,通过学习和实践,他认识到岁差现象引起天象的变化是一种自然规律;他解释月亮是因为受太阳光照射发光而产生圆缺变化;他科学而生动地描述了常州陨石的坠落过程,并准确地判断出其成分是铁;他还注意到行星的视运动有往复现象。

沈括在主管司天监工作期间,致力于整顿机构,强调实际观测,添置了新的天文仪器。在制造新浑仪时,他对传统的浑仪结构进行改进,简化浑仪的方向。为了测定北极星与北天极之间的距离,沈括亲自参加观测,每天上半夜、午夜和下半夜各观测一次,连续坚持了三个月,画了两百多张图,断定出北极星离北天极"三度有余"。

7. 郭守敬

郭守敬(1231—1316),元朝的天文学家、数学家、水利专家和仪器制造专家。为了精确汇集天文数据,以备制定新的历法,郭守敬花了两年时间,精心设计制造了一整套天文仪器,共 13 件,其中最有创造性的有 3 件:高表及其辅助仪器、简仪和仰仪。郭守敬根据观测的结果,于公元 1280 年 3 月,制订了一部准确精密的新历法《授时历》。这部新历法设定一年为 365.2425 天,与地球绕太阳一周的实际运行时间只差 26 秒。郭守敬在天文历法方面的著作有 14 种,共计 105 卷。

8. 徐光启

徐光启(1562—1633)是我国明末著名的科学家,是第一个把欧洲先进的科学知识介绍到中国的人。崇祯帝授权徐光启组织历局,重新编历。徐光启力主在研究中国古代历法的同时,参用西历,吸收西方先进的科学知识,请了三位传教士参与此工作,编译成了《崇祯历书》。这本系统介绍欧洲天文学知识的巨著,包括了欧洲古典天文学理论、仪器、计算和测量方法等。在编历中,他还注重欧洲天文学知识的介绍和西方观测仪器的引进等工作。他所主持的编历工作,为中国现代天文学发展奠定了一定的基础。

9. 李善兰

李善兰(1811—1882),清代天文学家、数学家。在天文学方面,他翻译了赫歇耳的《天文学纲要》一书,名为《谈天》,于 1859 年出版。书中介绍了哥白尼的学说,李善兰在序言中阐述了自己的观点,说明日心体系和行星运动中的椭圆定律等是客观存在的,他还批判了前人对哥白尼日心说的攻击。他对天体椭圆轨道运动等的解算进行过研究,提出了自己独特的解算法,其中最主要的是他第一次在中国使用了无穷级数的概念来求解开普勒方程。赫歇耳的著译甚多,他曾将自己主要的天文、算学著作汇编成《则古昔斋算学》一书。

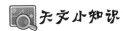 **天文小知识**

1. 中国古代天文官吏

从中国古代文明确立之时起,天文学就一直被天子所垄断,是皇家的禁脔。据《国语》《山海经》等古书记载,在远古的少暤氏时代,天下混乱,人与神都混杂不分,人人都搞起与上天沟通交往的巫术,于是颛顼帝采取断然措施,命令专门官员掌管天地之事,这就是所谓的"绝地通天"的传说。其最主要的意义是断绝了平民与上天交通的权利,这种权利从此以后就由天子垄断起来,只能由王家的专职巫觋去施行。

既然天文学为天子垄断,很自然,天文学机构及其直接象征观象台也为皇家独占,其他任何地方政权或个人都不能建立,否则就是"犯上作乱"的行为。但在中国古代历史上,可以找到一个例外,即北齐的张子信,他可能趁中原长期战乱时在海岛上建立过一个小型天文台,并取得了重要成果。这或许是中国古代唯一可与西方私人天文台相媲美的例子。

与现代社会中天文学家的身份截然不同,古代皇家天文学机构的负责人及其属吏都是政府官员;天文学机构则是中央政府的一个部门,通常在地方上没有常设的下属机构和人员。有时为了特殊的观测任务,则委派临时人员,元明两代例外。不过这个部门在理论上的品级却一直不太高,最高时在唐代,曾达到三级左右,最低时在五品左右。天文学机构的工作人员主要有三个来源:一是世袭的天文学官员,二是从社会上召集,三是本身的专门培训。历代天文学机构名称及主要负责人官名变动沿革如表 12.1。

表 12.1　中国古代天文官吏

历史朝代	官吏名称及人数
秦	太史令
西汉	太史公　太史令
东汉	太史令
魏晋南北朝	太史局;太史
隋	太史曹　太史监;太史令

续表

历史朝代	官吏名称及人数
唐	太史局　浑天监　浑仪监　太史监　司天台；太史局令　浑天监　太史监　司天台监 824 人
宋	司天监　太史局　天文院；司天监　太史局令
辽	司天监；太史令
金	司天台；提点　司天监
元	司天监　回回司天监　太史院；提点　司天监　太史院史 259 人
明	钦天监；太史令　监正 23～41 人
清	钦天监；监正 154 人

天文学机构的主要工作：一是天象的观测记录，内容有恒星位置的测定，并编制成星表或绘制为星图；日月食和掩星观测；行星在恒星背景下的视运动状况；异常天象的观测记录，包括彗星、新星、流星、太阳黑子等。对其中的某些天象还要有选择地向皇帝汇报。二是观天仪器的研制和管理。三是修订历法，编算历书历谱并印制颁发。

2. "天人合一"与世界著名古都

人类祖先把他们对天的认识，不仅体现在人文领域的占星术里，还体现在各时代的建筑物上。在世界各地，古代文明的废墟将深刻而又复杂的天文知识展现在世人面前。

有些文化留下了文字记载，从中可以了解到，天空的周期对这些民族的神灵崇拜仪式来说，有多么重要。它们大多蒙上了一层神秘的色彩。从英格兰的圆形石林，到墨西哥的特奥蒂瓦坎以及埃及、中国，古代的所有建筑遗址都展示出对天象的反映，尤其是二至点和二分点，日出、日落和月出、月落——虽然有时也朝着恒星或行星——引出准线的确切证据。

对这类遗址所做的科学研究被称为"考古天文学"。因为大多数遗址保留较差，又缺少足够的文献资料，所以许多这样的"视线"一直是科学中的待解之谜。但我们完全可以假定，尽管方式不同，可目的全都是测定天象的周期，保持季节的延续，维护人类的生存。

1）神圣的准线：天文视觉指南

我们知道埃及的大金字塔是按照严格的天文方位建造的。他们可能是崇拜天神，也可能是依据天文观测来确定坐标，也有一种说法是为了埃及法老"升天"指明方向。实际上，在世界各地天文视觉指南几乎是随处可见。

（1）英格兰的圆形石林

圆形石林（图 12.8）也称巨石阵，位于英格兰的索尔兹伯里平原。1740 年，有人注意到，"在白昼最长的时候，太阳大约从东北方升起"，同时，圆形石林中的灰色巨石恰恰对着那个方向。也有人很早就注意到，圆形石林的排列与仲夏季节的太阳有关。

图 12.8　英格兰的圆形石林

现代的研究证明，圆形石林基本上经历了 3 个建设阶段。它的主要作用是古代人用来观测、定位月球运动，日出、日落等天文现象，并开展祭祀活动的场所。

（2）埃及的大金字塔

大金字塔与其他金字塔一起位于开罗西南方的吉萨高原，是古代世界的 7 大奇观之一。在有文字记载的整个历史上，这座金字塔一直激发着人们的无限遐想。这座雄浑的建筑物已成为无数种理论、幻想作品和奇谈怪论所涉及的对象。

据推测，大金字塔是公元前 2000 年作为胡夫法老的陵墓而建造的。此建筑物建造的精确度在现在看来都是很高的。其占地面积 5 万 m²，各边长度之差均不超过 20cm。4 条边以不超过 2.5′ 的精度朝向 4 大基本方位。狮身人面像的双眼注视着二分点日出的位置。

1964 年由专家组成的埃及学和天文学小组对大金字塔内部进行了详尽的考察。他们发现与国王墓室相连接的所谓"通风道"可能在天体测量学和宇宙学领域有着相当重要的意义。通过推算，专家们惊奇地发现，北侧的通道指向当时（公元前 2700—前 2600）的北极星（天龙座 α 埃及人叫做萨班星）；而南侧的通道指向猎户座腰带的三连星。

在这之后，人们经位置计算和高空观察发现，在位于吉萨高原上的 7 座第 4 王朝的金字塔中，有 5 座（大金字塔、阿卜·罗阿什、卡夫拉、门卡乌拉和扎韦耶特）是在地面上按照组成猎户座的各个星辰的排列方式建造的(图12.9)。这能够形象地使俄塞里斯隐藏在大地上,将这位神灵带到人间。

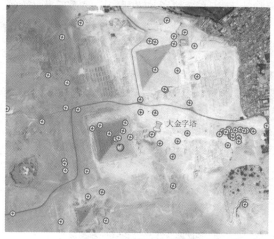

图 12.9　埃及的大金字塔排列为天上的"猎户座"的形状

7座第4王朝的金字塔的另外2座:红色金字塔和弯曲金字塔的位置与金牛座ε和毕星团的毕宿五有关。而大金字塔中王后墓室引出的通道指向的是古埃及人视为俄塞里斯之妻伊希斯(主管人间事务)化身的天狼星。

在一套名为《赫耳墨提卡》密书里这样写道:"埃及是天的映像……天上的所有活动、进行统治和发挥作用的所有力量都已传向下面的大地。"

(3) 秘鲁的马丘比丘

马丘比丘(图12.10),人称"天空中的城市",它的壮观遗址位于库斯科以北大约97km。这座印加城堡建于安第斯山区一座2440m的高山上,因而未被西班牙人所发现。该遗址有多处梯田、石砌房屋、神庙、广场,住宅区位于马丘比丘峰和华伊纳比丘峰之间的一条山脊上。有一条300多级的台阶可以上下。

马丘比丘与天文学有关的现象包括"拴日石"和神庙两处。

印加人祭奠太阳神的节日印蒂雷米(印蒂是太阳神)是在冬至(在南半球是6月21日)。他们仪式的目的是把太阳拴住,以不让它再回到北边。他们是利用一个叫做"印蒂华纳"的物件去拴住太阳。由于它有明显的宗教意义,所以西班牙人毁掉了大部分"印蒂华纳",现存于一个山顶上的印蒂华纳是由一块完整的花岗岩凿成的。它包括一根30cm高的立柱和一个不对称的平台,以及若干个平面、侧面、凹槽和凸面等。据推测它的作用类似圭表。另一处是位于马丘比丘的托里昂的一座神庙。庙的东墙是弯曲状的,窗子开口的方向是东北方,以仲冬日为中心(这是可以得到认可的)。但是东南方向开口的窗子对的是天蝎座尾巴上的几颗

图 12.10   秘鲁的马丘比丘——"天空中的城市"

星,应该是指示银河系中心的方向?而当地人把天蝎座叫做"科尔卡"(意为"仓库")。银河系中心不就是星星的仓库吗?

(4)危地马拉的瓦哈克通

瓦哈克通位于危地马拉的佩藤雨林,是古典时代早期(250—450)玛雅人的礼仪中心。在其中的一座建筑物中发现的 3 幅十字岩画,几乎与特奥蒂瓦坎的雕刻岩画一模一样,且朝向相似,这表明它的建造期很早。

20 世纪 70 年代,专家们发现了这一建筑群的天文学意义。从金字塔上观测,可以看到二分点太阳从 3 座神庙中的中间那一座升起。这座神庙坐落在其东面一座平台上的南北连线上。此外,如从这座金字塔上观测,仲夏日出会沿着北面那座神庙的一侧出现,仲冬日出则会沿着最南面那座神庙的边缘划过。中间那座神庙则存有许多玛雅历法的标示。整个建筑群被认为是祭祀太阳而建造的。

2)"天人合一"与世界著名古都

在世界各地,无论是哪个民族,君主们都会强调所谓的"天人合一",由此来昭彰他们是天神派到人间来统治人民。这尤其体现在他们都城的建造中。

(1)中国的故宫

故宫又名"紫禁城",这个名字就和中国古代哲学和天文学有关。古人认为"天人感应""天人合一",因此故宫的结构是模仿传说中的"天宫"构造的。古代天文学把恒星分为三垣,周围环绕着 28 宿,其中紫微垣(拱极星)正处中天,是所有星宿的中心。紫禁城之紫,就是"紫微正中"之紫,意为皇宫也是人间的"正中"。"禁"则指皇室所居,尊严无比,严禁侵扰。

故宫大体可以分为两大部分:南外朝、北内廷。外朝内廷的所有建筑排列在北京城的南北中轴线上,东西对称,秩序井然。准线指示明确(图 12.11)。

外朝主体建筑是:太和殿、中和殿、保和殿。其中的太和殿最为高大、辉煌。皇帝登基、大婚、册封、命将出征等都要在这里举行盛大仪式,其时数千人三呼"万岁",数百种礼器钟鼓齐鸣,极尽人间气派。中和殿是皇帝出席重大典礼前休息和接受朝拜的地方,最北面的保和殿则是皇帝赐宴和殿试的场所。

内廷包括乾清、交泰、坤宁三宫以及东西两侧的东六宫和西六宫。这是皇帝及其嫔妃居住的地方,即一般称为"三宫六院"。再北还有一个小巧别致的御花园。明、清初的皇帝均住在乾清宫,皇后住坤宁宫,交泰殿则是皇后的活动场所。

图 12.11　故宫的建筑布局呈五行排列,中央为"土"

上天与阴阳五行思想是中国的根本,五行思想在故宫的建筑布局中也有充分的体现。在前三殿的周边,都用汉白玉围砌成台阶,从而勾勒出一个巨大的"土"字。根据五行说的理论,中央土在天下之中,是天子所居之处。

在三大殿西面,慈宁花园以东,是白色的建筑群,为皇家内院。南方属火,色红,所以午门彩画用红色。三大殿东面的三所,东方属木,青色,所以屋顶用绿色琉璃瓦,号称"青宫"。文渊阁的墙本应为红色,红代表五行之火,因为此处是藏书楼,忌火,所以用代表水的黑色。而且金水河从楼前经过,以提高防火功能。

(2)美国的卡霍基亚

卡霍基亚(图 12.12)位于伊利诺伊州南部,是密西西比河畔的一座印第安城市和宗教崇拜中心,约 700—1500 年间有人居住,现为美国最大的史前部落之一。在它的极盛期曾有居民 2 万人,占地 15.5 平方千米。现整个遗址占地 9 平方千米,内有坟冢 68 座,其中包括北美洲最高的史前土方工程蒙克斯丘。

这里原是一座古都,曾被评为世界 10 大古都之一。最初有土丘 120 多个,有

图 12.12　美国的卡霍基亚

3 种类型:平顶台式土丘,支撑神庙等建筑;圆锥形土丘,主要用做坟冢;脊状顶土丘,同样用做坟冢,但主要用做地理标识。土丘区域的极限范围由 8 个脊状顶土丘中的 5 个界定,另外 3 个与蒙克斯丘构成准线——子午线。

蒙克斯丘处在 4 块台地中间,高约 30.5m,是卡霍基亚奠仪区的中心,即四大方位的中心。第一块台地的西南角上耸立着一座神庙。它恰好处在穿过卡霍基亚宗教崇拜中心的南北线上。第 72 号丘显得很关键,发掘表明子午线穿过该丘的点上曾竖起过一根长约 90m 的大杆。在它的周围明显建立过许多的土丘,其中包括一系列坟冢,内中的骸骨达 250 具以上。主坟冢周围有大量墓葬用品,如未经切割的云母片和数百个制作精美的箭头。这显然是一个具有特殊意义的地方,或许在某种象征宇宙的体系中扮演过关键的角色。

密西西比人曾在蒙克斯丘的最高台地上营造过一座长 32m、宽 14.6m、高约 152m 的木结构建筑。它被假定为国王的居所或是一座神庙。一根竖在外面的粗杆在美洲土著人心目中可能是世界之树的变体。"这根杆子代表着将天与地连在一起的轴的高度!"

1961 年,在蒙克斯丘以东,标示的东西线以南发现了 5 个木圈(圆形林木),用碳断代法检测表明,它们是公元 1000 年前后的产物。其中的第 3 个木圈直径为 125m,在它的东半圈上曾有 3 根杆子,用来标示 3 个关键的日出位置——仲夏、二分点和仲冬。而且从标示二分点的杆子望去,太阳会从隐约在天际的国王的居所或是神庙上升起。事实很可能是太阳圈曾被用于宗教祭祀活动,如太阳舞以及礼仪性太阳观测。从当地出土的文物中也有这方面的表示。(美国的卡霍基亚,没有搞错吧? 美国是一个只有 200 多年历史的移民国家呀。不过,我们说的是土著的印第安部落,找找他们有关天文学的历史。)

（3）墨西哥的特奥蒂瓦坎

特奥蒂瓦坎位于今墨西哥城东北约 48 km 处，创建于 1 世纪。是一个庞大的都市和礼仪中心，其文化在 350—650 年间处于盛期。当时城市人口有 20 万，占地 26 平方千米。城内有神庙、圣殿、广场、住所和工厂，十分繁荣。在 8 世纪城市毁于一场大火（图 12.13）。

图 12.13　墨西哥的特奥蒂瓦坎

没有人知道特奥蒂瓦坎的建造者是谁，但是，在阿兹特克帝国之前的 1000 余年内，他们建造的宗教和经济中心却在墨西哥河谷占据着统治地位。阿兹特克人发现了它并命名为特奥蒂瓦坎，即"众神的诞生地"，他们认为它是所有文明的发源地。俯视特奥蒂瓦坎的大、小金字塔就是献给太阳神和月亮神的。

特奥蒂瓦坎基本上由 4 个部分组成，但是，考察发现该城的准线并没有指向 4 个基本方向，而是有朝向正北偏东 15.5° 的偏差，是古人测量错误？经过研究发现答案竟在地下，也就是太阳金字塔下。专家发现太阳金字塔下有一个洞穴，而洞穴明显是作为宗教活动用的。从平面图看洞穴呈四叶形，在中北美洲许多部族认为这就是宇宙的形状。

而洞穴的通道恰好指向昴星团下落的方向，而昴星团对于古代中北美洲人有着重要的象征意义。每当昴星团与太阳偕日升时，当天的正午，太阳的影子会消失。人们认为这一天太阳对地球做了个短暂的访问，所以是极其重要的一天。当然，也指示了季节变化。

实际上，当时的人并不是不知道基本方位的。在城市的许多地方，专家们发现了许多的雕刻十字"基准",他们告诉你正南、正北。

(4) 中国南京古城城墙的"双斗合璧"

明代南京城墙,不仅是 14 世纪初世界上规模最大的首都城墙(全长 33676m),也是目前世界上保留规模最大的古都城墙。但是,从历史上看,中国古都城墙的形制大多以方形或矩形为主,而南京城墙形制十分复杂,实际上它表述了明太祖朱元璋"天人合一"的思想。

为了体现朱元璋"皇权神授"的统治地位,在规划南京城墙时,设计思想主要是仿效宇宙天象的投射,并根据当时的历史背景,南京的丘陵、河湖特殊的地理条件,利用南京旧有城垣以及军事防御需要等情况,京城城垣营建的平面图呈"南斗星"与"北斗星"聚合形(图 12.14)。

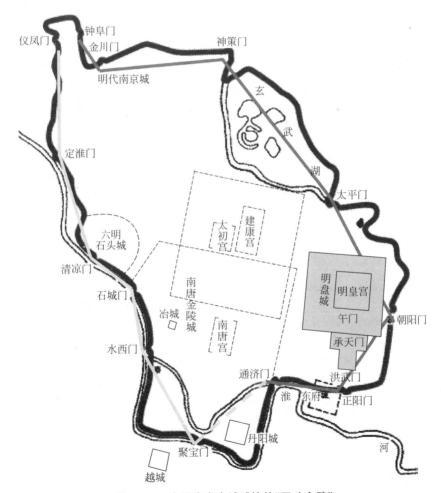

图 12.14　中国南京古城城墙的"双斗合璧"

南京城墙"南斗"与"北斗"的聚合形态，具体特征主要表现在以下三个方面：

① 从城垣东南角的通济门至西北角钟阜门与仪凤门之间作一划分，南为"南斗六星"；北为"北斗七星"。"南斗星"的 6 颗星，以聚宝门、三山（水西）门、清凉门、石城门、定淮门、仪凤门 6 座城门隐喻。"北斗星"的 7 颗星，以通济门、正阳门、朝阳门、太平门、神策门、金川门和钟阜门 7 座城门隐喻。

② 由于南京城墙"南斗"与"北斗"的组合，故自然分为南京市区的三大区块：自通济门（不含通济门本身）至三山门为"南勺"市区，这个区域的城墙以条石为主砌筑，城墙上部砌筑少量城砖；自通济门（含通济门）至太平门为"北勺"皇宫区，这个区域的城墙以城砖为主砌筑，某些地段在城墙的下部使用了条石；"南斗星"与"北斗星"的两斗柄之间为军事区。

③ 南京城墙的"南斗"与"北斗"结合部南端的通济门，其内瓮城呈十分罕见的"船形"。这种对军事防御并无多少价值的"船形"形状，却与南京城墙南斗与北斗形状密切相关。由于北斗象征皇权，南斗象征百姓，故隐喻着"平民皇帝"朱元璋创建的"大明王朝"，与天下百姓"同舟共济"的一种心态。其结合部北端的钟阜门，因正对"龙盘"之首的钟山，故含有"龙"的文化韵味，在与之相背直线距离不足 1 千米的地方，设置了仪凤门。这两门取向特殊，城门名"龙凤呈祥"的文化蕴涵明显，当是对"南斗"与"北斗"聚合天下"国之中土"的明王朝都城的一种祈祷。

3. 为什么叫"中国"

三横一竖谓之"王"。三者，天、地、人。而一竖贯通三横，王也。所以远古时候的王就是能沟通天地和凡人的人（能够识星星、看天象），如在四川广汉三星堆中出土的铜人大祭祀师，他最引人注目的地方就是他的"纵目"，也就是有一双大而突出的眼睛（方便认星）。王就是掌握了天文和地理知识的人，所以知识就是力量一点也没错。但王的知识是不能分享的，分享了就天下大乱了。王就要以天的秩序来建立天下的秩序，这就有了王道对天道的解读。《吕氏春秋·慎势》中有："古之王者，择天下之中而立国，择国之中而立宫，择宫之中而立庙。"

西周早期青铜器的铭文里我们看到，当时就是把"天下之中"这块土地，叫"中域"或者叫"中国"，"中"的观念是怎么来的？是和天文有关！天文学观象授时、确定方位主要是看恒星，但是夜晚的时候，你可以看恒星，白天呢？白天也有一颗很大的恒星，就是太阳。但是看太阳不是一件很容易的事情，太阳升到一定的地平高度以后，它很亮，一般人眼睛受不了，怎么办？古人很聪明，发明了一种测量太阳影子的表，不是直接看太阳，而是看太阳的影子（图 12.15）。

因为太阳在天上，东升西落会有一个角度的变化，它所投到地下的影子也会随之变化，所以人们根据一天日影的变化，就可以决定白天时间的早晚；而一天中太

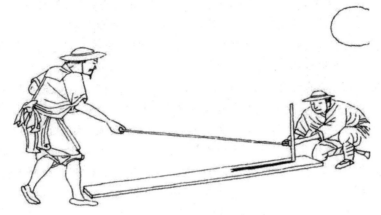

图 12.15　测量太阳影子的长度

阳的影子也有一个长短的变化,比如,在夏至这一天,太阳直射北回归线上有影子吗?没有。那时的太阳最高,其他各地太阳的影子也是最短的。人们在根据影子角度的变化确定早晚的时间后,再找出它们方位相等的点(方向)来,南北点就确定了,也就找到了"子午线"。得到东西南北四个方向,而表所在的位置,就是中央,就是天下之中。据说"中国"的称呼就是这样来的。

与世界其他的传统文化起源于宗教不同,中国的传统文化绝大多数来源于农事。在这种浓厚的"重农"氛围中,几千年近乎凝滞不变的生态铸就了中国人注重实际稳定的文化心态,培养了一种朴实厚重的"实用——经验理性",一种务实的精神取向。

与这种求稳的心态相适应,中国文化把长久以至永恒当作价值判断的重要尺度。《周易》讲"可大可久之";《中庸》讲"悠久成物";《老子》讲"天长地久",都是这种观念的典型表述。于是政治上追求"长治久安"、用品上追求"经久耐用"、宗教上追求"长生不老"、种族上追求"绵延永续"等,强调了中国文化中追求稳定、实际的特征。

中国的社会构成是由家庭而家族,由家族而宗族,由宗族而社区(会),由社区而国家,形成并保持了一种"家国一体"的格局,宗法关系深深地渗透到社会生活的各个层面以及文化的各个角度。在宗族内,每个人都不被看作独立的个体,而是被重重包围在宗法血缘的群体里。因此,群体的利益高于一切,每个人首先要考虑的是,自己的特定角色所应承担的责任和义务。对宗族的、对于整体的,从而自然地引申为对于种族的、对于社会的、对于国家的责任和义务。这样就很容易在"人道亲亲"的基础上引申出关于社会、国家的所谓合理秩序。在这种秩序上,个人被置于从属的、被支配的地位。个人的一切服从于整体,这样才能把整个社会整合起来，统一起来。于是，在政治领域，倡言大同理想；在社会领域，强调个人、家庭与国家不可分，倡导"保家卫国"；在文化领域，提倡"持中贵和"；在军事领域，遵循的是"统筹全局"的基本战略；在伦理领域，标榜"舍小家为大家"，必要时不惜牺牲个人和局部利益而维护整体利益的价值取向。

而将"重整体"的观念落到实践上就需要做到"协同"。要使庞大复杂的社会，无数心性相异的个人，凝聚为一个有机的整体，贯彻一种整体的秩序，就必须在价值取向、思维方式和心理结构等方面使人们普遍互相认同，具备高度协同的道德与精神素质，并使之外化为具体的协调性行为。作为中国文化之主体的儒家思想，从精神文化方面满足了这种需求。孔子曰："和为贵。"孟子曰："天时不如地利，地利不如人和。"《礼记》更是讲："和也者，天下之达道也。"这一个"和"字，其实包摄了推己及人的忠恕之道，和而不同的君子风范，修齐治平的人生境界，民胞物与的豁达胸襟，天下一家的深厚情怀。这一个"和"字实在是中国文化协同思想的灵魂与核心。

孔子的儒学并不是孔子想象出来的东西。儒学是孔子对天道运行规律的一个自己的解读。就如同通晓了天意的王从"天中"读出"天下之中"以立国一样，孔子从"天中"读出了凡人的行为规范——"中庸"。子曰："中也者，天下之本也，和也者，天下之达道也，致中和，天地位焉，万物化焉。"中庸：强调的是方法上的适度，原则上的不失其正，操作上的不走极端，执两用中。他立下了"君君，臣臣，父父，子子"的规矩；提倡"温，良，恭，俭，让"的做人。

孔子提出的儒学思想只解释了天道运行规律的一半，其对天道运行规律的另一半是儒家学派的另一个创始人孟子做出的，这才有了以后历史上孔孟并称的孔孟之道。也就是说，孔子提出了"天道"，孟子论述了"天道"的变化。从天的变化，孟子得出了"五百年必有王者兴"的观点。指出"得道多助，失道寡助"。所以，孟子的皇帝问他："（按照孔子的天道），臣弑其君可乎？"孟子曰："贼仁者谓之'贼'，贼义者谓之'残'。残贼之人谓之'一夫'。闻诛一夫纣矣，未闻弑君也。"孟子认为君贪得出了头就成了夫，独夫民贼人人得而诛之。汉代大儒家董仲舒说：道源出于天，天不变，道也不变。知天命，受天命。而孔子其实只说了：不知命，无以为君子。孟子说的是：莫之为而为者，天也，莫之致而致者，命也。

以老子为代表的道家也是中华文明的重要组成部分。他五千言的《道德经》告诉我们：人，家族和民族如何在自然中顺应天道的生存和繁衍之道。人和民族的根本问题是生息问题，老子从天道得出的人的长存之道："……不敢为天下先""……以其不争，故天下莫能与之争"。

《道德经》谈的就是一个道：天人合一之道。老子先谈了天道，宇宙之道。再就谈了什么是适合天道的人道。人的存在有二要素：生存和繁衍。老子谈适合天道的人道又谈了二点：为了生存人与人如何相处；为了繁衍人自己又应该怎样去做。所以《道德经》是人持续生存和发展之经。他告诫世人：上善若水。水善利万物而不争。祸莫大于不知足，咎莫大于欲得。

（中华文化博大精深，最能体现华夏文明存在的就是中国的古代天文学，读过这一章之后，你对中国古代天文学的看法，有哪些深刻的认识，有什么明显的改变吗？）

第 **13** 章 探索宇宙

宇宙的浩瀚,人类的幻想,构成了人类探索宇宙的历史。飞天的梦想,找到宇宙"同伴"的渴望,揭开大自然之谜的欢乐,支持着一代又一代人类去完成探索宇宙的使命。探索宇宙是一个古老的话题,是一个现代的话题,更是一个永恒的话题。

13.1 飞出地球

千百年来,人类一直向往能插上翅膀,飞出地球,去探索宇宙的奥秘。在古代,嫦娥奔月的神话表达了人们飞向月球的愿望。李白曾在诗中写道:"俱怀逸兴壮思飞,欲上青天揽明月。"但是,当时科学技术落后,脱离地球的引力束缚去太空旅行,只是一个难圆的梦。

斗转星移,岁月如梭。人类经过不断开拓进取和不懈努力,科技发展日新月异。1923 年 H.奥伯特论述火箭飞行原理的经典著作《飞往星际空间的火箭》出版,齐奥尔科夫斯基在 1924 年论述多级火箭的专著出版。奠定了人类探索宇宙的理论基础。(这两部著作,可以和牛顿、达尔文和哥白尼的著作相提并论,说出它们的书名,并一起读一读,感受一下人类科学的进步!)

火箭靠自身的燃料燃烧喷出气体的反作用力飞行。人类要进行星际探索,就必须借助于火箭。如果物体达到 7.9km/s 的速度,就可以围绕地球运转而不落下来,这时,它的离心力等于地球的引力。这个速度就是第一宇宙速度。

如图 13.1 所示,如果速度达到 11.2km/s,可以摆脱地球引力束缚在太阳系内飞行,但不能摆脱太阳的引力控制。我们就称它为第二宇宙速度。当速度大于16.7km/s,就可以飞出太阳系,这就是第三宇宙速度。

1957 年 10 月 4 日,苏联第一颗人造卫星上天,拉开了人类航天时代的序幕。第一位进入太空的人,就是大名鼎鼎的苏联宇航员加加林。1961 年 4 月 12 日,他乘坐"东方号"宇宙飞船环绕地球飞行一圈,历时 108 分钟,写下了人类航天飞行的新篇章。

月球是距离地球最近的天体,是人类进行太空探险的第一站。苏联 1959 年发射的月球 2 号探测器在月球着陆,这是人类的航天器第一次到达地球以外的天体。同年 10 月,月球 3 号飞越月球,发回第一批月球背面的照片。1970 年发射的月球

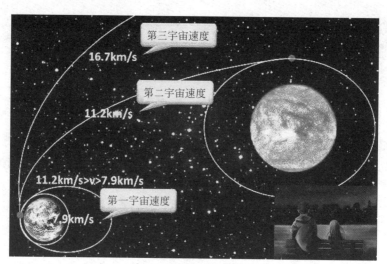

图 13.1　三个宇宙速度

16 号着陆于丰富海,送回 100 克月球土壤。

　　美国人也不甘落后,在 20 世纪 60 年代开始了征服月球的"阿波罗"计划,目的就是登上月球进行实地考察。在此之前的 1961—1967 年间,9 个"徘徊者"探测器,7 个"勘探者"探测器以及 5 个月球轨道探测器先后对月球进行考察。它们拍摄照片并分析了月球的土壤,为登月做准备。紧接着,"土星"5 号运载火箭先后向月球发射了 17 艘"阿波罗"飞船。其中,"阿波罗"1～3 号是试验用的飞船,4～6 号是无人飞船,7 号飞船载人绕地球飞行,8～10 号载人绕月飞行,11～17 号是载人登月飞行。

　　1969 年 7 月 16 日,美国"阿波罗 11 号"飞船,载着阿姆斯特朗、奥尔德林和柯林斯三人在美国肯尼迪航天中心升空,飞向月球。到达月球轨道后,由柯林斯驾驶飞船绕月飞行,而阿姆斯特朗和奥尔德林驾驶登月舱于 7 月 20 日在月面静海降落。

　　阿姆斯特朗第一个登上月球(图 13.2),他说出了这段意味深长的话:"对于一个人来说,这只是一小步;但对人类来说,这是巨大的一步。"他们在月面上进行实地科学考察,并把一块金属纪念牌插上月球,上面镌刻着"公元 1969 年 7 月,来自行星地球上的人首次登上月球。我们是全人类的代表,我们为和平而来。"

　　他们在月球上安装了测量月震的月震仪,采集了月球岩石和土壤。在完成月面考察任务以后,进入登月舱,离开月球回到月球轨道上的指令舱中,与柯林斯汇合后返回地球,完成了这一史无前例的航天飞行。在此之后,又有 5 次成功的登月飞行,宇航员们总共在月球上停留了约 300 小时,使人们对月球的认识大大加

图 13.2 "阿波罗"飞船登月,阿姆斯特朗踏出人类的"第一步"

深了。

1994 年,美国发射了"克莱门汀号"无人驾驶飞船,对月球进行了新的地貌测绘,为建立月球基地和月基天文台作准备。

1998 年 1 月 6 日发射升空的"月球勘探者",携带中子光谱仪探测氢原子。最终发现在月球两极的盆地底部存在水。

人类对于未知世界的探索是永无止境的。人们并不满足于对月球的了解,目标又转向了太阳系中的大行星。

金星的半径、质量、密度等与地球接近,是地球的姐妹行星。人们对它的兴趣很大,然而,地面观测所得的资料比较贫乏,对金星的研究充满了未知数。航天器可以使人们了解它更多的信息。

1962 年美国发射的"水手 2 号"从距金星 35000 千米处飞过,实现了航天器首次飞越行星,同时发现金星表面有 400℃ 的高温。1969—1981 年,苏联的"金星 5 号"至"14 号"探测器先后在金星表面着陆成功,执行了多项科学考察任务,包括拍摄金星表面照片及了解大气的成分、温度、压力等。1978 年 5 月 20 日美国发射的"先驱者-金星 1 号",于同年 12 月 4 日到达金星并围绕它飞行,用雷达探测金星地形。"先驱者-金星 2 号"到达金星后放出 4 个探测器,在落向金星的过程中,了解大气、云层、磁场等数据。

1989 年美国发射的麦哲伦号探测器又运用综合孔径雷达对金星表面进行探测。这些探测使我们了解到金星的磁场很弱,表面气压是地球海面气压的 90 倍等情况。另外,一个有趣的现象是"金星 12 号"在距离金星表面 10 千米时探测到闪电,着陆后又多次记录到闪电。

距离太阳最近的就是水星了。美国发射的"水手 10 号"飞船在考察了金星之后,3 次飞临水星。它发现了水星的磁场和磁层,探测出水星大气的主要成分是氦。飞船上的两个摄像机拍摄了多幅图像,揭示出水星地表有大量的陨石坑和盆地。图 13.3 显示水星表面比月球更加"麻子脸"。

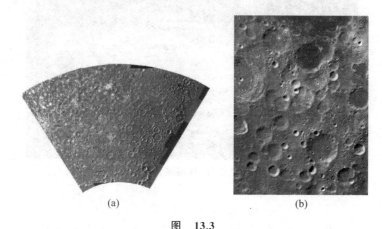

图　13.3

（a）人类第一张水星表面图片；（b）月球表面

火星的名字"Mars"是战神的意思。它在天空中呈现红色,使人们联想到血和战争。火星很像地球,有坚硬的表面和四季的交替,同时它还拥有随四季变化的极冠。当初人们用望远镜观测它时,发现了火星上有许多条纹,这些条纹曾经被人们认为是火星人挖掘的运河。因此,人类对探测火星一直抱有浓厚的兴趣,希望在上面发现火星人。

1962 年苏联发射的"火星 1 号""宇宙 21 号"和美国的"水手 3 号"均遭到了失败,然而失败是不能阻止人类探索大自然的脚步的。1964 年 1 月 28 日美国发射的"水手 4 号",于 1965 年 7 月 14 日在距离火星的一万千米高空掠过,获得了第一批火星照片。1974 年,苏联发射的"火星 5 号"宇宙飞船首次拍摄了火星的彩色照片。

1976 年,美国的"海盗 1 号"和"海盗 2 号"登陆器分别在火星上降落,并在降落的过程中,测量了大气温度的分布情况和火星大气压的情况。

海盗号飞船作了几种实验,结果表明没有光合作用产生的物质交换,火星大气和表层物质中没有有机分子。摄像机监视了火星上有无生命活动的迹象,结果令人失望。可以这么说,火星表面现在没有生命,或者更严格地说,没有与地球上类似的生命。

探测表明,火星上有干涸的河床,有流水冲击的特征,这表明在过去有过大量的水。那么,火星上有没有生命呢?

1993 年美国"火星观察者"探测器在进入环绕火星的轨道之后,与地球失去联系,导致计划失败。

1996 年 12 月,美国又发射了"火星探路者"探测器,经过 7 个月的星际飞行,在火星的阿瑞斯平原着陆。火星探路者携带了一个六轮小车,可以在火星的表面漫游,因而叫做"火星漫游者"(图 13.4(a)),价值 2500 万美元。它分析了火星岩石和土壤。照片(图 13.4(b))证实了海盗号的结论,火星上曾发生过大洪水。

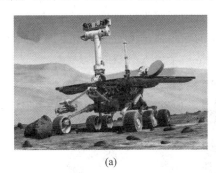 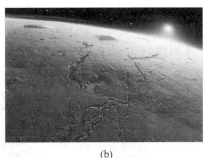

(a)   (b)

图 13.4

(a)登陆火星的探测器;(b)火星表面有水的痕迹

1996 年 11 月美国发射了"火星全球勘测者",在绕火星的轨道上研究火星表面、大气和磁场的情况。它还向地球发射无线电波,经过火星大气后到达地球,由此了解火星大气的温度、引力和化学组成。

1999 年 1 月 3 日,火星极地着陆器发射成功。然而,在飞行了 11 个月并登陆到火星上以后,就与地面失去了联系,宣告了这次航天活动的失败。

欧洲空间局 2003 年发射了"火星快车"探测器考察火星,这标志着欧洲空间局在行星探测方面跨入了新纪元。

2012 年 8 月 22 日,美国的"好奇号"火星探测器又在火星上留下了人类新的"脚印"。美国还于 2016 年发射"洞察"号火星探测器,重点对火星内核加以研究。

"洞察"号火星无人着陆探测器是向火星发射的一颗火星地球物理探测器,于 2018 年 11 月 26 日 14 时 54 分在火星成功着陆。其主要任务是将一个装载有地震仪及热流侦测器的固定式登陆载具发射到火星表面,从而研究火星早期的地质演变。更进一步,2020 年 7 月 NASA 将派出"火星 2020 探测车(Mars 2020 Rover)"致力于完成三项主要任务:①采集三十多份沉积岩心和石头样本,伺机带回地球供全球的科学家共享;②探寻火星上可能存在的微生物,因为"如果火星上曾有过生命,只可能是微生物,我们要做的是寻找它们微观的遗迹",负责项目的科学家这样说;③探究火星磁场,已经证明早期的火星是有过类似地球一样的大气层的,它们为什么消失了呢?科学家猜测应该和火星磁场的变化有关。

从火星再向外,就是行星之中的庞然大物——木星了。美国的"先驱者 10 号"

1973 年 12 月 4 日在木星附近飞过，传来了木星和木卫的照片。它最后在 1983 年越过海王星轨道后成为飞出太阳系的第一个人造天体。

接着，"先驱者 11 号""旅行者 1 号""旅行者 2 号"也相继飞越木星和木卫。在旅行者飞船拍摄的木星黑夜半球的图像上可以看到极光（图 13.5(a)）。有趣的是，在木卫一上发现了正在喷发的火山（图 13.5(b)），喷发的高度达到 30 千米，速度是每秒几百米到 1 千米。伽利略号飞船观测的结果显示木卫二和木卫四表面之下存在液态水海洋，有可能有生命存在，这无疑是一个令人兴奋的消息。

(a)　　　　　　　　　　(b)

图　13.5

(a) 木星的极光；(b) 木卫一上正在喷发的火山

"旅行者"飞船还发现了土星有射电辐射（来源于土星内核中原子的衰变），频率在 3 千赫到 1.2 兆赫之间。1986 年 1 月，"旅行者 2 号"飞船又测出天王星的自转轴和磁轴有很大的交角，达 60°。飞船还拍摄了天王星卫星的照片，然后又拜访了海王星，发回了照片。

宇宙飞船不仅仅用于对太阳系内的大行星及卫星进行近距离观察。1985—1986 年哈雷彗星回归过程当中，有 5 艘飞船对它进行了近距离观测，有许多令人惊奇的发现。例如，哈雷彗星的核并非人们想象的球状，而是椭球状，气体和尘埃从核的表面几个活动区域喷出。

1996 年，美国三名科学家向美国宇航局提出撞击彗星计划。1999 年 11 月 1 日，"炮轰"彗星计划正式启动，耗资 3.33 亿美元。2005 年 1 月 12 日，"深度撞击"号彗星探测器成功发射。2005 年 7 月 3 日下午 2 点 07 分，"深度撞击"号彗星探测器（图 13.6）成功释放撞击器。2005 年 7 月 4 日下午 1 点 52 分，撞击器按计划准时命中彗星"坦普尔一号"。此时，"深度撞击"号已在太空遨游了 173 天，走过了 4.31 亿千米的旅程。

其间，欧洲空间局对 7 个短周期彗星进行了空间探测。它们是"深空 1 号"（DS1）计划、"星尘"计划、"等高线"计划、"罗塞塔"计划和"深空 4 号"（DS4）计划。其中 DS1 和 DS4 计划是与美国国家宇航局合作的。

图　13.6

（a）撞击器"冲"向彗星；（b）被撞击后的"坦普尔一号"彗星"光芒万丈"

那么,人类为什么要花巨大的经费和气力去开展彗星撞击的研究呢? 基本上可以说有两个目的:①撞击彗星将帮助我们对太阳系诞生的过程有更多了解,并将对探索生命的起源、地球上水的来源也有重大意义。天文学家猜想,包括地球在内的行星,大约 39 亿年前可能都曾受到彗星的密集轰击,而不久后地球上就出现了生命,两者之间可能有联系。如果能由此在回答"人类从哪里来"的问题上有所帮助,此次撞击的意义更将惠及全人类。②整个过程的航天器无人控制技术堪称完美,而这对人类未来远足外空,离开蛰居许久的地球家园,前往外空开辟新的乐土,也将具有重大意义。

以如此一种好莱坞大片的方式进行的"深度撞击",无疑能激发出人类更多的想象,吸引更多的人投身科学探索。或许在许多人的眼中,科学研究总是枯燥无味的,而空间探索更往往是"虚无缥缈"的。但"深度撞击"吸引了无数的眼球,当他们在今后仰望苍穹的时候,心中或许会萌发出更多从事科学探索的激情。而这,或许远比传统教科书式科普教育的效果要来得更好。可能有人会说,"深度撞击"耗资3.33 亿美元,如此巨资是否值得? 比较一下吧,一架 B-2 轰炸机的单价高达 21 亿美元,当它在地球上留下深坑的同时,留在人类心灵里的伤害,又是多么深重呢? "香消玉殒"在宇宙深处,"深度撞击"留给人类的,绝非仅仅只是一场华美的"焰火"表演。

中国的航天事业开始于 20 世纪 60 年代。1964 年 7 月 19 日,成功发射了一枚生物火箭。1966 年 10 月 27 日,导弹核武器发射试验成功。1975 年 11 月 26日,发射了一颗返回式人造卫星,3 天后卫星按预订计划返回地面。这使得我国成为世界上第三个掌握卫星返回技术的国家。1980 年远程运载火箭发射成功。2 年以后,潜艇水下发射运载火箭获得成功。1984 年 4 月 8 日,我国第一颗地球静止轨道试验通信卫星发射成功。1986 年 2 月 1 日,我国发射了一颗实用通信广播卫星,2月20日,卫星定点成功。这标志着我国卫星通信进入实用阶段。1988年9月7日,中国发射了一颗试验气象卫星"风云一号"。这是我国自行研制和发射的第一颗极地气象卫星。2013年"风云4号"发射上天,增强红外和微波波段的气象探测能力。1990年4月7日,我国的"长征三号"火箭把美国制造的"亚洲一号"通信卫星送入预定轨道,取得了为国外发射卫星的成功。中国载人航天工程1992年启动。1999年11月20日,在酒泉卫星发射中心用运载火箭发射了"神舟号"试验飞船,之后,"神舟五号""神舟六号"载人飞行相继成功,我国的载人航天事业迈出了重要一步。(随着人类的科技水平的不断进步,人类的航天事业也取得了极大的发展,写一篇2000字左右的小论文,从各个角度阐述一下21世纪以来人类航天事业的成就。)

13.2　呼唤宇宙"亲戚"

在地球之外是否还有像人类那样,或者更高级的智慧生命呢?如果有,又能否同他们建立联系呢?科幻小说《大战火星人》曾经轰动一时。多年来有关不明飞行物(UFO)的报道频频出现,有人把它同外星人联系在一起而变得更为耸人听闻。

1. 人们力图和外星人联系

1960年5月,美国一些天文学家用射电望远镜观测恒星鲸鱼座t,试图收到外星人发来的信号。这颗星距我们11光年,它在许多方面都同太阳相似。如果它周围一颗行星上栖居了一批技术水平同我们相仿的外星人,那他们也许正在向外发射无线电信号以求与外部同类取得联系。正是这样的合乎逻辑的推理,促使人们进行了这项称为"奥兹玛"的探索计划。计划进行了3个月,结果一无所获。

人类也有过向外界发送信息的尝试。1974年11月,美国阿雷西博天文台的大射电望远镜向武仙座星团发送了3分钟无线电信号。信号将在24000年后到达目的地。如果届时某一类文明生物已有了大射电望远镜,并恰好指向地球,那也许就会收到我们的信号。当然,要通过这样短的发射来达到目的可能性实在太小了。不过,这毕竟是人类力图把自己的存在告诉别的同类的一次尝试。

美国在1972年和1977年发射的行星探测器先驱者号和旅行者号中,都放进了写给外星人的信。目前,这两艘飞船已经飞离太阳系,继续驶向遥远的宇宙。要是真有外星人看到这些信,知道有地球人,不知道回信上会写些什么?(想想看,美国人带到宇宙的中国人的问候语,为什么是粤语、厦门话和客家话?)

就在这次发射前不久,先驱者10号和11号飞船上携带了两块特别的镀金铝盘离开地球。铝盘上刻有男女裸体人像,以及地球在银河系中的位置和有关太阳系的一些信息(图 13.7)。先驱者 10 号和 11 号的镀金铝盘上,右侧画有一男一女,后面是先驱者号,左侧画的是地球的位置。

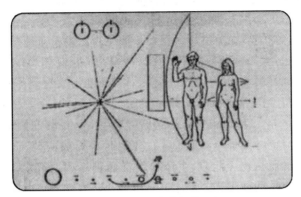

图 13.7　地球名片

后来旅行者 1 号宇宙飞船又携带着"地球之音"的唱片飞向太空,其中有 115 幅照片和图表,近 60 种语言的问候语,35 种自然声音,以及 27 首古典和现代音乐等。科学家们希望有朝一日这些"信物"会落入外星人之手,从而使他们知道我们的存在,并设法同我们联系。

这些做法能同外星人联系上吗?为了讨论这一问题,我们有必要回顾一下行星的诞生。

2. 恒星演化和行星的形成

生命只能出现在能发出光和热的恒星周围的行星上,但并非所有恒星都必然带有行星。星云说认为,恒星是从自转着的原始星云收缩形成的。收缩时因角动量守恒使转动加快,又因离心力的作用使星云逐渐变为扁平状。当中心温度达 700 万 K 时出现由氢转变为氦的热核反应,恒星就诞生了。盘的外围部分物质在这个过程中会凝聚成若干小的天体——行星。

星云说可以合理解释许多观测事实,但也存在一些困难。另一方面,计算机理论模拟计算表明,如果星云物质在收缩过程中没有角动量转移,那结果不会形成一个中央恒星和周围一些小质量行星,而是会形成双星。在双星系统中即使形成行星,不用多久它们也会落入某颗恒星中,或者被抛入宇宙空间,不可能长期在恒星周围存在。

看来大自然给原始星云两种发展的可能:物质保持它原有角动量,演化后形成双星;或者两者在演化过程中恰到好处地分道扬镳,结果生成中央恒星以及绕它运转的行星。

3. 生成智慧生物的漫长过程

生物的进化是一种极为缓慢的过程，所经历的时间之长完全可以同太阳的演化过程相比。化石的研究发现，早在 35 亿年前地球上就已有了一种发育得比较高级的单细胞生物，称为蓝-绿藻类。根据恒星演化理论以及对地球上古老岩石和陨星物质的分析知道，太阳和地球的形成比这种生物的出现还要早 10 亿～15 亿年。太阳系形成后大约经过 50 亿年之久地球上才有人类。

现在设想把每 50 亿年按简单比例压缩成 1"年"。用这样的标度 1 星期相当于现实生活的 1 亿年，1 秒钟相当于 160 年。从宇宙大爆炸起到太阳系诞生，已经过去了大约 2 年时间。地球是在第 3 年的 1 月份中形成的，3、4 月份出现了蓝-绿藻类这种古老单细胞生物。此后，生命在缓慢而不停顿地进化。9 月份地球上出现了第一批有细胞核的大细胞，10 月下旬可能已有了多细胞生物。到 11 月底植物和动物接管了大部分陆地，地球变得活跃起来。12 月 18 日恐龙出现了，这些不可一世的庞然大物仅仅在地球上称霸了一个星期。除夕晚上 11 时北京人问世了，子夜前 10 分钟尼安特人出现在除夕的晚会上。现代人只是在新年到来前的 5 分钟才得以露面，而人类有文字记载的历史则开始于子夜前的 30 秒钟。近代生活中的重大事件在旧年的最后数秒钟内一个接一个加快出现，子夜来临前的最后一秒钟内地球上的人口便增加了 2 倍。

由此可见地球诞生后大部分时间一直在抚育着生命，但只有很短一部分时间生命才具有高级生物的形式。（从人生、社会、地球、太阳系、宇宙的角度谈谈你对生命进程的看法。）

4. 行星上诞生生命的苛刻条件

现在我们看到了，智慧生物的诞生要求恒星必须至少能在约 50 亿年时间内稳定地发出光和热。恒星的寿命与质量大小密切相关。大质量恒星的热核反应只能维持几百万年，这对于生命进化来说是远远不够的。只有类似太阳质量的恒星才是合适的候选者，银河系内这样的恒星约有 1000 亿颗，除双星外单星大约是 400 亿颗。

单星是否都有行星呢？

遗憾的是我们对其他行星系统所知甚少，但是确已通过观测逐步发现一些恒星周围可能有行星存在。考虑到太阳系客观存在，甚至大行星还有自己的卫星系统，不妨乐观地假定所有单星都带有行星。

有行星不等于有生命，更不等于有高等生物。关键在于行星到母恒星的距离必须恰到好处，远了近了都不行。由于认识水平所限我们只能讨论有同地球类似环境条件的生命形式，特别要假定必须有液态水存在。太阳系有八大行星，但明确处在能有条件形成生物的所谓生态圈内的只有地球。金星和火星位于生态圈边缘,现已探明在它们的表面都没有生物。

对一颗行星来说,能具有生命存在所必须满足的全部条件实在是十分罕见的。太阳系中地球是独一无二的幸运儿。详细计算表明,在上述 400 亿颗单星中,充其量也只有 100 万颗的周围有能使生命进化到高级阶段的行星。

另一个限制条件是地外生命应该与地球上生命有类似的化学组成。天文观测表明,除少数例外,整个宇宙中化学元素的分布相当均匀,因而完全有理由相信在遥远行星上也能找到构成全部有机分子所需要的材料。事实上已经在不少地方发现了许多比较复杂的有机分子。因而可以认为,生命在某个地方只要理论上说可以形成,实际上也确实会形成。于是银河系中就会有 100 万颗行星能有生命诞生,不过每颗行星上的生命应当处于不同的进化阶段。

5. 能找到外星人吗?

如果我们为 100 万这个大数目感到欢欣鼓舞,认为找到外星人不成问题,那就高兴得太早了。对于地外高级生物只有当能同他们建立联系时才有意义。

就人类目前的认识来看,无线电信号是建立这种联系的唯一可行的途径,因而必须进一步探讨有多少个行星上居住了有能力发送这种信号的文明生物。如果他们从存在以来一直在发送这种信号,那就应该有 100 万个正在进行无线电发播的行星。但事实上不要说藻类,就是人类在 100 多年前也还没有这种能力。另一方面,技术已遭到破坏,以及本身已遭到毁灭的生命形态也是不会这样做的。请不要忘记,差不多在能发射无线电信号的同时,人类也研制成了大规模核武器,它们足以把地球上全部生物彻底毁灭掉。外星人会不会为失去理智的战争狂所支配而毁掉自己呢? 这种可能性也许不能完全排除。

让我们又一次乐观地认为外星人有能力、有理智解决那些我们所担心的问题,并假定他们在和平繁荣的环境中生活了 100 万年。由于科学技术极为发达,生活充分富裕,他们必然会想到、也完全有能力耗费巨资来从事有重大意义的开创性研究,其中包括试图同外部世界同类建立联系。他们在 100 万年内不停顿地向外界发送强有力的无线电信号。这么一来在上述 100 万颗行星中,就有一小部分正在发播这种信号,这部分所占的比例是 100 万年除以 40 亿年,即 0.025%。这意味着目前正在发送信号的只有 250 颗。如果它们均匀地分布在银河系中,则相邻两颗之间的距离约为 4600 光年。人类发出的信号要经过 4600 年才能送到离我们最近的外星人那儿。如果他们收到了并随即发出回答,那要收到他们的回音我们还得再耐心地等上 4600 年!"奥兹玛"计划的联系对象离开我们只有十几光年,这样做实在没有多大意义。要使计划变得有实际意义,必须监听 4600 光年范围内每一颗类似太阳的单星是否在发出有含义的信号。

要是更实际一点,想想人类有历史记载的只有 4000 年。如果外星人只是在 4000 年长的时间内有能力进行无线电发播,那么今天在向外界播发信号的就只有一颗行星! 于是,整个银河系中除地球外充其量也就再有一种文明生物在发送信号,我们用射电望远镜在银河系内留心倾听这种信号的种种努力就完全是徒劳无功之举!

大家也许会为这一结论深感失望。那么实际情况同这里所估计的会有多大差异? 上面的讨论中有许多不确定因素。每颗单星周围都有行星吗? 生命是否只能在地球这样的环境下诞生? 还有,实际上我们并不知道一种智慧生物到底能生存多久,他们能一直生存下去吗? 这些问题恐怕在相当长时间内还无法作出明确的回答。然而原始人又何尝想到今天的大型客机、彩色电视、快速电子计算机和登月飞行呢? 只要人类能在和平繁荣的环境中一直生活下去,科学的发展会逐步回答这些问题。不过就目前来看,外星人即使存在,我们也暂时无法同他们进行有效的联系。因而,把不明飞行物同天外来客的宇宙飞船联系在一起恐怕是不可信的。(外星人一直是人们津津乐道的话题,从一般大众到著名科学家,都有自己独特的观点。我们的观点一直是:这个问题分两步走,第一,茫茫宇宙、气象万千,外星人、外星生命肯定存在;第二,存在是一回事,找到或者他们联系上我们是另一回事。科学讲究实事求是,现在我们还是不能认可外星人! 你怎么看?)

13.3 关于 UFO

提到 UFO,每个人的表情恐怕都会有所不同。因为,大多数人都只是在想象中意识到 UFO 的存在。天文学家相信有 UFO 吗? 据我所知,绝大多数人应该是不相信的。你相信有吗? 这里,我们试图从 UFO 的起源开始,从各个角度带领大家去认识 UFO,等你读完本节之后,再问一下自己——我相信有 UFO 吗?(给出自己的说法和理由。)

13.3.1 探秘

UFO 以充满神秘的方式存在,数以千万计的地球人声称看见过 UFO。究竟这些"目击者"是幻想家还是骗子? 抑或在谎言与真实之间存在着某些东西? 答案是在太空中的星球,还是来自人类对神秘的崇拜?

在世界范围内第一次掀起 UFO 研究的热潮,始于 UFO 研究史上最著名的"阿诺德事件"。

UFO 原意指不明真相的飞行物体,是组成"不明飞行物"三个英文单词的缩写

Unidentified Flying Object。UFO 大致可分为以下几类：

（1）自然现象，如流星、球状闪电、地震光等；

（2）人造物体，如气球、飞机、人造卫星、宇宙飞船残骸等；

（3）幻觉和伪造的骗局；

（4）非地球人类（包括地球上可能存在的非人类）的生命体制造的宇航乘具，即人称飞碟。

对 UFO 的描述有：快速地移动或盘旋；移动时悄然无声、飘忽不定或轰鸣异常；外形如碟子、雪茄、球形、环形或椭圆形。据统计，被目击到的 UFO 的形态，达 100 多种。

在世界范围内有关 UFO 的记载自古就有。但是，1947 年 6 月 24 日，美国新闻界以首创的"飞碟"一词大篇幅地报道阿诺德目击飞碟事件，才把令世人都感到好奇的天外来客展现在人们眼前而轰动全球。这一天，他驾驶私人飞机在华盛顿州雷尼尔地区飞行时，突然看到 9 个呈 V 字队形飞行的发光圆盘。经媒介报道后，飞碟立即成为全球的热门话题。

自那以后，世界各地越来越多的人声称看到过飞碟，仅美国就有超过 1500 万的人宣称曾亲眼看到过飞碟。在众多的目击者中，即有平常百姓，也有知名人士、科学家、官员或被认为精神上有问题的人。

美国天文学家、UFO 研究专家艾伦·海涅克博士根据对 UFO 现象的分析制定了一套评估系统。他将众多的飞碟目击事件划归为：第一类接触、第二类接触、第三类接触和第四类接触。

近距离目击到飞碟，称"**第一类接触**"。据目击者描述，飞碟有各种形状，且多有照片为证。据专家分析，这其中大部分是抛在空中的塑料模型或轮船之类的东西，也不乏经剪辑制作的照片（图 13.8（a））。

 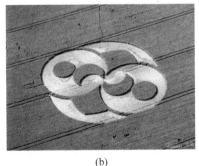

（a）　　　　　　　　　　　　（b）

图 13.8　关于 UFO 事件

（a）"第一类接触"；（b）"第二类接触"

看到飞碟在地面上留下降落的痕迹,如被成片压倒的植物或地上的坑洞等。则称为**"第二类接触"**。如在英国的麦田出现的神秘图案,就被视为飞碟降落地点的痕迹。不过有趣的是,一位英国的机械师人为制造出了类似图案(图 13.8(b))。

目睹到飞碟内的乘员,便是**"第三类接触"**。多数目击者称,那些外星人通常有类似人类的外表,但具有头大、身矮的特征。

"第四类接触"特指被外星人劫持接受医学实验或交流。世界各地均有这些的报道。

在神秘的 UFO 现象中,由于美国军方进行的秘密调查,而把存在 UFO 的说法推向新的高潮。直到今天仍流传着 UFO 存在的证据被美军方有系统地隐藏起来了。因负有国防上的重大责任。

美国空军于 1952 年展开了一项举世闻名的"蓝皮书计划",由科罗拉多大学的康登博士负责指导。

1952 年是 UFO 出现最多的一年,康登小组大规模地收集调查了来自世界各地的 13000 例目击报告,为加强计划的实施,又增设了 123 位 UFO 调查员,分派到世界各地,搜集调查 UFO 的任何细微踪迹。

1954—1958 年,在新墨西哥州 UFO 经常出现的地区,康登小组使用超广角史密特相机进行观测,总时数达 3000 小时。20 世纪 60 年代中期,一连串令人瞩目的飞碟事件使美国空军又成立了以奥布赖恩为主席、众多物理学家和临床心理学组成的研究机构。到 1969 年 12 月 17 日,美国官方的"蓝皮书计划"终于落幕。研究报告指出:到目前为止,证据尚不足以支持 UFO 存在的说法。不过 UFO 调查专家对某些 UFO 目击事件仍无法作出合理的解释,而且许多自然科学家们不排除宇宙中存在有其他生物的可能。

人类进入 20 世纪后,发生了一系列足以影响人类发展进程的重大事件,如核爆炸、人类登月等,而在这些事件当中,均有来自太空的不明飞行物在监视着人类。1945 年 7 月 16 日,美国在新墨西哥州靠近阿拉莫戈的沙漠地区成功地进行了核爆炸,宣告了原子时代的来临。就在这期间,阿拉莫戈的沙漠上空频繁出现不明飞行物。7 月 20 日,美国空军雷达探测到 5 个圆形发光飞行物,并一直跟踪它们从华盛顿到阿拉莫戈沙漠。

对 UFO 持怀疑态度的民间组织,德国的"特异天象研究中心"致力于对各种现象提出解释。据他们搜集到的事实,UFO 的来源有热气球(50%),卫星及行星(30%),流星,极光,宇宙尘埃或探照灯。约 5%的 UFO 报道未得到解释。

历史学家本兹说:"在哥白尼的学说成为一种世界性的常识的今日,人们自然会产生外星球上居住着其他生物的想法。于是外星人和飞碟就成为一种散布各地的新世界性的宗教。"心理学家使用"意识状态转移"等术语来描述这些现象。因为几乎每个人都可能陷入一种真实与梦境之间的模糊状态。如白日做梦、过度疲劳以及长距离驾车所可能导致的高速公路催眠现象,或当人们处于半醒半梦的状态,感知能力受到扭曲时,幻觉便会出现。

当人的下意识受科幻小说或电影的影响,或本来就相信 UFO 存在时,自然而然会把星星、飞机、彗星、流星、小型气球或许多其他的物体,误以为不寻常的东西,并联想为来自外太空的物体。

然而,在对宇宙的探索中,对外星人的探索,最能激起人们的兴趣。虽然科学家鉴于星球间存在着巨大的距离,认为即使有外星人,也不可能飞抵地球,但他们并未否定外太空存在智慧生命的可能。

1979 年,联合国第 43 届大会通过把 UFO 作为世界性课题进行研究的提案,在第 47 次会议纲要中指出:"对涉及整个人类的 UFO 的研究,应当是人类为解决世界的社会、经济、政治等问题所作出的努力的一部分。"

13.3.2　究竟是否存在 UFO

虽然越来越多的公众相信部分 UFO 是外星人的飞碟,但正统的科学界(包括绝大多数科学家)和各国政府(法国等除外)却否认飞碟的存在,认为 UFO 无非是一些探空气球、流星、虚无缥缈的幻影或未知的大气物理现象,如地光等。

1997 年 8 月初,美国的一家报纸曾发表文章称:"在 50 年代出现的大量 UFO 现象,其实是美国军方进行的秘密实验。"此话一出,引起世界一阵哗然。虽然如此,但美国军方并没站出来证实这一点。除此之外,也确有相当一部分 UFO 是无法解释的,其中不少是科学家和飞行员目击的,难道一个天文学家能把一颗流星当作飞碟? 难道飞机上所有人员都同时产生幻影?

UFO 的一个特点是无法在实验室研究,也无任何公式可用,连确切的证据都没有。这正是它不为正统科学界承认的一个原因。人们习惯于借助电子和光学等仪器提供数据,用公式演算分析去验证一个发现。但研究 UFO,却无任何仪器可用,也无法重演,故很难使人接受。一架飞机在我们头顶飞过后,我们可以继续知道它在哪里,在它飞行方向的下一个地方,人们也会看到飞机。

但曾经是一个固态和有形的 UFO,昨晚干扰了汽车、飞机以后,现在它在哪里? 在它消失的方向上可能再也没有人看到它,监视整个地区的雷达、红外探测器也没有发现它。事实上,它从现实中消失了。

可见,对 UFO 的研究,同目前的传统科学有很大的差别。同时,由于一批狂热的 UFO 主义者常常夸大其词,甚至弄虚作假,凭空杜撰与 UFO 接触事件,伪造 UFO 照片,结果使 UFO 研究声誉大跌,使大部分科学家对 UFO 现象产生反感,他们既无兴趣也无时间进行研究。在这种情况下,就很容易得出 UFO 根本不存在的结论。

　　UFO 否定论者往往用现有的科学法则来说明 UFO 现象中的种种不可能，如"大气中不可能有飞碟那样高的速度，否则就要产生冲击波""这么大的加速度会把任何东西压碎""飞碟那么小，若是从别的星系飞来的，它的燃料放在什么地方"等。

　　他们还往往把爱因斯坦的相对论搬出来，指责"UFO 研究不按科学规律行事"。如果笼统地问，爱因斯坦的相对论绝对正确吗？可能人人都会持否定态度，但在具体问题上就是另一回事了。现在人们正在努力研究统一场理论，也有越来越多的人倾向于可瞬时完成宇宙航行，起码不需要原来认为的那么多时间。UFO 否定论者曾嘲笑说："对于 UFO 研究者来说，只要有解决不了的问题存在，那就需要修改现代科学的理论。"

　　英国飞碟研究协会曾就这个问题对所收集的飞碟资料中有关飞碟的特征加以分类、比较和研究，结果认为传说中那种神话般的飞碟现象是不存在的。现在看来飞碟并不是什么"天外技术"的具体表现形式，可能是发生在地球上的一种自然现象。它的出现与地理条件关系密切，有可能是一种不明大气现象。例如，某些材料中谈到的一种飞碟呈卵形，直径 1~3 米，绕主轴旋转，接近地面并发出大面积电磁辐射的就属这类。现在科学家利用一定手段已能证实它的存在。并把它命名为"不明大气现象"（VAP），以便与可能存在的飞碟（UFO）相区别。

　　当然，科学界的大势仍是对 UFO 实在性的怀疑。但"观察事实"却导出了"地外宇宙飞船"的假说。美国声望很高的 UFO 学者 J.哈依内克博士曾是一位有力的否定论者，但他接触了大量的目击报告和目击者后改变了态度。他曾担任过从大学天文系主任到天文台台长等一系列科学职务。1976 年他在伊利诺伊州 UFO 研究中心对采访记者说："对这样的资料假装不知，直至否定目击者的人格，这是科学家的良心所不允许的。轻蔑与无视绝不是科学方法的一部分。"

13.3.3　一些科学家如何看待 UFO

　　世界上第一个亲自研究 UFO 的科学家是海尔曼·奥伯特博士，他被誉为"宇宙航行法之父"，是建立现代火箭理论基础的伟大科学家。他受德国政府之托，从 1953 年起的 3 年内，在约 7 万件目击报告中选出最可信赖的 800 件，从中推算 UFO 的航空工程性能，并得出这样的结论："科学可以把不可能和不能证实的问题看作可能，为了说明观察事实，必须有效地考虑理论设想。在已有的理论设想中，UFO 是地外智慧生命操纵的飞行物，最符合观察事实。"

　　法国天文学家、计算机学家贾克·瓦莱博士，1954 年对从西欧到中东集中发生的 200 件以上的着陆搭乘目击事件进行统计分析（他是第一个用统计学手法研究 UFO 的科学家），结果发现很多推翻否定论"法则性"根据的东西。如目击事件与人口密度成反比,这和人口越多越易产生集团幻觉说相反;目击事件发生在日常生活中,且目击者无性别、年龄、职业和学历方面的偏颇,这与幻觉和病态妄想说相矛盾;从着陆痕迹测定或从状况推测的 UFO 的直径,都为 5 米左右,这暗含 UFO现象与其说是心理的,不如说是物理的;目击的时刻分布和着陆地点分布的状况显示着存在智慧控制。

1966 年,瓦莱博士在公布他的研究成果时说:"只要不拒绝把 UFO 作为空中物体来研究,那么,不把 UFO 着陆的报道作为研究对象是没有道理的。只要承认有被智慧控制的可能性,就没有理由否定 UFO 着陆和搭乘员降落的可能性。"

目击 UFO 的科学家很多。较早的是冥王星的发现者克·汤博。1979 年 8 月20 日,他和妻子、岳母在新墨西哥州拉斯克鲁塞斯的住宅之外看到"6 至 8 个长方形的绿光群","这是在夜空模糊地浮现在轮廓的巨大船体的舷窗,随着远去,逐渐变小,最后消失。如果这是地面上某个物体的反射物,同样的现象应该频繁出现。我经常在自家庭院进行天文观测,但这样的现象也仅在那个时候见过一次。"

1973 年,物理学家斯塔洛克以全美职业天文学家为对象进行调查,在 1356 位问答者中,有 56% 的人持肯定态度,认为"值得进行科学研究",有 4.6% 即 62 人"亲眼见过 UFO"。如新墨西哥州萨克拉门托峰天文台一个台员说,1974 年 10 月11 日傍晚,"我驾驶的小型卡车在山道上蜿蜒行驶,突然与前方上空水平飞行的UFO 相遇,引擎停车,卡车不能前进。这是个圆盘形物体。接着,它突然在垂直方向加速,几秒钟内变小、消失。此时车子恢复正常。"

1979 年,产业科学的专业杂志《工业调查》(92% 的读者具有学位)对整个科学技术界进行调查,有 1200 名读者寄回调查卡片,其中"目击过 UFO"的占 8%,"见过类似 UFO 的东西"的占 10%,回答"UFO 确实存在"和"多半存在"的读者共占61%,44% 的读者认为"UFO 来自太空"。

秘鲁星际关系研究所所长卡洛斯·帕斯是一位研究外星文明的专家,已从事该项研究 20 多年,在他出版的新书《我们认识的其他世界》中,详细介绍了几十年来他和他的同伴们的研究成果。他说,他们通过 26 年的研究表明,迄今已证实存在 86 种外星人,这些外星人矮的只有 2 厘米,高的则达 10 米,其中 85% 能够呼吸地球上的空气,20% 戴着假面具,5% 穿潜水服,好像来自有水的世界。其中有极小部分根本就没有鼻腔,它们可以用皮肤进行呼吸(图 13.9)。

13.3.4　飞碟研究中的若干问题

在飞碟或者是外星人的研究中,无论如何下面的问题是无法回避的! 就目前来看,我们发现很难给出确切的答案。

图 13.9 形式各异的外星人想象图

1. 飞碟的异常特征

(1) 几何外形与尺寸。如碟形、雪茄形、草帽形、球形、陀螺形等,其外形尺寸小者如乒乓球或指甲,大者(雪茄形)长达数千米。

(2) 高超音速。飞碟不仅可垂直升降,悬停或倒退,还可作高超音速飞行,有的时速可达 24000 千米(即 20 马赫),有的甚至更高,这是现有的人造飞行器所望尘莫及的。

(3) 飘浮——反重力。飞碟在其垂直上升时可快如闪电,转瞬即逝,而在下降时却又像秋天落叶一样,飘飘荡荡下落,这和通常的飞行器在地球引力作用下,下降容易上升难的情况正好相反,这表明它具有不受重力影响的特性。

(4) 高机动性。"直角"或"锐角"转弯——反惯性。当飞机在作高速飞行转弯时,其巨大惯性使得飞行员头晕目眩甚至丧失知觉,因此当代机动性能要求最高的格斗战斗机(如美国 F-16),即使是训练有素且身着抗重力服的乘员,也只能在短时间内承受最大的过载为 $8g$,又飞机本身的结构强度,也无法承受太大的过载(如 F-16 的设计最大允许过载为 $9g$),否则飞机将散架!但据目击观察,飞碟却可以在高速飞行时不减速作"直角"或"锐角"转弯(这里当然不是真的直角,否则转弯半径为 $R=0$,则过载为无穷大,这将使任何飞行器及其乘员全都完了!)。当飞碟速度仅为 $v=1$,马赫实际转弯半径为 $R=30$ 米时,则相应的过载为 $372.65g$,在如此巨大惯性力的作用下,飞碟的飞行照样轻松自如,但这却是任何地球人和人造飞行器都绝对承受不了的!当它转过来 $90°$ 时,所需时间仅为 0.14 秒,即在不到 1/7 秒的一瞬间内就完成了这一动作,这就在视觉上给人以"直角转弯"的印象!而在现代即使是速度为 2~2.5 马赫的高性能战斗机,在实际作战中也只能是在亚音速 0.8~0.9 马赫时才能取得最大转弯率为大约每秒 $13°$,要转过 $90°$ 则需 6.9 秒(这是上述 0.14 秒时间的 49 倍)!由此对比可见,飞碟的机动灵活性是飞机所无法比拟的,再加上其速度远大于飞机,这就难怪当有人想用飞机去跟踪飞碟时,结果总是徒劳,却往往反而被飞碟所跟踪!

　　（5）隐形。有时肉眼都能看见飞碟,但雷达却侦测不出来,有时眼见它降落在某地,但走近去看却什么也没有。

　　（6）发光。飞碟发光有单色不变光、多色随变光、常态光、固体光(即光束能任意收缩或弯曲,甚至出现锯齿状),有的光束有透视能力(即照射物体后能使其变成透明),有的能将人吸入飞碟,有的能使人瘫痪或致残。

　　（7）出入海空。飞碟能由空中潜入海里,也可以由海里直接升入空中。

　　（8）放射性现象。当飞碟在低空飞过或者着陆时,常会出现如使动植物灼伤、泥土不吸水、种子不发芽、母牛不产奶,或者使人恶心、呼吸困难、失眠、暂时失去知觉、中枢神经瘫痪或定身等现象。

　　（9）电磁干扰。通常在飞碟所过之处出现强烈的电磁干扰现象,使电气系统处于瘫痪,如工厂停电、仪表和雷达失灵、无线电通信中断、车辆和飞机发动机熄火、导弹发射不出等,等到飞碟远去以后,一切又自动恢复正常。

　　（10）防御与攻击飞碟着陆后,常利用低频率的超声波,在其周围建立起一个肉眼看不见的具有保护屏障作用的警戒区域。地球人一旦进入,就会出现昏迷或瘫痪等现象,因此无法靠近它。如用导弹攻击空中的飞碟,却在导弹击中目标之前就自行爆炸,这已为多次事例所证实。专家推测这仅仅是飞碟在飞行时在其周围产生电磁场所形成的保护层,已足以抵挡地球人所使用常规武器的进攻。但如果飞碟要主动进攻,那地球人显然就不是对手了。如 1974 年秋,一架直径约 100 米的飞碟飞近韩国海岸时遭到一枚霍克式导弹的攻击,飞碟立即射出一道白光将其击落,接着第二道白光射向地面阵地,将其余两枚霍克式导弹熔化。

2. 飞碟的异常特征所引出的问题

　　（1）有关飞碟的异常特征都是用现有的科学技术所无法解释的,它成为当代最使人困扰的一大奥秘,但由此却又引出一个更加使人困扰的问题,即飞碟飞行的异常轨迹和某些行为表明其系受某种智能生物所控制,而且由异常特征所显示的令人惊叹的高度科技水平,又表明飞碟绝对不是当代地球人所能制造出来的,那么自然要问:"它是由谁制造和控制的?"对此合乎逻辑的推理只能解释为:飞碟是由比地球人具有更高度智能的生物所制造和控制的,如果他们不是生活在地球上,那就一定是生活在其他星球上。他们是外星人! 这个结论对很多人来说在思想上比飞碟更难以接受!

　　（2）飞碟的异常特征远远不是当代飞行器所能比拟的,因此凸显出它在军事应用上的巨大潜力,这已引起某些国家政府和军方的重视,并对有关的信息和资料采取严格的保密措施,这不仅使我们了解真实情况的难度增大,而且对已获取的信息更需要重视其可靠性。

3. 飞碟奥秘的核心

来自外星球的飞碟要实现几百光年甚至几千万光年的星际飞行,谈何容易? 这需要解决一系列的高难度问题,诸如飞碟的设计、制造工艺、材料、发动机、能源、通信、导航、控制、生活供应设施、生命保障系统等,但当我们分析飞碟的诸多异常特征时不难看出,绝大多数都与动力系统有关,因此动力系统自然成为飞碟奥秘的核心,这就为我们研究飞碟指明了主攻方向。

（1）动力系统

在宇宙中星球的数量很多,动辄以亿计,而且它们在空间的分布又很分散,其间的距离动辄又以光年计(平均距离 5 光年)! 因此要想实现星际飞行,这绝对不是现有的航空航天科技水平所能胜任的,这就促使我们必须去探索新的飞行原理,开发新的能源和动力装置,研制新型的发动机。

（2）新的时空理论

据最近报道,在距地球 55 光年的飞马座 51 号恒星附近,有适宜生命存在的行星,如果飞碟以光速的 99% 的速度飞行,按照狭义相对论,飞碟乘员来回一趟也需要大约 77 年,如去距地球 220 万光年的仙女座星云,来回一趟得 300 万年! 这是不可想象的,更不要说去更遥远的星球了。由此可见,要想实现星际飞行,飞碟的速度必须是超光速,但是狭义相对论只适用于亚光速的范围,而在超光速时情况又如何? 是否就如某些案例所描述的"无论多远,转瞬即到"? 尚不可知,因此必须探讨新的时空理论。

4. UFO 飞行原理的科学解释

UFO 之谜究竟是客观存在的自然之谜,还仅仅是由种种自然现象所引起的错觉或纯粹是某些人的主观幻觉呢? 若干年来,这一问题深深地吸引住了不少科学家的注意力。坚信飞碟是来自外太空宇宙飞船的科学家对此作出了自己独特的解释,尽管他们的看法可能在这一方面或那一环节上存在着不够完善之处,但就总体而言,这对启迪人类的智慧,开阔人类的视野还是很有意义的。

人类在进行宇宙探索过程中所碰到的最大困难之一,就是能源障碍。科学发展史告诉我们,对微观世界研究得越深入,人类所获取的能源也越经济、越强大、越充足。如今我们如果要得到比原子能更为经济、基础更为强大的能源,那唯一的途径只能是研究微观世界更深层的结构。科学家认为,应从基本粒子着手。

另外,目前所观察到的飞碟不仅有高速飞行的惊人能力,同时又能克服加速飞行时所产生的超重障碍。正是宇宙中普遍存在的惯性力引起了超重,要抵消这种异乎寻常的超重力就得依靠处于同飞行相反方向的某些巨大天体所产生的巨大引力。

非常可能,在微观世界的深处,我们目前关于引力本质的认识已经历了根本性的变化,外星人在那儿已经找到了一个能产生强大重力场的新机制,并且人为地设立了一个"大场",正是依靠这种对我们来说还完全是幻想式的重力场机制,来克服超重的困难。飞碟给人类的启示的确是十分巨大的,现在某些科学家正在研究这种"大场"。

飞碟能以超光速飞行,这是部分飞碟学家的设想。这究竟是否可能呢?要解决这一使人感兴趣的问题,人们首先面临的问题是宇宙中有没有以超光速运动的物质。

20世纪物理学领域中最伟大的成就之一,就是发现了光速在任何自然环境之中都恒定不变。它同光源的运动速度或光接收器运动的速度都没有关系。按照爱因斯坦的相对论原理,光速是自然界中传递任何物理相互作用的极限速度。宇宙中是否存在着以超光速运动的物质。人们把这一假想中的物质称为高速物质。在原则上,以超光速运动是完全可能的。物理大师爱因斯坦所创立的相对论在逻辑上也允许存在两个世界:一是我们目前所处的慢速世界,即以不超过光速运动的世界;一是快速世界,即以超光速运动的世界。

从整体上来看,高速物质的主要特点在我们慢速世界里无法发现。它们以一种任何力量都无法超越的界线把我们同它们相隔离,并且永远不同我们发生任何关系。高速世界是组成我们慢速世界的基本粒子的独特对应体,它们所积聚的能量不是随速度的提高而增加,而是随速度的提高而减少。这是一种十分奇特的物理现象。在慢速世界中零点能同静止状态相适应。理论计算表明,物质以接近光速或以光速运动时所要消耗的能将达到无限,可是在这想象的快速世界中,零点能同无限高速运动相联系,一旦速度减慢到接近光速时,能量会骤然增加,以致达到无穷,正如在慢速世界中一样。因此,无限的能源障碍也把我们的慢速世界同快速世界截然隔开。那么在从快速世界进入慢速世界时究竟是怎样越过这一障碍的呢?

13.3.5 关于 UFO 来源的几种学说

1. 宇宙空间说

太阳只不过是银河系2000亿颗恒星中的一颗,宇宙之中还有着数目惊人的河外星系,宇宙的遥远和无限是难以想象的,因此关于它的奥秘要用"无穷"来形容。地球人类的眼光还没有越出太阳系,可以认为,UFO实体来自宇宙的某一个地方。我们地球人不也有自己的宇宙飞船吗?从大宇宙的角度来看,一切现象都有其解释。

2. 地下文明说

据悉,美国的人造卫星"查里7号"到北极圈进行拍摄后,在底片上竟然发现北极地带开了一个孔。这是不是地球内部的入口? 另外,地球物理学者一般都认为,地球的质量有6兆吨的百万倍,假如地球内部是实体,那质量将不止于此,因而引发了"地球空洞说"。一些石油勘探队员在地下发现过大隧道和体形巨大的地下人。我们可以设想,地球人分为地表人和地内人,地下王国的地底人必定掌握着高于地表人的科学技术,这样,他们——地表人的同星人,乘坐地表人尚不能制造的飞碟遨游空间,就成为顺理成章的事了。

3. 四维空间说

有些人认为,UFO 来自于第四维空间。那种有如幽灵的飞行器在消失时是一瞬间的事,而且人造卫星电子跟踪根本就盯不住,可以认为,UFO 的乘员在玩弄时空手法。一种技术上的手段,可以形成某些局部的空间曲度,这种局部的弯曲空间在与之接触的空间中扩展,完成这一步后,另一空间的人就可到我们这个空间来了。正如各种目击报告中所说的那样,具体有形的生物突然之间便会从一个 UFO 近旁的地面上出现,而非明显地从一道门里跑出来。

4. 杂居说

该观点认为,外星人就在我们中间生活、工作! 研究者们用一种令人称奇的新式辐射照相机拍摄的一些照片中,发现有一些人的头周围被一种淡绿色晕圈环绕,可能是由他们大脑发出的射线造成的。然而,当试图查询带晕圈的人时,却发现这些人完全消失了,甚至找不到他们曾经存在的迹象。外星人就藏在我们中间,而我们却不知道他们要做什么,但没有证据表明外星人会伤害我们。

5. 人类始祖说

有这么一种观点:人类的祖先就是外星人。大约在几万年以前,一批有着高度智慧和科技知识的外星人来到地球,他们发现地球的环境十分适宜其居住,但是,由于他们没有设施来应对地球的地心吸引力,所以便改变初衷,决定创造一种新的人种——由外星人跟地球猿人结合而产生。他们以雌性猿人作为对象,设法使她们受孕,结果便产生了今天的人类。

6. 平行世界说

我们所看到的宇宙(即总星系)不可能形成于四维宇宙范围内,也就是说,我们周围的世界不只是在长、宽、高、时间这几维空间中形成的。宇宙可能是由上下毗邻的两个世界构成的,它们之间的联系虽然很小,却几乎是相互透明的,这两个物质世界通常是相互影响很小的"形影"状世界。

在这两个叠层式世界形成时,将它们"复合"为一体的相互作用力极大,各种物质高度混杂在一起,进而形成统一的世界。后来,宇宙发生膨胀,这时,物质密度下降,引力衰减,从而形成两个实际上互为独立的世界。换言之,完全可能在同一时空内存在一个与我们毗邻的隐形平行世界。确切地说,它可能同我们的世界相像,也可能同我们的世界截然不同。可能物理、化学定律相同,但现实条件却不同。这两个世界早在 200 亿～150 亿年前就"各霸一方"了。因此,飞碟有可能就是从那另一个世界来的。可能是在某种特殊条件下偶然闯入的,更有可能是他们早已经掌握了在两个世界中旅行的知识,并经常来往于两个世界之间,他们的科技水平远远超出我们人类之上。

13.3.6 UFO 你看见的究竟是什么?

从 1947 年阿诺德事件至今,全世界已有几百万人称他们观察到了 UFO。观察的时间和地区的分布按时期不同而异。

UFO 的绝大多数证据是许多目击者和照片。照片大多是开玩笑和剪辑而成的,特别是在互联网这种无法控制的传播工具中,经过剪辑的照片更多。

观测者看到了什么呢?70% 的人说从远处观察到夜间的光,因此周围不清晰;而所谓"靠近 UFO"的不足 20%。在这 20% 当中,直接观察的占 40%,20% 的人称是由于环境的暂时效应(如动物或电器的异常),另外 20% 的人称见到地上的实物痕迹,余下的 20% 自称发现天外来客。在北美的一种典型现象是,目击者自称曾直接接触 UFO 或被其中的天外来客"绑架"。当需要验证观测报告时,调查往往拖了很久才进行,这就同证人作证发生了矛盾,因为没有任何实物可以证明那些解释不是错误的,或者不是拙劣的伪造。

尽管 UFO 这个词可做出不同的解释,但几乎所有的人都宁愿相信,那是外星宇宙飞船的光临。

这个动人的假设,与其说是想象的丰富,不如说是人类为摆脱现今"茫茫宇宙独居地球村"的那一分孤独和寂寞。它传播得极为迅速和广阔,而可能性其实很小。一种可能的事实就是,UFO 其实来自我们自己的地球,比如一架开着灯着陆的飞机,或者反射率很高的通信卫星等;当然也可能就是自然现象,例如陨星的坠落。事实上,各种声称看到 UFO 的观测报告,90% 以上都可以用上述现象中的一种做出解释。一般来说,观测 UFO 时,视觉产生的错觉并不使人感到意外,因为报告空中有不明飞行物的人大多是些观察天空的门外汉,而天文学家或天文爱好者很少说他们发现了不明飞行物。

在大量的观察报告中,有极少部分的事例是由有资格的人士提供的证明,这些证明为雷达跟踪所确认。但事实上,有时候即使空中不存在任何物体,雷达也会有回波显示,这是因为存在着雷达假目标,如雷达副波、反常折射、散射、多次折射等。

在大气层中,可以发生一些不熟悉的现象,某些科学家也可能成为见证人,例如球状闪电,能形成喷射或爆炸的发光球体。

1977年7月1日凌晨3点,乌迪内附近阿维亚诺的北约空军基地一幢快速反应部队的建筑内,当时供电突然中断,灯火熄灭,应急发电机开始运转,同时建筑物内的全部报警器启动。按照对这一事件的可靠的复述,当时在基地外面观测到一种似乎是静止的强光,空气中有静电并且还有"咝咝"的响声。这一事件好像很神秘,但是如果考虑到球状闪电这类现象的话,我们就能将其作为一种自然现象来解释。

随着时间的推移,多年来UFO的神话不断向被天外来客绑架这种倾向性说法转变。典型的"被绑架者"在催眠术和心理治疗期间,经过一段记忆缺失期后恢复了记忆,并说记起了情节。这些人大多数是正常人,没有心理障碍。尽管如此,美国心理学家罗伯特·卡罗尔指出,用催眠术恢复记忆是一个不能信赖的方法,因为催眠术是灌输新东西的最好手段。

有人说的有关绑架和"天外来客"向倒霉的人体内移植东西的种种实物证据都是不存在的,而那些印记和伤疤完全可以由最普通的原因所造成。卡罗尔认为,许多人相信这类事件的原因是"文化幻觉"的一个例证。事实上,人们需要神话永存。在传媒日益发达、科学技术不断发展的推动下,我们以现代的飞碟替代了中世纪的女巫和恶魔。

天文小知识

1. 图腾:人类最早的信仰

人类对世界、对大自然最早的信仰,应该是体现在他们族群的图腾之中。

所谓图腾,就是原始时代的人们把某种动物、植物或非生物等当做自己的亲属、祖先或保护神。相信他们有一种超自然力,会保护自己,并且还可以获得他们的力量和技能。在原始人的眼里,图腾实际是一个被人格化的崇拜对象。图腾是群体的保护神。也可以说,图腾集中了原始人类所有能想到和期盼的本能存在。

1) 原始崇拜

图腾广泛存在于世界各地,包括埃及、希腊、阿拉伯地区、以色列、日本及中国等;图腾崇拜的对象也极为广泛,有动植物、非生物及自然现象,其中以动植物为主,动物又占绝大多数。为什么动物会占多数呢?这是源于原始人的眼界狭隘和氏族制度的特点。原始人不懂得男女媾和繁衍人类的道理,而认为本氏族的祖先与某种动植物,特别是动物有密切联系;氏族的祖先就是图腾动植物的化身或转世。在原始的初民社会中,人们除了动植物外,还能到哪里寻找材料解释人类的起源呢? 动物在许多地方与人相似,又有许多人类没有的(本能)优势,如鸟能在空中飞,鱼能在水中游,爬虫会蜕皮,又避居于地下……这一切,都正是初民们把动物放在图腾对象第一位的原因。

图腾在母系氏族社会时期比较盛行。在母系社会阶段,生产力低下,人们在严酷的自然环境里生存、繁衍,他们的生产方式主要是采集和渔猎。人们还不能独立支配自然力,对自然界充满幻想和憧憬。到父系氏族时,生产力逐步提高,人们也逐渐形成了独立意识,从而在日常的生活中否定了自己同动植物的亲属关系。此时,图腾信仰也就接近尾声了! 但在历史中,图腾信仰并未完全销声匿迹,还在文化、艺术、生理等方面对人类产生着影响。

这样,图腾(文化)基本经历了三个发展阶段,也基本符合人类社会的发展进程。

初生阶段,这一时期,图腾对象与自然形态极为相似;鼎盛阶段,这一时期,生产力发展,想象力提高,同时,祖先意识加强,形成了"兽的拟人化"。初民把图腾对象赋予了人的部分特征,图腾形象开始达到半人半兽的图腾圣物。最后阶段,图腾对象开始转入了祖先崇拜,更多的具有了抽象性的特点。

图腾的基本特征(以图腾观念为标志,是原始宗教的一种形式,又包含氏族的一些制度):①每个氏族都有图腾。②认为本氏族的祖先与氏族图腾有血缘关系或某种特殊关系。③图腾具有某种神秘力量。④图腾崇拜有些禁忌。禁止同氏族成员结婚;禁杀图腾物。这是最重要的两种禁忌。⑤同一图腾集团的成员是一个整体。

2) 图腾文化

图腾一词来源于印第安语"totem",意思为"它的亲属""它的标记"。"totem"的第二个意思是"标志"。就是说他还要起到某种标志作用。图腾标志在原始社会中起着重要的作用,它是最早的社会组织标志和象征。它具有团结群体、密切血缘关系、维系社会组织和互相区别的职能。同时通过图腾标志,得到图腾的认同,受到图腾的保护。图腾标志最典型的就是图腾柱,在印第安人的村落中,多立有图腾柱,在中国东南沿海考古中,也发现有鸟图腾柱(图 13.10)。浙江绍兴出土一战国时古越人铜质房屋模型,屋顶立一图腾柱,柱顶塑一大尾鸠。故宫索伦杆顶立一神鸟,古代朝鲜族每一村落村口都立一鸟杆,这都是图腾柱演变而来。作为最原始的一种宗教形式,图腾是表现在生活的方方面面的。

旗帜与族徽 中国的龙旗,据考证夏族的旗帜就是龙旗,一直沿用到清代。古突厥人、古回鹘人都是以狼为图腾的,史书上多次记载他们打着有狼图案的旗帜。

图 13.10 鸟神图腾和鸟图腾柱。古人幻想自己能像鸟一样的飞翔

东欧许多国家都以鹰为标志,这是继承了罗马帝国的传统。罗马的古徽是母狼,后改为独首鹰,公元 330 年君士坦丁大帝迁都君士坦丁堡之后,又改为双首鹰。德国、美国、意大利为独首鹰,俄罗斯(原始图腾为熊)、南斯拉夫为双首鹰。表示为东罗马帝国的继承人。波斯的国徽为猫,比利时、西班牙、瑞士以狮为徽志。这些动物标志不是人们凭空想象出来的,它源于原始的图腾信仰。

服饰 瑶族的五色服、狗尾衫用五色丝线或五色布装饰,以象征五彩毛狗,前襟至腰,后襟至膝下以象征狗尾。畲族的狗头帽。据畲族传说,其祖先为犬,名盘瓠,其毛五彩。盘瓠为人身狗首形象。

文身 台湾原住民多以蛇为图腾,有关于百步蛇为祖先化身的传说和不准捕食蛇的禁忌。其文身以百步蛇身上的三角形纹为主,演变成各种曲线纹。广东蛋户自称龙种,绣面文身,以像蛟龙之子,入水可免遭蛟龙之害。吐蕃奉猕猴,其人将脸部纹为红褐色,以模仿猴的肤色,好让猴祖认识自己。

舞蹈 即模仿、装扮成图腾动物的活动形象而舞,如塔吉克族人舞蹈作鹰飞行状,朝鲜族的鹤舞,东南亚各国的龙舞、狮舞。

图腾崇拜首先要敬重图腾,禁杀、禁捕,甚至禁止触摸、注视,不准提图腾的名字。图腾死了要说睡着了,且要按照葬人的方式安葬。尼泊尔崇拜牛,以之为国兽,禁杀、禁捕,禁止穿用牛皮制品。因国兽泛滥,不得不定时将其"礼送"出国。其次要定时祭祀图腾。

一般来说对图腾要敬重,禁止伤害,但有时却有极其相反的情况。有的部落猎取图腾兽吃,甚至以图腾为牺牲。之所以猎吃图腾兽,是因为图腾太完美了,吃了它,它的智慧、它的力量、它的勇气就会转移到自己身上来。但吃图腾兽与吃别的东西不同,要举行隆重的仪式,请求祖先不要怪罪自己。如鄂温克人猎得熊,只能说它睡着了,吃肉前要一起发出乌鸦般的叫声,说明是乌鸦吃了肉,不能怪罪鄂温克人。且不能吃心、脑、肺、食道等部位,因为这些都是灵魂的居所,吃后,对遗骸要进行风葬,用树条捆好,然后放在木架上,与葬人基本相同。以图腾作为牺牲来祭祖,是以图腾兽为沟通人与祖先神灵的一种媒介。原始人相信,自己的灵魂与图腾的灵魂是平等的,只是躯壳不同,死,只是灵魂脱离躯壳换了一个家,而在阴间的家里,自己族类与图腾族类的灵魂居住在同一个地方。杀图腾,是以图腾的灵魂为信使,捎信给祖先灵魂,让其在冥冥中保佑自己。让图腾灵魂转达自己的愿望,如印第安乌龟族人杀龟祭祖。壮族的"蚂拐节"即青蛙节,壮族以青蛙为图腾。

所谓图腾文化,就是由图腾观念衍生的种种文化现象,也就是原始时代的人们把图腾当做亲属,祖先或保护神之后,为了表示自己对图腾的崇敬而创造的各种文化现象,这些文化现象英语统称为 totemism。

图腾文化是人类历史上最古老、最奇特的文化现象之一,图腾文化的核心是图腾观念,图腾观念激发了原始人的想象力和创造力,逐步滋生了图腾名称、图腾标志、图腾禁忌、图腾外婚、图腾仪式、图腾生育信仰、图腾化身信仰、图腾圣物、图腾圣地、图腾神话、图腾艺术等,从而形成了独具一格,绚丽多彩的图腾文化。

(据研究,图腾标志与中国文字的起源有关。查找资料,给出相关的研究报告。)

3) 图腾文化发展了许多的内涵

(1) 认为本氏族或者部落,族群来自于该图腾,图腾是祖先性的对象,因此是信仰的对象,是宗教起源之一;

(2) 图腾作为一种识别,与婚姻制度有关,即外婚制度密切关联,同图腾不婚姻,同姓不婚;

(3) 图腾是氏族或部落的徽号和标志;

(4) 图腾形成禁忌,成员具有保护图腾的责任。

4) 各国图腾(图 13.11)

中国——龙,日本——菊花、樱花,朝鲜/韩国——木槿,蒙古——苍狼、白鹿,新加坡——狮子,马来西亚——马来虎,泰国——大鹏,老挝——亚洲象,缅甸——圣狮,斯里兰卡——狮子,孟加拉国——睡莲,印度——狮子石刻,尼泊尔——黄牛,乌兹别克斯坦——凤凰,哈萨克斯坦——飞马,吉尔吉斯斯坦——雄鹰,土库曼斯坦——阿尔哈捷金马,叙利亚、埃及、利比亚——萨拉丁神鹰,苏丹——沙漠鹭鹰,阿曼——阿拉伯刀,黎巴嫩——雪松,沙特、巴林——椰枣树,阿联酋、科威

图 13.11　存留于世界各国,不同民族的图腾图案

特——隼,也门——鹰,美国——白头鹰,法国——大公鸡,俄罗斯——北极熊,德国、突厥——狼,英国——狮子,巴西——美洲虎,阿根廷、墨西哥、哥伦比亚和委内瑞拉——美洲狮,印度——大象,韩国——虎,日本——猫头鹰,越南——蛇,印尼——鳄鱼。

2. 与天文学有关的诺贝尔奖

诺贝尔奖的颁发始于 1901 年。设立有物理学奖、化学奖、生理学或医学奖、文学奖、和平奖共 5 份奖金。没有设天文学奖,和天文学密切相关的诺贝尔物理学奖获奖项目如下:

(1) 奥地利物理学家黑斯(Haes)因发现宇宙线而荣获 1936 年的诺贝尔物理学奖。他在 1911—1912 年,用气球把电离室送到离地面 5000 多米的高空,进行大气导电和电离的实验,发现了来自地球之外的宇宙线。

(2) 美国物理学家汤斯(Townes),1964 年因微波激射器的研制和激光的研究获得诺贝尔奖。他在 1957 年预言星际分子的存在,并于 1963 年在实验室里测出羟基(OH)的两条处在射电频段的谱线。这些分子谱线处在厘米波和毫米波段。1967 年发现星际分子,证实他的预言,开辟了毫米波天文学新领域。

(3) 美国物理学家贝特(Bethe)因核反应理论研究获 1967 年诺贝尔物理学

奖。1938 年他提出太阳和恒星的能量来源理论,认为太阳中心温度极高,太阳核心的氢核聚变生成氦核释放出大量的能量。

(4) 瑞典天文学家阿尔文(Alvin)获 1970 年诺贝尔奖,因其在磁流体动力学的基础研究和发现,及其在等离子物理富有成果的应用,涉及太阳和宇宙磁流体力学(磁冻结)。

(5) 英国天文学家赖尔(Ryle)获 1974 年诺贝尔奖,他发明应用合成孔径射电天文望远镜,并进行射电天体物理学的开创性研究。

(6) 英国天文学家休伊什获 1974 年诺贝尔奖。发现脉冲星,证认为中子星。

(7) 美国天文学家彭齐亚斯和威耳孙荣获 1978 年诺贝尔奖,发现宇宙背景辐射。为大爆炸理论提供了关键性的证据支持。

(8) 美籍印度天文学家钱德拉塞卡获 1983 年诺贝尔奖,恒星演化及白矮星质量上限。对恒星结构和演化具有重要意义的物理过程进行的理论研究。

(9) 美国天文学家福勒(Fowler)获 1983 年诺贝尔奖,对宇宙中化学元素形成具有重要意义的核反应所进行的理论和实验的研究。

(10) 美国天文学家泰勒和美国天文学家赫尔斯(Hulse)共获 1993 年诺贝尔物理学奖,他们了发现脉冲双星、由此间接证实了爱因斯坦所预言的引力波的存在。

(11) 美国科学家雷蒙德·戴维斯(Raymond Davis)、日本科学家小柴昌俊和美国科学家里卡尔多·贾科尼(Riccardo Giacconi)获得 2002 年的诺贝尔物理学奖。他们在天体物理学领域作出了先驱性贡献,其中包括在"探测宇宙中微子"和"发现宇宙 X 射线源"方面取得的成就。

(12) 美国科学家约翰·马瑟(John Mather)和乔治·斯穆特(George Smoot)因发现了宇宙微波背景辐射的黑体形式和各向异性而获得 2006 年的诺贝尔物理学奖。

(13) 美国加州大学伯克利分校天体物理学家萨尔·波尔马特(Saul Perlmutter)、美国/澳大利亚物理学家布莱恩·施密特(Brian Schmidt)以及美国科学家亚当·里斯(Adam Guy Riess)获得 2011 年诺贝尔物理学奖,原因是他们"通过观测遥远超新星发现宇宙的加速膨胀"。

(14) 日本的梶田隆章(Takaaki Kajita)与加拿大的阿瑟·麦克唐纳(Arthur B.Mcdonald)获得 2015 年诺贝尔物理学奖,以表彰他们发现中微子振荡现象,该发现表明中微子拥有质量。两人的发现改变了人类对宇宙的历史、结构和未来的认识。

(15) 诺贝尔物理学奖 2017 年授予 3 位科学家雷纳维斯(Rainer Weiss)、巴里巴里什(Barry C. Barish)和基普索恩(Kip S. Thorne),用以表彰他们在引力波研究方面的贡献。探测结果不仅验证了广义相对论,也为了解双黑洞系统的成因提供了线索。

(16) 2019 年诺贝尔物理学奖,美国普林斯顿大学教授吉姆·皮布尔斯 (James Peebles)因"在宇宙物理学上的理论发现"独享一半奖金,英国剑桥大学教授迪迪埃·奎洛兹(Didier Queloz)和瑞士日内瓦大学教授米歇尔·麦耶(Michel Mayor)则因"发现一颗环绕类太阳恒星的系外行星"共享另一半奖金。

3. BDS 和 GPS

中国北斗卫星导航系统(BeiDou Navigation Satellite System,BDS)是中国自行研制的全球卫星导航系统,是继美国全球定位系统(GPS)、俄罗斯格洛纳斯卫星导航系统(GLONASS)之后第三个成熟的卫星导航系统。北斗卫星导航系统(BDS)和美国 GPS、俄罗斯 GLONASS、欧盟 GALILEO,是联合国卫星导航委员会已认定的供应商。

北斗卫星导航系统由空面段、地面段和用户段三部分组成,可在全球范围内全天候、全天时为各类用户提供高精度、高可靠定位、导航、授时服务,已具短报文通信,区域导航、定位和授时能力,定位精度 10 米,测速精度 0.2 米/秒,授时精度 10 纳秒。

1) 发展历程

20 世纪 70 年代,中国开始研究卫星导航系统的技术和方案,但之后这项名为"灯塔"的研究计划被取消。1983 年,航天专家提出使用两颗静止轨道卫星实现区域性的导航功能,1989 年,中国使用通信卫星进行试验,验证了其可行性,之后的北斗卫星导航试验系统即基于此方案。2009 年北斗三号工程正式启动建设。2015 年至 2016 年成功发射 5 颗新一代导航卫星,完成了在轨验证。2018 年前后,发射 18 颗北斗三号组网卫星,覆盖"一带一路"沿线国家;2020 年左右,完成 30 多颗组网卫星发射,实现全球服务能力。

2) 系统构成

北斗卫星导航试验系统又称为北斗一号,是中国的第一代卫星导航系统,即有源区域卫星定位系统,1994 年正式立项,2000 年发射 2 颗卫星后即能够工作,2003 年又发射了一颗备份卫星,试验系统完成组建,该系统服务范围为东经 70°~140°,北纬 5°~55°。

正式的北斗卫星导航系统也被称为北斗二号,是中国的第二代卫星导航系统,英文简称 BDS,曾用名 COMPASS,"北斗卫星导航系统"一词一般用来特指第二代系统。此卫星导航系统的发展目标是对全球提供无源定位,与全球定位系统相似。在计划中,整个系统将由 35 颗卫星组成,其中 5 颗是静止轨道卫星,以与使用静止轨道卫星的北斗卫星导航试验系统兼容。

3）系统功能

（1）军用功能

"北斗"卫星导航定位系统的军事功能与 GPS 类似,如运动目标的定位导航,为缩短反应时间的武器载具发射位置的快速定位,人员搜救、水上排雷的定位需求等。

这项功能用在军事上,意味着可主动进行各级部队的定位,也就是说大陆各级部队一旦配备"北斗"卫星导航定位系统,除了可供自身定位导航外,高层指挥部也可随时通过"北斗"系统掌握部队位置,并传递相关命令,对任务的执行有相当大的助益。换言之,大陆可利用"北斗"卫星导航定位系统执行部队指挥与管制及战场管理。

（2）民用功能

个人位置服务 在不熟悉的地方,你可以使用装有北斗卫星导航接收芯片的手机或车载卫星导航装置找到你要走的路线。

气象应用 北斗导航卫星气象应用的开展,可以促进中国天气分析和数值天气预报、气候变化监测和预测,也可以提高空间天气预警业务水平,提升中国气象防灾减灾的能力。除此之外,北斗导航卫星系统的气象应用对推动北斗导航卫星创新应用和产业拓展也具有重要的影响。

道路交通管理 卫星导航将有利于减缓交通阻塞,提升道路交通管理水平。通过在车辆上安装卫星导航接收机和数据发射机,车辆的位置信息就能在几秒钟内自动转发到中心站。这些位置信息可用于道路交通管理。

铁路智能交通 卫星导航将促进传统运输方式实现升级与转型。例如,在铁路运输领域,通过安装卫星导航终端设备,可极大缩短列车行驶间隔时间,降低运输成本,有效提高运输效率。未来,北斗卫星导航系统将提供高可靠、高精度的定位、测速、授时服务,促进铁路交通的现代化,实现传统调度向智能交通管理的转型。

海运和水运 海运和水运是全世界最广泛的运输方式之一,也是卫星导航最早应用的领域之一。在世界各大洋和江河湖泊行驶的各类船舶大多都安装了卫星导航终端设备,使海上和水路运输更为高效和安全。北斗卫星导航系统将在任何天气条件下,为水上航行船舶提供导航定位和安全保障。同时,北斗卫星导航系统特有的短报文通信功能将支持各种新型服务的开发。

航空运输 当飞机在机场跑道着陆时,最基本的要求是确保飞机相互间的安全距离。利用卫星导航精确定位与测速的优势,可实时确定飞机的瞬时位置,有效减小飞机之间的安全距离,甚至在大雾天气情况下,可以实现自动盲降,极大提高飞行安全和机场运营效率。通过将北斗卫星导航系统与其他系统的有效结合,将为航空运输提供更多的安全保障。

应急救援　卫星导航已广泛用于沙漠、山区、海洋等人烟稀少地区的搜索救援。在发生地震、洪灾等重大灾害时，救援成功的关键在于及时了解灾情并迅速到达救援地点。北斗卫星导航系统除导航定位外，还具备短报文通信功能，通过卫星导航终端设备可及时报告所处位置和受灾情况，有效缩短救援搜寻时间，提高抢险救灾时效，大大减少人民生命财产损失。

指导放牧　2014年10月，北斗系统开始在青海省牧区试点建设北斗卫星放牧信息化指导系统，主要依靠牧区放牧智能指导系统管理平台、牧民专用北斗智能终端和牧场数据采集自动站，实现数据信息传输，并通过北斗地面站及北斗星群中转、中继处理，实现草场牧草、牛羊的动态监控。2015年夏季，试点牧区的牧民就能使用专用北斗智能终端设备来指导放牧。

GPS是英文Global Positioning System（全球定位系统）的简称。GPS是20世纪70年代由美国陆海空三军联合研制的新一代空间卫星导航定位系统。其主要目的是为陆、海、空三大领域提供实时、全天候和全球性的导航服务，并用于情报收集、核爆监测和应急通信等一些军事目的。

GPS导航系统的基本原理是测量出已知位置的卫星到用户接收机之间的距离，然后综合多颗卫星的数据就可知道接收机的具体位置。

全球定位系统的主要特点：高精度、全天候、高效率、多功能、操作简便、应用广泛等。

全球定位系统的主要用途：

（1）陆地应用，主要包括车辆导航、应急反应、大气物理观测、地球物理资源勘探、工程测量、变形监测、地壳运动监测、市政规划控制等；

（2）海洋应用，包括远洋船最佳航程航线测定、船只实时调度与导航、海洋救援、海洋探宝、水文地质测量以及海洋平台定位、海平面升降监测等；

（3）航空航天应用，包括飞机导航、航空遥感姿态控制、低轨卫星定轨、导弹制导、航空救援和载人航天器防护探测等。

（尝试去分别使用一次BDS和GPS，谈谈感受。）

附录

附录 1 中国主要城市经纬度表

地　名	北　纬	东　经	地　名	北　纬	东　经
北京	39°9′	116°4′	鸡西	45°3′	130°9′
上海	31°2′	121°4′	济南	36°6′	117°0′
天津	39°1′	117°2′	湘潭	27°8′	112°9′
石家庄	38°0′	114°4′	广州	23°1′	113°2′
唐山	39°6′	118°1′	汕头	23°3′	116°6′
邯郸	36°6′	114°4′	海口	20°0′	110°3′
保定	38°8′	115°4′	三沙	16°8′	112°3′
太原	37°8′	112°5′	南宁	22°8′	108°3′
大同	40°1′	113°2′	柳州	24°3′	109°4′
呼和浩特	40°8′	111°7′	桂林	25°2′	110°2′
包头	40°6′	109°8′	西安	34°2′	108°9′
沈阳	41°8′	123°4′	延安	36°5′	109°4′
大连	38°9′	121°6′	银川	38°4′	106°2′
鞍山	41°1′	123°0′	石嘴山	39°0′	106°3′
抚顺	41°8′	123°9′	兰州	36°0′	103°7′
本溪	41°3′	123°7′	玉门	39°8′	97°5′
锦州	41°1′	121°1′	西宁	36°6′	101°8′
长春	43°9′	125°3′	格尔木	36°4′	94°9′
吉林	43°8′	126°5′	青岛	36°0′	120°3′
哈尔滨	45°7′	126°6′	烟台	37°5′	121°4′
齐齐哈尔	47°3′	123°9′	南京	32°0′	118°7′
牡丹江	44°5′	129°6′	无锡	31°5′	120°3′

地　名	北　纬	东　经	地　名	北　纬	东　经
苏州	31°3′	120°6′	宜昌	30°6′	111°2′
徐州	34°2′	117°1′	长沙	28°2′	112°9′
合肥	31°8′	117°6′	衡阳	26°8′	112°6′
蚌埠	32°9′	117°3′	乌鲁木齐	43°8′	87°6′
芜湖	31°3′	118°6′	伊宁	43°9′	81°3′
杭州	30°2′	120°1′	喀什	39°4′	75°9′
宁波	29°8′	121°5′	克拉玛依	45°6′	84°8′
舟山	30°0′	122°2′	哈密	42°8′	93°4′
南昌	28°6′	115°9′	成都	30°6′	104°1′
九江	29°7′	115°9′	重庆	29°5′	106°5′
福州	26°6′	119°3′	自贡	29°3′	104°7′
厦门	24°4′	118°1′	贵阳	26°6′	106°7′
台北	25°0′	121°5′	遵义	27°7′	106°9′
高雄	22°0′	102°3′	昆明	25°0′	102°7′
郑州	34°7′	113°6′	个旧	23°3′	103°1′
洛阳	34°6′	112°4′	拉萨	29°6′	91°1′
开封	34°7′	114°3′	日喀则	29°2′	88°8′
武汉	30°5′	114°2′	昌都	31°13′	97°18′

附录 2　全天 88 星座表

序号	中文名	拉　丁　名	所　有　格	缩写	面积(1)	位置	经度范围(2)	纬度范围(3)	面积序号	星数(4)
1	仙女座	Andromeda	Andromedae	And	722	北天	2300~0240	+21~+53	19	100
2	唧筒座	Antlia	Antliae	Ant	239	南天	0925~1105	−24~−40	62	20

续表

序号	中文名	拉丁名	所有格	缩写	面积(1)	位置	经度范围(2)	纬度范围(3)	面积序号	星数(4)
3	天燕座	Apus	Apodis	Aps	206	南天	1350～1805	−67～−83	67	20
4	宝瓶座	Aquarius	Aquarii	Aqr	980	赤道	2040～0000	+3～−24	10	90
5	天鹰座	Aquila	Aquilae	Aql	652	赤道	1900～2030	+10～−10	22	70
6	天坛座	Ara	Arae	Ara	237	南天	1635～1810	−55～−68	63	30
7	白羊座	Aries	Arietis	Ari	441	赤道	0140～0330	+10～+30	39	50
8	御夫座	Auriga	Aurigae	Aur	657	北天	0440～0730	+20～+55	21	90
9	牧夫座	Bootes	Bootis	Boo	907	赤道	1340～1550	+8～+55	13	90
10	雕具座	Caelum	Caeli	Cae	125	南天	0420～0510	−27～−49	81	10
11	鹿豹座	Camelopardalis	Camelopardalis	Cam	757	北天	0310～1430	+52～+87	18	50
12	巨蟹座	Cancer	Cancri	Cnc	506	赤道	0750～0920	+7～+33	31	60
13	猎犬座	CanesVenatici	Canum Venaticorum	CVn	465	北天	1210～1410	+28～+53	38	30
14	大犬座	CanisMajor	CanisMajoris	CMa	380	赤道	0610～0730	−11～−33	43	80
15	小犬座	CanisMinor	CanisMinoris	CMi	183	赤道	0705～0810	0～+12	71	20
16	摩羯座	Capricornus	Capricorni	Cap	414	赤道	2010～2200	−9～−27	40	50
17	船底座	Carina	Carinae	Car	494	南天	0605～1120	−51～−75	34	110
18	仙后座	Cassiopeia	Cassiopeiae	Cas	598	北天	2300～0300	+50～+60	25	90
19	半人马座	Centaurus	Centauri	Cen	1060	南天	1105～1500	−30～−65	9	150

续表

序号	中文名	拉丁名	所有格	缩写	面积（1）	位置	经度范围（2）	纬度范围（3）	面积序号	星数（4）
20	仙王座	Cepheus	Cephei	Cep	588	北天	2005～0000	+53～+87	27	60
21	鲸鱼座	Cetus	Ceti	Cet	1231	赤道	0000～0325	+10～−25	4	100
22	蝘蜓座	Chamaeleon	Chamaeleonis	Cha	132	南天	0730～1350	+74～+83	79	20
23	圆规座	Circinus	Circini	Cir	93	南天	1345～1525	−54～−70	85	20
24	天鸽座	Columba	Columbae	Col	270	南天	0505～0640	−27～−43	54	40
25	后发座	Coma	ComaeBerenices	Com	386	赤道	1200～1353	+14～+34	42	53
26	南冕座	CoronaAustralis	CoronaeAustrilis	CrA	128	南天	1800～1920	−37～−45	80	25
27	北冕座	CoronaBorealis	CoronaeBorealis	CrB	179	赤道	1515～1625	+26～+40	73	20
28	乌鸦座	Corvus	Corvi	Crv	184	赤道	1155～1300	−11～−25	70	15
29	巨爵座	Crater	Crateris	Crt	282	赤道	1050～1155	−6～−25	53	20
30	南十字座	Crux	Crucis	Cru	68	南天	1200～1300	−56～−65	88	30
31	天鹅座	Cygnus	Cygni	Cyg	804	北天	1910～2200	+28～+60	16	150
32	海豚座	Delphinus	Delphini	Del	189	赤道	2010～2105	+2～+21	69	30
33	剑鱼座	Dorado	Doradus	Dor	179	南天	0350～0640	−49～−85	72	20
34	天龙座	Draco	Draconis	Dra	1083	北天	1000～2000	+50～+80	8	80
35	小马座	Equuleus	Equulei	Equ	72	北天	2100～2130	+2～+12	87	10
36	波江座	Eridanus	Eridani	Eri	1138	赤道	0120～0510	0～−58	6	100

续表

序号	中文名	拉丁名	所有格	缩写	面积(1)	位置	经度范围(2)	纬度范围(3)	面积序号	星数(4)
37	天炉座	Fornax	Fornacis	For	398	赤道	0145~0350	−24~−40	41	35
38	双子座	Gemini	Geminorum	Gem	514	赤道	0600~0805	+10~+35	30	70
39	天鹤座	Grus	Gruis	Gru	366	南天	2130~2330	−37~−57	45	30
40	武仙座	Hercules	Herculis	Her	1225	赤道	1550~1900	+4~+50	5	140
41	时钟座	Horologium	Horologii	Hor	249	南天	0210~0420	−40~−67	58	20
42	长蛇座	Hydra	Hydrae	Hya	1303	赤道	0805~1500	−22~−65	1	20
43	水蛇座	Hydrus	Hudri	Hyi	243	南天	0125~0430	−58~−90	61	20
44	印第安座	Indus	Indi	Ind	294	南天	2030~2330	−45~−75	49	20
45	蝎虎座	Lacerta	Lacertae	Lac	201	北天	2155~2255	+33~+57	68	35
46	狮子座	Leo	Leonis	Leo	947	赤道	0920~1155	−6~+33	12	70
47	小狮座	LeoMinor	LeonisMinoris	LMi	232	赤道	0915~1105	+23~+42	64	20
48	天兔座	Lepus	Leporis	Lep	290	赤道	0455~0610	−11~−27	51	40
49	天秤座	Libra	Librae	Lib	538	赤道	1420~1600	0~−30	29	50
50	豺狼座	Lupus	Lupi	Lup	334	南天	1415~1605	−30~−55	46	70
51	天猫座	Lynx	Lyncis	Lyn	545	北天	0620~0940	+34~+62	28	60
52	天琴座	Lyra	Lyrae	Lyr	286	北天	1810~1930	+26~+48	52	45
53	山案座	Mensa	Mensae	Men	153	南天	0330~0740	−70~−85	75	15

续表

序号	中文名	拉 丁 名	所 有 格	缩写	面积(1)	位置	经度范围(2)	纬度范围(3)	面积序号	星数(4)
54	显微镜座	Microscopium	Microacopii	Mic	210	南天	2025~2125	−28~−45	66	20
55	麒麟座	Monoceros	Monocerotis	Mon	483	南天	0600~0810	−11~+12	35	85
56	苍蝇座	Musca	Muscae	Mus	138	南天	1120~1350	−64~−74	77	30
57	矩尺座	Norma	Normae	Nor	165	南天	1525~1635	−42~−60	74	20
58	南极座	Octans	Octantis	Oct	291	南天	0000~2400	−75~−90	50	35
59	蛇夫座	Ophiuchus	Ophiuchi	Oph	948	赤道	1600~1840	+14~−30	11	100
60	猎户座	Orion	Orionis	Ori	594	赤道	0440~0620	+8~+23	26	120
61	孔雀座	Pavo	Pavonis	Pav	378	南天	1740~2130	−57~−75	44	45
62	飞马座	Pegasus	Pegasi	Peg	1121	赤道	2105~0015	+2~+37	7	100
63	英仙座	Perseus	Persei	Per	615	北天	0130~0450	+31~+59	24	90
64	凤凰座	Phoenix	Phoenicis	Phe	469	南天	2320~0225	−40~−59	37	40
65	绘架座	Pictor	Pictoris	Pic	247	南天	0435~0655	−43~−64	59	30
66	双鱼座	Pisces	Piscium	PCS	889	赤道	2250~0210	−5~+34	14	75
67	南鱼座	PiscisAustrinus	PiscisAustrini	PsA	245	赤道	2125~2305	−25~−36	60	25
68	船尾座	Puppis	Puppis	Pup	673	赤道	0600~0830	−12~−51	20	140
69	罗盘座	Pyxis	Pyxidis	Pyx	221	赤道	0825~0930	−17~−38	65	25
70	网罟座	Reticulum	Reticuli	Ret	114	南天	0315~0440	+53~+67	82	15

续表

序号	中文名	拉丁名	所有格	缩写	面积(1)	位置	经度范围(2)	纬度范围(3)	面积序号	星数(4)
71	天箭座	Sagitta	Sagittae	Sge	80	赤道	1855～2020	+17～+22	86	20
72	人马座	Sagittarius	Sagittarii	Sgr	867	赤道	1800～2025	−12～−46	15	115
73	天蝎座	Scorpius	Scorpii	Sco	497	赤道	1545～1755	−8～−45	33	100
74	玉夫座	Sculptor	Sculptoris	Scl	475	赤道	2305～0145	−25～−59	36	30
75	盾牌座	Scutum	Scuti	Sct	109	赤道	1815～1855	−4～−16	84	20
76a	巨蛇座（头）	Serpens	Serpentis	Ser	637	赤道	1510～1620	−4～+20	23	60
76b	巨蛇座（尾）						1715～1855	−15～+6		
77	六分仪座	Sextans	Sextantis	Sex	314	赤道	09～1050	−11～+7	47	25
78	金牛座	Taurus	Tauri	Tau	797	赤道	0320～0600	+10～+30	17	125
79	望远镜座	Telescopium	Telescopii	Tel	252	南天	1810～2030	−46～−57	57	30
80	三角座	Triangulum	Trianguli	Tri	132	赤道	0130～0250	+26～+37	78	15
81	南三角座	Triangulum Australe	Trianguli Australis	TrA	110	南天	1500～1700	−60～−70	83	20
82	杜鹃座	Tucana	Tucanae	Tuc	295	南天	2210～0120	+56～+75	48	25
83	大熊座	UrsaMajor	UrsaeMajoris	UMa	1280	北天	0835～1430	+29～+73	3	125
84	小熊座	UrsaMinor	UrsaeMinoris	UMi	256	北天	0000～2400	+66～+90	56	20

续表

序号	中文名	拉　丁　名	所　有　格	缩写	面积(1)	位置	经度范围(2)	纬度范围(3)	面积序号	星数(4)
85	船帆座	Vela	Velorum	Vel	500	南天	0800～1105	−40～−57	32	110
86	室女座	Virgo	Virginis	Vir	1294	赤道	1135～1510	−22～+15	2	95
87	飞鱼座	Volans	Volantis	Vol	141	南天	0630～0900	−64～−75	76	20
88	狐狸座	Vulpecula	Vulpeculae	Vul	268	赤道	1900～2130	+20～+30	55	45

注：(1)单位为平方度；(2)经度范围：时、分；(3)纬度范围：度；(4)指亮于六等的星的数目。

附录 3　天文常数系统

1. 1984 年启用的 1976 年 IAU 天文常数系统

（1）定义常数

高斯引力常数　　　　　　　　$k = 0.01720209895$

（2）基础常数

光速　　　　　　　　　　　　$c = 299792458 \text{m/s}$[①]

天文单位距离的光行时　　　　$\tau(A) = 499.004782 \text{s}$

地球赤道半径　　　　　　　　$a(e) = 6378140 \text{m}$

地球力学形状因子　　　　　　$J(2) = 108263 \times 10^{-8}$

地心引力常数　　　　　　　　$G_E = 3.986005 \times 10^{14} \text{m}^3/\text{s}^2$

引力常数　　　　　　　　　　$G = 6.672 \times \times 10^{-11} \text{m}^3/\text{kg} \cdot \text{s}^2$

月球/地球质量比　　　　　　　$\mu = 0.01230002$

黄经总岁差(J2000)　　　　　　$P = 5029''.0966$（每世纪）

黄赤交角(J2000)　　　　　　　$\varepsilon = 23°26'21''.448$

章动常数(J2000)　　　　　　　$N = 9''.2109$[②]

---

　　① 1983 年第 17 届国际计量大会通过以光速为定义常数，而米的新定义为"在真空中 1/299792458 秒的时间间隔内光行程的长度"。

　　② 1979 年第 17 届 IAU 大会通过，改 $N = 9''.2025$，列为导出常数，仍自 1984 年启用。

（3）导出常数

天文单位	$A = 149597870 \mathrm{km}$
太阳视差	$\pi_{\odot} = 8''.794148$
光行差常数	$K = 20''.49552$
地球扁率因子	$1/f = 298.257$
日心引力常数	$G_\mathrm{S} = 132712348 \times 10^{12} \mathrm{m}^3/\mathrm{s}^2$
日地质量比	$M_\mathrm{S}/M_\mathrm{E} = 332946.0$
太阳质量	$M_\mathrm{S} = 19891 \times 10^{26} \mathrm{kg}$
日与地月系质量比	$(M_\mathrm{S}/M_\mathrm{E})/(1+\mu) = 328900.5$

（4）行星质量系统（太阳质量与行星质量之比）

水星 6023600	金星 408523.5	地月系 328900.5
火星 3098710	木星 1047.355	土星 3498.5
天王星 22869	海王星 19314	冥王星 3000000

2. 天文学常用的物理常数（2006 年国际 CODATA 推荐值）

万有引力常数	$G = 6.67428(67) \times 10^{-11} \mathrm{m}^3/\mathrm{kg} \cdot \mathrm{s}^2$
普朗克常数	$h = 6.62606896(33) \times 10^{-34} \mathrm{J} \cdot \mathrm{s}$
玻耳兹曼常数	$k = 1.3806504(24) \times 10^{-23} \mathrm{J/k}$
斯特藩常数	$\sigma = 5.670400(40) \times 10^{-8} \mathrm{W}/(\mathrm{m}^2 \cdot \mathrm{K}^4)$
维恩位移常数	$b = \lambda_{\max} T = 2.8977685(51) \times 10^{-3} \mathrm{m} \cdot \mathrm{K}$
中子质量	$m(\mathrm{n}) = 1.674927211(84) \times 10^{-27} \mathrm{kg}$
质子质量	$m(\mathrm{p}) = 1.672621637(83) \times 10^{-27} \mathrm{kg}$
电子质量	$m(\mathrm{e}) = 9.10938215(45) \times 10^{-31} \mathrm{kg}$
电子电荷	$e = 1.602176487(40) \times 10^{-19} \mathrm{ku}$
里德伯常数	$R = 10973731.568527(73) \mathrm{m}^{-1}$
真空介电常数	$\varepsilon(0) = 8.8541878(17) \times 10^{-12} \mathrm{ku}^2/(\mathrm{n} \cdot \mathrm{m}^2)$
阿伏伽德罗常数	$N(0) = 6.02214179(30) \times 10^{-23} \mathrm{mol}^{-1}$

（等号后括号里的数据是最后两位数字的标准误差）

3. 角度　时间　距离

$\pi = 3.14159265359$

弧度 $= 57°.2957795^{131} = 206264''.806$

原子时秒＝铯原子 133Cs 基态能级跃迁辐射的电磁波振荡 9192631770 周所经历的时间（1958 年 1 月 1 日世界时 0h 起启用；1975 年开始，协调世界时 UTC 时号秒小数用原子时秒，秒整数以上用平太阳时）

回归年＝365.242198781 平太阳日（以下简称日）（1900.0），

　　　　365.24219264 日（2000.0）

恒星年＝365.25636273 日（1900.0），

　　　　356.25636624 日（2000.0）

儒略年＝365.25 日

朔望月＝29.5305882 日

恒星月＝27.32166140 日

恒星日＝0.997269566 日＝23h56min04.0905s（平太阳时）

光年（l.y.）＝9.4605536×10^{15} m＝63239.8 天文单位

秒差距（pc）＝206264.806 天文单位＝3.085678×10^{16} m$\approx$3.26l.y.

4. 太阳 月球 地球

太阳

质量	1.9891×10^{33} g
半径	6.9599×10^{8} m
平均密度	1.409g/cm^3
表面有效温度	5770K
太阳常数	1.367×10^{3} W/m^2
辐射总功率	3.845×10^{26} W
视星等	-26.74
绝对星等	$+4.83$
MK 光谱型	G2V

	月球	地球
质量	7.350×10^{25} g	5.794×10^{27} g
直径	3476km	12756km
平均密度	3.314g/cm^3	5.515g/cm^3
表面重力加速度	1.62m/s^2	9.8061m/s^2
表面脱离速度	2.83km/s	11.2km/s
黄道面与赤道面交角	1°23′	23°26′
黄道面与白道面交角	5°09′	
月球绕地轨道半长径	384400km	

附录 4　全天最亮的 50 颗恒星

序号	中 文 名	英 文 名	所在星座	极限星等	距离/l.y.	颜　色
1	天狼星	Sirius	大犬座	−1.47	8.6	白色
2	老人星	Canopus	船底座	−0.73	200	白色
3	南门二	Rigel Kentaurus	半人马座	−0.27	4.3	黄色
4	大角星	Arcturus	牧夫座	−0.06	36	橙色
5	织女星	Vega	天琴座	0.04	25	白色
6	五车二	Capella	御夫座	0.08	40	黄色
7	参宿七	Rigel	猎户座	0.11	700	青白色
8	南河三	Procyon	小犬座	0.38	11	淡黄色
9	参宿四	Betelgeuse	猎户座	0.42	650	红色
10	水委一	Achernar	波江座	0.46	80	青白色
11	马腹一	Hadar	半人马座	0.61	330	蓝白色
12	牛郎星	Altair	天鹰座	0.77	16	白色
13	十字架二	Acrux	南十字座	0.8	450	青白色
14	毕宿五	Aldebaran	金牛座	0.85	60	橙色
15	心宿二	Antares	天蝎座	0.96	500	红色
16	角宿一	Spica	室女座	0.97	350	青白色
17	北河三	Pollux	双子座	1.14	35	橙色
18	北落师门	Fomalhaut	南鱼座	1.16	22	白色
19	天津四	Deneb	天鹅座	1.25	1800	白色
20	十字架三	Mimosa	南十字座	1.25	500	蓝色
21	轩辕十四	Regulus	狮子座	1.35	84	青白色
22	弧矢七	Adhara	大犬座	1.5	600	蓝白色
23	北河二	Castor	双子座	1.58	50	白色
24	十字架一	Gacrux	南十字座	1.63	80	红色
25	尾宿八	Shaula	天蝎座	1.63	300	蓝白色

续表

序号	中 文 名	英 文 名	所在星座	极限星等	距离/l.y.	颜 色
26	参宿五	Bellatrix	猎户座	1.64	400	蓝白色
27	五车五	Elnath	金牛座	1.65	130	红色
28	南船五	Miaplacidu	船底座	1.68	50	白色
29	参宿二	Alnilam	猎户座	1.7	1300	蓝白色
30	鹤一	AlNair	天鹤座	1.74	70	蓝白色
31	玉衡	Alioth	大熊座	1.77	60	白色
32	参宿一	Alnitak	猎户座	1.78	1300	蓝色
33	天枢	Dubhe	大熊座	1.79	70	橙色
34	天船三	Mirfak	英仙座	1.8	500	黄白色
35	天社一	Regor	船帆座	1.82	1000	蓝色
36	箕宿三	Kaus Australis	人马座	1.85	120	蓝白色
37	弧矢一	Wezen	大犬座	1.86	2800	黄白色
38	海石一	Avior	船底座	1.86	80	红色
39	摇光	Alkaid	天蝎座	1.86	150	蓝白色
40	尾宿五	Sargas	御夫座	1.87	200	黄白色
41	五车三	Menkalinan	狮子座	1.9	60	白色
42	轩辕十二	Obnova	狮子座	1.9	172	红色
43	三角形三	Atria	南三角座	1.92	100	黄色
44	井宿三	Alhena	双子座	1.93	80	白色
45	孔雀十一	Peacock	孔雀座	1.94	300	蓝色
46	军市一	Mirzam	大犬座	1.98	700	蓝白色
47	星宿一	Alphard	长蛇座	1.98	110	橙色
48	娄宿三	Hamal	白羊座	2	70	橙色
49	北极星	Polaris	小熊座	2.02	400	黄白色
50	斗宿四	Nunki	人马座	2.02	200	蓝白色

注：太阳系天体的亮度（视星等）。太阳（−26.74）、月亮（−12.7）、金星（−4.6）、木星（−2.9）、火星（−2.9）、水星（−1.9）、土星（−0.2）、天王星（5.32）、海王星（7.78）。

附录 5　距太阳 15 光年之内的恒星

序号	星　　名	所在星座	距离/l.y.	星　　等	注　　释
1	比邻星（半人马座 V645）	半人马座	4.2421	11.09	离太阳最近
	半人马座 α A/B	半人马座	4.3650	0.01/1.34	双星
2	巴纳德星	蛇夫座	5.9630	9.53	自行最大的恒星
3	Wolf 359	狮子座	7.7825	13.44	红矮星
4	拉兰德 21185	大熊座	8.2905	7.47	红矮星
5	天狼星（大犬座 α）A/B	大犬座	8.5828	−1.43/11.34	密近双星
6	鲁坦 726-8 A（鲸鱼座 BL）/B（鲸鱼座 UV）	鲸鱼座	8.7280	12.54/12.99	最接近地球的聚星系统
7	Ross154（V1216 Sagittarii）	人马座	9.6813	10.43	变星
8	Ross248（HH ndromedae）	仙女座	10.322	12.29	3.3 万年后离地球最近
9	天苑四，εEri	波江座	10.522	3.73	可能存在行星系统
10	Lacaille 9352	宝瓶座	10.7423	7.37	
11	Ross 128（罗斯 128）	室女座	10.919	11.13	
12	EZ Aquarii（鲁坦 789-6）A/B/C	宝瓶座	11.266171	13. 33/13. 27/14.03	
13	南河三（小犬座 α）A/B	小犬座	11.402	0.38/10.70	
14	(61 Cygni) A/B	天鹅座	11.403	5.21/6.03	目视双星
15	Struve2398 A/Struve 2398 B	天龙座	11.525	8.9/9.69	X 射线双星
16	Groombridge34A/Groombridge 34 B		11.624	8.08/11.06	
17	Epsilon Indi A/Ba/Bb		11.624	4.69/>23/>23	
18	DX Cancri	巨蟹座	11.826	14.78	
19	τ Ceti（天仓五）	鲸鱼座	11.887	3.49	
20	GJ 1061		11.991	13.09	
21	YZ Ceti	鲸鱼座	12.132	12.02	

续表

序号	星 名	所在星座	距离/l.y.	星 等	注 释
22	鲁坦星	小犬座	12.366	9.86	
23	Teegarden's star		12.514	15.14	
24	SCR 1845-6357 A/B	孔雀座	12.571	17.39/?	
25	卡普坦星	绘架座	12.777	8.84	
26	Lacaille 8760		12.870	6.67	
27	Kruger 60 A/B		13.149	9.79/11.41	
28	DEN 1048-3956		13.167	17.39	
29	Ross 614 A/B		13.349	11.15/14.23	
30	Gl 628		13.820	10.07	
31	Van Maanen's Star		14.066	12.38	
32	Gl 1		14.231	8.55	
33	Wolf 424 A/B		14.312	13.18/13.17	
34	TZ Arietis		14.509	12.27	
35	Gl 687		14.793	9.17	
36	LHS 292		14.805	15.60	
37	Gl 674		14.809	9.38	
38	GJ 1245 A/B/C		14.812	13.46/14.01/16.75	

附录6　全年著名流星雨

序号	名称	可见日期	辐射点			特 征	小时流量		
			赤经	赤纬	附近恒星		一般	平均	极大
1	象限仪座	1月2—5日	230	+49	天龙座ι	速度中等,亮度较高,红色。母体彗星:C/1490 Y1	60~200	100	
2	天琴座	4月22—23日	271	+33	天琴座κ	迅速,亮,有火流星。母体彗星:C/1861 Gl	5~25		90

续表

序号	名称	可见日期	辐射点			特征	小时流量		
			赤经	赤纬	附近恒星		一般	平均	极大
3	宝瓶座	5月3—10日	335	-2	宝瓶座 η	速度中等,路径长。母体彗星:哈雷彗星	6~18	12	70
4	牧夫座	6月22—30日	228	+58	天龙座 ι	缓慢,不固定。母体彗星:7P 彗星	1~2		100
5	摩羯座 α	7月25日—8月10日	308	-12	摩羯座 α	缓慢,母体彗星:1881 V	6~14		
6	宝瓶座南	7月27日—8月1日	339	-16	宝瓶座 δ	缓慢,两个辐射点,路径长。母体彗星:哈雷彗星	15~20		60
7	英仙座	8月7—15日	45	+57	英仙座 γ	迅速,路径长,亮,黄色。母体彗星:1862 Ⅲ	30~60		400
8	天鹅座	8月下旬	287	+50	天鹅座 k	迅速,火流星,亮		5	
9	御夫座	8月30—9月4日	89	+39	御夫座 u	缓慢。母体彗星:1911 Ⅱ		6	10
10	天龙座	10月8—9日	262	+54	天龙座 ζ	缓慢,母体彗星:贾科比尼	不定		1000
11	猎户座	10月18—23日	92	+17	猎户座 v	迅速,有光迹。母体彗星:哈雷		25	60
12	金牛座	11月上旬	56	+15	金牛座 λ	缓慢,生光。母体彗星:恩克		5	
13	狮子座	11月14—19日	150	+22	狮子座 γ	迅速,路径长,青绿色,流星多,每小时最大流量呈33年周期。母体彗星:1866 Ⅱ	10~15		超过10万
14	凤凰座	12月5日	15	-46	凤凰座 β	缓慢,生光,母体彗星:D/1819 W1	可变	3	100
15	双子座	12月11—16日	111	+33	双子座 α	迅速,路径短,亮流星很多,白色。母体:小行星3200法厄同	10~20		120
16	小熊座	12月21—23日	206	+80	小熊座 β	缓慢,有色彩。母体彗星:塔特尔		10	

附录 7　网上常用天文资源

1. 天文图片、影视动画和著名天文台站网上资源

美国航天航空局（National Aeronautics and Space Administration，NASA）

http://www.nasa.gov/

美国航天航空局喷气动力实验室（NASA's Jet Propulsion Laboratory）

http://www.jpl.nasa.gov

哈勃空间望远镜：

Space Telescope Electronic Information Service

http://www.stsci.edu/

STSci/HST Pictures

http://oposite.stsci.edu/pubinfo/pictures.html

http://www.stsci.edu/ftp/science/hdf/hdf.html

http://hubblesite.org/newscenter/archive/

美国国家空间科学数据中心（National Space Science Data Center）

http://nssdc.gsfc.nasa.gov/

火星探测：

Mars Today

http://humbabe.arc.nasa.gov/MarsToday.html

Signs of Past Life on Mars?

http://www.fas.org/mars/aaas_001.htm

What's New with Life on Mars

http://www.fas.org/mars/new.htm

Centre for Mars Exploration（NASA）

http://cmex-www.arc.nasa.gov/

美国国家射电天文台（NATIONAL RADIO ASTRONOMY OBSERVATORY，NRAO）

http://www.nrao.edu/

欧洲南方天文台（European Southern Observatory，ESO）

http://www.eso.org/

美国国家光学天文台（US National Optical Astronomy Observatories，NOAO）

http://www.noao.edu/

美国射电甚大阵（Very Large Array，VLA）

http://www.aoc.nrao.edu/vla/html/

美国长基线干涉阵（Very Long Baseline Array，VLBA）

http://www.aoc.nrao.edu/vlba/html/

美国天文学会（American Astronomical Society，AAS）

http://www.aas.org/

行星学会（Planetary Society）

http://planetary.org/

基于学生的空间探索与发展网站（Students for the Exploration and Development of Spac，SEDS）

http://www.seds.org/

天空与望远镜杂志 SKY Online（Sky & Telescope）

http://skyandtelescope.com/

用于教育目标的望远镜（Telescopes in Education Project ）

http://tie.jpl.nasa.gov/

天文网络资源（Robert Hilliard's Astronomy Page）

http://www.tyler.net/tyr7020/astronmy.htm

天文馆（Planetarium.net）

http://www.planetarium.net/

今日宇宙（The Universe Today）

http://www.universetoday.com/

黑洞与类星体（David R Lisk's Black Holes and Quasars page）

http://dnausers.d-n-a.net/dnetGOjg/Black/Holes.htm

英汉天文学网上词典（中国天文学会天文学名词审定委员会提供的电子版）

http://www.lamost.org/amateur/soft/index.php

2. 重要的天文数据库

（1）美国航天航空局天文数据中心（NASA Astronomical Data Center，ADC）

http://adc.gsfc.nasa.gov/

制作了 2700 个天文常用的星表。

（2）法国斯特拉斯堡天文数据中心

CDS（Centre de Donnees Astronomiques de Strasbourg） SIMBAD

http://cdsweb.u-strasbg.fr/（法国）

位于法国 Strasbourg 天文台，是世界上最著名的天文数据中心，也是国际上最大的天文星表数据库 Simbad 数据库的网络版（VizieR）。该数据库可以通过网络为全世界天文界用户提供全部 CDS 星表数据的查询、检索、参考文献浏览等服务。

具体功能为：

VizieR：星表和观测记录，提供了 4876 个星表

ALADIN：DSS-I，DSS-II，MAMA 星图与星表结合

文献服务：APJ，AJ & PASP 等著名杂志

天体命名与术语辞典：Dictionary of Nomenclature of Celestial Objects

天文网络黄页：AstroWeB，提供了 3111 个天文有关的网络连接，包括全世界的天文系，天文台，天文文献，天文爱好者，有关机构等

CDS 天文星表库中国镜像

http：//data.bao.ac.cn/vizier/

ftp：//data.bao.ac.cn/

（3）美国航天航空局天体物理数据系统

The NASA Astrophysics Data System（ADS）

The NASA Astrophysics Data System Home page

http：//adswww.harvard.edu/

包含多于 200 万篇文章摘要，内容涵盖天文学和天体物理学，天文仪器，物理与地球物理学，可按照作者，天体名称，天体坐标和题目关键字查找有关内容。

NASA/ADS 中国镜像站点

http：//ads.bao.ac.cn/

3. 常用星表

（1）亮星星表

Bright Star Catalogue，5th Revised Ed.（Hoffleit＋，1991）

ftp：//data.bao.ac.cn/cats/V/50

说明：给出了 9110 颗全天亮于 6.5 等的恒星，历元 2000 的赤经赤纬，银道坐标，UBVRI 测光数据，光谱型，自行，视差，对双星给出了分离角等参数。

（2）目视双星星表

Visual Double Stars in Hipparcos（Dommanget＋，2000）

ftp：//data.bao.ac.cn/cats/I/260

说明：给出了 41255 个目视双星的位置，星等，分离角，位置角，HD 或 DM 星表号等参数。

（3）变星总表（GCVS4）

General Catalog of Variable Stars，4th Ed.（GCVS4）（Kholopov＋1988） ftp://data.bao.ac.cn/ /cats/II/139B

说明：有 28484 颗经过交叉证认的变星,包括变星,新星,超新星,给出了 2000
年和 1950 年的赤经、赤纬,变星类型,光变最大和最小时的星等,光变周期,光谱
型等。

（4）亮星的 UBV 标准星表

UBV Photometry of Bright Stars(Johnson＋ 1966)

ftp://data.bao.ac.cn/cats/II/5A

说明：提供了全天 5000 颗亮星的 UBV 测量值,及 2000 年的坐标,HD 星
表号。

（5）朗道标准测光星表

UBVRI Photometric Standard Stars in the Magnitude Range 11.5＜V＜16.0
around the Celestial Equator(Landolt 1992)

ftp://data.bao.ac.cn/cats/II/183A

说明：526 颗天赤道附近的测光标准星,V 星等范围在 11.5～16.0 之间。给
出了历元 2000 的赤经赤纬,V 星等,B-V,U-B,V-R,R-I,V-I 等参数。

（6）美国海军天文台全天星表

The USNO-B1.0 Catalog(Monet＋ 2003)

The Whole-Sky USNO-B1.0 Catalog of 1,045,913,669 sources

http://data.bao.ac.cn/viz-bin/VizieR/VizieR? -source＝USNO-B1.0

说明：提供了全天 10 亿个天体的位置(赤经赤纬),自行,BRI 星等等数据。

（7）完整的星云星团总星表

NGC 2000.0，The Complete New General Catalogue and Index Catalogue of
Nebulae and Star Clusters(Sky Publishing，ed. Sinnott 1988)

ftp://data.bao.ac.cn/cats/VII/118

说明：包括 NGC 星表,索引(IC)星表和第二版的索引(IC)星表,给出了
13226 个天体 type。

positions in equinox B2000.0，source of modern data(see NGC 2000

paperback copy)，constellation, object size, magnitude, and the description
of the object as given by Dreyer.

（8）标准恒星光谱库

A Stellar Spectral Flux Library：1150—25000 A(Pickles 1998)

ftp://data.bao.ac.cn/cats/cats/J/PASP/110/863

说明：给出了 131 颗恒星的光谱,包含了从 O 形到 M 形几乎所有光谱和光度
类型。按 0.5nm 间隔给出了各波段的流量。

参 考 文 献

[1] 胡中卫. 普通天文学[M]. 南京：南京大学出版社,2003.

[2] C.弗拉马里翁. 大众天文学(上、下)[M]. 李珩,译. 桂林：广西师范大学出版社,2003.

[3] 俞允强. 热大爆炸宇宙学[M]. 北京：北京大学出版社,2001.

[4] 苏宜. 天文学新概论[M]. 武汉：华中科技大学出版社,2002.

[5] 米歇尔·霍斯金. 剑桥插图天文学史[M]. 江晓原,译. 济南：山东画报出版社,2003.

[6] 胡中卫. 星空观测指南[M]. 南京：南京大学出版社,2003.

[7] 中国大百科全书. 天文学[M]. 北京：中国大百科全书出版社,1980.

[8] J.M.T.汤普森. 天文学前沿——从大爆炸到太阳系[M]. 北京：机械工业出版社,2012.

[9] 恩斯特·海克尔. 宇宙之谜[M]. 苑建华,译. 上海：上海译文出版社,2002.

[10] J.科尼利厄斯. 星空世界的语言[M]. 颜可唯,译. 北京：中国青年出版社,2001.

[11] 窦忠. 教你认星星[M]. 北京：科学出版社,2004.

[12] A.齐基基. 正确与谬误[M]. 萧耐园,译. 上海：上海科学技术出版社,2006.

[13] 陈久金. 泄露天机——中西星空对话[M]. 北京：群言出版社,2005.

[14] 王波波. 星星也有宿舍[M]. 北京：北京科学技术出版社,1998.

[15] 王波波. 不可思议的天体[M]. 北京：北京科学技术出版社,1998.

[16] 王波波. 星空显微镜[M]. 北京：北京科学技术出版社,1998.

[17] M.朗盖尔. 宇宙的世纪[M]. 王文浩,译. 长沙：湖南科学技术出版社,2010.

[18] 姚建明. 天文学探秘[M]. 北京：华艺出版社,2007.

[19] 姚建明. 天文知识基础[M]. 2版. 北京：清华大学出版社,2013

[20] 姚建明. 科学技术概论[M]. 2版. 北京：中国邮电大学出版社,2015

[21] 姚建明. 地球灾难故事[M]. 北京：清华大学出版社,2014

[22] 姚建明. 地球演变故事[M]. 北京：清华大学出版社,2016

[23] 姚建明. 天与人的对话[M]. 北京：清华大学出版社,2019

[24] 姚建明. 星座和《易经》[M]. 北京：清华大学出版社,2019

[25] 姚建明. 天神和人[M]. 北京：清华大学出版社,2019

[26] 姚建明. 星星和我[M]. 北京：清华大学出版社,2019

[27] 姚建明. 流星雨和许愿[M]. 北京：清华大学出版社,2019

[28] 姚建明. 黑洞和幸运星[M]. 北京：清华大学出版社,2019

[29] 姚建明. 天文知识基础[M]. 北京：清华大学出版社,2008

[30] F.霍伊尔. 物理天文学前沿[M]. 何香涛,译. 长沙：湖南科学技术出版社,2005.

[31] C.C.皮特森. 宇宙新视野[M]. 胡中卫,译. 长沙：湖南科学技术出版社,2006.

[32] 霍金. 果壳中的宇宙[M]. 叶李华,译. 长沙：湖南科学技术出版社,2002.

[33] 柴少飞. 教你看星星[M]. 北京：华文出版社，2009.

[34] 西蒙·纽康. 通俗天文学——和宇宙的一场对话[M]. 金克木，译. 北京：当代世界出版社，2006.

[35] L.威廉姆斯. 透过哈勃看宇宙——无尽星空[M]. 刘剑，译. 北京：电子工业出版社，2007.

[36] G.伏古勒尔. 天文学简史[M]. 李珩，译. 北京：中国人民大学出版社，2010.